战略性新兴领域“十四五”高等教育系列教材

功能材料基础

主　编　王洪强

副主编　王红月　王建淦

参　编　刘昕浩　贾　宁

机械工业出版社

本书根据功能材料领域所需的基本知识而编写，共分 8 章，前 4 章主要介绍固体物理相关知识，内容包括晶体的结构与结合、晶格振动、金属自由电子论，以及晶体中电子在磁场中的运动；后 4 章主要讲述半导体物理相关知识，介绍了能带理论、半导体理论基础、半导体器件及其应用，以及其他功能材料。根据功能材料课程的教学特点，本书对固体物理相关的基础知识和重点内容的讲述尽量做到循序渐进、由浅入深，以帮助读者建立一个完善的功能材料知识体系。考虑到与时俱进，本书在最后结合一些实际案例为读者讲解了功能材料的前沿知识。

本书旨在为材料科学与工程领域的学生、研究人员以及工程师提供一本全面而实用的教材。

图书在版编目（CIP）数据

功能材料基础 / 王洪强主编. -- 北京 ：机械工业出版社，2024. 11. --（战略性新兴领域“十四五”高等教育系列教材）. -- ISBN 978-7-111-77207-1

Ⅰ. TB34

中国国家版本馆 CIP 数据核字第 2024GX2727 号

机械工业出版社（北京市百万庄大街 22 号　邮政编码 100037）

策划编辑：赵亚敏　　　责任编辑：赵亚敏　韩　静

责任校对：张昕妍　王　延　　封面设计：张　静

责任印制：郜　敏

北京富资园科技发展有限公司印刷

2024 年 12 月第 1 版第 1 次印刷

184mm×260mm · 14 印张 · 342 千字

标准书号：ISBN 978-7-111-77207-1

定价：55.00 元

电话服务　　　网络服务

客服电话：010-88361066　　机　工　官　网：www.cmpbook.com

010-88379833　　机　工　官　博：weibo.com/cmp1952

010-68326294　　金　书　网：www.golden-book.com

机工教育服务网：www.cmpedu.com

前　言

功能材料在光、电、磁、热等方面展现出丰富的物理特性，在新一代信息处理与存储器件、人工智能器件等领域展示出巨大的应用潜力，因此受到广泛的关注以及科技工作者的重视。

本书全面介绍了功能材料的基础理论，并着重探讨了这些理论在能源材料与器件中的实际应用。通过前沿研究的介绍，读者将了解功能材料在能源领域的最新应用与前瞻性研究方向。本书可用于材料科学与工程专业的学科基础课程教学，是进一步学习半导体物理器件与应用、电介质物理、磁性材料等课程的基础。本书通过对固体物理和半导体物理基础理论的系统介绍，揭示了丰富多彩的固体形态（如金属、绝缘体、半导体等）形成的基本物理规律，同时介绍了一些重要的实验方法，具有较强的理论性。为突出工程教育的特色，本书从应用需求出发，以待解决问题为驱动，讨论了固体中微观抽象的理论概念，让读者了解前人解决问题的思维方式，并能够在工程实践中灵活应用功能材料的基础理论。

本书的第 1~4 章由王洪强编写，第 5 章由王建淦编写，第 6~8 章由王红月编写。贾宁参与了第 1~4 章的编写工作，刘昕浩参与了第 5~8 章的编写工作。本书的编写得到了西北工业大学材料学院和机械工业出版社的大力支持与帮助，在此一并致谢。

编　者

目　录

第1章
晶体的结构与结合

自然界的物质通常以三种形态存在，即气态、液态和固态。液态和固态又称为凝聚态，以区别于组成原子或离子之间几乎无相互作用的气态物质。液晶是介于液态与固态之间的一种形态。固态区别于气态和液态的特点：固态物质组成粒子（原子、离子、分子或团簇）的空间位置在没有外力作用时不会有宏观尺度的变化，在低温下各粒子在空间结构中基本处于固定的平衡位置。

固态材料通常分为以下三类。

1）晶体：组成粒子在空间的排列具有周期性，表现为长程取向有序和平移对称性。理想晶体是指其内部组成粒子完全按照周期性排列的固体材料，也称完美晶体。实际晶体中可能会存在各种偏离周期性的粒子排列方式，称为晶体中的缺陷。

2）准晶体：一种介于晶体和非晶体之间的固体结构。准晶体和晶体相似，具有长程有序结构，但不具备平移对称性。晶体具有一次、二次、三次、四次或六次旋转对称轴，但是准晶体可能具有其他的对称轴，如五次对称轴或者更高的六次以上对称轴。

3）非晶体：组成粒子排列无序，但由于近邻原子之间的相互作用，具有一定的短程序。

固体物理学研究的主要对象是晶体，包括单晶体和多晶体。单晶体为发育良好的石英晶体、金刚石晶体、蓝宝石晶体、盐岩晶体等（见图 1-1）。

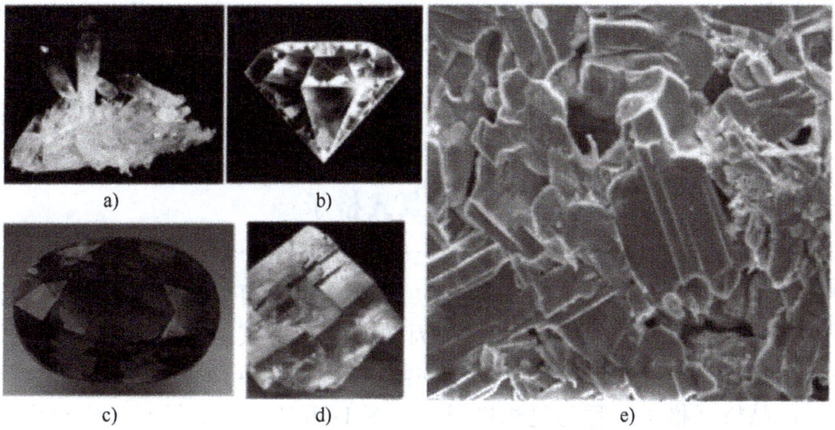

图 1-1　几种晶体的外形和多晶体微观形貌

a）石英晶体　b）金刚石晶体　c）蓝宝石晶体　d）盐岩晶体　e）高温超导陶瓷材料多晶体

多晶体：大多数金属、陶瓷等晶体（铜、铁、金、银、高温超导陶瓷材料多晶体等）都是由许多小晶粒（直径大多在微米尺度）组成的多晶体。

1.1 晶体的周期性

1.1.1 点阵和基元

晶体中的粒子周期性排列种类和排列规则是晶体结构研究的对象。晶体的物理性质与其组成元素有关，而由同种元素组成不同结构的晶体也会表现出不同的性质。例如，碳元素组成的几种不同结构，石墨、金刚石、C_{60} 和碳纳米管（见图 1-2）等，其外形、导电性和力学性能等可能完全不同。

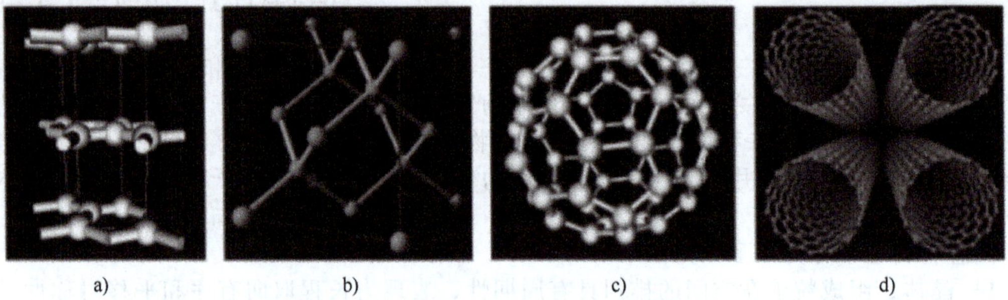

图 1-2 碳元素组成的几种不同的晶体结构

a）石墨 b）金刚石 c）C_{60} d）碳纳米管

下面介绍描述晶体结构的几个基本术语。

格点（结点）：实际晶体中组成粒子所在的位置可以抽象为一个点（一个数学意义的点，仅代表粒子所在的位置）。

点阵或格子：格点在空间中周期性重复排列所构成的阵列，通常称为布拉维点阵（或布拉维格子）。

基元：组成晶体的最小基本单元，它可以由一个或几个原子、离子或分子组成，整个晶体可以看成基元在点阵上的周期性重复排列，点阵中的点即实际晶体中“基元”的抽象。整个晶体可以看作在布拉维点阵的每个格点上放置一个基元所构成，即

晶体结构=基元+点阵

1.1.2 简单格子（布拉维格子）与复式格子

基元中只包含一个原子（离子）的晶格（格子）称为简单格子（或布拉维格子），如图 1-3a 所示。布拉维格子中的任一格点，其周围的情况与其他格点周围的情况完全相同。这是判断一个点阵是否为布拉维格子的根本依据。基元中包含两个或两个以上粒子（原子、离子或团簇）的晶格（格子）称为复式格子，如图 1-3b 所示。如果基元中包含两种或两种以上的原子或离子，则相应空间位置等同的原子或离子构成与布拉维格子相同的子格子，称为子晶格。复式格子是由若干个不等同粒子组成的子晶格相互套构而成。子晶格就是安置基

元的布拉维格子，子晶格的数目就是基元中的原子或离子数。例如，氯化钠结构（见图 1-4）可以看成由氯离子和钠离子分别组成的两个相同的面心立方结构的子晶格沿着某个边长（或对角线）方向移动 1/2 个重复周期的长度套构而成的复式格子。其中，钠离子和氯离子分别构成两个相同的子晶格。一个钠离子和一个相邻的氯离子组成基元。

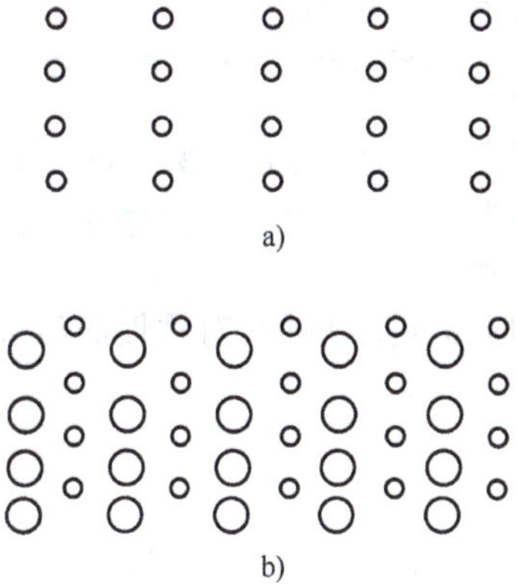

图 1-3　基元

a）简单格子　b）复式格子

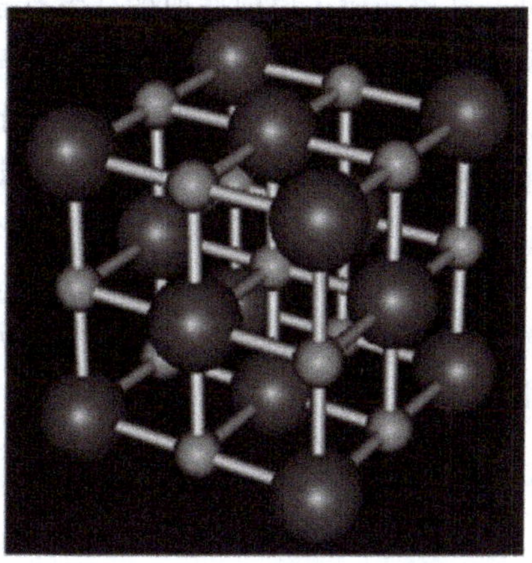

图 1-4　氯化钠结构是复式格子

（注：小球为 Na^+，大球为 Cl^-）

1.1.3　原胞和基矢

三维格子（见图 1-5）的最小重复单元是平行六面体。对于最小重复单元，格点（结点）只在平行六面体的顶角上，只包含一个原子（或格点）。这一最小平行六面体称为布拉维格子的原胞，$\boldsymbol{a}_1$、$\boldsymbol{a}_2$、$\boldsymbol{a}_3$ 称为原胞的基矢。平行六面体的体积，即原胞的体积为 $\Omega=\boldsymbol{a}_1\cdot(\boldsymbol{a}_2\times\boldsymbol{a}_3)$。三维格子中任一格点的位置可以用格矢（也称位矢）来表示（见图 1-6），即 $\boldsymbol{R}_l=n_1\boldsymbol{a}_1+n_2\boldsymbol{a}_2+n_3\boldsymbol{a}_3$。

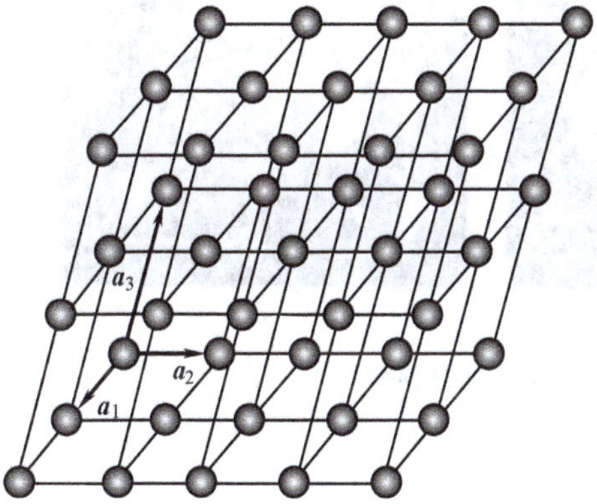

图 1-5　原胞与基矢

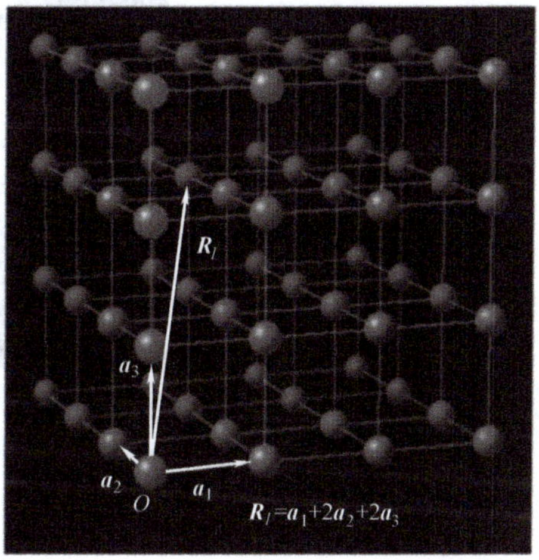

图 1-6　格矢

基矢和原胞选取的任意性（以二维格子为例）：如图 1-7 中所示两个平行四边形均可作为该二维格子的原胞（它们的面积相同），其中 $\boldsymbol{a}_1$ 和 $\boldsymbol{a}_2$ 为基矢。作为最小重复单元的原胞还可以有更多的选取方法，只要它们的面积相同即可，这也造成了原胞选取的任意性或不确定性。为了同时反映晶体的周期性和对称性，结晶学中通常以最小重复单元的整数倍作为原胞，即结晶学原胞（简称晶胞或惯用晶胞，conventional unit cell）。晶胞中通常包含多个原子（或格点），如图 1-7 中矩形所示，矩形不是最小重复单元，其面积是原胞的两倍。原胞和晶胞的区别在于：原胞是只考虑晶格点阵周期性的最小重复单元；而晶胞是同时涉及周期性与对称性的尽可能小的重复单元。

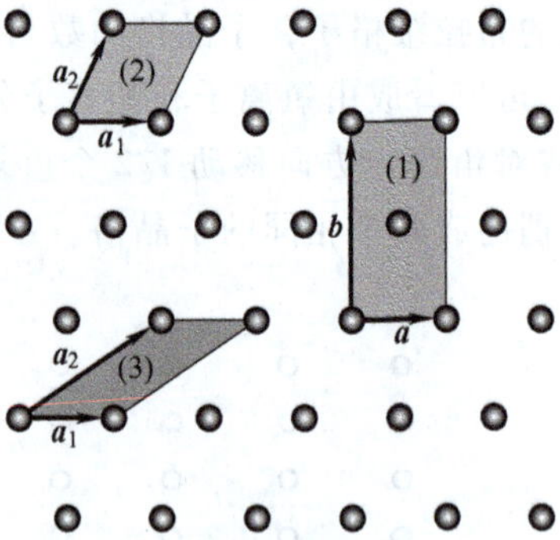

图 1-7　原胞与基矢的选择

1.1.4　维格纳-塞茨原胞

定义：取晶格中任意一个格点为原点，以这个格点与所有其他格点连线的中垂面为界面围成的距离原点最近的最小多面体，称为维格纳-塞茨原胞（Wigner-Seitz cell）。

维格纳-塞茨原胞也是一种周期性重复单元，并保持该晶格所具有的对称性。维格纳-塞茨原胞中只包含一个格点，格点在多面体的中心。它具有和原胞一样的体积。维格纳-塞茨原胞在固体物理学中起着很重要的作用，它的取法是唯一的。

以二维（三维）格子为例，维格纳-塞茨原胞的画法如图 1-8 所示，即以任一格点为原点，作原点与所有其他格点连线的垂直平分线（面），从原点出发不跨过任何垂直平分线（面）所能到达的所有点的集合或距离原点最近的垂直平分线（面）所围成的最小面积（体积）构成维格纳-塞茨原胞。

几种典型晶体结构的维格纳-塞茨原胞的取法如图 1-8 所示。

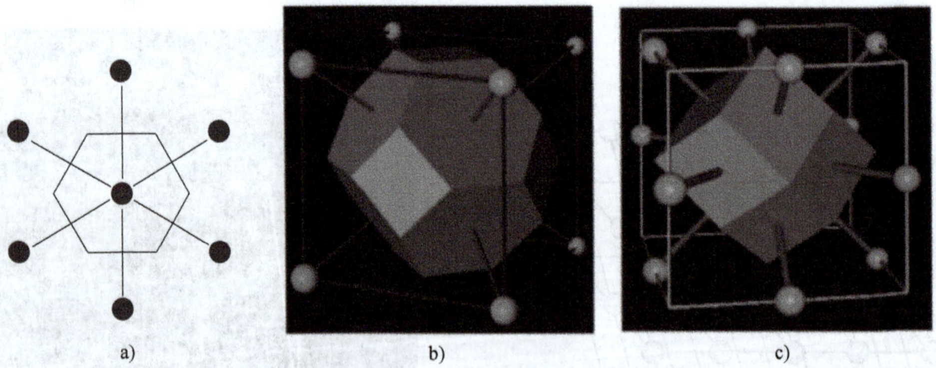

图 1-8　几种典型晶体结构的维格纳-塞茨原胞

a）二维六方格子的维格纳-塞茨原胞　b）体心立方格子的维格纳-塞茨原胞（截角八面体）

c）面心立方格子的维格纳-塞茨原胞（菱形十二面体）

由此可见，原胞是最小的重复单元，维格纳-塞茨原胞的选取是唯一的，原胞中仅包含一个格点，且居于原胞的中心。

1.2　布拉维格子

1.2.1　布拉维格子的定义

布拉维格子可以看成矢量

$$\boldsymbol{R}_n = n_1\boldsymbol{a}_1 + n_2\boldsymbol{a}_2 + n_3\boldsymbol{a}_3 \tag{1-1}$$

的全部端点的集合，其中 n_1、n_2、n_3 取整数，$\boldsymbol{a}_1$、$\boldsymbol{a}_2$、$\boldsymbol{a}_3$ 是 3 个不共面的矢量，称为布拉维格子的基矢，$\boldsymbol{R}_n$ 称为布拉维格子的格矢，其端点称为格点。

布拉维格子的所有格点的周围环境是相同的，在几何上是完全等价的。图 1-9 所示的二维蜂房点阵中，由于 A、B 格点不等价而不属于布拉维格子。如将 A、B 两点看作基元，由它重复排列形成的网格构成布拉维格子。

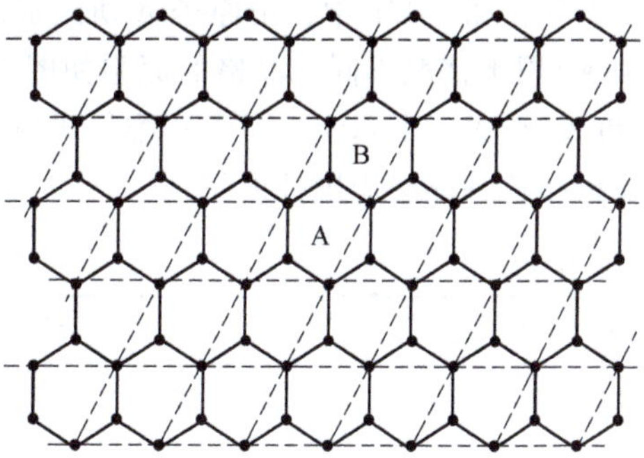

图 1-9　二维蜂房点阵

布拉维格子是一个无限延展的理想点阵，它忽略了实际晶体中表面、结构缺陷的存在，以及 $T\neq0$ 时原子瞬时位置相对于平衡位置小的偏离。但它反映了晶体结构中原子周期性的规则排列，或所具有的平移对称性，即平移任一格矢 $\boldsymbol{R}_n$，晶体保持不变的特性，是实际晶体的一个理想的抽象。

1.2.2　一维布拉维格子

一维布拉维格子是由一种原子组成的无限周期性线列。所有相邻原子间的距离均为 a。为了能更好地反映周期性，重复单元取为一个原子加上原子周围长度 a 的区域，称为原胞。在一维情况下，重复单元的长度矢量称为基矢，通常用以某原子为起点，相邻原子为终点的有向线段 $\boldsymbol{a}$ 表示，如图 1-10 所示。由于基矢两端各有一个与相邻原胞所共有的原子，因此每个原胞只有一个原子，每个原子的周围情况都一样。一维布拉维格子的周期性可用数学式表述为

$$\Gamma(x+na)=\Gamma(x) \tag{1-2}$$

式中，a 是周期；n 是整数；$\Gamma(x)$ 代表晶格内任一点 x 处的一种物理性质。式（1-2）说明，原胞中任一处 x 的物理性质，同另一原胞相应处的物理性质相同。例如，在图 1-10a 中，距 0 点 x 处的情况同距 3 点 x 处的情况完全相同。

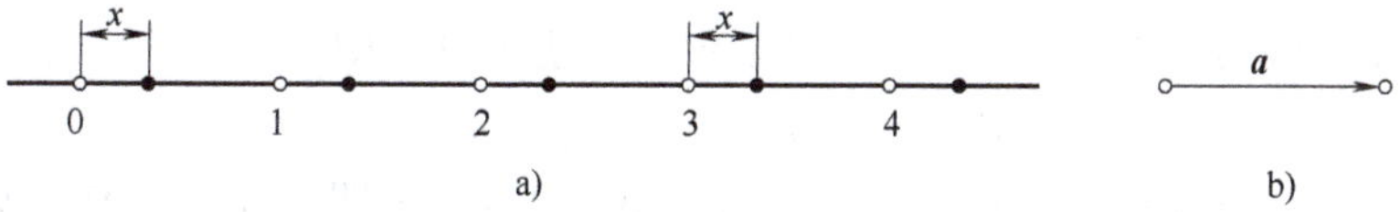

图 1-10　一维布拉维格子

1.2.3　一维复式格子

如果晶体基元中包含两种或两种以上的原子，则每个基元中，相应的同种原子各自构成与格点相同的网络，这些网络之间有相对的位移，从而形成了所谓的复式格子。设由 A、B 两种原子组成一维无限周期性线列，原子 A 形成一个布拉维格子，原子 B 也形成一个布拉维格子。如这两个布拉维格子具有相同的周期 $\boldsymbol{a}$，且两个布拉维格子之间互相错开距离 b，如图 1-11a 所示。这个复式格子的原胞，既可以如图 1-11b 所示，原胞的两端各有一个原子 A，也可以如图 1-11c 所示，原胞的两端各有一个原子 B。这两种表示的基矢均为 $\boldsymbol{a}$，原胞中各含一个原子 A 和一个原子 B。此外，对 A、B 周围情况的表达也是一致的。一般地，对于由 n 种原子所构成的一维晶格，每个原胞包含 n 个原子。

需要注意的是，即使是由同一种原子构成的晶体，原子周围的情况也并不一定完全相同。例如在图 1-12a 中，由原子 A 所组成的一维晶格，左右两边的间距不等，即 A_1 周围情况和 A_2 周围情况不同。晶格的原胞如图 1-12b 或图 1-12c 所示，每个原胞中包含两个原子，A_1 和 A_2 组成一个基元。对于一维复式格子，每个原胞内部及其周围的情况相同，式（1-2）仍能概括这种晶格周围性的特征。

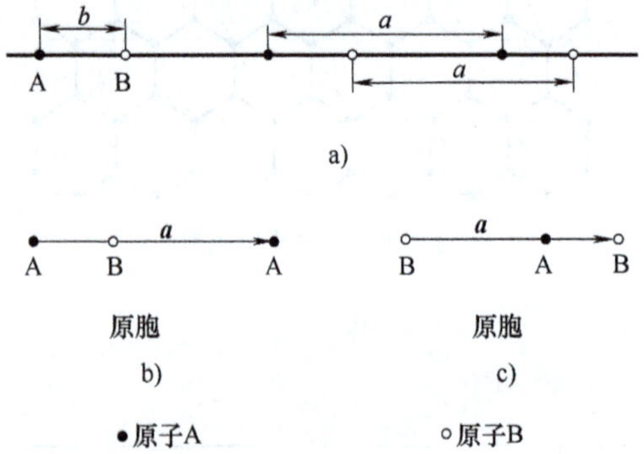

图 1-11　一维复式格子

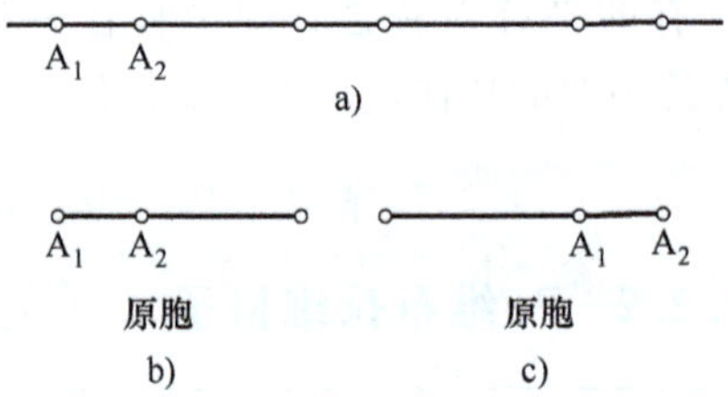

图 1-12　同种原子组成的复式格子

1.2.4　三维情况的原胞

对任一三维晶格，习惯上常取 3 个不共面的最短格矢 $\boldsymbol{a}_1$、$\boldsymbol{a}_2$、$\boldsymbol{a}_3$ 为基矢组成平行六面体构成原胞，其体积为

$$\Omega=\boldsymbol{a}_1\cdot(\boldsymbol{a}_2\times\boldsymbol{a}_3) \tag{1-3}$$

原则上，基矢的取法并不唯一，因此，原胞的取法也不唯一。但无论如何选取，原胞均有相同的体积。对于布拉维格子，原胞只包含一个原子；对于复式格子，原胞中包含的原子数目正是每个基元中原子的数目。在三维情况下，晶格的周期性也可以用式（1-2）表述。设 $\boldsymbol{r}$ 为原胞中任一处的位矢，$\Gamma(x)$ 代表晶格中任一物理量，则

$$\Gamma(\boldsymbol{r})=\Gamma(\boldsymbol{r}+l_1\boldsymbol{a}_1+l_2\boldsymbol{a}_2+l_3\boldsymbol{a}_3) \tag{1-4}$$

式中，l_1、l_2 和 l_3 是整数；$\boldsymbol{a}_1$、$\boldsymbol{a}_2$、$\boldsymbol{a}_3$ 是基矢。式（1-4）表明，原胞中任一处 $\boldsymbol{r}$ 的物理性质同另一个原胞中相应处的物理性质相同。

1.2.5　三维布拉维晶胞

布拉维晶胞实际上是一种对称化晶胞，选取布拉维晶胞的原则如下：

1）选择的平行六面体应能代表整个空间点阵的对称性。

2）平行六面体中有尽可能多的相等的棱和角。

3）平行六面体中有尽可能多的直角。

4）在满足上述条件下，选取体积最小的平行六面体。

结晶学中，属于立方晶系的布拉维晶胞有简单立方、体心立方和面心立方 3 种，如图 1-13 所示。立方晶系的 3 个基矢长度相等，且互相垂直，即 $\boldsymbol{a}=\boldsymbol{b}=\boldsymbol{c}$，$\boldsymbol{a}\perp\boldsymbol{b}$，$\boldsymbol{b}\perp\boldsymbol{c}$，$\boldsymbol{c}\perp\boldsymbol{a}$。这些布拉维原胞的基矢沿晶轴方向，取晶轴作为坐标轴，用 $\boldsymbol{i}$、$\boldsymbol{j}$、$\boldsymbol{k}$ 表示坐标系的单位矢量。

1. 简单立方

原子位于边长为 a 的立方体的 8 个顶角上。每个原子为 8 个晶胞所共有，对一个晶胞的贡献只有 1/8；晶胞的 8 个顶点上的原子对一个晶胞的贡献恰好是一个原子，这种布拉维晶胞只包含一个原子，即对于简单立方，原胞和晶胞是一致的。简单立方原胞的基矢为

$$\boldsymbol{a}_1=a\boldsymbol{i},\boldsymbol{a}_2=a\boldsymbol{j},\boldsymbol{a}_3=a\boldsymbol{k}$$

由图 1-13a 可知，简单立方晶胞的基矢为

$$\boldsymbol{a}_1=\boldsymbol{a},\boldsymbol{a}_2=\boldsymbol{b},\boldsymbol{a}_3=\boldsymbol{c}$$

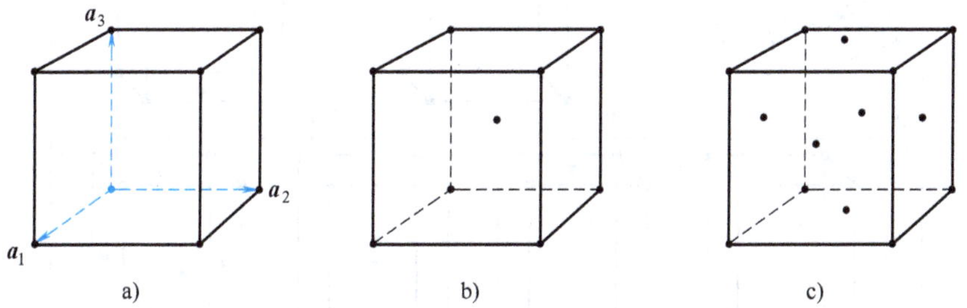

图 1-13　立方晶系布拉维晶胞

a）简单立方　b）体心立方　c）面心立方

2. 体心立方

除立方体顶角上有原子外，还有一个原子在立方体的中心，故称为体心立方。将体心立方沿体对角线平移，可知顶角和体心上原子周围的情况相同。由于晶胞中包含两个原子，而固体物理要求布拉维原胞中只包含一个原子，因此原胞采用如图 1-14a 的方法选取。

按此取法，基矢 $\boldsymbol{a}_1$、$\boldsymbol{a}_2$、$\boldsymbol{a}_3$ 为

$$\begin{cases}\boldsymbol{a}_1=\dfrac{1}{2}(-\boldsymbol{a}+\boldsymbol{b}+\boldsymbol{c})=\dfrac{a}{2}(-\boldsymbol{i}+\boldsymbol{j}+\boldsymbol{k})\\ \boldsymbol{a}_2=\dfrac{1}{2}(\boldsymbol{a}-\boldsymbol{b}+\boldsymbol{c})=\dfrac{a}{2}(\boldsymbol{i}-\boldsymbol{j}+\boldsymbol{k})\\ \boldsymbol{a}_3=\dfrac{1}{2}(\boldsymbol{a}+\boldsymbol{b}-\boldsymbol{c})=\dfrac{a}{2}(\boldsymbol{i}+\boldsymbol{j}-\boldsymbol{k})\end{cases}\tag{1-5}$$

原胞的体积为

$$\Omega=\boldsymbol{a}_1\cdot(\boldsymbol{a}_2\times\boldsymbol{a}_3)=\frac{1}{2}a^3 \quad (1\text{-}6)$$

式中，a 是晶胞的边长，又称晶格常数。因为晶胞包含两个原子或对应两个格点，原胞包含一个原子或对应一个格点，因而原胞体积为晶胞体积的一半。

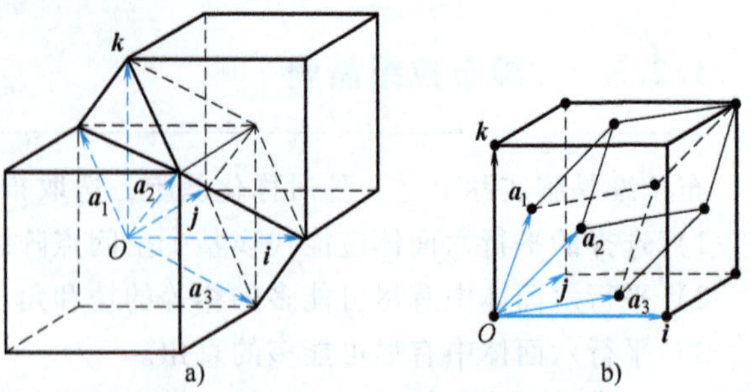

图 1-14　固体物理学的原胞选取示例图

a）体心立方　b）面心立方

3. 面心立方

这种结构除顶角上有原子外，在立方体的 6 个面的中心处还有 6 个原子，故称为面心立方。沿面的对角线平移面心立方结构，可以证明面心处原子与顶角处原子周围的情况相同。每个面为两个相邻的晶胞所共有，因此面心立方的晶胞具有 4 个原子。面心立方结构的固体物理学原胞取法如图 1-15 所示，原来面心立方的 6 个面心原子和 2 个顶角原子构成了所取原胞的 8 个顶角原子，其基矢为

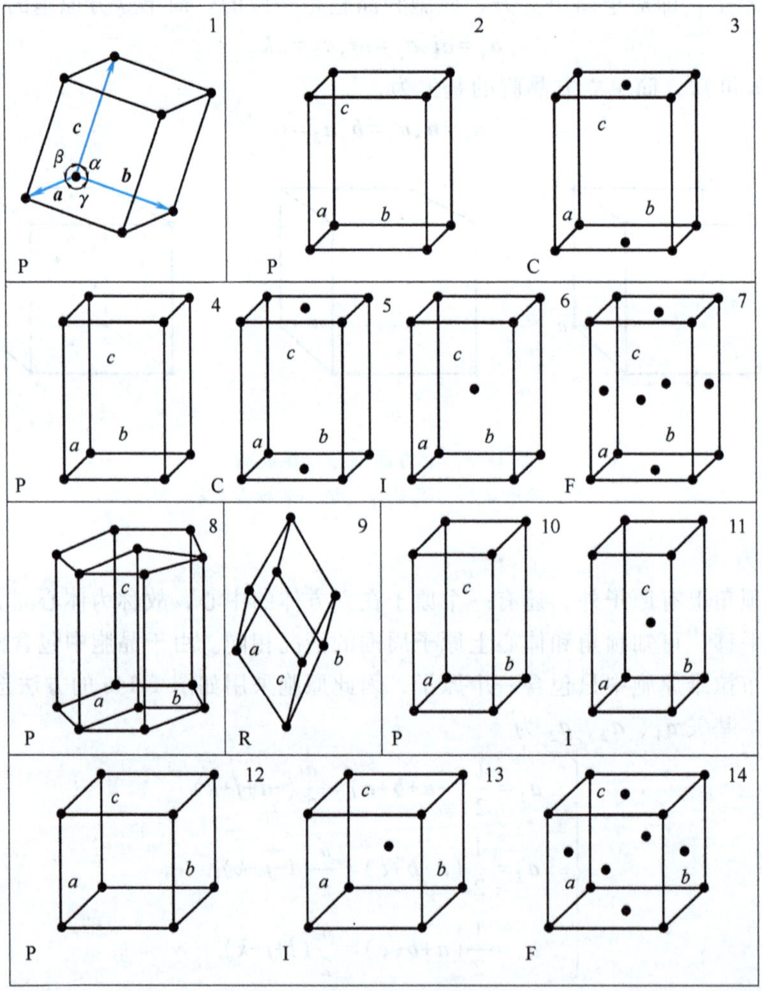

图 1-15　布拉维晶胞

$$\begin{cases} a_1=\dfrac{1}{2}(-a+b+c)=\dfrac{a}{2}(-i+j+k) \\ a_2=\dfrac{1}{2}(a-b+c)=\dfrac{a}{2}(i-j+k) \\ a_3=\dfrac{1}{2}(a+b-c)=\dfrac{a}{2}(i+j-k) \end{cases} \tag{1-7}$$

所取原胞的体积 $\Omega=a_1\cdot(a_2\times a_3)=a^3/4$，原胞中只包含一个原子。

数学上可以证明，符合上述 4 个条件的布拉维晶胞共有 14 种，它们代表了空间点阵类型，同时又是按空间格子方式组成了晶胞，故也称为 14 种空间点阵或 14 种布拉维格子，如图 1-15 所示，平行六面体的 3 个棱可以选为坐标轴，基矢分别标为 $\boldsymbol{a}$、$\boldsymbol{b}$、$\boldsymbol{c}$，3 个轴之间的夹角为 α、β、γ。若以基矢的长度及轴的夹角来划分这些布拉维晶胞，又可归为 7 种晶系，见表 1-1。

表 1-1　7 大晶系、14 种布拉维晶胞

序号	晶系	基矢长度与夹角关系	布拉维晶胞类型	符号
1	三斜晶系	$a\neq b\neq c,\alpha\neq\beta\neq\gamma\neq 90°$	简单三斜（图 1-15 中 1 所示）	P
2	单斜晶系	$a\neq b\neq c,\alpha=\gamma=90°,\beta\neq 90°$	简单单斜（图 1-15 中 2 所示） 底心单斜（图 1-15 中 3 所示）	P C
3	正交晶系	$a\neq b\neq c,\alpha=\gamma=\beta=90°$	简单正交（图 1-15 中 4 所示） 底心正交（图 1-15 中 5 所示） 体心正交（图 1-15 中 6 所示） 面心正交（图 1-15 中 7 所示）	P C I F
4	四方晶系	$a\neq b\neq c,\alpha=\beta=\gamma=90°$	简单四方（图 1-15 中 10 所示） 体心四方（图 1-15 中 11 所示）	P I
5	六方晶系	$a\neq b\neq c,\alpha=\beta=90°,\gamma=120°$	简单六方（图 1-15 中 8 所示）	P
6	三方晶系	$a=b=c,\alpha=\beta=\gamma\neq 90°$	简单菱形（图 1-15 中 9 所示）	R
7	立方晶系	$a=b=c,\alpha=\beta=\gamma=90°$	简单立方（图 1-15 中 12 所示） 体心立方（图 1-15 中 13 所示） 面心立方（图 1-15 中 14 所示）	P I F

此外，也可以按每个晶胞的平均结点数和结点的位置来分类。平均结点数为 1 的称为初基胞或简单胞，记作 P。平均结点数大于或等于 2 的称为非初基胞，后者除了角顶处有结点外还可以有多余的结点。处于六面体中心的称为体心胞，记作 I；如果六面体的四边形中心各有一个点，称为面心胞，记作 F；只有上、下层中心各一个结点称为底心胞；如果底心面相应的轴是 c 轴，则记作 C；如果相应的轴是 b 轴，则记作 B；如果相应的轴是 a 轴，则记作 A。三方（菱形）晶系的晶胞虽然是个简单胞，但由于它的特殊性仍列为一类，记作 R。在标记晶体结构类别时，经常采用 P、I、F、R、C（或 A，或 B）等布拉维点阵符号（Bravais lattice notation，BLN）。

由于选取布拉维晶胞时尽量考虑了对称性，所以在计算一些结晶学参数时可以简化公式，分析计算也较方便，它已是人们历来惯用的体系，现在绝大多数的晶体结构数据就是按这个体系整理出来的。

在能带计算中也常选用另外一种原胞，即维格纳-塞茨（Wigner-Seitz）原胞，简称 WS 原胞。WS 原胞是以晶格中某一格点为中心，作其与近邻的所有格点连线的垂直平分面，这些平面所围成的以该点为中心的凸多面体即为该点的 WS 原胞。图 1-16 所示为一个格点的 WS 原胞。由于 WS 原胞的构造中不涉及对基矢的任何特殊选择，因此，它与相应的布拉维晶胞有完全相同的对称性，又称对称化原胞。

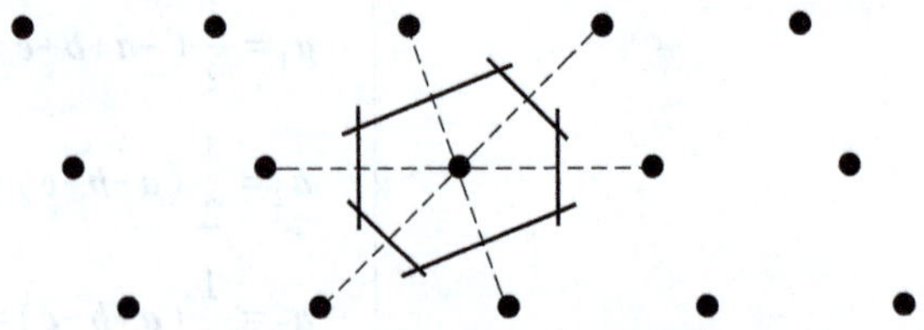

图 1-16　一个格点的 WS 原胞

1.3　晶向与晶面

1.3.1　晶列、晶向与晶向指数

通过布拉维格子的任何两个格点可以连接一条直线，这样的直线称为晶列（见图 1-17）。任一晶列包含无穷多个相同的格点，并且格点以相同的周期重复排列。通过任一格点可以连接无穷多个晶列，其中每个晶列都有一族完全等同的平行的晶列，这族晶列可以包含晶格点阵中所有的格点。晶列具有两个特征：一个是晶列的取向，称为晶向；另一个是晶列上格点的周期。

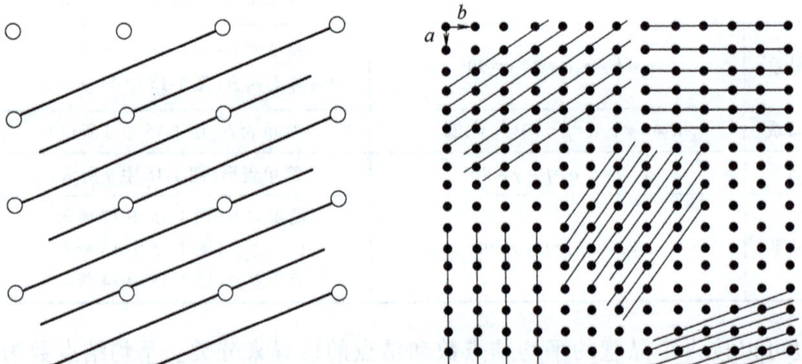

图 1-17　晶列、晶向及其示意图

a）晶列和晶向　b）几族晶列示意图

晶向的表示方法：固体物理学中原胞是晶体结构的最小重复单元，格点只在原胞的顶点上。取某一格点 O 为原点，若原胞的基矢为 $\boldsymbol{a}_1$、$\boldsymbol{a}_2$、$\boldsymbol{a}_3$，则晶格中原点以外的任一格点 A 的格矢（或位矢）可以表示为

$$\boldsymbol{R}_l = l_1\boldsymbol{a}_1 + l_2\boldsymbol{a}_2 + l_3\boldsymbol{a}_3 \tag{1-8}$$

式中，l_1、l_2、l_3 是整数（或零）。如果这 3 个整数是互质的（如果不是互质的，可以约化为互质的整数），就可以用这 3 个整数来表征晶列 OA 的方向，称为晶向指数，记为

$[l_1l_2l_3]$，遇到负数，将负号记在整数的上边。晶列 $[l_1l_2l_3]$ 上格点的周期记为

$$|\boldsymbol{R}_l| = |l_1\boldsymbol{a}_1+l_2\boldsymbol{a}_2+l_3\boldsymbol{a}_3| \tag{1-9}$$

1.3.2　晶面、晶面指数与米勒指数

通过一个格点不仅可以作无穷多个晶列，也可以作无穷多个晶面，每个晶面都有一族完全等同的平行晶面，使得所有格点都落在这族平行晶面上（见图 1-18）。晶格中可以有无穷多族的平行平面，沿不同方向可以得到面间距不同的晶面族。

晶面上格点周期性重复排列的特点也由其取向和面间距决定。

晶面取向的表示方法：设某一晶面族中距离原点最近的一个晶面在原胞的 3 个基矢 $\boldsymbol{a}_1$、$\boldsymbol{a}_2$、$\boldsymbol{a}_3$ 方向的截距分别为 $r\boldsymbol{a}_1$、$s\boldsymbol{a}_2$、$t\boldsymbol{a}_3$，将 3 个系数 r、s、t 的倒数 $1/r$、$1/s$、$1/t$ 约化为互质的整数 h_1、h_2、h_3，即

$$h_1 : h_2 : h_3 = \frac{1}{r} : \frac{1}{s} : \frac{1}{t} \tag{1-10}$$

用圆括号写成 $(h_1h_2h_3)$，即为晶面指数，遇到负数，将负号记在数的上边。

结晶学中经常使用米勒指数：如果晶胞的基矢为 $\boldsymbol{a}$、$\boldsymbol{b}$、$\boldsymbol{c}$，某一晶面族中距离原点最近的一个晶面在晶胞的 3 个基矢方向的截距分别是 $r\boldsymbol{a}$、$s\boldsymbol{b}$、$t\boldsymbol{c}$，将 3 个系数 r、s、t 的倒数 $1/r$、$1/s$、$1/t$ 约化为互质的整数 h、k、l，即

$$h : k : l = \frac{1}{r} : \frac{1}{s} : \frac{1}{t} \tag{1-11}$$

则 (hkl) 称为该晶面族的米勒指数（也可称为密勒指数）。需要特别注意的是，晶面指数是相对于原胞基矢坐标系而言的，而米勒指数是相对于晶胞基矢坐标系而言的，除简单立方结构以外，同一族晶面的晶面指数 $(h_1h_2h_3)$ 和米勒指数 (hkl) 一般不相同。

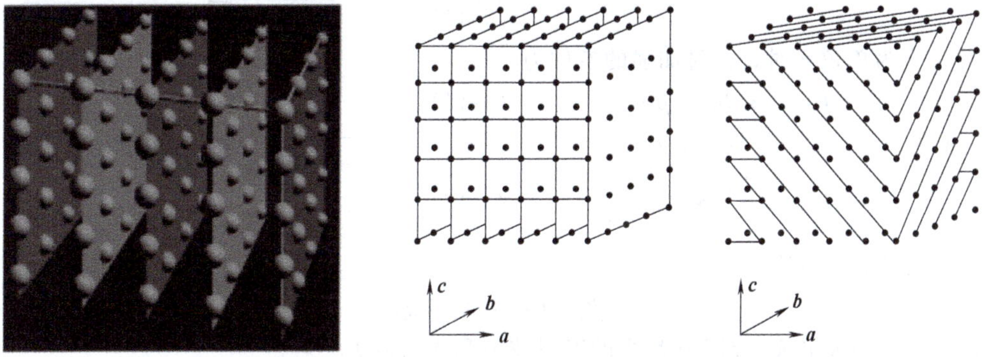

图 1-18　晶面和晶面族

1.3.3　六角晶体中晶面族的米勒指数

对于六角晶体（见图 1-19），由于其六角面上的特殊对称性，通常采用 4 个晶胞基矢 $\boldsymbol{a}_1$、$\boldsymbol{a}_2$、$\boldsymbol{a}_3$ 与 $\boldsymbol{c}$，晶面指数相应记为 $(hkil)$。由于 $\boldsymbol{a}_3=-(\boldsymbol{a}_1+\boldsymbol{a}_2)$，同时 $i=-(h+k)$，因此六角晶体中晶面族的米勒指数可记为 $(hk\square l)$，其中空格“□”代表 i。在米勒指数（或晶

面指数）简单的晶面族中，其面间距 d 较大。对于一定的晶格，单位体积内格点数一定，因此，在晶面间距大的晶面上，格点（粒子）的面密度相应较大，单位表面能量较小，容易在晶体生长过程中显露在外表，所以这样的晶面容易解理（所谓解理面，即裸露在外面的晶体表面）。同时，由于粒子的面密度较大，对 X 射线的散射能力较强，从而使得米勒指数（或晶面指数）简单的晶面族，在 X 射线衍射中的衍射强度较大。

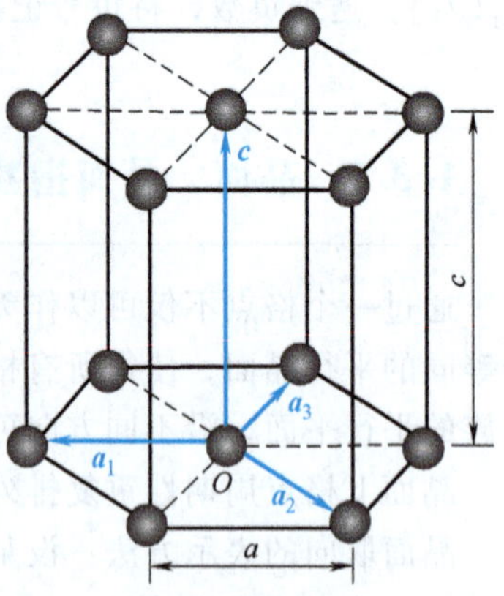

图 1-19 六角晶体

1.4 倒格矢与布里渊区

1.4.1 倒格矢

我们首先从晶体的 X 光衍射现象引进倒格矢的概念。晶格的周期性决定了晶格可作为衍射光栅。X 光的波长可以达到小于晶体中原子的间距，所以它是晶体衍射的重要光源。当观察点到晶体的距离，以及光源到晶体的距离比晶体尺寸大得多时，入射光和衍射光都可视为平行光线。下面以简单晶格为例，来讨论晶体衍射问题。如图 1-20 所示，将 O 格点取作原点，P 点是任一格点，其位置矢量为

$$\boldsymbol{R}_l=l_1\boldsymbol{a}_1+l_2\boldsymbol{a}_2+l_3\boldsymbol{a}_3 \tag{1-12}$$

$\boldsymbol{S}_0$ 和 $\boldsymbol{S}$ 是入射线和衍射线的单位矢量。经过 O 格点和经过 P 格点的 X 光，衍射前后的光程差为

$$AO+OB=-\boldsymbol{R}_l\cdot\boldsymbol{S}_0+\boldsymbol{R}_l\cdot\boldsymbol{S}=\boldsymbol{R}_l\cdot(\boldsymbol{S}-\boldsymbol{S}_0) \tag{1-13}$$

当 X 光为单色光时，衍射加强的条件为

$$\boldsymbol{R}_l\cdot(\boldsymbol{S}-\boldsymbol{S}_0)=\mu\lambda \tag{1-14}$$

式中，λ 为波长；μ 为整数。引入

$$\boldsymbol{k}-\boldsymbol{k}_0=\frac{2\pi}{\lambda}(\boldsymbol{S}-\boldsymbol{S}_0) \tag{1-15}$$

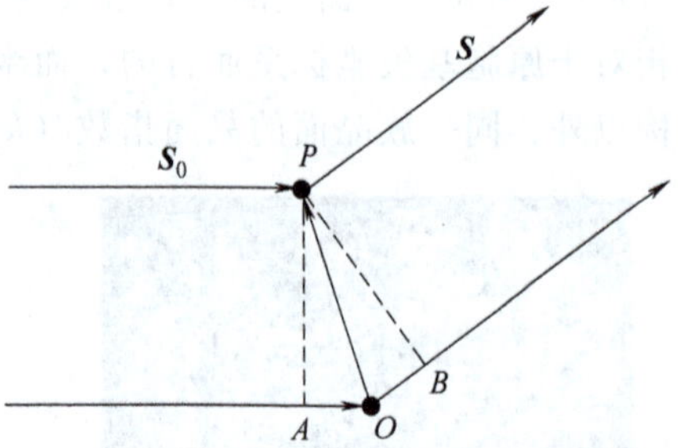

图 1-20 X 射线衍射

则衍射极大的条件变成

$$\boldsymbol{R}_l\cdot(\boldsymbol{k}-\boldsymbol{k}_0)=2\pi\mu \tag{1-16}$$

以上两式中 $\boldsymbol{k}$ 和 $\boldsymbol{k}_0$ 分别为 X 光的衍射波矢和入射波矢。若再令

$$\boldsymbol{k}-\boldsymbol{k}_0=\boldsymbol{K}_{h'} \tag{1-17}$$

式（1-16）变成

$$\boldsymbol{R}_l\cdot\boldsymbol{K}_{h'}=2\pi\mu \tag{1-18}$$

从式（1-18）可以看出，$\boldsymbol{R}_l$ 与 $\boldsymbol{K}_{h'}$ 的量纲是互为倒逆的。$\boldsymbol{R}_l$ 是格点的位置矢量，称为正格矢，称 $\boldsymbol{K}_{h'}$ 为正格矢的倒矢量，简称倒格矢。正格矢是正格基矢 $\boldsymbol{a}_1$、$\boldsymbol{a}_2$、$\boldsymbol{a}_3$ 的线性组合，若倒格矢是倒格基矢 $\boldsymbol{b}_1$、$\boldsymbol{b}_2$、$\boldsymbol{b}_3$ 的线性组合

$$\boldsymbol{K}_{h'}=h_1'\boldsymbol{b}_1+h_2'\boldsymbol{b}_2+h_3'\boldsymbol{b}_3 \tag{1-19}$$

若 h_1'、h_2'、h_3' 是整数，那么 $\boldsymbol{b}_1$、$\boldsymbol{b}_2$、$\boldsymbol{b}_3$ 等于什么？容易看出，若 $\boldsymbol{a}_i$ 和 $\boldsymbol{b}_j$ 满足以下关系

$$\boldsymbol{a}_i \cdot \boldsymbol{b}_j = 2\pi\delta_{ij} \quad i,j=1,2,3 \tag{1-20}$$

则式（1-20）便满足式（1-18）。根据式（1-20）的条件，不难用正格基矢来构造倒格基矢

$$\begin{cases} \boldsymbol{b}_1 = \dfrac{2\pi(\boldsymbol{a}_2\times\boldsymbol{a}_3)}{\Omega} \\ \boldsymbol{b}_2 = \dfrac{2\pi(\boldsymbol{a}_3\times\boldsymbol{a}_1)}{\Omega} \\ \boldsymbol{b}_3 = \dfrac{2\pi(\boldsymbol{a}_1\times\boldsymbol{a}_2)}{\Omega} \end{cases} \tag{1-21}$$

式中，Ω 是晶格原胞体积，即 $\Omega=\boldsymbol{a}_1 \cdot (\boldsymbol{a}_2\times\boldsymbol{a}_3)$。

将正格基矢在空间平移可构成正格子，相应地，我们把倒格基矢平移形成的格子叫倒格子。由 $\boldsymbol{a}_1$、$\boldsymbol{a}_2$、$\boldsymbol{a}_3$ 构成的平行六面体称为正格原胞，相应地，我们称由 $\boldsymbol{b}_1$、$\boldsymbol{b}_2$、$\boldsymbol{b}_3$ 构成的平行六面体为倒格原胞。同样地，在倒格空间也有相应的晶列和晶面的定义。为了加深对倒格子的认识，下面介绍倒格子与正格子的一些重要关系。

1. 正格原胞体积与倒格原胞体积之积等于 $(2\pi)^3$

设倒格原胞体积为 Ω^*，则

$$\Omega^* = \boldsymbol{b}_1 \cdot (\boldsymbol{b}_2\times\boldsymbol{b}_3) = \frac{(2\pi)^3}{\Omega^3}(\boldsymbol{a}_2\times\boldsymbol{a}_3) \cdot [(\boldsymbol{a}_3\times\boldsymbol{a}_1)\times(\boldsymbol{a}_1\times\boldsymbol{a}_2)] \tag{1-22}$$

利用

$$\boldsymbol{A}\times(\boldsymbol{B}\times\boldsymbol{C}) = (\boldsymbol{A}\cdot\boldsymbol{C})\boldsymbol{B}-(\boldsymbol{A}\cdot\boldsymbol{B})\boldsymbol{C} \tag{1-23}$$

得到

$$(\boldsymbol{a}_3\times\boldsymbol{a}_1)\times(\boldsymbol{a}_1\times\boldsymbol{a}_2) = \Omega\boldsymbol{a}_1 \tag{1-24}$$

所以

$$\Omega^* = \frac{(2\pi)^3}{\Omega^3}(\boldsymbol{a}_2\times\boldsymbol{a}_3)\cdot\Omega\boldsymbol{a}_1 = \frac{(2\pi)^3}{\Omega} \tag{1-25}$$

2. 正格子与倒格子互为对方的倒格子

按照式（1-21）的定义，倒格子的倒格基矢

$$\boldsymbol{b}_1^* = \frac{2\pi(\boldsymbol{b}_2\times\boldsymbol{b}_3)}{\Omega^*} = \frac{2\pi}{\Omega^*}\cdot\frac{(2\pi)^2}{\Omega^2}\cdot\Omega\boldsymbol{a}_1 = \boldsymbol{a}_1 \tag{1-26}$$

同理可以证明 $\boldsymbol{b}_2^* = \boldsymbol{a}_2$，$\boldsymbol{b}_3^* = \boldsymbol{a}_3$。这说明倒格子的倒格子是正格子。

3. 倒格矢 $\boldsymbol{K}_h = h_1\boldsymbol{b}_1 + h_2\boldsymbol{b}_2 + h_3\boldsymbol{b}_3$ 与正格子晶面族 $(h_1h_2h_3)$ 正交

如图 1-21 所示，ABC 是离原点最近的晶面，

$$\boldsymbol{K}_h \cdot AC = (h_1\boldsymbol{b}_1+h_2\boldsymbol{b}_2+h_3\boldsymbol{b}_3)\cdot\left(\frac{\boldsymbol{a}_3}{h_3}-\frac{\boldsymbol{a}_1}{h_1}\right) = 2\pi-2\pi=0 \tag{1-27}$$

$$\boldsymbol{K}_h \cdot AB = (h_1\boldsymbol{b}_1+h_2\boldsymbol{b}_2+h_3\boldsymbol{b}_3)\cdot\left(\frac{\boldsymbol{a}_2}{h_2}-\frac{\boldsymbol{a}_1}{h_1}\right) = 2\pi-2\pi=0 \tag{1-28}$$

即 $\boldsymbol{K}_h$ 与晶面指数为 $(h_1h_2h_3)$ 的晶面 ABC 正交，也即与晶面族 $(h_1h_2h_3)$ 正交。

4. 倒格矢 K_h 的模与晶面族 $(h_1h_2h_3)$ 的面间距成反比

设 $d_{h_1h_2h_3}$ 是晶面族 $(h_1h_2h_3)$ 的面间距，由图 1-21 可知

$$d_{h_1h_2h_3}=\frac{\boldsymbol{a}_1}{h_1}\cdot\frac{\boldsymbol{K}_h}{|\boldsymbol{K}_h|}=\frac{\boldsymbol{a}_1\cdot(h_1\boldsymbol{b}_1+h_2\boldsymbol{b}_2+h_3\boldsymbol{b}_3)}{h_1|\boldsymbol{K}_h|}=\frac{2\pi}{|\boldsymbol{K}_h|} \tag{1-29}$$

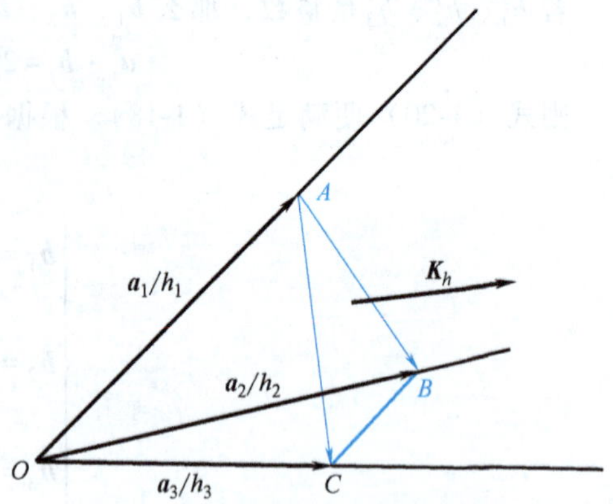

图 1-21　离原点最近的晶面

相类比，倒格面 $(l_1l_2l_3)$ 的面间距

$$d^*_{l_1l_2l_3}=\frac{2\pi}{|l_1\boldsymbol{a}_1+l_2\boldsymbol{a}_2+l_3\boldsymbol{a}_3|}=\frac{2\pi}{|\boldsymbol{R}_l|} \tag{1-30}$$

在晶胞坐标系中

$$d_{hkl}=\frac{2\pi}{|\boldsymbol{K}_{hkl}|} \tag{1-31}$$

其中

$$\boldsymbol{K}_{hkl}=h\boldsymbol{a}^*+k\boldsymbol{b}^*+l\boldsymbol{c}^*$$

$$\boldsymbol{a}^*=\frac{2\pi(\boldsymbol{b}\times\boldsymbol{c})}{\Omega}$$

$$\boldsymbol{b}^*=\frac{2\pi(\boldsymbol{c}\times\boldsymbol{a})}{\Omega}$$

$$\boldsymbol{c}^*=\frac{2\pi(\boldsymbol{a}\times\boldsymbol{b})}{\Omega}$$

$$\Omega=\boldsymbol{a}\cdot(\boldsymbol{b}\times\boldsymbol{c})$$

1.4.2　布里渊区

如果 h 为任意整数，则波矢 $\boldsymbol{k}$ 与

$$k'=k+2\pi\frac{h}{a} \tag{1-32}$$

对应于相同的 λ_n。为了避免这种不确定性，我们将波矢值的选取限制在 $\left(-\frac{\pi}{a},\ \frac{\pi}{a}\right)$ 内。倒空间的这一区域称为第一布里渊区，如图 1-22 所示。图 1-22 中还画出了第二布里渊区及第三布里渊区等。前者与后者及第一布里渊区相邻，余可类推。每个布里渊区都在倒空间占据相同的“体积” $2\pi/a$，即一个倒格点所占据的范围。式（1-32）中的 $2\pi h/a$ 其实正是一维倒格矢。

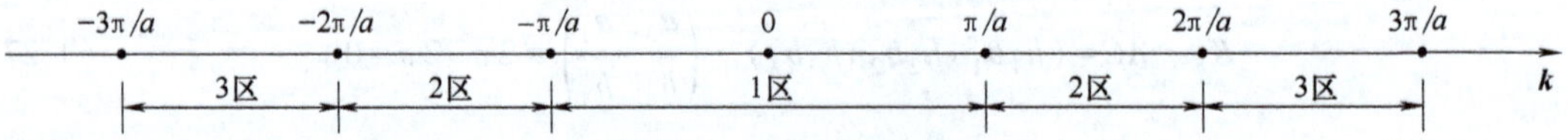

图 1-22　一维布里渊区

第一布里渊区内共有 N 个波矢代表点均匀分布其中，N 为晶体的原胞数。每个代表点

所占据的倒空间体积为 $(2\pi)^3/V$，代表点的分布密度为 $V/(2\pi)^3$，V 为晶体体积。即除去因子 $(2\pi)^3$ 外，倒空间里表示电子状态的波矢的代表点的密度与晶体体积一致。图 1-23 所示为简单立方的第一布里渊区，它是由原点和 6 个近邻格点的垂直平分面围成的立方体。图 1-24 所示为面心立方和体心立方的第一布里渊区，可根据面心立方及体心立方倒格子基矢式（1-26）按上述方法画出。由图 1-24 可知，在倒空间中，面心立方的第一布里渊区由 14 个平面组成。其中 6 个面属于 {100} 组，另外 8 个则属于 {111} 组，分别为从原点到 8 个最近邻与 6 个次近邻倒格点的倒格矢的垂直平分面。其体积则为 $4(2\pi/a)^3$，除去因子 $(2\pi)^3$ 外，恰好是原胞体积 $a^3/4$ 的倒数。体心立方倒格子的第一布里渊区是由倒空间 {110} 组的 12 个平面构成的，其中每一个都是原点到最近邻倒格点的倒格矢的垂直平分面。第一布里渊区的体积为 $2(2\pi/a)^3$，除去因子 $(2\pi)^3$ 外，正好也是原胞体积 $a^3/2$ 的倒数。这里我们又一次注意到正空间的体积之间的比例恰与倒空间相反。体心立方原胞的体积为简单立方的一半，其倒空间的第一布里渊区却为后者的两倍；面心立方原胞体积为简单立方的 1/4，倒空间第一布里渊区相应扩大成 4 倍。在图 1-24 所示的第一布里渊区中，波矢代表点的总数都等于晶体所包含的原胞总数，而每个代表点所占据的倒空间的体积都是 $(2\pi)^3/V$，在倒空间中代表点的分布密度也都是 $V/(2\pi)^3$。

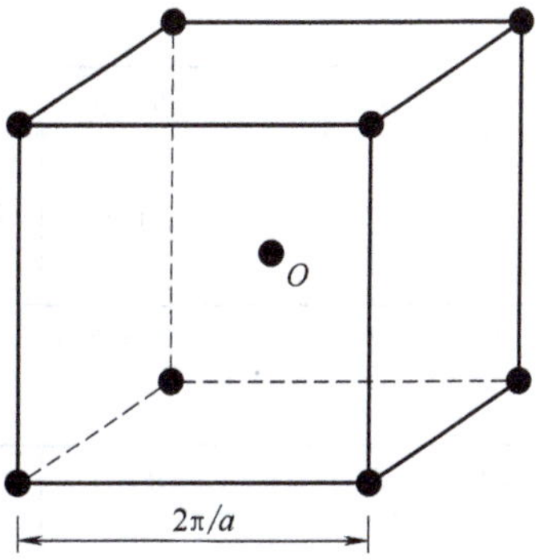

图 1-23 简单立方的第一布里渊区

图 1-24 的布里渊区中有若干个点具有较高的对称性，通常最受人们的关注。对面心立方与体心立方，如将 k 空间中某点的波矢

$$\boldsymbol{k}=\frac{2\pi}{a}(u\boldsymbol{e}_1+v\boldsymbol{e}_2+\omega\boldsymbol{e}_3) \tag{1-33}$$

简化表示为 $\frac{2\pi}{a}(u,\ v,\ \omega)$，则一些对称性较高的点的坐标见表 1-2 和表 1-3。

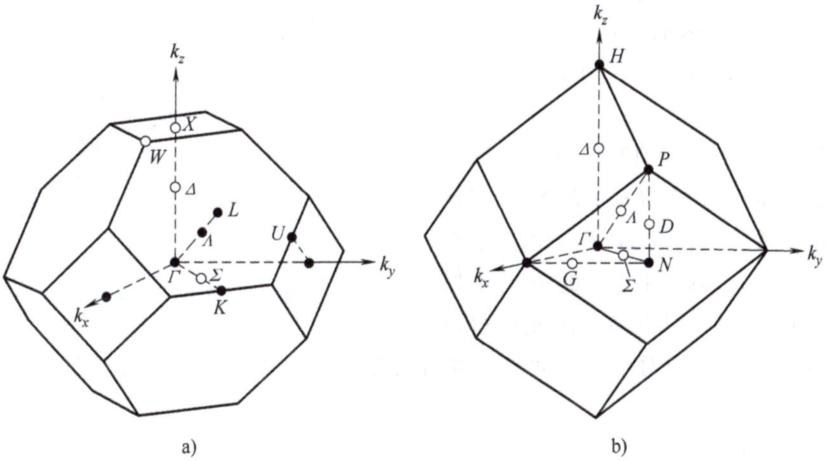

图 1-24 面心立方与体心立方的第一布里渊区

a）面心立方 b）体心立方

表 1-2 面心立方布里渊区的对称点

名称	Γ	H	Δ	P	Λ	N	Σ
坐标	$\frac{2\pi}{a}(0,0,0)$	$\frac{2\pi}{a}(1,0,0)$	$\frac{2\pi}{a}(\delta,0,0)$	$\frac{2\pi}{a}\left(\frac{1}{2},\frac{1}{2},\frac{1}{2}\right)$	$\frac{2\pi}{a}(\lambda,\lambda,\lambda)$	$\frac{2\pi}{a}\left(\frac{3}{4},\frac{3}{4},0\right)$	$\frac{2\pi}{a}(\sigma,\sigma,\sigma)$

注：$0<\delta<1$，$0<\lambda<1/2$，$0<\delta<3/4$。

表 1-3 体心立方布里渊区的对称点

名称	Γ	H	Δ	P	Λ	N	Σ
坐标	$\frac{2\pi}{a}(0,0,0)$	$\frac{2\pi}{a}(1,0,0)$	$\frac{2\pi}{a}(\delta,0,0)$	$\frac{2\pi}{a}\left(\frac{1}{2},\frac{1}{2},\frac{1}{2}\right)$	$\frac{2\pi}{a}(\lambda,\lambda,\lambda)$	$\frac{2\pi}{a}\left(\frac{1}{2},\frac{1}{2},0\right)$	$\frac{2\pi}{a}(\sigma,\sigma,\sigma)$

注：$0<\delta<1$，$0<\lambda<1/2$，$0<\delta<1/2$。

这里我们注意到，对正、倒空间，尽管长度量纲不同，我们却采用沿坐标轴相同的单位矢量 $\boldsymbol{e}_1$、$\boldsymbol{e}_2$、$\boldsymbol{e}_3$。这并非偶然，而是反映了正、倒格子之间本质的联系。事实上如对立方晶系设一晶轴方向的基矢为 $a\boldsymbol{e}_1$，而某一电子的波矢 $\boldsymbol{k}=k\boldsymbol{e}_1$，则表示该电子波矢即沿此晶轴方向。

1.5 晶体衍射

当 X 光的衍射波矢 $\boldsymbol{k}$ 与入射波矢 $\boldsymbol{k}_0$ 之差等于倒格矢时，即

$$\boldsymbol{k}-\boldsymbol{k}_0=\boldsymbol{K}_{h'} \tag{1-34}$$

则 $\boldsymbol{k}$ 的方向即为衍射加强的方向。设

$$\boldsymbol{K}_{h'}=h_1'\boldsymbol{b}_1+h_2'\boldsymbol{b}_2+h_3'\boldsymbol{b}_3=n(h_1\boldsymbol{b}_1+h_2\boldsymbol{b}_2+h_3\boldsymbol{b}_3)=n\boldsymbol{K}_h \tag{1-35}$$

衍射加强的条件又化为

$$\boldsymbol{k}-\boldsymbol{k}_0=n\boldsymbol{K}_h \tag{1-36}$$

其中 n 为整数，h_1、h_2、h_3 为互质数，并称（$nh_1h_2h_3$）为衍射面指数。式（1-36）的几何意义如图 1-25 所示，过 $\boldsymbol{k}_0$ 的末端作 $n\boldsymbol{K}_h$ 的垂线，若忽略康普顿效应，波矢的模 $|\boldsymbol{k}_0|=|\boldsymbol{k}|$，则此垂线便是 $n\boldsymbol{K}_h$ 的垂直平分线。我们知道，晶面（$h_1h_2h_3$）与倒格矢 $\boldsymbol{K}_h$ 垂直，所以此垂直平分线就在（$h_1h_2h_3$）晶面内，即衍射极大的方向正好是晶面（$h_1h_2h_3$）的反射方向。由此可得出一个简单结论：当衍射线对某一晶面族来说恰为光的反射方向时，此衍射方向便是衍射加强的方向。

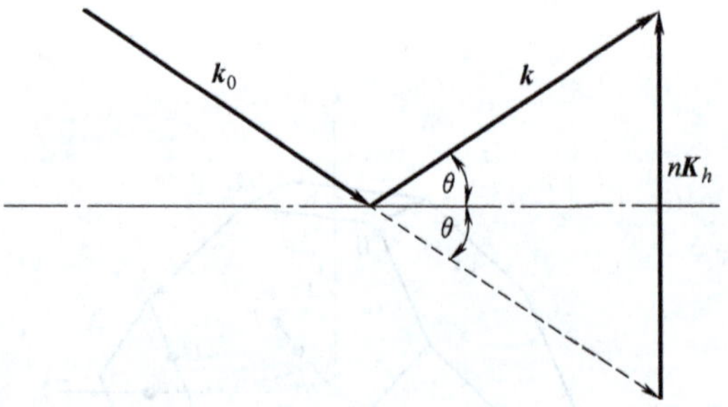

图 1-25 晶格的布拉格反射

由图 1-25 可知

$$|\boldsymbol{k}-\boldsymbol{k}_0|=n|\boldsymbol{K}_h|=2|\boldsymbol{k}|\sin\theta=\frac{4\pi}{\lambda}\sin\theta \tag{1-37}$$

再将式（1-30）代入式（1-37），可以得到

$$2d_{h_1h_2h_3}\sin\theta = n\lambda \tag{1-38}$$

式（1-38）便是原胞基矢坐标系中的布拉格反射公式，θ 称为掠射角或衍射角。但实验中常采用晶胞坐标系中的表达式

$$2d_{hkl}\sin\theta = n'\lambda \tag{1-39}$$

式中，d_{hkl} 是米勒指数为（hkl）的晶面族的面间距；n'为衍射级数。现在的问题是，当掠射角 θ 相同时，n'与 n 有何关系？n'的取值是否一定从 1 开始？要回答这些问题，显然应弄清楚 $d_{h_1h_2h_3}$ 与 d_{hkl} 的关系。由式（1-29）和式（1-31）两式可知

$$d_{h_1h_2h_3} = \frac{2\pi}{|h_1\boldsymbol{b}_1 + h_2\boldsymbol{b}_2 + h_3\boldsymbol{b}_3|} \tag{1-40}$$

$$d_{hkl} = \frac{2\pi}{|h\boldsymbol{a}^* + k\boldsymbol{b}^* + l\boldsymbol{c}^*|} \tag{1-41}$$

θ 相同意味着（$h_1h_2h_3$）与（hkl）为同一晶面族，$\boldsymbol{K}_h$ 与 $\boldsymbol{K}_{hkl}$ 平行，即

$$\boldsymbol{K}_h = p\boldsymbol{K}_{hkl} \tag{1-42}$$

其中 p 是一个常数。若设立方晶胞的 $\boldsymbol{a}$、$\boldsymbol{b}$、$\boldsymbol{c}$ 轴的单位矢量分别为 $\boldsymbol{i}$、$\boldsymbol{j}$、$\boldsymbol{k}$，对于体心立方元素晶体，有

$$\begin{cases} \boldsymbol{a}^* = \dfrac{2\pi}{a}\boldsymbol{i} = \dfrac{1}{2}(-\boldsymbol{b}_1 + \boldsymbol{b}_2 + \boldsymbol{b}_3) \\ \boldsymbol{b}^* = \dfrac{2\pi}{a}\boldsymbol{j} = \dfrac{1}{2}(\boldsymbol{b}_1 - \boldsymbol{b}_2 + \boldsymbol{b}_3) \\ \boldsymbol{c}^* = \dfrac{2\pi}{a}\boldsymbol{k} = \dfrac{1}{2}(\boldsymbol{b}_1 + \boldsymbol{b}_2 - \boldsymbol{b}_3) \\ \boldsymbol{b}_1 = \dfrac{2\pi}{a}(\boldsymbol{j} + \boldsymbol{k}) = \boldsymbol{b}^* + \boldsymbol{c}^* \\ \boldsymbol{b}_2 = \dfrac{2\pi}{a}(\boldsymbol{k} + \boldsymbol{i}) = \boldsymbol{c}^* + \boldsymbol{a}^* \\ \boldsymbol{b}_3 = \dfrac{2\pi}{a}(\boldsymbol{i} + \boldsymbol{j}) = \boldsymbol{a}^* + \boldsymbol{b}^* \end{cases} \tag{1-43}$$

于是

$$\boldsymbol{K}_h = h_1\boldsymbol{b}_1 + h_2\boldsymbol{b}_2 + h_3\boldsymbol{b}_3 = (h_2 + h_3)\boldsymbol{a}^* + (h_3 + h_1)\boldsymbol{b}^* + (h_1 + h_2)\boldsymbol{c}^* \tag{1-44}$$

将式（1-42）与式（1-44）比较得

$$(hkl) = \frac{1}{p}[(h_2 + h_3)(h_3 + h_1)(h_1 + h_2)] \tag{1-45}$$

可见 p 是（h_2+h_3）、（h_3+h_1）、（h_1+h_2）的公因数，是一个整数。同样可得到

$$\boldsymbol{K}_{hkl} = \frac{p'}{2}\boldsymbol{K}_h \tag{1-46}$$

$$(h_1h_2h_3) = \frac{1}{p'}[(-h + k + l)(h - k + l)(h + k - l)] \tag{1-47}$$

其中 p'是（$-h+k+l$）、（$h-k+l$）、（$h+k+l$）的公因数，也是整数。由式（1-45）和式

(1-47) 两式可知，对于体心立方晶体，若已知晶面族的面指数 $(h_1h_2h_3)$，可求出相应的米勒指数；若已知米勒指数 (hkl)，可求出相应的面指数。更有意义的是，由式 (1-46) 和式 (1-42) 两式可得，$p'/2=p$，这说明，p 或 p' 只能取 1 或 2。当 $p=1$ 或 $p'=2$ 时，$\boldsymbol{K}_h=\boldsymbol{K}_{hkl}$，$d_{h_1h_2h_3}=d_{hkl}$，$n=n'$，即式 (1-38) 和式 (1-39) 两式中的衍射级数是一致的。但当 $p=2$ 或 $p'=1$ 时，$\boldsymbol{K}_h=2\boldsymbol{K}_{hkl}$，$d_{h_1h_2h_3}=d_{hkl}/2$，$n'=2n$。$n'=2n$ 说明，结晶学中的衍射级数都是偶数，或者说，奇数级衍射都是消光的。为了弄清楚体心立方元素晶体有时奇数级衍射消光的本质，我们以米勒指数为 (001) 的晶面族说明。对于 (001) 晶面族，由式 (1-47) 可知 $p'=1$。由式 (1-41) 可求得 $d_{001}=a$，对于该晶面族的一级衍射，有

$$2a\sin\theta=\lambda \tag{1-48}$$

式 (1-48) 的几何意义如图 1-26 所示。由图中上下两晶面产生的光程差 $2a\sin\theta$ 推论，似乎 (001) 晶面族相邻原子面的衍射光相位差为 2π，应为加强条件。但图 1-26 中相距 a 的两晶面间还有一层晶面，即 (001) 晶面族的实际间距为 $a/2$，实际相邻原子面的衍射光的相位差为 π，为消光条件。这说明，用米勒指数表示的晶面族，有时不出现一级衍射，原因就在于结晶学中的面间距不一定是原子面的实际间距。

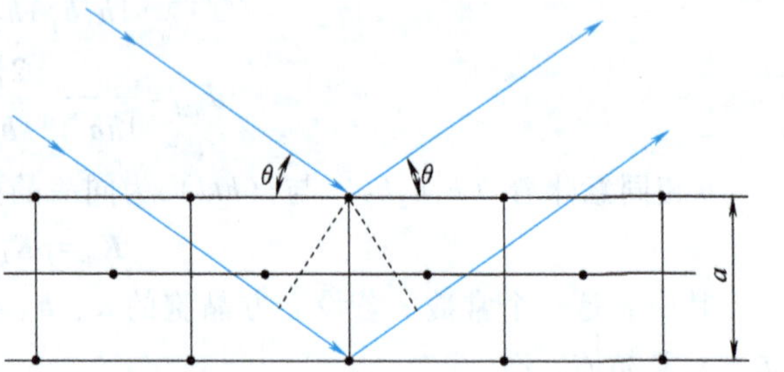

图 1-26　体心立方晶体 (001) 面的一级衍射

对于面心立方元素晶体，同样可以证明，对于 $p=2$ 或 $p'=1$ 的晶面族，一级衍射也是消光的。

下面介绍一下晶体 X 光衍射的实验方法。

1. 劳厄法

由式 (1-37) 已知，X 光的入射波矢 $\boldsymbol{k}_0$ 与反射波矢 $\boldsymbol{k}$ 的矢量关系为

$$\boldsymbol{k}=\boldsymbol{k}_0+n\boldsymbol{K}_h \tag{1-49}$$

由于 $|\boldsymbol{k}_0|=|\boldsymbol{k}|$，式 (1-49) 表明，反射波矢 $\boldsymbol{k}$ 的末端落在以 $|\boldsymbol{k}_0|$ 为半径的球面上（称此球为反射球）。若 $\boldsymbol{k}_0$ 的末端取为倒格点，如图 1-27 所示，波矢 $\boldsymbol{k}$ 的末端也必定是倒格点。这说明，当入射方向和 X 光波长一定时，由球心到球面上的倒格点的连线方向，都是 X 光衍射极大的方向，或简称 X 光的反射方向。

劳厄法的特点是：X 光为连续谱，晶体为单晶，晶体固定不动。由于 X 光管中的电子加速电压不可能无限高，使得 X 光波长不可能无限小，而有一个最小的波长 $\lambda_{\min}$。受到 X 光管窗玻璃的吸收作用，X 光波长也不能无限大，有一个限制 $\lambda_{\max}$，所以劳厄法中反射球的半径介于 $2\pi/\lambda_{\max}$ 和 $2\pi/\lambda_{\min}$ 之间。如图 1-27 所示，

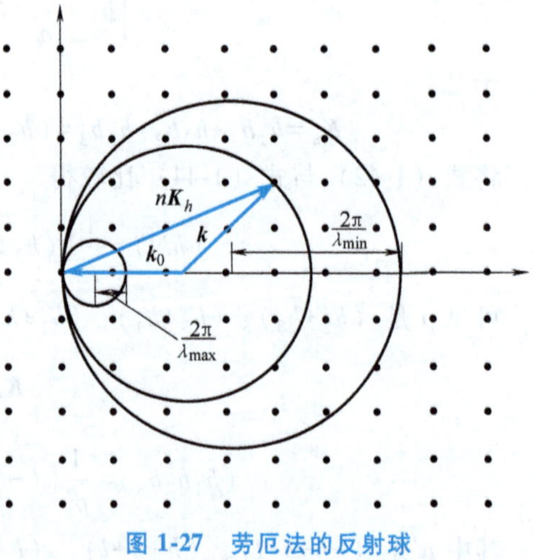

图 1-27　劳厄法的反射球

两球间的任一倒格点与 $\boldsymbol{k}_0$ 末端连线的中垂面在入射方向上的直径上的交点，与该倒格点的连线，即是衍射极大方向。可见衍射斑点与倒格点对应，衍射斑点的分布可反映出倒格点的分布。而倒格矢是晶体相应晶面的法线方向，晶格有什么样的对称性，倒格子就有什么样的对称性。当 X 光入射方向与晶体的某对称轴平行时，劳厄衍射斑点的对称性，即反映出晶格的对称性。劳厄法虽然能确定单晶体的对称性，但不便于确定晶格常数。

2. 旋转单晶法

旋转单晶法的要求是：X 光波长不变，单晶体转动，晶体转动，正格子转动，倒格子也转动。我们可以把倒格点看成分布在与转轴垂直的一个个倒格面上，这些倒格面在反射球球面上截出一个个圆周。倒格点转动时，倒格点落在反射球球面上的个数就多，球心到圆周上格点的连线就多，这些连线构成一个个圆锥面。也就是说，衍射极大的方向在一个个圆锥的母线的方向上。图 1-28 给出了旋转单晶法的示意图。如图 1-28 所示，若把胶片卷成以转轴为轴的圆筒，当把感光后冲洗好的胶片摊平时，胶片上将有一些衍射斑点形成的平行线。用旋转单晶法可具体测定晶体的晶格常数。

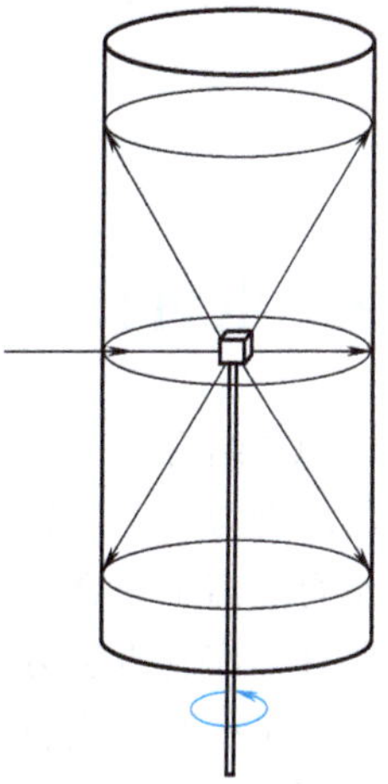

图 1-28　旋转单晶法示意图

3. 粉末法

粉末法是一个十分有用的晶体衍射方法。它不仅能测定单晶（将单晶研成粉末），更重要的是它能测定多晶。

粉末衍射实验原理如图 1-29 所示。由于样品是多晶体，晶粒的取向几乎是任意的，任一晶面的取向也就几乎是连续的。于是与入射 X 光夹角为 θ、间距为 d 的晶面的反射光，则以入射方向为轴形成一个圆锥面。如图 1-30 所示，s 是对应 2θ 角的弧长。设衍射晶体为立方结构，将米勒指数为（hkl）的晶面族的面间距

$$d_{hkl}=\frac{a}{\sqrt{h^2+k^2+l^2}} \tag{1-50}$$

代入式（1-39），得到

$$\frac{4a^2}{\lambda^2}\sin^2\theta=(n'h)^2+(n'k)^2+(n'l)^2 \tag{1-51}$$

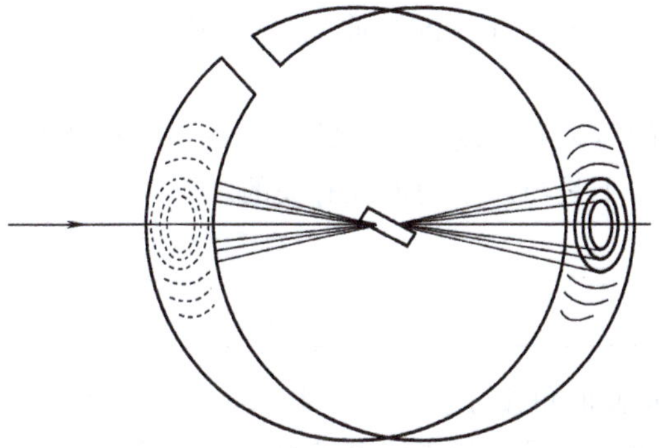

图 1-29　粉末衍射实验

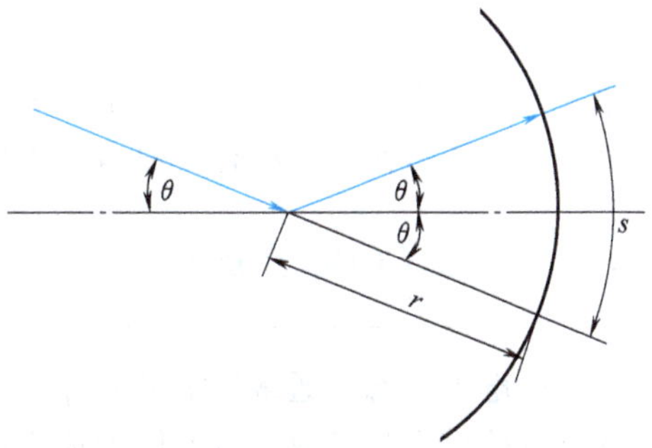

图 1-30　粉末衍射

由图 1-30 可知

$$\theta=\frac{s}{2r} \tag{1-52}$$

于是式（1-51）变成

$$\frac{4a^2}{\lambda^2}\sin^2\left(\frac{s}{2r}\right)=(n'h)^2+(n'k)^2(n'l)^2 \tag{1-53}$$

由式（1-51）可知，最小的 θ 角对应最小的衍射面指数的平方和。再大一些的 θ 角对应再大一些的衍射面指数的平方和。由此对应关系，我们不仅能确定晶格常数，还能确定面指数。例如，对于体心立方元素晶体，最小的衍射面指数的平方和是 2，即 {110} 晶面族。于是得到

$$a=\frac{\sqrt{2}}{2}\cdot\frac{\lambda}{\sin\dfrac{s_1}{2r}} \tag{1-54}$$

为了改善测量精度，可选用较大的 θ 角，比如选由小到大的第三个衍射角 θ_3。因 θ_3 对应的衍射面指数的平方和为 6，所以有

$$a=\sqrt{\frac{3}{2}}\cdot\frac{\lambda}{\sin\dfrac{s_3}{2r}} \tag{1-55}$$

1.6 电负性

原子结合成晶体时，原子的外层电子要做重新分布。外层电子的不同分布产生了不同类型的结合力。不同类型的结合力，导致了晶体结合的不同类型。典型的晶体结合类型是：共价结合、离子结合、金属结合、分子结合和氢键结合。尽管晶体结合类型不同，但结合力有其共性：库仑吸引力是原子结合的动力，它是长程力；晶体原子间还存在排斥力，它是短程力；在平衡时，吸引力与排斥力相等。同一种原子，在不同结合类型中有不同的电子云分布，因此呈现出不同的原子半径和离子半径。

原子间存在吸引和排斥的宏观反映，就是固体有弹性。固体的弹性形变遵从胡克定律。因为固体不仅存在压缩（或膨胀）应变，也存在切应变，所以固体中不仅能传播纵波，也能传播横波。一个方向上一般有三种波动模式：一个纵波（或准纵波），两个横波（或准横波）。

原来中性的原子能够结合成晶体，除了外界的压力和温度等条件的作用外，主要取决于原子最外层电子的作用。没有一种晶体结合类型，不是与原子的电性有关的。

1.6.1 原子的电子分布

原子的电子组态，通常用字母 s、p、d、…来表征角量子数 $l=0$、1、2、…，字母的左边的数字是轨道主量子数，右上标表示该轨道的电子数目，如氧的电子组态为 $1s^22s^22p^4$。

核外电子分布遵从泡利不相容原理、能量最低原理和洪特规则。泡利不相容原理是：包括自旋在内，不可能存在量子态完全相同的两个电子。能量最低原理是自然界中的普遍规律，即任何稳定体系，其能量最低。洪特规则可以看成最低能量原理的一个细则，即电子依能量由低到高依次进入轨道并先单一自旋平行地占据尽量多的等价［n(主量子数)、l(角量

子数）相同］轨道。

在同一族中，虽然原子的电子层数不同，但却有相同的价电子构型，它们的性质是相近的。ⅠA族和ⅡA族的原子容易失去最外壳层的电子，ⅥA族和ⅦA族的原子不容易失去电子，而是容易获得电子。可见原子失掉电子的难易程度是不一样的。

1.6.2　电离能

使原子失去一个电子所需要的能量称为原子的电离能。从原子中移去第一个电子所需要的能量称为第一电离能。从+1价离子中再移去一个电子所需要的能量称为第二电离能。不难推测，第二电离能一定大于第一电离能。表1-4列出了两个周期原子的第一电离能的实验值。从表中可以看出，在一个周期内从左到右，电离能不断增加。电离能的大小可用来度量原子对价电子的束缚强弱。另一个可以用来表示原子对价电子束缚程度的是电子亲和能。

表1-4　电离能　（单位：eV）

元素	Na	Mg	Al	Si	P	S	Cl	Ar
电离能	5.138	7.644	5.984	8.149	10.55	10.357	13.01	15.755
元素	K	Ca	Ga	Ge	As	Se	Br	Kr
电离能	4.339	6.111	6.00	7.88	9.87	9.750	11.84	13.996

1.6.3　电子亲和能

一个中性原子获得一个电子成为负离子所释放出的能量叫电子亲和能。亲和过程不能看成是电离过程的逆过程。第一次电离过程是中性原子失去一个电子变成+1价离子所需的能量，其逆过程是+1价离子获得一个电子成为中性原子。表1-5是部分元素的电子亲和能。电子亲和能一般随原子半径的减小而增大。因为原子半径小，核电荷对电子的吸引力较强，对应较大的互作用势（是负值），所以当原子获得一个电子时，会相应释放出较大的能量。

表1-5　电子亲和能　（单位：kJ/mol）

元素	理论值	实验值	元素	理论值	实验值
H	72.766	72.9	Na	52	52.9
He	-21	<0	Mg	-230	<0
Li	59.8	59.8	Al	48	44
Be	240	<0	Si	134	120
B	29	23	P	75	74
C	113	122	S	205	200.4
N	-58	0±20	Cl	343	348.7
O	120	141	Ar	-35	<0
F	312~325	322	K	45	48.4
Ne	-29	<0	Ca	-156	<0

1.6.4 电负性

电离能和亲和能从不同的角度表征了原子争夺电子的能力。如何统一地衡量不同原子得失电子的难易程度呢？为此，人们提出了原子的电负性的概念，用电负性来度量原子吸引电子的能力。由于原子吸引电子的能力只能相对而言，所以一般选定某原子的电负性为参考值，把其他原子的电负性与此参考值作比较。电负性有几个不同的定义。最简单的定义是马利肯布（R. S. Mulliken）提出的。他定义：

$$\text{原子的电负性}=0.18\text{eV}(\text{电离能}+\text{亲和能})$$

所取计算单位为 eV（电子伏特），系数 0.18 的选取是为了使 Li 的电负性为 1。目前较通用的是鲍林（Pauling）提出的电负性的计算办法。设 x_A 和 x_B 是原子 A 和 B 的电负性，$E_{A\text{-}B}$、$E_{A\text{-}A}$、$E_{B\text{-}B}$ 分别是双原子分子 AB、AA、BB 的离解能，利用关系式：

$$E_{A\text{-}B}=(E_{A\text{-}A}\times E_{B\text{-}B})^{1/2}+96.5(x_A-x_B)$$

即可求得 A 原子和 B 原子的电负性之差。规定氟的电负性为 4.0kJ/mol，其他原子的电负性即可相应求出。表 1-6 列出了部分元素的电负性。从表中数据可以看出：鲍林与马利肯布所定义的电负性相当接近；同一周期内的原子自左至右电负性增大。如果把所有元素的电负性都列出，还可发现：

表 1-6 元素的电负性

元素	鲍林值/kJ·mol^{-1}	马利肯布值/eV	元素	鲍林值/kJ·mol^{-1}	马利肯布值/eV
H	2.2	—	Na	0.93	0.93
He	—	—	Mg	1.31	1.32
Li	0.98	0.94	Al	0.61	1.81
Be	1.57	1.46	Si	1.90	2.44
B	2.04	2.01	P	2.19	1.81
C	2.55	2.63	S	2.58	2.41
N	3.04	2.33	Cl	3.16	3.00
O	3.44	3.17	Ar	—	—
F	3.98	3.91	K	0.82	0.80
Ne	—	—	Ca	1.0	—

注：1. 周期表由上往下，元素的电负性逐渐减小。
2. 一个周期内重元素的电负性差别较小。

通常把元素易于失去电子的倾向称为元素的金属性，把元素易于获得电子的倾向称为元素的非金属性。因此，电负性小的是金属性元素，电负性大的是非金属性元素。

1.7 结合力与结合能

1.7.1 结合力的共性

不论哪种结合类型，晶体中原子间的相互作用力可分为两类，一类是吸引力，一类是排斥力。在原子由分散无规的中性原子结合成规则排列的晶体过程中，吸引力起到了主要作用。但若只有吸引力而无排斥力，晶体不会形成稳定结构。在吸引力的作用下，原子间的距离缩小到一定程度，原子间才出现排斥力。两原子闭合壳层电子云重叠时，两原子便产生巨大的排斥力。两个原子间的互作用势能可用幂级数来表示：

$$u(r)=-\frac{A}{r^m}+\frac{B}{r^n} \tag{1-56}$$

式中，r 是两原子间的距离；A、B、m、n 均为大于零的常数。第一项表示吸引势，第二项表示排斥势。设 r_0 为两原子处于稳定平衡状态时的距离，相应于 r_0 处，能量取极小值，即

$$\left(\frac{\mathrm{d}u}{\mathrm{d}r}\right)_{r_0}=0,\ \left(\frac{\mathrm{d}^2u}{\mathrm{d}r^2}\right)_{r_0}>0 \tag{1-57}$$

由 $(\mathrm{d}u/\mathrm{d}r)_{r_0}=0$ 得

$$r_0=\left(\frac{nB}{mA}\right)^{1/(n-m)} \tag{1-58}$$

将 r_0 代入 $(\mathrm{d}^2u/\mathrm{d}r^2)_{r_0}>0$，得

$$\left(\frac{\mathrm{d}^2u}{\mathrm{d}r^2}\right)_{r_0}=-\frac{m(m+1)A}{r_0^{m+2}}+\frac{n(n+1)B}{r_0^{n+2}}=\frac{m(m+1)A}{r_0^{m+2}}\left(\frac{n-m}{m+1}\right)>0 \tag{1-59}$$

由式（1-59）可知，$n>m$。$n>m$ 表明，随距离的增大，排斥势要比吸引势更快地减小，即排斥作用是短程效应。

由式（1-56）可求出两原子的互作用力

$$f(r)=-\frac{\mathrm{d}u}{\mathrm{d}r}=-\left(\frac{mA}{r^{m+1}}-\frac{nB}{r^{n+1}}\right) \tag{1-60}$$

图 1-31 给出了两原子的互作用势及互作用力。从图 1-31 可以看出，当两原子相距很远时，相互作用力为零；当两原子逐渐靠近时，原子间出现吸引力；当 $r=r_m$ 时，吸引力达到最大；当距离再缩小时，排斥力起主导作用；当 $r=r_0$ 时，排斥力与吸引力相等，互作用力为零；当 $r<r_0$ 时，排斥力迅速增大，相互作用主要由排斥作用决定。

由于 $r>r_m$ 时两原子间的吸引作用随距离的增大而逐渐减小，所以可认为 r_m 是两原子分子开始解体的临界距离。

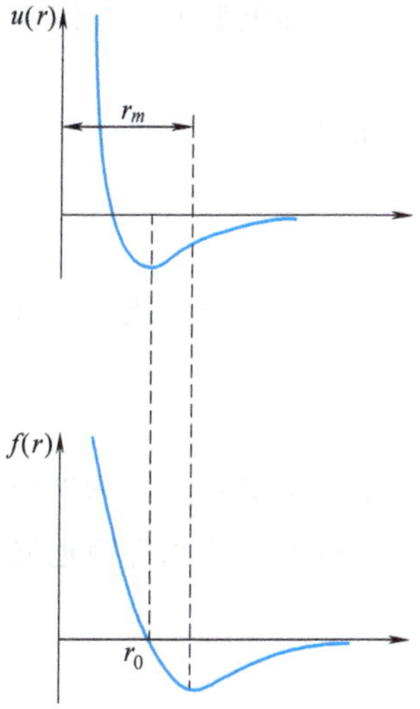

图 1-31　原子间的相互作用

1.7.2　结合能

若两原子的互作用势能的具体形式已知，则由 N 个原子构成的晶体，原子总的互作用势能可由下式求得

$$U=\frac{1}{2}\sum_i\sum_j{}'\,u(r_{ij}) \tag{1-61}$$

其中对 j 求和时，$j\neq i$，式中因子 1/2 是由于 $u(r_{ij})$ 与 $u(r_{ji})$ 是同一个互作用势，但在求和中两项都出现。

一个原子与周围原子的相互作用势因距离而异，但相互作用势能的主要部分是与最近邻原子的相互作用势，相距几个原子间距的两原子间的相互作用已变得很小了。因此，可近似

认为晶体内部的任何一个原子与所有其他原子互作用势能之和都是相等的。另外，晶体表面层的一个原子与晶体其他原子的相互作用势之和肯定不等于晶体内部的一个原子与其他原子的相互作用势之和。但由于晶体表面层原子的数目与晶体内原子数目相比少得多，忽略掉相互作用势的这一差异也无妨。因此，式（1-61）可简化成

$$U=\frac{N}{2}\sum_{j}{}'u(r_{ij}) \tag{1-62}$$

自由粒子结合成晶体过程中释放出的能量，或者把晶体拆散成一个个自由粒子所提供的能量，称为晶体的结合能。显然，原子的动能加原子间的相互作用势能之和的绝对值应等于结合能。在绝对零度时，原子只有零点振动能，原子的动能与相互作用势能的绝对值相比小得多。所以在0K时，晶体的结合能可近似等于原子相互作用势能的绝对值。有些书里称原子间的相互作用势能就是晶体的结合能。

由式（1-62）可知，原子相互作用势能的大小由两个因素决定：一是原子数目，二是原子的间距。这两个因素合并成一个因素便是：原子相互作用势能是晶体体积的函数。因此，若已知原子相互作用势能的具体形式，就可以利用该势能求出与体积相关的有关常数。最常用的是晶体的压缩系数和体积弹性模量。由热力学可知，压缩系数的定义是：单位压强引起的体积的相对变化，即

$$k=-\frac{1}{V}\left(\frac{\partial V}{\partial P}\right)_T \tag{1-63}$$

而体积弹性模量等于压缩系数的倒数，即

$$K=\frac{1}{k}=-V\left(\frac{\partial P}{\partial V}\right)_T \tag{1-64}$$

在绝热近似下，晶体体积增大，晶体对外做功。对外做的功等于内能的减少，即

$$P\mathrm{d}V=-\mathrm{d}U \tag{1-65}$$

也即

$$P=-\frac{\partial U}{\partial V} \tag{1-66}$$

将式（1-66）代入式（1-64），得

$$K=\left|\frac{\partial^2 U}{\partial V^2}\right|_{V_0} V_0 \tag{1-67}$$

式（1-67）是晶体平衡时的体积弹性模量，V_0 是晶体在平衡状态下的体积。我们可将式（1-66）在平衡点附近展开成级数：

$$P=-\frac{\partial U}{\partial V}=-\left(\frac{\partial U}{\partial V}\right)_{V_0}-\left(\frac{\partial^2 U}{\partial V^2}\right)_{V_0}\Delta V+\cdots \tag{1-68}$$

在平衡点，晶体的势能最小，即

$$\left(\frac{\partial U}{\partial V}\right)_{V_0}=0 \tag{1-69}$$

若取线性项，则有

$$P=-\left(\frac{\partial^2 U}{\partial V^2}\right)_{V_0}\Delta V=-K\frac{\Delta V}{V_0} \tag{1-70}$$

在真空中，晶体的体积与一个大气压下晶体的体积相差无几，这说明，当周围环境的压强不太大时，P 可视为一个微分小量。因此，式（1-70）可化为

$$\frac{\partial P}{\partial V}=-\frac{K}{V_0} \tag{1-71}$$

因为晶格具有周期性，晶体的体积可化成

$$V=\lambda R^3 \tag{1-72}$$

的形式，其中 R 是最近两原子的距离。比如，对于面心立方简单晶格，$\sqrt{2}a=2R$，$V=\frac{N}{4}a^3$，所以 $\lambda=\sqrt{2}N/2$，这样一来，势能就化成 R 的函数。在平衡点，势能取极小值，即

$$\left(\frac{\mathrm{d}U}{\mathrm{d}R}\right)_{R_0}=0 \tag{1-73}$$

利用式（1-73）可得

$$\left(\frac{\partial^2 U}{\partial V^2}\right)_{V_0}=\frac{R_0^2}{9V_0^2}\left(\frac{\partial^2 U}{\partial R^2}\right)_{R_0} \tag{1-74}$$

于是式（1-67）化成

$$K=\frac{R_0^2}{9V_0}\left(\frac{\partial^2 U}{\partial R^2}\right)_{R_0} \tag{1-75}$$

1.7.3　结合类型

原子结合成晶体时，不同的原子对电子的争夺能力不同，使得原子外层的电子要作重新分布。也就是说，原子的电负性决定了结合力的类型。按照结合力的性质和特点，晶体可分为 5 种基本结合类型：共价结合、离子结合、金属结合、分子结合和氢键结合。

1. 共价结合

电负性较大的原子倾向于俘获电子而难以失去电子。因此，由电负性较大的同种原子结合成晶体时，最外层的电子不会脱离原来的原子，称这类晶体为原子晶体。电子不脱离原来的原子，那到底原子晶体的结合力是如何形成的呢？现在已弄清楚，原子晶体是靠共价键结合的。电子虽不能脱离电负性大的原子，但靠近的两个电负性大的原子可以各出一个电子，形成电子共享的形式，即这一对电子的主要活动范围处于两原子之间，把两个原子联结起来。这一对电子的自旋是相反的，称为配对电子。电子配对的方式称为共价键。ⅣA 族元素 C、Si、Ge 的最外层有 4 个电子，一个原子与最近邻的 4 个原子各出一个电子，形成 4 个共价键。这就是说，ⅣA 族的元素晶体，任一个原子有 4 个最近邻。实验证明，若取某原子为四面体的中心，4 个最近邻处在正四面体的顶角上，如图 1-32 所示。除ⅣA 族元素能结合成最典型的共价结合晶体外，其次是ⅤA、ⅥA 和ⅦA 族元素，它们的元素晶体也是共价晶体。共价键的共同特点是饱和性和方向性。设 N 为价电子数目，对于ⅣA、ⅤA、ⅥA、ⅦA 族元素，价电子壳层一共有 8 个量子态，最多能接纳 $8-N$ 个电子，形成 $(8-N)$ 个共价键，

8-N便是饱和的价键数。共价键的方向性是指原子只在特定的方向上形成共价键，该方向是配对电子的波函数的对称轴。

共价结合使两个原子核间出现一个电子云密集区，降低了两核间的正电排斥，使体系的势能降低，形成稳定的结构。共价晶体的硬度高（比如金刚石是最硬的固体），熔点高，热膨胀系数小，导电性差。

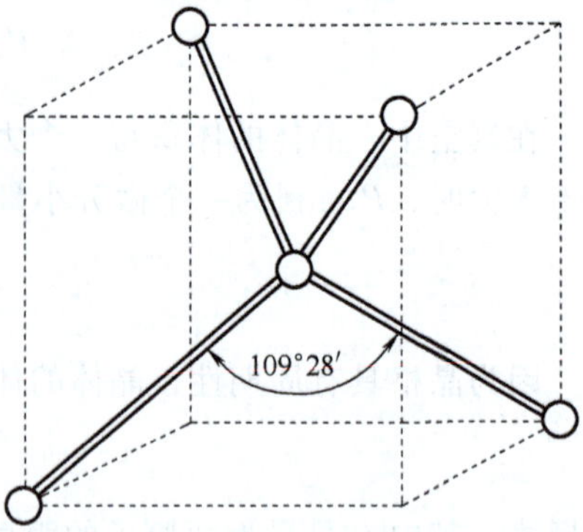

图 1-32　金刚石结构中的正四面体

2. 离子结合

周期表左边的元素的电负性小，容易失去电子；而周期表右边的元素电负性大，容易俘获电子；二者结合在一起，一个失去电子变成正离子，一个得到电子变成负离子，形成离子晶体。最典型的离子晶体是ⅠA族碱金属元素与ⅦA族卤族元素结合成的晶体，如NaCl、CsCl等。Ⅰ族元素和Ⅴ族元素构成的晶体也可基本视为离子晶体。ⅠA族碱金属元素，最外层电子只有一个，当这一电子被ⅦA族元素俘获后，碱金属离子的电子组态与原子序号比它小一号的惰性原子的电子组态一样，而卤族离子的电子组态与原子序号比它大一号的惰性原子的电子组态一样，即正负离子的电子壳层都是球对称稳定结构。离子晶体结合过程中的动力显然是正负离子间的库仑力。要使原子间的互作用势能最小，一种离子的最近邻必为异号离子，在这一条件的限制下，典型的离子晶体结构有两种，一是NaCl型面心立方结构，一是CsCl型简单立方结构。

库仑力是一种很强的作用力，因此，离子晶体是一种结构很稳固的晶体。离子晶体的硬度高，熔点高，热膨胀小，导电性差。

3. 金属结合

ⅠA、ⅡA族及过渡元素的电负性小，最外层一般有一两个容易失去的价电子。构成元素晶体时，晶格上既有金属原子，又有失去了电子的金属离子，但它们都是不稳定的。价电子会向正金属离子运动，即金属离子随时会变成金属原子，金属原子随时会变成金属离子。这说明，电负性小的元素晶体，即金属晶体中，价电子不再属于个别原子，而是所有原子共有，在晶体中做共有化运动。既然每个原子不再有固定的价电子，我们干脆采用一个更简化的物理模型：金属中所有原子都失掉了最外层的价电子而成为原子实，原子实浸没在共有电子的电子云中。金属晶体的结合力主要是原子实和共有化电子之间的静电库仑力。金属结合只受最小能量的限制，原子越紧凑，电子云与原子实就越紧密，库仑能就越低。所以许多金属原子是立方密积或六角密积排列，配位数最高。金属的另一种较紧密的结构是体心立方结构。

由于金属中有大量做共有化运动的电子，所以金属的性质主要由价电子决定。金属具有良好的导电性、导热性，不同金属存在接触电势差等，都是共有化电子的性质决定的。原子实与电子云之间的作用，不存在明确的方向性，原子实与原子实相对滑动并不破坏密堆积结构，不会使系统内能增加。金属原子容易相对滑动的特点，是金属具有延展性的微观根源。

4. 分子结合

固体表面有吸附现象，气体能凝结成液体，液体能凝结成固体，都说明分子间有结合力存在。分子间的结合力称为范德瓦耳斯力，范德瓦耳斯力一般可分为3种类型：

(1) 极性分子间的结合 极性分子具有电偶极矩，极性分子间的作用力是库仑力。为了使系统的能量最低，两分子靠近的两原子一定是异性的。

(2) 极性分子与非极性分子的结合 极性分子的电偶极矩具有长程作用，它使附近的非极性分子产生极化，使非极性分子也成为一个电偶极子。极性分子的偶极矩与非极性分子的诱导偶极矩的吸引力称为诱导力。显然诱导力也是库仑力。

(3) 非极性分子间的结合 非极性分子在低温下能形成晶体，其结合力是分子间瞬时电偶极矩的一种相互作用，这种作用力是较弱的。

5. 氢键结合

氢原子很特殊，虽属于IA族，但它的电负性（2.2kJ/mol）很大，是钠原子电负性（0.93kJ/mol）的两倍多，与碳原子的电负性（2.55kJ/mol）差不多，这样的原子很难直接与其他原子形成离子结合。氢原子通常先与电负性大的原子A形成共价结合；形成共价键后，原来球对称的电子云分布偏向了A原子方向，使氢核和负电中心不再重合，产生了极化现象。此时呈正电性的氢核一端可以通过库仑力与另一个电负性较大的B原子相结合。这种结合可表示为A-H-B，H与A距离近，作用强，与B的距离稍远，结合力相对较弱。通常文献只称H-B为氢链。冰是典型的氢键晶体。

以上介绍的是典型的晶体结合类型。对大多数晶体来说，晶体的结合可能是混合型，即一种晶体内同时存在几种结合类型。例如GaAs晶体的共价性结合大约占31%，离子性结合大约占69%。石墨晶体更是典型的混合型结合，既有共价结合，又有分子结合，还有金属结合。金属结合决定了石墨具有导电性，分子结合是石墨质地疏松的根源。

1.8 离子晶体的结合（马德隆常数）

1.8.1 离子结合的定义和特点

当电负性相差很大的两类元素的原子相互靠近形成晶体时，电负性小的金属原子容易失去最外层的价电子，成为正离子。电负性大的非金属原子得到金属的价电子而成为负离子。正、负离子由于库仑引力的作用相互靠近，但当它们近到一定程度时，闭合电子壳层的电子云因重叠而产生排斥力，又阻止了离子的无限靠近。当吸引力和排斥力平衡时，就形成稳定的晶体，这种电荷异号的离子间的静电相互作用称为离子键。靠离子键结合成的晶体称为离子晶体或极性晶体。最典型的离子晶体是碱金属元素Li、Na、K、Rb、Cs和卤族元素F、Cl、Br、I之间形成的化合物。

离子结合的基本特点是以离子而不是以原子为结合的单位。例如NaCl晶体，是以Na^+和Cl^-为单元结合成的晶体，它们的结合就是靠离子之间的库仑作用。具有相同电性的离子之间存在排斥作用，但由于在离子晶体的典型晶格中，正、负离子交替排列，使每一种离子以异号的离子为近邻，因此，库仑作用的总的效果是吸引性的。一般地，离子具有满壳层结构时，其电子云是球形对称的，所以离子间的作用即离子键是没有方向性和饱和性的。通常，一个离子周围尽可能多地聚集异号离子，形成配位数较高的晶体结构。例如NaCl结构的配位数为6，CsCl结构的配位数为8。

1.8.2 离子晶体的结合能

离子晶体的很多性质都与它的结合能有很大的关系。为了具体说明，本书以 NaCl 晶体为例，讨论离子晶体的结合能。在 NaCl 晶体中，Na^+和 Cl^-相间排列，且离子都具有满壳层的结构，电子云球形对称，因此，可以把它们视为点电荷。这样，Na^+和 Cl^-间的吸引势能即库仑势能可以表示为

$$U_T(r) = -\frac{e^2}{4\pi\varepsilon_0 r} \tag{1-76}$$

式中，r 为 Na^+和 Cl^-间的距离；e 为电子电荷的绝对值。选取两个原子相距无穷远时的势能为参考点，则电势参考点 $U_T(\infty)\to 0$。Na^+和 Cl^-间的相互作用力为

$$f(r) = -\frac{e^2}{4\pi\varepsilon_0 r^2} \tag{1-77}$$

随着正、负离子逐渐靠近，电子云重叠，由泡利不相容原理，离子之间因电子云重叠而产生排斥能。该排斥能难以计算，玻恩（Born）假设重叠排斥能有如式（1-78）的形式，即

$$U_R(r) = \frac{b}{r^n} \tag{1-78}$$

因此二离子间的互作用势能可表示为

$$U(r) = U_T(r) + U_R(r) = -\frac{e^2}{4\pi\varepsilon_0 r} + \frac{b}{r^n} \tag{1-79}$$

式中，第一项是两离子间的库仑势能，二者同号时取“+”，异号时取“-”。对 NaCl，第一项取“-”，表现为两个离子之间的吸引能；由于 $b>0$，第二项取正，表现为两个离子之间的排斥能。现在将此概念推广到任意一个离子晶体。设由 $2N$ 个离子组成离子晶体，在该晶体中正、负离子所带的电荷量分别为 $+ze$ 和 $-ze$，e 是电子电荷的绝对值，z 是离子的化合价。

令 $i=1$ 的离子作为参考离子，它与其余（$2N-1$）个离子的总相互作用势能为

$$U(r) = \sum_{j\neq 1}^{j\neq 1} U(r_{1j}) \tag{1-80}$$

则晶体的总相互作用势能为

$$U_{\text{Tot}} = \frac{1}{2}\sum_{i}^{2N}\sum_{j\neq i}^{2N} U(r_{ij}) \tag{1-81}$$

由于表面离子数比内部离子数少得多，为简单起见，忽略表面离子与内部离子的差别。则 $2N$ 个离子对晶体势能的贡献相同，式（1-81）中对 i 求和的 $2N$ 项都与 $i=1$ 时的项相同，则

$$U_{\text{Tot}} = \frac{1}{2}\cdot 2N\cdot\sum_{j\neq 1}^{2N} U(r_{1j}) = N\sum_{j\neq 1}^{2N} U(r_{1j}) \tag{1-82}$$

设最近邻离子间距为 r，则第 $i=1$ 个离子与第 j 个离子的间距为

$$r_{1j}=a_{1j}r \tag{1-83}$$

把式（1-79）和式（1-83）代入式（1-82），得

$$U_{\text{Tot}}=N\left(-\frac{z^2e^2}{4\pi\varepsilon_0 r}\sum_{j\neq 1}^{2N}\pm\frac{1}{a_{1j}}+\frac{1}{r^n}\sum_{j\neq 1}^{2N}\frac{b}{a_{1j}^n}\right) \tag{1-84}$$

令 $\sum\limits_{j\neq 1}^{2N}\pm\frac{1}{a_{1j}}=\alpha$，$\sum\limits_{j\neq 1}^{2N}\frac{b}{a_{1j}}=B$，得

$$U_{\text{Tot}}=-N\left(\frac{\alpha z^2e^2}{4\pi\varepsilon_0 r}-\frac{B}{r^n}\right) \tag{1-85}$$

式中，α 称为马德隆（Madelung）常数，它是完全由晶体结构决定的，二离子间，异号离子取“+”，同号离子取“-”。对 NaCl 结构的晶体，$\alpha=1.748$；对 CsCl 结构的晶体，$\alpha=1.763$；对闪锌矿（立方 ZnS）结构的晶体，$\alpha=1.638$。B 是由晶体结构确定的另一个常数。当晶体处于平衡状态时，即 $r=r_0$ 时，由

$$\left(\frac{\partial U}{\partial r}\right)_{r_0}=-N\left(-\frac{\alpha z^2e^2}{4\pi\varepsilon_0 r_0^2}+\frac{nB}{r_0^{n+1}}\right)=0 \tag{1-86}$$

可以求得

$$B=\frac{\alpha z^2e^2}{4\pi\varepsilon_0 n}r_0^{n-1} \tag{1-87}$$

对 NaCl 结构，$V_0=Nr^3$，由体积弹性模量的式（1-75），可知

$$K_0=V_0\left(\frac{\partial^2 U}{\partial V^2}\right)_{V_0}=\frac{1}{9Nr_0}\left(\frac{\partial^2 U}{\partial r^2}\right)_{r_0} \tag{1-88}$$

由式（1-86），所以

$$K_0=\frac{1}{9Nr_0}\left(\frac{\partial^2 U}{\partial r^2}\right)_{r_0}=\frac{1}{9Nr_0}\left\{-N\left[\frac{2\alpha z^2e^2}{4\pi\varepsilon_0 r_0^3}-\frac{n(n+1)B}{r_0^{n+2}}\right]\right\} \tag{1-89}$$

将式（1-87）代入式（1-89），可得

$$K_0=\frac{\alpha z^2e^2}{36\pi\varepsilon_0 r_0^4}(n-1) \tag{1-90}$$

$$n=\frac{36\pi\varepsilon_0 r_0^4}{\alpha z^2e^2}K_0+1 \tag{1-91}$$

对非 NaCl 结构型晶体，关系 $V_0=N{r_0}^3$ 不再满足。为了建立对任何晶体结构都适用的 V_0 与 r_0 间的关系，引入与结构有关的修正因子 β，且 β 满足式（1-87）。这样就得到与 NaCl 结构完全类似的结果：

$$K_0=\frac{\alpha z^2e^2}{36\pi\varepsilon_0\beta r_0^{-4}}(n-1) \tag{1-92}$$

$$n=\frac{36\pi\varepsilon_0\beta r_0^{-4}}{\alpha z^2e^2}K_0+1 \tag{1-93}$$

由式（1-93）可以确定出玻恩指数，将 n 代入式（1-87）可求出晶格参量 B。反过来，知道了玻恩指数 n 和晶格参量 B，就可以确定晶体的晶格常数、结合能、体积弹性模量等。

表 1-7 给出了几种常见离子晶体的 n 和 K 值。

表 1-7 常见离子晶体的 n 和 K 值

晶体	$K/(10^{-12}\cdot N^{-1}\cdot m^{-2})$	n	晶体	$K/(10^{-12}\cdot N^{-1}\cdot m^{-2})$	n
NaCl	2.41	7.90	NaBr	1.96	8.41
NaI	1.45	8.33	KCl	2.00	9.62
ZnS	7.76	5.40			

由式（1-81）可以得到由 $2N$ 个离子组成的晶体的结合能是

$$U_0=-U(r_0)=N\left(\frac{\alpha z^2e^2}{4\pi\varepsilon_0 r_0}-\frac{B}{r_0^n}\right) \tag{1-94}$$

再将式（1-87）代入式（1-95），可得

$$U_0=N\cdot\frac{\alpha z^2e^2}{4\pi\varepsilon_0 r_0}\left(1-\frac{1}{n}\right) \tag{1-95}$$

对于离子晶体，每对离子间的平均结合能为

$$u_0=\frac{\alpha z^2e^2}{4\pi\varepsilon_0 r_0}\left(1-\frac{1}{n}\right) \tag{1-96}$$

由式（1-96）可以看出，离子晶体的结合能中，以库仑能$\frac{\alpha z^2e^2}{4\pi\varepsilon_0 r_0}$为主，而电子云重叠的排斥能$\frac{\alpha z^2e^2}{4\pi\varepsilon_0 r_0}\cdot\frac{1}{n}$只是库仑能的 $1/n$，所以可把它当作一个修正项。表 1-8 给出了一些离子晶体的结合能的计算值和试验值的比较。从表中可以看出，二者基本相符，说明结合能的计算是可靠的。

表 1-8 部分离子晶体结合能计算值与试验值比较

晶体	$U_{0实验}$ /(kJ·mol^{-1})	$U_{0计算}$ /(kJ·mol^{-1})	偏差 (%)	晶体	$U_{0实验}$ /(kJ·mol^{-1})	$U_{0计算}$ /(kJ·mol^{-1})	偏差 (%)
LiF	1038	1013	-2.4	LiCl	862	807	-6.4
LiBr	803	757	-5.7	LiI	732	695	-5.1
NaF	736	900	-2.5	NaCl	788	747	-5.2
NaBr	820	708	-3.8	NaI	673	655	-2.7
KF	820	791	-3.5	KCl	717	676	-5.7
KBr	673	646	-4.0	KI	617	605	-1.9
RbCl	887	650	-5.4	CsCl	659	613	-7.0
AgCl	915	837	-8.5	AgI	859	782	-9.0
CaF_2	2624	2601	-0.9	BaF_2	2342	2317	-1.1
MgO	3891	3753	-3.5				

由于离子晶体主要依靠较强的库仑引力而结合，且具有较高的结合能值，因此，离子晶体具有熔点高、硬度大、膨胀系数小的特点。大多数离子晶体对可见光是透明的，但在远红外区域则有一特征吸收峰。

离子晶体除了上述的碱金属卤化物、碱土金属氧化物、硫化物、硒化物、碲化物等 AB 型离子化合物（A 为正离子，B 为负离子）外，还有 AB_2 型化合物，如 CaF_2 型、金红石型和碱金属的过氧化物，以及 AB_3 型、A_2B_3 型和 ABO_3 型、AB_2O_1 型等多元化合物。

1.8.3　马德隆常数的计算

马德隆（Madelung）常数 α 是仅与晶体结构有关的一个常数。它是一个交迭级数，收敛很慢，因此可用厄凡（H. M. Evjen）提出的求和法，将离子划分在很多区，然后把这些区中的离子的贡献相加。这种方法又叫中性法，即选取总电荷为零的中性组。以 NaCl 晶体的马德隆常数 α 计算为例，如图 1-33 所示，取一个正离子为参考点，该离子有 6 个最近邻的负离子，用（100）表示。同理，（110）代表 12 个次近邻。随着间距的增大，依次为（111）8 个离子，（200）6 个离子，（210）24 个离子，（211）24 个离子，…，于是得到

$$\alpha = 6\times 1 - 12\times\frac{1}{\sqrt{2}} + 8\times\frac{1}{\sqrt{3}} - 6\times\frac{1}{\sqrt{4}} + 24\times\frac{1}{\sqrt{5}} + \cdots$$
$$= 6 - 8.48 + 4.26 - 3.00 + 10.73 - 9.8 + \cdots$$

除惯用原胞中心的离子外，在面心的离子只有 1/2 可见，要计算出 α 的值是比较困难的，这是由于库仑长程作用的结果。

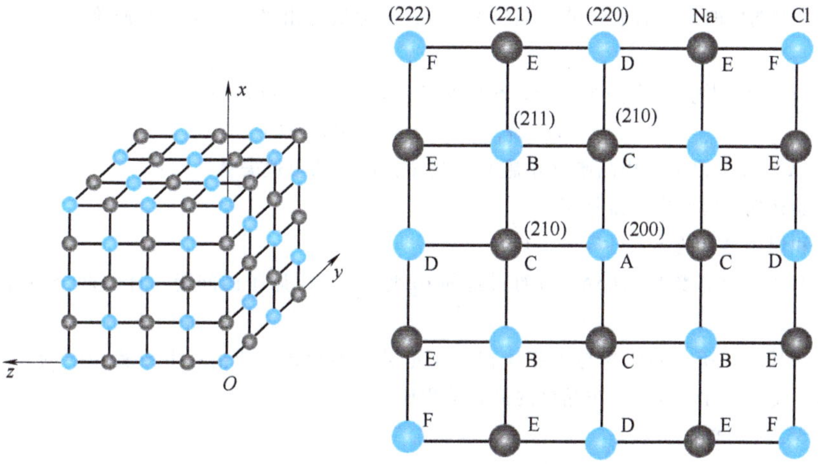

图 1-33　以 NaCl 为例的马德隆常数的计算

对于 NaCl 结构的晶体，取其惯用原胞为中性单元，每个惯用原胞中有 8 个离子。除惯用原胞中心的离子外，在面心的离子只有 1/2 是属于此晶胞的，这类离子有 6 个；在棱边上的离子只有 1/4 是属于此晶胞的，这类离子有 12 个；在顶角上的离子只有 1/8 是属于此晶胞的，这类离子有 8 个。作为一级近似，仅在此中性单元内计算马德隆常数，得到

$$\alpha = 6\times\frac{1}{2} - 12\times\frac{1}{\sqrt{2}}\times\frac{1}{4} + 8\times\frac{1}{\sqrt{3}}\times\frac{1}{8} = 1.457$$

如果认为精度不够，可将立方体扩大，选取如图 1-33 所示的立方体边长为 $4r_0$ 的中性组。除立方体内全部离子对马德隆常数有贡献外，表面上、棱上和顶角上的离子对马德隆常数均有部分贡献（这些离子公用）。图中 A（200）类离子共有 6 个，每个贡献为 1/2；B（211）和 C（210）类离子各 24 个，每个贡献为 1/2；D（220）和 E（221）类离子各 12 个，每个贡献为 1/4；F（222）类离子共 8 个，每个贡献为 1/8。于是

$$\alpha = 6 - 12\times\frac{1}{\sqrt{2}} + 8\times\frac{1}{\sqrt{3}} - 3\times\frac{1}{\sqrt{4}} + 12\times\frac{1}{\sqrt{5}} - 12\times\frac{1}{\sqrt{6}} + 6\times\frac{1}{\sqrt{8}} - 6\times\frac{1}{\sqrt{9}} + \frac{1}{\sqrt{12}} = 1.75$$

可见收敛很快，这样计算得出的马德隆常数值与用全部离子贡献计算得出的十分接近。

课后思考题

1.（1）图 1-34a 和 b 所示的二维晶格是布拉维格子还是复式格子？请画出一个原胞和对应的基元。

（2）如果选取构成六边形的 6 个原子为基元，画出图 1-34a 中所示二维晶格所对应的布拉维格子。

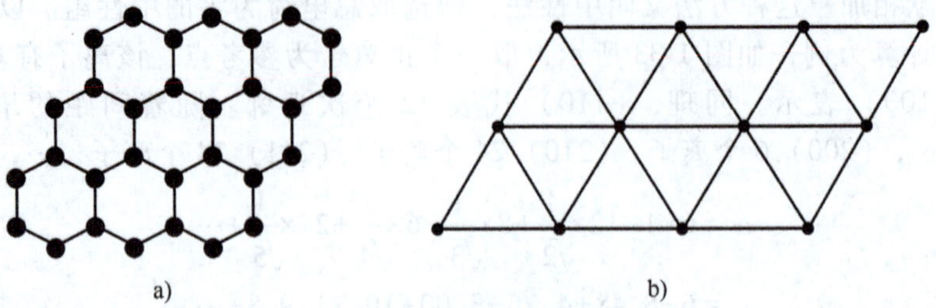

图 1-34　题 1 的图

2. 在以立方晶系惯用晶胞（单胞）边矢量 $\boldsymbol{i}$、$\boldsymbol{j}$、$\boldsymbol{k}$ 为单位矢量的坐标系中，写出简单立方、体心立方、面心立方晶格习惯选取的原胞的边矢量（晶格基矢），并尝试写出另一组不同的原胞的边矢量，比较它们的异同。

3. 有一晶格，每个格点上有一个原子，晶格基矢（以 nm 为单位）为

$$\boldsymbol{\alpha}_1=3\boldsymbol{i},\boldsymbol{\alpha}_2=3\boldsymbol{j},\boldsymbol{\alpha}_3=1.5(\boldsymbol{i}+\boldsymbol{j}+\boldsymbol{k})$$

其中 $\boldsymbol{i}$，$\boldsymbol{j}$，$\boldsymbol{k}$ 为立方晶系惯用晶胞（单胞）边矢量方向上的单位矢量，问：

（1）这种晶格属于哪种布拉维格子？

（2）原胞和惯用晶胞的体积各等于多少？

4. GaAs 晶体的晶格常数为 5.65Å，计算最近邻 Ga 原子和 As 原子的间距；计算两个最近邻 As 原子的间距。

5. 将单胞中原子球所占的体积与单胞体积之比定义为堆积比。若格点上放置相同的球，试求简单立方、体心立方、面心立方、六角密排晶格的最大堆积比。

6. 在图 1-35 中，试求：

（1）晶列 ED、FD 和 OF 的晶列指数。

（2）晶面 AGK、$FGIH$ 和 $MNLK$ 的米勒指数。

（3）画出晶面（120）、（131）。

（4）计算晶面（111）的面间距。

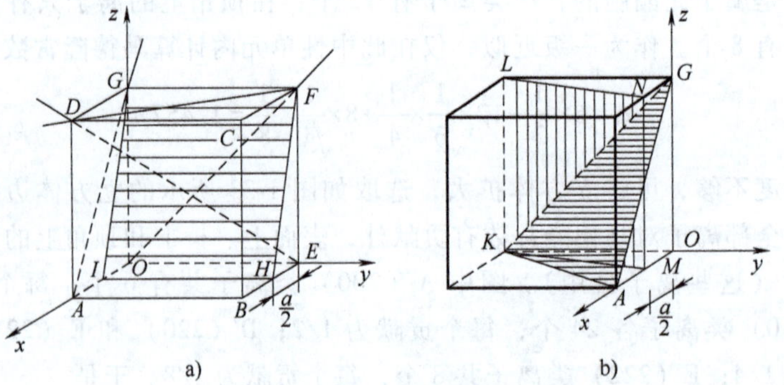

图 1-35　题 6 的图

第2章 晶格振动

在前面章节的讨论中，我们一直把组成晶体的原子看成是固定在平衡位置上不动的。实际晶体中的粒子并非如此，而是和气态、液态系统中不停做热运动的粒子一样，表现为在平衡位置附近做微小的振动。

由于原子的平衡位置就是晶格的格点，所以晶体中原子的热运动称为晶格振动（lattice-vibration）。由于晶体内原子间存在着相互作用，各个原子的振动不是孤立的，而是相互联系着的，在晶体中形成各种模式的波。这种晶格原子集体热运动形成的波称之为格波（lattice wave）。在简谐近似下，格波可看成是由互相独立的各种简正振动（normal vibration）模式所构成。简正振动可用谐振子来描述，谐振子的能量量子称为声子（phonon）。若原子间的非简谐相互作用不可忽略但可看作微扰项，则声子间发生能量交换，在相互作用过程中，将会产生某种频率的声子和湮灭另外一些频率的声子。晶体可视为一个互相耦合的振动系统，这个系统的运动——晶格振动，可用声子系统来加以描述。

晶格振动作为一种热运动，不仅对晶体的比热容、热膨胀、热传导等热学性质有重要影响，而且与晶体的电学性质、光学性质和介电性质等也有密切的关系。因而晶格动力学成为固体物理最基础、最重要的内容之一。

本章将介绍晶格动力学的基本概念和方法，以及它在研究晶体热学性质中的应用。

2.1 一维单原子晶格的振动

为了全面了解晶格格点的运动情况，需在经典力学体系中建立晶格原子的运动方程，并从这些方程中导出其色散关系（dispersion relation）。

2.1.1 连续媒质中的弹性波

晶体中的格波与连续媒质中的弹性波（elastic wave）有本质上的差别，连续媒质弹性波可以看作晶格动力学微观理论的极限情况。弹性波的研究方法和表征物理量同样可以用于格波，且弹性波的特性可以作为研究格波特性时的对比与参考。

1. 弹性波的色散关系

假设连续媒质（continuous media）是各向同性的，密度为ρ、弹性模量（elastic modulus）为K。媒质中邻近的质点之间是以弹性力相互联系着的。如果媒质中有一质点 A 受外界扰动而离开平衡位置，其周围的质点将对 A 施加弹性力，试图使它拉回到平衡位置。在弹性恢复力的作用下，质点 A 将在平衡位置附近做振动，A 点的振动又会牵动附近的质点离开平衡位置并振动起来，邻近质点的振动又牵动较远质点的振动，这样，振动就会以一定的速度由近及远向各个方向传播开来，从而在连续媒质中形成弹性波（elastic wave）。

如果以$\boldsymbol{\psi}(\boldsymbol{r},t)$表示$t$时刻在位置$\boldsymbol{r}$处质点相对于平衡位置的位移，则连续媒质中弹性波的波动方程为

$$\rho\frac{\mathrm{d}^2\boldsymbol{\psi}(\boldsymbol{r},t)}{\mathrm{d}t^2}=K\Delta\boldsymbol{\psi}(\boldsymbol{r},t) \tag{2-1}$$

式中，Δ为拉普拉斯算符，$\Delta=\frac{\partial}{\partial x^2}+\frac{\partial^2}{\partial y^2}+\frac{\partial^2}{\partial z^2}$；在直角坐标系中，$\boldsymbol{r}=x\boldsymbol{i}+y\boldsymbol{j}+z\boldsymbol{k}$，$\boldsymbol{i}$，$\boldsymbol{j}$，$\boldsymbol{k}$分别为$x$，$y$，$z$方向的单位矢量。波动方程有如下行波形式的试探解：

$$\boldsymbol{\psi}(\boldsymbol{r},t)=A\mathrm{e}^{\mathrm{i}(\boldsymbol{q}\cdot\boldsymbol{r}-\omega t)} \tag{2-2}$$

式中，ω为波的角频率（angular frequency）或圆频率；$\boldsymbol{q}$为波矢量，方向为波的传播方向。

将试探解式（2-2）代入波动方程（2-1）中，则可解得：

$$\omega=\sqrt{\frac{K}{\rho}}q^{*} \tag{2-3}$$

该式反映了角频率ω和波矢量$\boldsymbol{q}$之间的函数关系，常称为色散关系。由于密度ρ、体积模量K为常量，故连续媒质弹性波的色散关系是线性的。对波动系统来说，系统的许多特征是由色散关系决定的。

2. 相速度与群速度

（1）相速度　在波动理论中，等相面（波阵面）沿波的传播方向传播的速度称为相速度（phase velocity），记为v_{p}。对于弹性波，等相面满足下列条件：

$$qr-\omega t=\text{常数} \tag{2-4}$$

对式（2-4）求微分，可得

$$q\mathrm{d}r-\omega\mathrm{d}t=0 \tag{2-5}$$

因此

$$v_{\mathrm{p}}=\frac{\mathrm{d}r}{\mathrm{d}t}=\frac{\omega}{q} \tag{2-6}$$

对于连续媒质的弹性波，利用色散关系式（2-3），可得

$$v_{\mathrm{p}}=\frac{\omega}{q}=\sqrt{\frac{K}{\rho}} \tag{2-7}$$

由于连续媒质中的弹性波的色散关系是线性的，故弹性波的相速度为一常数。

（2）群速度　在波动理论中，波振幅传播的速度（或能量传播的速度）称为群速度（group velocity），记为v_{g}。群速度的表达式为

$$v_g = \frac{d\omega}{dq} \tag{2-8}$$

对于连续媒质的弹性波，由于 $\omega = v_p q$，v_p 与 q 无关，所以：

$$v_g = \frac{d}{dq}(v_p q) = v_p \tag{2-9}$$

即弹性波的群速度等于其相速度。

以后的学习我们将会看到，对于在晶体中传播的格波，色散关系 $\omega=\omega(q)$ 不是简单的线性关系，群速度和相速度也不再相等。当 v_p 不是常数时，v 应由下式给出：

$$v_g = \frac{d}{dq}(v_p q) = v_p + q\frac{dv_p}{dq} \tag{2-10}$$

3. 弹性波的状态密度

波的状态是用角频率 ω（模式）来表征的。单位频率间隔内的状态数目称为状态密度（density of states），记为 $\rho(\omega)$。其表达式为

$$\rho(\omega) = \frac{dz}{d\omega} \tag{2-11}$$

由于频率 ω 往往是波矢量 $\boldsymbol{q}$ 的函数（色散关系），所以，式（2-11）又可作如下变换：

$$\rho(\omega) = \frac{dz}{dq}\frac{dq}{d\omega} \tag{2-12}$$

对于弹性波，一个波矢对应一个状态，式中 $\frac{dz}{dq}$ 表示单位波矢间隔内的状态数，具体推算如下：

1）已知 q 空间中一个分立的波矢量占据的体积为：$\Delta q = \frac{(2\pi)^3}{V_e}$。$V_e$ 为媒质的总体积。

2）在 q 空间中，波矢大小为 q 的球体积为：$V_q = \frac{4}{3}\pi q^3$。

3）在 q 空间中，波矢大小为 q 的球体内的分立波矢数为：$Z = \frac{V_q}{\Delta q} = \frac{V_e}{8\pi^3}\frac{4}{3}\pi q^3 = \frac{V_e}{6\pi^2}q^3$。

4）对于连续媒质中的弹性波，$\omega = v_p q$，$\frac{d\omega}{dq} = v_p$。

5）可得连续媒质弹性波的状态密度为：$\rho(\omega) = \frac{V_e}{2\pi^2}\frac{\omega^2}{v_p^3}$，如图 2-1 所示。

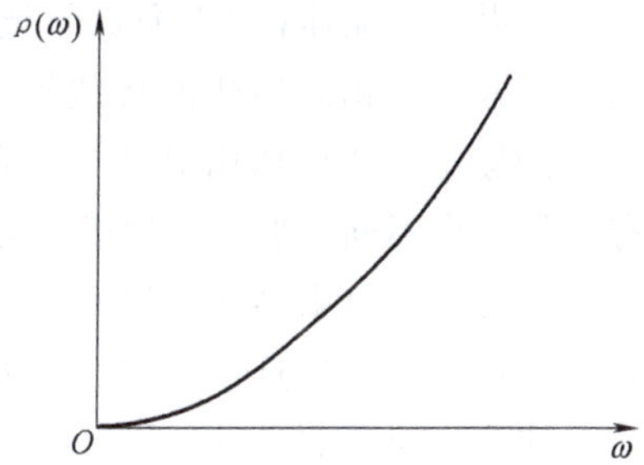

图 2-1　弹性波的状态密度曲线

2.1.2　晶格振动的近似处理方法

1. 绝热近似

晶体是由大量的原子组成的，每个原子又可分成离子实和价电子两部分。离子与离子、离子与电子、电子与电子之间都存在相互作用。显然，晶格振动是一个复杂的多体问题，要在理论上解决它，必须作一

些简化近似处理。在晶体中，离子的振动会引起电子云畸变（distortion），而电子运动也会影响离子的振动状态，所以在研究离子的振动问题时必须考虑电子的运动。但由于离子实（atomiccore）比电子重 $10^3 \sim 10^5$ 倍，因此，离子实的振动速度比电子慢得多。在能带论中我们考虑电子运动时，做近似处理，认为离子是静止不动的。而在这里我们主要考虑离子振动时，可近似认为电子能很快地适应离子的位置变化，在离子振动的任何一个瞬时，电子都处于基态。这样，电子对离子振动的影响，就可以通过引入在空间均匀分布的负电荷所产生的稳定势场来替代，从而把电子运动和离子振动分开，这种处理方法称为绝热近似（adiabatic approximation）。

在绝热近似下，我们就可以单独处理离子振动问题。由于电子可以很快地适应离子位置的变化，离子的振动可以看成中性原子的振动，没有必要在术语上区别是离子振动还是原子振动，但习惯采用原子振动这一术语。

2. 简谐近似

设在平衡位置时，晶体中两相邻原子之间的间距为 r_0，原子做微小振动时，原子间距的变化量为 δ。两个原子的相互作用能与两个原子之间的间距有关。原子间相互作用能 $U(r_0+\delta)$ 可以在平衡位置附近用泰勒级数（Taylor series）展开：

$$U(r_0+\delta)=U(r_0)+\left(\frac{\partial U}{\partial r}\right)_{r_0}\delta+\frac{1}{2}\left(\frac{\partial^2 U}{\partial r^2}\right)_{r_0}\delta^2+\cdots \tag{2-13}$$

式中，首项为常数，可取为能量零点；由于在平衡时势能取极小值，$\left(\frac{\partial U}{\partial r}\right)_{r_0}=0$，故第二项为零；当振动很微小时，$\delta$ 很小，可以忽略高阶项，势能展开式中只保留到 δ_2 项，则原子间相互作用力可表示为

$$f=-\frac{\partial U}{\partial r}=-\left(\frac{\partial^2 U}{\partial r^2}\right)_{r_0}\delta=-\beta\delta \tag{2-14}$$

式（2-14）说明，对于温度较低情况下晶格的微小振动，原子间的相互作用可以视为与位移成正比的弹性恢复力，原子在其平衡位置附近做简谐振动，所以称这个近似为简谐近似（harmonic approximation）。

对于一个具体的物理问题是否可以采用简谐近似，要看在简谐近似下得到的理论结果是否与实验相一致。对于有些问题，例如晶体的热膨胀、热传导现象，就需要考虑高阶项的效应，称为非简谐效应（anharmonic effect）。

3. 玻恩-冯卡门边界条件

对于无限大晶体，“无穷长”链上的每个原子所处的位置都是等价的，因而有一样形式的动力学方程、相同形式的行波解。但是，实际晶体是有限的、有边界的，处在边界（表面）上的原子所受的作用显然与内部不同，具有不同于内部原子形式的动力学方程。虽然只有少数方程不同，但每个原子的方程不是独立的而是互相关联的，因此，我们需要求解的是一个方程组。有限晶体边界原子运动方程的独特性使方程组变得更复杂。为了解决这个问题，必须做进一步的近似处理，使方程组简化。

晶体表面原子的独特受力、运动问题实际上是一个边界问题。为此，玻恩-冯卡门（Born-von Karman）提出了一个假想的边界条件，即所谓的周期性边界条件（periodic boundary condition）。该边界条件可做以下两种理解：

（1）环状原子链模型　设想一个包含 N 个原胞的原子链，将它首尾相连，构成一个环，如图 2-2 所示。如果 N 足够大，一个沿着半径极大的环传播的波，等价于一个在无限长原子链中传播的波。这一假设克服了有限与无限的矛盾，而所忽略的仅仅是原子链两端少数原子与内部原子振动的差别。

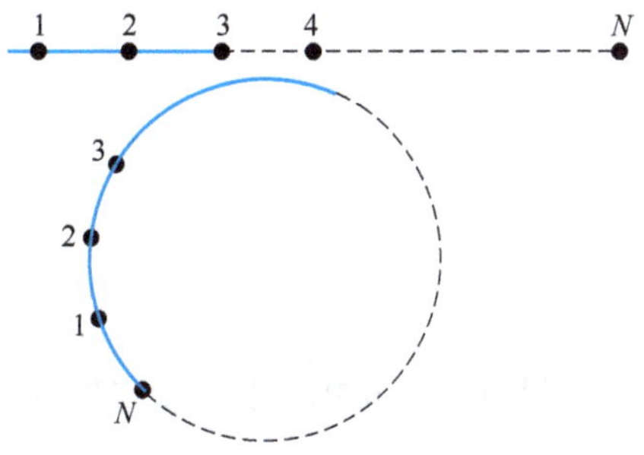

图 2-2　玻恩-冯卡门边界条件示意图

考虑到圆的循环性，必须强加一定条件，即原子标数 n 增加 N 时，振动必须复原，此即玻恩-冯卡门提出的周期性边界条件：

$$\psi[(n+N)a,t]=\psi(na,t) \tag{2-15}$$

即

$$Ae^{i(qna-\omega t)}=Ae^{i[q(n+N)a-\omega t]} \tag{2-16}$$

得到

$$e^{iqNa}=1,\ qNa=2\pi h(h=0,\pm1,\pm2,\cdots) \tag{2-17}$$

式（2-17）表明，描述有限晶格振动状态的波矢 $\boldsymbol{q}$ 不能取连续值而只能取分立的值，即只能取 $\frac{2\pi}{Na}$ 的整数倍。

容易看出，波矢 $\boldsymbol{q}$ 在第一布里渊区中均匀分布，且只能取 N 个值。

$$q=\frac{2\pi h}{Na}\left(-\frac{\pi}{a}<q\leqslant\frac{\pi}{a},\ -\frac{N}{2}<h\leqslant\frac{N}{2}\right) \tag{2-18}$$

如果定义单位 q 空间的波矢数为波矢密度，有下面的重要结论：

① 独立波矢数 $=N$（原胞数）。

② 波矢密度 $=\frac{N}{\Omega^*}=\frac{Na}{2\pi}$。

（2）块状堆砌体模型　设想在有限晶体之外还有无穷多个完全相同的晶体，互相平行的堆积充满整个空间，在各个相同的晶体块内相应原子的运动情况应当相同。这样，晶体中所有原子的运动又都有一样形式的动力学方程、相同形式的行波（traveling wave）解。

如图 2-3 所示，假设有限晶体边长分别为 L_x、L_y、L_z，周期性边界条件可表示为

$$\psi(r+L_x\mathrm{i})=\psi(r) \tag{2-19}$$

这就要求

$$e^{iq_xL_x}=1 \tag{2-20}$$

即

$$q_xL_x=2\pi n_x,n_x=0,\pm1,\pm2,\cdots,q_x=n_x\frac{2\pi}{L_x} \tag{2-21}$$

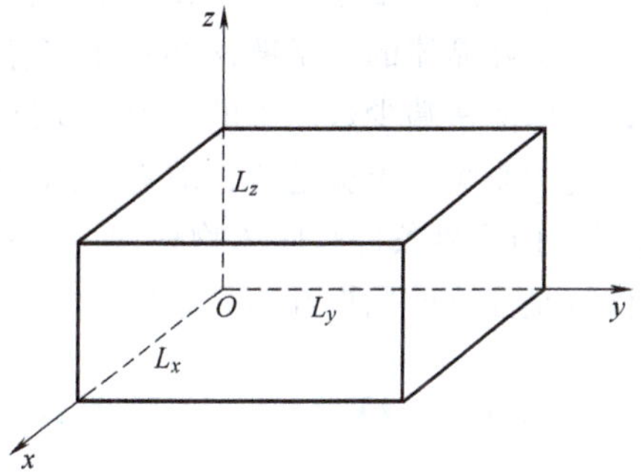

图 2-3　晶体的周期性边界条件

式 (2-21) 表明，描述有限晶格振动状态的波矢 $\boldsymbol{q}_x$ 不能取连续值而只能取分立的值，即只能取$\frac{2\pi}{L_x}$的整数倍。同理，$\boldsymbol{q}_y$，$\boldsymbol{q}_z$ 也只能取一些分立的值：

$$\begin{cases} \Delta q_x = \dfrac{2\pi}{L_x} \\ \Delta q_y = \dfrac{2\pi}{L_y} \\ \Delta q_z = \dfrac{2\pi}{L_z} \end{cases} \tag{2-22}$$

空间中一个分立的波矢量占据的体积为

$$\Delta q = \Delta q_x \Delta q_y \Delta q_z = \frac{(2\pi)^3}{L_x L_y L_z} = \frac{(2\pi)^3}{V_e}$$

式中，Δq 不是表示波矢量的增量，而是表示 q 空间的一个体积元，是标量；$V_c = L_x L_y L_z$ 为有限晶体的体积。

如果把媒质划分成原胞，在 x、y、z 方向上的基矢长度分别为 a、b、c，原胞数分别为 N_1、N_2、N_3，那么有

$$\begin{cases} L_x = N_1 a \\ L_y = N_2 b \\ L_z = N_3 c \end{cases} \tag{2-23}$$

则晶体的体积为

$$V_e = (N_1 N_2 N_3)\Omega = N\Omega \tag{2-24}$$

式中，$N = N_1 N_2 N_3$ 为晶体内原胞的总数；Ω 为每个原胞的体积。所以

$$\Delta q = \frac{(2\pi)^3}{N\Omega} = \frac{\Omega^*}{N} \tag{2-25}$$

式中，Ω^* 为倒格子原胞的体积。

由于倒格子原胞的体积与第一布里渊区的体积相等，故第一布里渊区内分立波矢量的数目为

$$Z_B = \frac{\Omega^*}{\Delta q} = N \tag{2-26}$$

由此可得出重要结论：第一布里渊区内分立波矢量的数目等于晶体中原胞的数目。值得指出的是，这个结论虽然是在直角坐标系中推出的，但它是普遍成立的。

在实际晶体的原子链两端接上了全同的原子链，由于原子间的相互作用主要取决于近邻，所以除两端少数原子的受力与实际情况不符外，其他绝大多数的原子的运动并不受假想原子链的影响，也就是说，玻恩-冯卡门提出的虚拟的边界条件是合理的、可以接受的。玻恩-冯卡门边界条件是固体物理学中极重要的条件，许多重要理论，如能带理论等，其前提条件就是晶格的周期性边界条件。

2.1.3 一维单原子链的振动

实际晶格的振动是一个非常复杂的多体问题。为了探讨晶格振动的基本特征，在不影响

物理本质的前提下，我们以简单的一维原子链作为典型例子进行讨论，由此得出了一些主要结论和处理方法，再推广到二维和三维晶格振动的情况。

1. 动力学方程

考虑由一系列质量为 m 的原子构成的一维单原子链的振动情况，如图 2-4 所示。设平衡时原子间距为 a，由于热运动，原子离开各自的平衡位置，在近邻原子相互作用力充当恢复力的作用下，各原子具有返回平衡位置的趋势，从而在平衡位置附近做微小振动。第 n 个原子离开平衡位置的位移用 x_n 来表示，第 n 个原子和第 $n+1$ 个原子间的相对位移为 $\delta=x_{n+1}-x_n$。

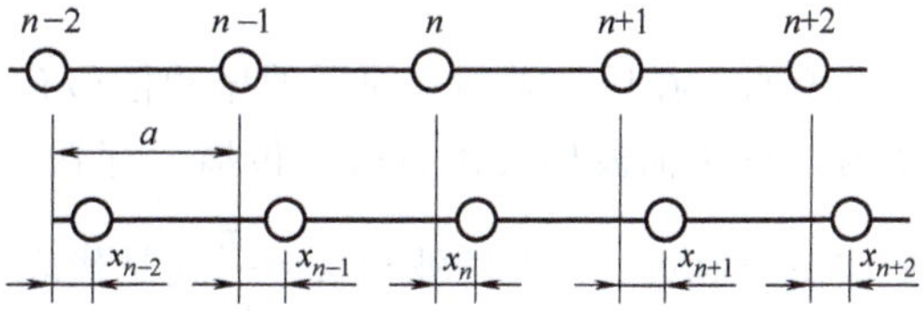

图 2-4　一维单原子链的振动

设在平衡位置 $r=a$ 处，两个原子间的相互作用势能是 $u(r)$，产生相对位移后，相互作用势能变成 $u(r+\delta)$。根据简谐近似，此时两原子间相互作用力（即原子振动的恢复力）为

$$f=-\frac{\mathrm{d}u}{\mathrm{d}r}=-\left(\frac{\mathrm{d}^2u}{\mathrm{d}r^2}\right)_a\delta=-\beta\delta \tag{2-27}$$

式中，β 为弹性恢复力系数：

$$\beta=\left(\frac{\mathrm{d}^2u}{\mathrm{d}r^2}\right)_a \tag{2-28}$$

为了使问题进一步简化，假设只有最近邻的原子间存在相互作用，即所谓最近邻近似，则第 n 个原子所受到的总作用力为

$$f_n=f_1+f_2=-\beta(x_n-x_{n+1})-\beta(x_n-x_{n-1})=\beta(x_{n+1}+x_{n-1}-2x_n) \tag{2-29}$$

在简谐近似、最近邻近似下，第 n 个原子的动力学方程就可写为

$$m\frac{\mathrm{d}^2x_n}{\mathrm{d}t^2}=\beta(x_{n+1}+x_{n-1}-2x_n) \tag{2-30}$$

对于 $n=1，2，\cdots，N$ 的每个原子，都有一个类似的动力学方程，方程数目和原子数目 N 相等，即可得到由 N 个微分方程组成的动力学方程组。

2. 格波的色散关系

设方程组式（2-30）有下列形式的试探解：

$$x_n=A\mathrm{e}^{\mathrm{i}(\omega t-qr_n)}=A\mathrm{e}^{\mathrm{i}(\omega t-qna)} \tag{2-31}$$

式中，A 为振幅；ω 为角频率；qna 是第 n 个原子在 $t=0$ 时刻的振动相位因子。

当晶格中第 n'个原子和第 n 个原子具有下列关系时：

1）两原子之间的相位因子之差（$qn'a-qna$）为 2π 的整数倍。

2）$n'q-nq=\frac{2\pi}{a}s$（s 为整数），即一维倒格子原胞或布里渊区大小的整数倍。

3）两原子之间的距离（$n'a-na$）为$\frac{2\pi}{q}$的整数倍。

事实上，以上三个关系完全等价。

则晶格中两个相隔一定距离的原子振动时离开平衡位置的位移相等：

$$x_{n'}=Ae^{i(\omega t-qn'a)}=Ae^{i(\omega t-qna)}e^{-i2\pi s}=x_n \tag{2-32}$$

然而，当晶格中第 n'个原子和第 n 个原子的有关量具有（$2s+1$）π（s 为整数）关系时，则晶格中两原子振动离开平衡位置的位移相反：

$$x_{n'}=-x_n \tag{2-33}$$

这说明，在任一时刻，原子的振动位移有一定的周期性分布，晶格中的原子振动是以角频率为 ω 的平面波形式在晶格中传播、存在的，这种波称之为格波。它是晶体中原子的一种集体振动形式。格波的波长 $\lambda=\frac{2\pi}{q}$就是代表一种简正模式（即一个 ω 和一个 q 值）的格波，它是一种简谐格波，是晶体中最基本、最简单的集体振动形式，如图 2-5 所示。

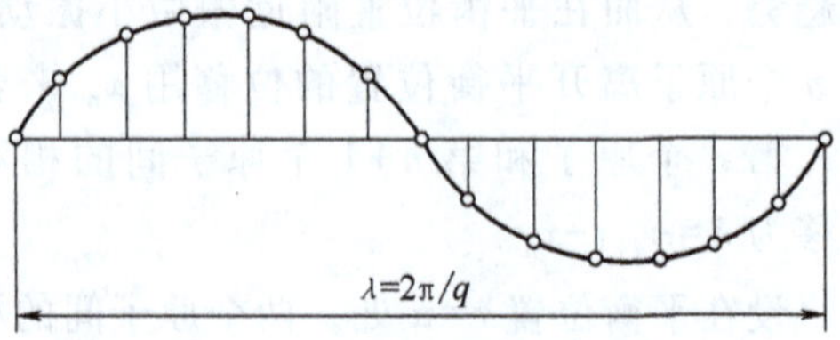

图 2-5 格波

将试探解式（2-31）代入动力学方程式（2-30）中，可得

$$m\omega^2(q)=2\beta(1-\cos qa)=4\beta\sin^2\left(\frac{qa}{2}\right) \tag{2-34}$$

求解式（2-34），可得到一维单原子格子的色散关系：

$$\omega(q)=2\sqrt{\frac{\beta}{m}}\left|\sin\left(\frac{qa}{2}\right)\right|=\omega_m\left|\sin\frac{qa}{2}\right| \tag{2-35}$$

式中，$\omega_m=\sqrt{\frac{4\beta}{m}}$称为截止频率。可以看出，一维单原子格子的格波具有非线性的色散关系，其频率不再等于无相互耦合时原子固有的振动频率（natural vibration frequency）$\omega_0=\sqrt{\frac{\beta}{m}}$。

3. 色散关系的讨论

一维单原子链的色散关系（频谱）有两个显著的特点：

1）ω 是 q 的周期函数，周期为 $2\pi/a$。

由于一维晶格的倒格矢 $|\boldsymbol{G}_l|=l\frac{2\pi}{a}$（$l$ 为整数），所以有

$$\omega(q+|\boldsymbol{G}_l|)=\omega(q) \tag{2-36}$$

即当 q 变成 $q+G_l$ 时，虽然波长不一样，但它们描述格位上原子的振动情况是完全相同的，即原子的振动频率不变。相邻原子的相位差由 aq 变为 $aq+l\times2\pi$，相位差实际上也未改变。就是说，q 与 $q+G_l$ 实际上表示的是同一格波的波矢。因此，可以将 q 的取值限制在第一布里渊区内：

$$-\frac{\pi}{a}\leqslant q<\frac{\pi}{a} \tag{2-37}$$

式（2-37）说明，要描述一个晶格常数为 a 的原子链的振动，只要考虑波长大于 $2a$ 的那些波。这样，其色散关系曲线如图 2-6 所示。

2）ω 是 q 的偶函数。由色散关系式（2-35）与色散关系曲线图 2-6 都可以看出，ω（q）具有反演对称性，即 ω 是 q 的偶函数：

$$\omega(\boldsymbol{q})=\omega(-\boldsymbol{q}) \tag{2-38}$$

若 q 为正，则表示向右方向前进的格波；若 q 为负，则表示向左方向传播的格波。由于晶格在这两个方向是等价的，这必然对应形式相同的两个波，它们相应的频率必然相同。色散关系的上述两个性质对更为复杂的晶格振动也是适用的。它们实际上与晶格振动系统的对称性有关，前者与晶格的周期结构有关，后者涉及时间反演对称性。

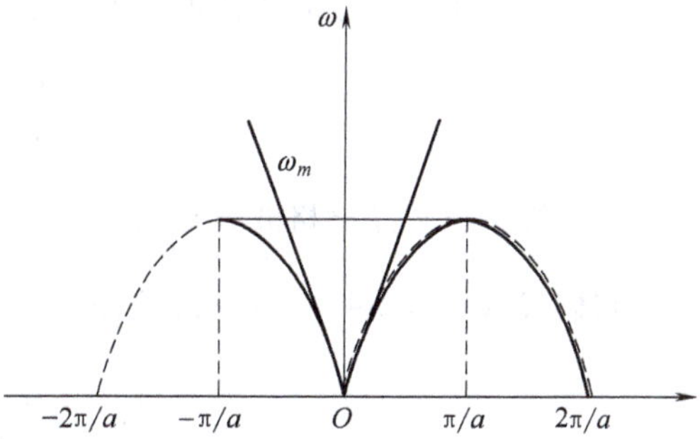

图 2-6　一维单原子链的色散关系

4. 相速度、群速度与长波、短波近似

（1）相速度、群速度　在波动理论中，相速度是指特定频率为 ω、波矢为 q 的纯波的传播速度；群速度则描述平均频率为 ω、平均波矢为 q 的波包的速度，它表征能量和动量的传输速度。由于格波的传播往往涉及能量和动量的传输，所以群速度在物理上更有意义。

根据一维单原子格子的色散关系式（2-35），格波的相速度和群速度可分别表示为相速度：

$$v_{\mathrm{p}}=\frac{\omega}{q}=2\sqrt{\frac{\beta}{m}}\cdot\frac{\left|\sin\frac{qa}{2}\right|}{q} \tag{2-39}$$

群速度：

$$v_{\mathrm{g}}=\frac{\mathrm{d}\omega}{\mathrm{d}q}=a\sqrt{\frac{\beta}{m}}\cos\frac{qa}{2} \tag{2-40}$$

可以看出，格波的相速度、群速度都是 q 的函数，表明格波具有色散性质，而弹性波的波速只与介质性质有关而与波矢无关。

（2）长波、短波近似

1）长波极限（$q\to0$）情况。当 q 取值很小，即在布里渊区附近时（$q\to0$），$\sin\left(\frac{qa}{2}\right)\approx\frac{qa}{2}$，一维单原子格子的色散关系式（2-35）变成线性关系：

$$\omega(q)=\sqrt{\frac{\beta}{m}}qa \tag{2-41}$$

这与我们熟知的弹性波（声波）的色散关系形式相同，如图 2-6 所示。此时，格波的相速度、群速度相等，均为与波矢无关的常数：

$$v_{\mathrm{p}}=v_{\mathrm{g}}=\sqrt{\frac{\beta}{m}}a \tag{2-42}$$

已知格波 $\lambda=\frac{2\pi}{q}$，q 取值很小（$q\to0$）时，则 $\lambda>a$，故 q 取小值属于长波振动模，上述线性色散关系为长波近似时的结果。

下面再比较一下长波近似下格波与弹性波的相速度、群速度。

已知连续媒质弹性波的相速度、群速度为

$$v_p=\frac{\omega}{q}=\sqrt{\frac{K}{\rho}}=v_g \tag{2-43}$$

对于一维单原子晶格格波 $\rho=\frac{m}{a}$，$K=\beta a$。

将它们代入式（2-43），可得格波的相速度、群速度为

$$v_p=v_g=\sqrt{\frac{\beta}{m}}a=\sqrt{\frac{K}{\rho}} \tag{2-44}$$

比较式（2-42）与式（2-44）可以看出，一维单原子晶格格波的相速度、群速度与弹性波的相同。这个结果是容易理解的，因为格波的波长很大时，晶格常数 a 相比起来显得很小，所以晶格可以被看成是一个连续介质。也可这样来理解：当波长很长时，一个波长范围含有若干个原子，相邻原子的位相差很小，原子的不连续效应很小，故格波接近于连续媒质中的弹性波。

在连续介质中传播的波为弹性波，其波速为声速，它是与波矢无关的常数，故单原子链中传播的长格波又称为声学波（acoustic wave）。

2）短波极限$\left(|q|\to\frac{\pi}{a}\right)$情况。在短波近似$\left(|q|\to\frac{\pi}{a}\right)$时，色散关系（频谱）是非线性的。相速度、群速度与波矢有关。

在短波极限，即 $|q|=\pm\frac{\pi}{a}$时，

$$\omega\left(\pm\frac{\pi}{a}\right)=\omega_{max}=2\sqrt{\frac{\beta}{m}} \tag{2-45}$$

这也可以从色散曲线图 2-6 中看出来。随着 q 的增大，色散曲线开始偏离直线向下弯曲。当$|q|\to\frac{\pi}{a}$时，色散曲线变得平坦，在 $|q|=\frac{\pi}{a}$时（布里渊区边界），格波对应着最大的频率 ω_{max}。

在短波极限，即$|q|=\pm\frac{\pi}{a}$时（布里渊区边界），相速度 $v_p=\frac{\omega}{q}=\frac{2a}{\pi}\sqrt{\frac{\beta}{m}}$，群速度 $v_g=\frac{d\omega}{dq}=0$，$\omega=0$。这表明波矢位于第一布里渊区边界上的格波不能在晶体中传播，实际上它是一种驻波。因为此时相邻原子的振动位相相反，即

$$\frac{x_{n+1}}{x_n}=e^{iqa}=e^{\pm i\pi}=-1 \tag{2-46}$$

2.2 一维双原子晶格的振动

除少数元素晶体，大多数晶体的原胞中都含有不止一个原子。一维双原子链是最简单的一维复式格子，其振动问题除了简单可解、具有单原子晶格的性质外，还能较全面地表现格波的特点，便于得到更具普遍意义的结论，并向实际的三维晶格振动问题过渡。

考虑由两种不同原子构成的一维双原子链的振动情况，如图 2-7 所示。设系统有 N 个原

胞，每个原胞含有 2 个不同的原子。平衡时相邻原子间的距离为 a，相邻同种原子（即等效点）之间的距离为 $2a$，因此，一维双原子链的晶格常数为 $2a$。质量为 m 的小原子用奇数序号标记，质量为 M 的大原子用偶数序号标记（设 $M>m$），原子间的恢复力常数均为 β。类似于一维单原子链的式（2-30），我们得到如下动力学方程：

$$\begin{cases} m\dfrac{\mathrm{d}^2x_{2n+1}}{\mathrm{d}t^2}=\beta(x_{2n+2}+x_{2n}-2x_{2n+1}) \\ M\dfrac{\mathrm{d}^2x_{2n+2}}{\mathrm{d}t^2}=\beta(x_{2n+3}+x_{2n+1}-2x_{2n+2}) \end{cases} \tag{2-47}$$

若晶体有 N 个原胞，则方程数目和原子数目 $2N$ 相等，即可得到由 $2N$ 个微分方程组成的动力学方程组。

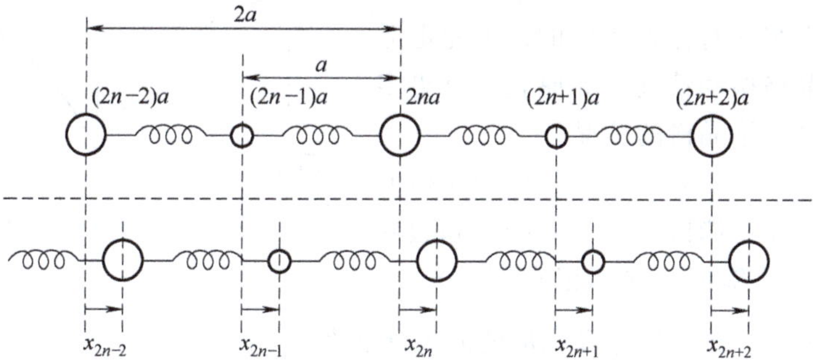

图 2-7 一维双原子链

1. 色散关系

对于方程组（2-47），其试探解仍然采用类似式（2-31）的简谐振动的形式：

$$\begin{cases} x_{2n+1}=A\mathrm{e}^{\mathrm{i}[\omega t-q(2n+1)a]} \\ x_{2n+2}=B\mathrm{e}^{\mathrm{i}[\omega t-q(2n+2)a]} \end{cases} \tag{2-48}$$

式中，A、B 分别表示两种不同原子的振幅。将式（2-48）代入方程（2-47），得到

$$\begin{cases} -m\omega^2A=\beta(\mathrm{e}^{\mathrm{i}qa}+\mathrm{e}^{-\mathrm{i}qa})B-2\beta A \\ -M\omega^2B=\beta(\mathrm{e}^{\mathrm{i}qa}+\mathrm{e}^{-\mathrm{i}qa})A-2\beta B \end{cases} \tag{2-49}$$

化简并移项，可得以 A、B 为未知数的线性齐次方程：

$$\begin{cases} (2\beta-m\omega^2)A-(2\beta\cos qa)B=0 \\ -(2\beta\cos qa)A+(2\beta-M\omega^2)B=0 \end{cases} \tag{2-50}$$

A、B 有非零的解的条件是其系数行列式应为零，即

$$\begin{vmatrix} 2\beta-m\omega^2 & -2\beta\cos qa \\ -2\beta\cos qa & 2\beta-M\omega^2 \end{vmatrix}=0 \tag{2-51}$$

由此解得两个 ω^2 的值：

$$\begin{cases} \omega_1{}^2=\dfrac{\beta}{mM}\left\{(m+M)-[m^2+M^2+2mM\cos(2qa)]^{\frac{1}{2}}\right\} \\ \omega_2{}^2=\dfrac{\beta}{mM}\left\{(m+M)+[m^2+M^2+2mM\cos(2qa)]^{\frac{1}{2}}\right\} \end{cases} \tag{2-52}$$

由式（2-52）可见，一维双原子链出现了不同于一维单原子链色散关系的新特点，即 ω 与 q 之间存在两种不同的色散关系（即两支独立的格波）。其中取值较低的频率 ω_1 称为声学模（acoustic mode），其对应的格波称为声学支（acoustic branch）格波，它很像单原子链中的声学波；取值较高的频率 ω_2 称为光学模（optical mode），由于其对应的格波可以用光来激发，故称为光学支（optical branch）格波。如图 2-8 所示，两者都具有非线性的频谱或色散关系。

2. 光学波与声学波

（1）基本特征　与一维单原子链一样，一维双原子链的两支色散关系也都是偶函数和周期函数。一维双原子链的晶格常数为 $2a$，以布里渊区大小为周期，此处即为 π/a。如前所述，这些性质是由晶格振动系统的对称性决定的，因此也适用于更为复杂的晶格振动情况，如原胞内有更多的原子以及二维和三维晶格的情况。

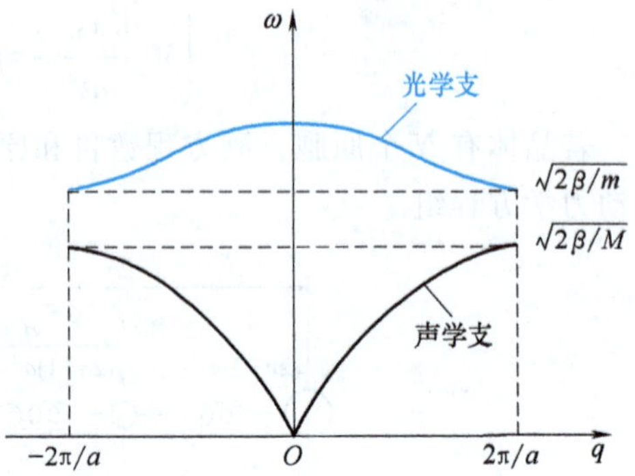

图 2-8　双原子链的色散关系

利用色散关系式（2-52）可计算出两支格波的一些特征点，如布里渊区中心（$q=0$）和边界（$q=\pm\pi/2a$）上的频率值，并标记在图 2-8 中。两支格波的最大频率、最小频率及相应的波矢分别为

$$\begin{cases}\omega_{2\max}=\sqrt{\dfrac{2\beta}{\mu}},(q=0)\\ \omega_{2\min}=\sqrt{\dfrac{2\beta}{m}},\left(q=\dfrac{\pi}{2a}\right)\\ \omega_{1\max}=\sqrt{\dfrac{2\beta}{M}},\left(q=\dfrac{\pi}{2a}\right)\\ \omega_{1\min}=0,(q=0)\end{cases} \tag{2-53}$$

式中，μ 称为约化质量（reduced mass）或称为折合质量，$\mu=\dfrac{mM}{m+M}$。由于 $M>m$，光学支的最小频率比声学支的最大频率还要高，这两支格波的频率范围相互没有重叠，出现了“频率的禁带区”（又称“频率隙”），即频率在 $\sqrt{2\beta/M}$ 和 $\sqrt{2\beta/m}$ 之间的格波是不能在晶体中传播的。后面将会学习到，由于 $\hbar\omega$ 表示晶格振动能量子——声子的能量，故频率隙对应于声子能量的禁带。禁带区的宽度取决于恢复力系数 β 以及原子的质量 m、M，当 $M=m$ 时，频率禁带消失，这时双原子链的色散关系会回到单原子链的情况。因此，又可以把一维双原子晶格称为“带通滤波器”（band-pass filter）。这与一维单原子晶格的振动明显不同。

（2）周期性边界条件　设一维双原子链中含有 N 个原胞，将玻恩-冯卡门周期边界条件应用于双原子链，则有

$$x_{2n+1}=2x_{2(n+N)+1} \tag{2-54}$$

进而可得

$$e^{i2qNa}=1\left(q=\frac{\pi}{Na}l, l \text{ 为整数}\right) \tag{2-55}$$

由于 q 限制在简约布里渊区内，即 $-\frac{\pi}{2a}<q\leqslant\frac{\pi}{2a}$，可得

$$-\frac{N}{2}<l\leqslant\frac{N}{2} \tag{2-56}$$

由上面的讨论可知，一维双原子链加上周期边界条件，可得到类似于一维单原子链时的两个结论：

1）描写晶格振动的波矢 $\boldsymbol{q}$ 只能取一些分立的值；

2）在简约布里渊区范围内，$\boldsymbol{q}$ 的取值数等于晶格的原胞数。波矢相同、频率不同，或频率相同、波矢不同的振动属于不同的振动模式。由于一维双原子链振动存在两支格波，亦即格波的支数等于原胞内的原子数，在波矢空间中，每个波矢 $\boldsymbol{q}$ 就会对应两个不同的频率值（在每支格波上对应一个频率），所以其格波模式总数为 $2N$。我们进而还可得出两个结论：

① 晶体中的格波的支数等于原胞内的自由度数（一维情况下，一个原子只有一个自由度）；

② 晶格振动的模式数（频率数）等于晶体的总自由度数。

（3）短波近似　在短波极限下，即在布里渊区边界 $q=\frac{\pi}{2a}$处，由于 $\cos qa=0$，由色散关系式（2-52）得到：

对于声学波 ω_1，$\omega_{1\max}=\sqrt{\frac{2\beta}{M}}$，$\left(\frac{A}{B}\right)_1=\frac{2\beta(\cos qa)}{2\beta-m\omega_1^2}=0$，小原子的振幅 $A=0$，说明这是波节在小原子处的驻波。

对于光学波 ω_2，$\omega_{2\min}=\sqrt{\frac{2\beta}{m}}$，$\left(\frac{A}{B}\right)_2=\frac{2\beta-M\omega_2^2}{2\beta\cos qa}\approx\infty$，大原子的振幅 $B=0$，说明这是波节在大原子处的驻波。

从以上讨论可以看出，在短波极限下，一维双原子链振动的光学波和声学波都是驻波。

（4）长波近似

1）长声学波。在长波近似，即 $q\to0$ 时，$\sin qa\approx qa$，根据声学支 ω_1 的色散关系式（2-52），可得

$$\omega_1=\sqrt{\frac{2\beta}{m+M}}aq \tag{2-57}$$

这与连续媒质弹性波情况下

$$\omega=vq \tag{2-58}$$

形式相类似。比较上面两式，可知长声学波的波速为

$$v=a\sqrt{\frac{2\beta}{m+M}} \tag{2-59}$$

由前面章节的学习可知，对于连续媒质，弹性波的波速为

$$v=\sqrt{\frac{K}{\rho}} \tag{2-60}$$

对于一维双原子链晶格，体积模量 $K=\beta a$，介质线密度 $\rho=(m+M)/2a$，因此

$$v=\sqrt{\frac{\beta a}{(m+M)/2a}}=a\sqrt{\frac{2\beta}{m+M}} \tag{2-61}$$

式（2-59）和式（2-61）结果完全一样，可见长声学波就是连续介质的弹性波，声学波因此而得名。

为了理解声学波的物理本质，接着再来分析原胞中两个不同原子的振动位相关系。对声学波 ω_1，由式（2-50）可以得到相邻原子的振幅之比为

$$\left(\frac{A}{B}\right)_1=\frac{2\beta(\cos qa)}{2\beta-m\omega_1{}^2} \tag{2-62}$$

从图 2-8 可知，$\omega_1{}^2<\frac{2\beta}{M}<\frac{2\beta}{m}$，波矢被限定在简约布里渊区内，$\cos qa>0$，所以

$$\left(\frac{A}{B}\right)_1>0 \tag{2-63}$$

在长波极限，即 $q\approx0$ 时，有

$$\left(\frac{A}{B}\right)_1=1，或 A=B（声学支） \tag{2-64}$$

由以上讨论可知，在长波近似下，对于声学波，晶格中两相邻原子的振动位相相同、位移相同，原胞内的不同原子以相同的振幅和位相做整体运动，如图 2-9 所示，这说明长声学波描述的是原胞的刚性运动，或者说它代表了原胞的质心振动。

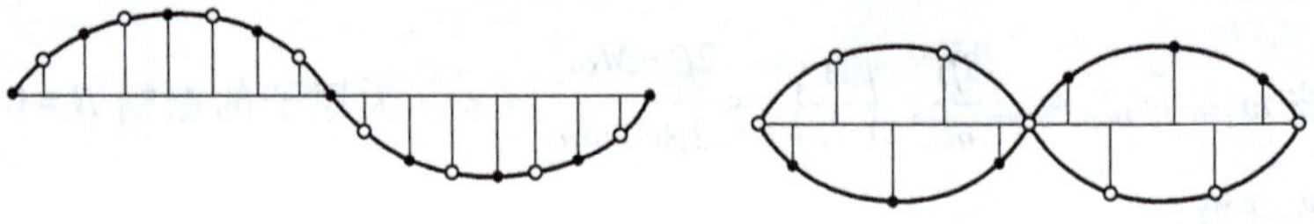

a)　　　　b)

图 2-9　长声学波和长光学波的振动模式

a）声学波　b）光学波

2）长光学波。同样，对于光学波振动 ω_2，由式（2-50）可以得到相邻原子的振幅之比为

$$\left(\frac{A}{B}\right)_2=\frac{2\beta-M\omega_2{}^2}{2\beta\cos qa} \tag{2-65}$$

从图 2-8 可知，$\omega_2^2>\frac{2\beta}{M}$，而 $\cos qa>0$，故得

$$\left(\frac{A}{B}\right)_2<0 \tag{2-66}$$

在长波近似下（$q\to0$），$\cos qa\approx1$，$\omega_2{}^2\approx\frac{2\beta(M+m)}{Mm}$，所以

$$\left(\frac{A}{B}\right)_2 \sim \left(-\frac{M}{m}\right) \text{或质心坐标 } Z=\frac{MA+mB}{M+m}=0 \tag{2-67}$$

由以上讨论可知，在长波近似下，对于光学波，晶格中两相邻原子以相反的位相、不同的振幅振动，质量大的振幅小，质量小的振幅大，即原胞的质心保持不动，如图 2-9 所示，这说明长光学波描述的是同一原胞中两个原子的相对振动。对于离子晶体，正负离子交替排列，原胞内相邻两离子带有不同电荷，不同的振动方向会导致极化和电偶极矩变化，所以光学波可用光波的电磁场来激发，这就是光学波的命名原因。

2.3 黄昆方程

离子晶体的光频模频率约为 10^{13}Hz，相当于红外波段的光波频率。但红外光波长远大于晶格常数，所以长波光频模能够对电磁波的传播产生重要影响。而在长波条件下如何采用几个宏观物理量来完美地描述光频模中离子相对位移 W、宏观极化 P 以及宏观电场 E 之间的关系是一个基本问题。黄昆在这方面做出了开拓性贡献，建立起光频模与电磁波相耦合的理论基础。

2.3.1 长光频模的特点

立方结构的离子晶体沿其主要对称轴——光频模可以明确区分为纵波和横波，它们是原胞中正、负离子相对位移形成的格波。当波长相当长时，两个相邻的离子位移为零的节面之间包含很多晶面，整个晶体在瞬时被这些节面分成很多薄层。由于原胞中正、负离子位移相反，如图 2-10 所示，在纵波情况，每个薄层都有相应的极化强度 $\boldsymbol{P}$，因而纵光频模又是一种极化波。这种情况下，退极化场 $\boldsymbol{E}_\mathrm{d}$ 垂直于每个薄层，且 $\varepsilon_0\boldsymbol{E}_\mathrm{d}=-\boldsymbol{P}$，$\varepsilon_0$ 是真空电容率。$\boldsymbol{E}_\mathrm{d}$ 的作用促使离子回到平衡位置，相当于增强恢复力。所以长纵光频波的振动频率 ω_LO 应大于原来只考虑准弹性力的本征振动频率 ω_0。

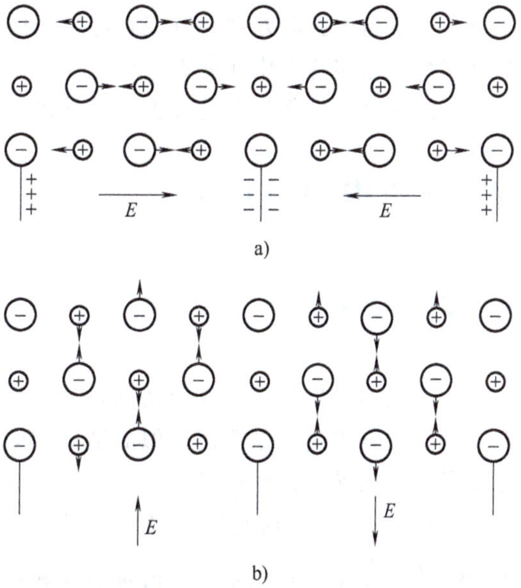

图 2-10 长光频模的特点

a）纵波 b）横波

但对于横光频波，离子位移与格波传播方向垂直，退极化场平行薄层，薄层厚度是格波的半波长，比晶体尺度小得多，此时，退极化场 $\boldsymbol{E}_\mathrm{d}=0$。因此，长横光频模的频率 ω_TO 保持等于原来本征振动频率 ω_0。由此可知，对于离子晶体 ω_LO 大于 ω_TO。一般来说，离子有效电荷 e^* 大的晶体，产生的极化强度 $\boldsymbol{P}$ 较大，其 ω_LO 与 ω_TO 的差距也大。例如离子性强的 LiF 晶体，$\omega_\mathrm{LO}=12\times10^{13}$Hz，$\omega_\mathrm{TO}=5.8\times10^{13}$Hz。而离子性较弱的 GaAs 晶体：$\omega_\mathrm{LO}=5.5\times10^{13}$Hz，$\omega_\mathrm{TO}=5.1\times10^{13}$Hz。共价

晶体没有离子性，如 Si 晶体，$\omega_{LO}=\omega_{TO}=9.9\times10^{13}$ Hz。横光频模和电磁波都是横波，两者可以耦合，形成统一的电磁耦合波。而纵光频波不能与电磁波耦合。

2.3.2 黄昆方程

若正、负离子的质量分别为 M_+ 和 M_-，它们偏离平衡位置的位移分别为 $\boldsymbol{u}_+$ 和 $\boldsymbol{u}_-$，两个离子的折合质量为 $\overline{M}=M_+M_-/(M_++M_-)$，$\Omega$ 为原胞体积。黄昆选用

$$\boldsymbol{W}=\left(\frac{\overline{M}}{\Omega}\right)^{1/2}(\boldsymbol{u}_+-\boldsymbol{u}_-) \tag{2-68}$$

作为描写长光频模中离子相对位移的宏观量，在有宏观电场 $\boldsymbol{E}$ 时，系统的势能密度应写成

$$U=-\frac{1}{2}(b_{11}\boldsymbol{W}^2+2b_{12}\boldsymbol{W}\cdot\boldsymbol{E}+b_{22}\boldsymbol{E}^2) \tag{2-69}$$

这里 b_{ij} 是待定参数。U 中第一项是光频模简谐振动的势能，第二项是光频模简谐振动与宏观电场的耦合能量，第三项是宏观电场的能量。

由此可求得

$$\left.\begin{aligned}\ddot{\boldsymbol{W}}&=\frac{\mathrm{d}^2\boldsymbol{W}}{\mathrm{d}t^2}=-\frac{\partial U}{\partial\boldsymbol{W}}=b_{11}\boldsymbol{W}+b_{12}\boldsymbol{E}\\ \boldsymbol{P}&=-\frac{\partial U}{\partial\boldsymbol{E}}=b_{12}\boldsymbol{W}+b_{22}\boldsymbol{E}\end{aligned}\right\} \tag{2-70}$$

第一个方程是离子振动方程，方程右边第一项是准弹性力，第二项是宏观电场的驱动力。第二个方程给出晶体的极化强度 $\boldsymbol{P}$，它包含两部分：离子相对位移产生的极化和宏观电场驱动的极化。这两个方程称为黄昆方程，是描述长光频波与电磁波相互耦合的基本方程。

2.4 简正振动与声子

2.4.1 简正振动

上一节三维晶格的运动方程及其解，都是比拟一维晶格进行讨论的。运动方程之所以能化成线性齐次方程组，是简谐近似的结果，即是忽略原子相互作用的非线性项得到的。本节对三维晶格的简谐近似作一讨论。

在前面我们已经讨论过，当原子处于平衡位置时，原子间的相互作用势能 $U_0=\frac{1}{2}\sum_i\sum_j{}'\left(-\frac{A}{r_{ij}^m}+\frac{B}{r_{ij}^n}\right)$ 为最小。既然晶体势能是任意两原子间距离 r_a 的函数，它们之间距离发生变化，势能也发生变化。也就是说，相互作用势能是原子偏离平衡位置位移的函数。设 N 个原子的位移矢量分别为 (u_1, u_2, u_3)，(u_4, u_5, u_6)，…，$(u_{3N-2}, u_{3N-1}, u_{3N})$，原子相互作用势能是这些位移分量的函数，变量一共有 $3N$ 个，即

$$U=U(u_1,u_2,\cdots,u_{3N})$$

将上式在平衡位置展成级数

$$U = U_0 + \sum_{i=1}^{3N}\left(\frac{\partial U}{\partial u_i}\right)_0 u_i + \frac{1}{2}\sum_{i,j=1}^{3N}\left(\frac{\partial^2 U}{\partial u_i \partial u_j}\right)u_i u_j + \cdots \tag{2-71}$$

因在平衡位置势能取极小值，所以上式右端第二项为零。若取 U_0 为能量零点，并略去二次以上的高次项，得到

$$U = \frac{1}{2}\sum_{i,j=1}^{3N}\left(\frac{\partial^2 U}{\partial u_i \partial u_j}\right)_0 u_i u_j \tag{2-72}$$

式（2-72）就是简谐近似下势能的表示式。N 个原子的振动动能

$$T = \frac{1}{2}\sum_{i=1}^{3N} m_i \dot{u}_i^2 \tag{2-73}$$

为了消去势能中的交叉项，仿照分析力学，选取简正坐标 Q_j。Q_j 与原子位移分量的关系为

$$\sqrt{m_i}\,u_i = \sum_{j=1}^{3N} a_{ij} Q_j \tag{2-74}$$

在简正坐标中，势能和动能化成

$$U = \frac{1}{2}\sum_{i=1}^{3N} \omega_i^2 Q_i^2 \tag{2-75}$$

$$T = \frac{1}{2}\sum_{i=1}^{3N} \dot{Q}_i^2 \tag{2-76}$$

振动系统的拉格朗日函数为

$$L = \frac{1}{2}\sum_{i=1}^{3N} \dot{Q}_i^2 - \frac{1}{2}\sum_{i=1}^{3N} \omega_i^2 Q_i^2 \tag{2-77}$$

由式（2-77）可得出正则动量

$$P_i = \frac{\partial L}{\partial \dot{Q}_i} = \dot{Q}_i \tag{2-78}$$

于是，系统的哈密顿函数化成

$$H = \frac{1}{2}\sum_{i=1}^{3N}\left(P_i^2 + \omega_i^2 Q_i^2\right) \tag{2-79}$$

将式（2-79）代入正则方程 $\dot{P}_i = -\dfrac{\partial H}{\partial Q_i}$，得到

$$\ddot{Q}_i + \omega_i^2 Q_i = 0,\ i = 1, 2, \cdots, 3N \tag{2-80}$$

式（2-80）是标准的简谐振子的振动方程。这说明，晶体内原子在平衡位置附近的振动可近似看成 $3N$ 个独立的谐振子的振动。需要指出，ω_i 不是什么别的频率，而是晶格振动频率。当只有频率为 ω_a 的模式振动时，式（2-80）的解为

$$Q_a = A\sin(\omega_a t + \varphi)$$

将上式代入式（2-74），得到

$$u_i = \frac{a_{ia}}{\sqrt{m_i}} A\sin(\omega_a t + \varphi),\ i = 1, 2, \cdots, 3N \tag{2-81}$$

式（2-81）表明，每一个原子都以相同的频率做振动，这是最基本、最简单的振动方

式，称为格波的简正振动。原子的振动，或者说格波振动一般是 $3N$ 个简正振动模式的线性迭加。

下面以一维简单晶格为例，来说明它的晶格振动等价于 N 个谐振子的振动，谐振子的振动频率就是晶格的振动频率。式（2-81）是波矢为 $\boldsymbol{q}$ 的格波引起的第 n 个原子的位移。格波不同引起的原子位移一般也不同。为明确起见，式（2-81）应记为

$$u_{nq}=A_q e^{i(qna-\omega_q t)} \tag{2-82}$$

A_q 一般是一个复数，即包含一个相位因子。但我们总可以通过选择时间的零点，使 A_q 成为实数。为简单起见，设所有格波的振幅 A 都为实数，第 n 个原子的总位移应为所有格波引起的位移的迭加。

$$u_{nq}=A_q e^{i(qna-\omega_q t)} \tag{2-83}$$

式（2-83）的共轭

$$\begin{aligned} u_n^* &= \sum_q A_q e^{-i(qnq-\omega_q t)} = \sum_{q<0} A_q e^{-i(qna-\omega_q t)} + \sum_{q\geqslant 0} A_q e^{-i(qna-\omega_q t)} \\ &= \sum_{q>0} A_{-q} e^{i(qna+\omega_{-q} t}) + \sum_{q\leqslant 0} A_{-q} e^{i(qna+\omega_{-q} t)} \\ &= \sum_q A_{-q} e^{i(qna+\omega_{-q} t)} \end{aligned}$$

对于图 2-10 所示的晶格，波矢为 $\boldsymbol{q}$ 的正向传播的格波和波矢为 $-\boldsymbol{q}$ 的负向传播的格波的性质相同，都为纵波；频率相同，$\omega_{\boldsymbol{q}}=\omega_{-\boldsymbol{q}}$，这一点即是前述的频率的反演对称性；在同一温度下，引起的原子的振幅相同，$A_{\boldsymbol{q}}=A_{-\boldsymbol{q}}$。所以上式化成

$$u_n^* = \sum_q A_q e^{i(qna+\omega_q t)} \tag{2-84}$$

第 n 个原子的实位移

$$x_n = \frac{u_n + u_n^*}{2} = \sum_q A_q e^{iqna}\left(\frac{e^{-i\omega_q t} + e^{i\omega_q t}}{2}\right) = \sum_q A_q e^{iqna}\cos\omega_q t \tag{2-85}$$

将式(2-85)改写成

$$\sqrt{m}\,x_n = \sum_q \frac{1}{\sqrt{N}} e^{iqna}(\sqrt{Nm}\,A_q\cos\omega_q t) \tag{2-86}$$

令

$$Q(q)=\sqrt{Nm}\,A_q\cos\omega_q t \tag{2-87}$$

则有

$$Q(-q)=Q(q) \tag{2-88}$$

式(2-86)则化为

$$\sqrt{m}\,x_n = \sum_q \frac{1}{\sqrt{N}} e^{iqna} Q(q) \tag{2-89}$$

由式(2-89)与式(2-74)两式的比较，使人想到，$Q(q)$是否可作简正坐标？下面将具体证明式(2-87)即是简正坐标，因为它能将晶格振动的势能和动能化成平方和的形式。

晶格的动能

$$T=\frac{1}{2}m\sum_n\dot{x}_n^2=\frac{1}{2N}\sum_n\left[\sum_q\dot{Q}(q)\mathrm{e}^{\mathrm{i}qna}\right]\left[\sum_{q'}\dot{Q}(q')\mathrm{e}^{\mathrm{i}q'na}\right]$$

$$=\frac{1}{2}\sum_{q,q'}\dot{Q}(q)\dot{Q}(q')\left[\frac{1}{N}\sum_n\mathrm{e}^{\mathrm{i}(q+q')na}\right] \tag{2-90}$$

当 $q'=-q$ 时，

$$\frac{1}{N}\sum_n\mathrm{e}^{\mathrm{i}(q+q')na}=1$$

当 $q'\neq -q$ 时，

$$q+q'=\frac{2\pi l}{Na},\ l\text{ 为整数},$$

$$\frac{1}{N}\sum_{n=1}^{N}\mathrm{e}^{\mathrm{i}(q+q')na}=\frac{1}{N}\sum_{n=1}^{N}(\mathrm{e}^{\mathrm{i}2\pi l/N})^n=\frac{1}{N}\cdot\frac{\mathrm{e}^{\mathrm{i}2\pi l/N}(1-\mathrm{e}^{\mathrm{i}2\pi l})}{1-\mathrm{e}^{\mathrm{i}2\pi l/N}}=0$$

所以有通式

$$\frac{1}{N}\sum_n\mathrm{e}^{\mathrm{i}(q+q')na}=\delta_{q',-q} \tag{2-91}$$

将式（2-91）代入式（2-90），得

$$T=\frac{1}{2}\sum_q\dot{Q}(q)\dot{Q}(-q)=\frac{1}{2}\sum_q(\dot{Q}(q))^2 \tag{2-92}$$

晶格的势能

$$U=\frac{1}{2}\beta\sum_n(x_n-x_{n-1})^2$$

$$=\frac{1}{2}\beta\sum_n\frac{1}{Nm}\left[\sum_q Q(q)\mathrm{e}^{\mathrm{i}qna}(1-\mathrm{e}^{-\mathrm{i}qa})\right]\left[\sum_{q'}Q(q')\mathrm{e}^{\mathrm{i}q'na}(1-\mathrm{e}^{-\mathrm{i}q'a})\right]$$

$$=\frac{\beta}{2m}\sum_{q,q'}Q(q)(1-\mathrm{e}^{-\mathrm{i}qa})Q(q')(1-\mathrm{e}^{-\mathrm{i}q'a})\left[\frac{1}{N}\sum_n\mathrm{e}^{\mathrm{i}(q+q')na}\right]$$

$$=\frac{\beta}{2m}\sum_q Q(q)(1-\mathrm{e}^{-\mathrm{i}qa})Q(-q)(1-\mathrm{e}^{\mathrm{i}qa})$$

$$=\frac{1}{2}\sum_q\frac{2\beta}{m}(1-\cos qa)[Q(q)]^2$$

$$=\frac{1}{2}\sum_q\omega_q^2[Q(q)]^2 \tag{2-93}$$

其中

$$\omega_q^2=\frac{2\beta}{m}(1-\cos qa)$$

正是一维简单格子的色散关系。在式（2-92）和式（2-93）两式中已将晶格的动能和势能都化成了平方和的形式，这说明式（2-87）确实为简正坐标。

将式（2-92）和式（2-93）两式代入式（2-77）、式（2-78）和式（2-79），最后由正则方程得到

$$\ddot{Q}(q)+\omega_q^2Q(q)=0 \tag{2-94}$$

其中方程数目由 q 的个数决定，即

$$q=\frac{-(N-1)\pi}{Na},\frac{-(N-2)\pi}{Na},\cdots,\frac{\pi}{a}$$

一共有 N 个。式（2-94）是标准的谐振子的振动方程，这说明，一维简单晶格的 N 个原子的振动可等价于 N 个谐振子的振动，谐振子的振动频率就是晶格的振动频率。

2.4.2 晶格振动能

式（2-80）是简谐振子的运动方程，频率为 ω_i 的谐振子的振动能

$$\varepsilon_i=\left(n_i+\frac{1}{2}\right)\hbar\omega_i \tag{2-95}$$

晶格振动等价于 $3N$ 个独立谐振子的振动，因此，晶格振动能是这些谐振子振动能量的总和

$$E=\sum_{i=1}^{3N}\left(n_i+\frac{1}{2}\right)\hbar\omega_i \tag{2-96}$$

式（2-96）说明，晶格的振动能量是量子化的，能量的增减是用 $h\omega$ 计量的。人们为了便于问题的分析，赋予 $h\omega$ 一个假想的携带者——声子，即声子是晶格振动能量的量子。虽然声子是假想粒子，但理论和实验都已证明，其他粒子（比如电子、光子）与晶格相互作用时，恰似它们与能量为 $h\omega$、动量为 hq 的粒子作用一样。因此，人们称声子为准粒子，hq 为声子的准动量。需要指出的是，声子是虚设粒子，它并不携带真实的动量。以一维简单原子链为例，波矢为 $\boldsymbol{q}$ 的格波的总动量

$$P(\boldsymbol{q})=m\frac{\mathrm{d}}{\mathrm{d}t}\sum_{n=1}^{N}u_n=-\mathrm{i}\omega mA\mathrm{e}^{-\mathrm{i}\omega t}\sum_{n=1}^{N}\mathrm{e}^{\mathrm{i}qna} \tag{2-97}$$

将

$$q=\frac{2\pi l}{Na}$$

代入式（2-97）得

$$\begin{aligned}P(\boldsymbol{q})&=-\mathrm{i}\omega mA\mathrm{e}^{-\mathrm{i}\omega t}\sum_{n=1}^{N}\mathrm{e}^{\mathrm{i}\frac{2\pi nl}{N}}\\&=-\mathrm{i}\omega mA\mathrm{e}^{-\mathrm{i}\omega t}\frac{\mathrm{e}^{\mathrm{i}\frac{2\pi l}{N}}(1-\mathrm{e}^{\mathrm{i}2\pi l})}{1-\mathrm{e}^{\mathrm{i}\frac{2\pi l}{N}}}=0\end{aligned}$$

若认为格波的动量是由声子所携带，上式表明声子不携带物理动量。

由式（2-95）可知，对于频率为 ω_i 的谐振子，其能量部分 $n_ih\omega_i$，恰为 n_i 个声子所携带。晶体温度的高低是晶格振动能量高低的反映。温度高，晶体的振动能高。振动能高取决于两点：①声子数目多；②声子能量大。现在的问题是，温度一定，对于频率为 ω 的谐振子，其平均声子数为多少？利用玻尔兹曼统计理论，可求出温度 T 时，频率为 ω 的谐振子（或简正振动）的平均声子数目

$$n(\omega)=\frac{\sum_{n=0}^{\infty}n\mathrm{e}^{-n\hbar\omega/k_BT}}{\sum_{n=0}^{\infty}\mathrm{e}^{-n\hbar\omega/k_BT}}$$

令 $x=\frac{\hbar\omega}{k_B T}$，平均声子数化为

$$\begin{aligned} n(\omega) &= \frac{\sum_{n=0}^{\infty} n\mathrm{e}^{-nx}}{\sum_{n=0}^{\infty} \mathrm{e}^{-nx}} = -\frac{\mathrm{d}}{\mathrm{d}x}\ln\left(\sum_{n=0}^{\infty}\mathrm{e}^{-nx}\right) \\ &= -\frac{\mathrm{d}}{\mathrm{d}x}\ln\left(\frac{1}{1-\mathrm{e}^{-x}}\right) = \frac{1}{\mathrm{e}^{x}-1} \\ &= \frac{1}{\mathrm{e}^{\hbar\omega/k_B T}-1} \end{aligned} \tag{2-98}$$

从式（2-98）可以看出，当 $T=0\mathrm{K}$ 时，$n(\omega)=0$，这说明 $T>0\mathrm{K}$ 时才有声子；当温度很高时，有

$$\mathrm{e}^{\hbar\omega/k_B T} \approx 1+\frac{\hbar\omega}{k_B T}$$

$$n(\omega) \approx \frac{k_B T}{\hbar\omega}$$

由此可见，在高温时，平均声子数与温度成正比，与频率成反比。显然，温度一定时，频率低的格波的声子数比频率高的格波的声子数要多。在低温时绝大部分声子的能量小于 $10k_B T$。

2.5　晶格振动热容理论

2.5.1　热容理论

由热力学已知，定容热容量定义是 $C_V=(\partial E/\partial T)_V$。对于固体，按与温度的关系，内能 E 由两部分构成：一部分内能与温度无关，另一部分内能与温度有关。第 1 章中，原子在平衡位置时的相互作用势能在简谐近似下与温度无关，这一部分内能对热容量无贡献。对热容有贡献的是依赖温度的内能。绝缘体与温度有关的内能就是晶格振动能量。对于金属，与温度有关的内能由两部分构成：一部分是晶格振动能，另一部分是价电子的热动能。当温度不太低时，电子对热容的贡献可忽略，在此只讨论晶格振动对热容的贡献。按照经典的能量均分定理，每个自由度的平均能量是 $k_B T$，一半是平均动能，一半是平均势能，k_B 是玻尔兹曼常数。若固体有 N 个原子，总的自由度为 $3N$，总的能量为 $3Nk_B T$。热容量为 $3Nk_B$，是一个与温度无关的常数，这一结论称作杜隆-珀替定律。在高温下，固体热容的实验值与该定律相当符合。但在低温时，实验值与此定律相去甚远。在甚低温度下，绝缘体的热容量变得很小，$C_V \propto T^3$。这说明，在低温下，经典理论已不再适用。爱因斯坦第一次将量子理论应用到固体热容问题上，理论与实验得到了相当好的符合，克服了经典理论的困难。

由式（2-98）可知，频率为 ω 的谐振子的平均声子数目

$$n(\omega_i)=\frac{1}{e^{\hbar\omega_i/k_BT}-1}$$

这些声子携带的能量为

$$E_i=\frac{\hbar\omega_i}{e^{\hbar\omega_i/k_BT}-1}$$

N 个原子构成的晶体，晶格振动等价于 $3N$ 个谐振子的振动。总的热振动能为

$$E=\sum_{i=1}^{3N}\frac{\hbar\omega_i}{e^{\hbar\omega_i/k_BT}-1} \tag{2-99}$$

由一维的色散曲线可知，由于波矢 $\boldsymbol{q}$ 是准连续的，就每支格波而言，频率也是准连续的，所以式（2-99）的加式可用积分来表示。现引入模式密度 $D(\omega)$ 的定义：单位频率区间的格波振动模式数目称为模式密度。显然 $D(\omega)$ 满足下式

$$\int_0^{\omega_m}D(\omega)\mathrm{d}\omega=3N \tag{2-100}$$

式中，ω_m 是最高频率，又称截止频率。因为频率是波矢的函数，我们可在波矢空间内求出模式密度的表达式。因为同一个波矢可对应不同的几支格波，我们先考虑其中的一支。在此情况下，ω 到 $\omega+\mathrm{d}\omega$ 区间的波矢数目就等于模式数目。如图 2-11 所示，在波矢空间内取两个等频面 ω 和 $\omega+\mathrm{d}\omega$。在两等频面间取一体积元 $\mathrm{d}q_\perp\mathrm{d}S$，$\mathrm{d}q_\perp$ 是等频面间垂直距离，$\mathrm{d}S$ 是体积元在等频面上的面积。此体积元内的波矢数目，也即模式数目

$$\mathrm{d}Z'=\frac{V_c}{(2\pi)^3}\mathrm{d}q_\perp\mathrm{d}S \tag{2-101}$$

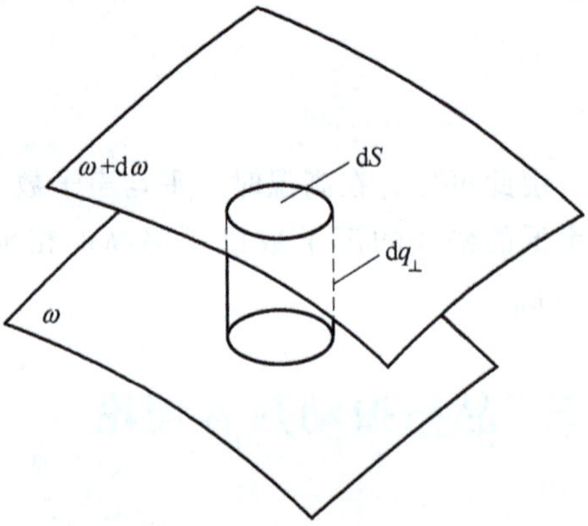

图 2-11　波矢空间内一支格波的等频面

根据梯度的定义可知

$$\mathrm{d}\omega=|\nabla_q\omega|\mathrm{d}q_\perp$$

将上式代入式（2-101），并对两等频面间体积进行积分，得到两等频面间的模式数目

$$\mathrm{d}Z=\frac{V_c}{(2\pi)^3}\int\frac{\mathrm{d}S\mathrm{d}\omega}{|\nabla_q\omega|} \tag{2-102}$$

记这支格波的模式密度为 $\mathrm{d}(\omega)$，则由式（2-102）得

$$\mathrm{d}(\omega)=\frac{V_c}{(2\pi)^3}\int\frac{\mathrm{d}S}{|\nabla_q\omega|} \tag{2-103}$$

其中积分要限于一等频面。将 $3n$ 支格波都考虑在内，总的模式密度

$$D(\omega)=\frac{V_c}{(2\pi)^3}\sum_{a=1}^{3n}\int_{S_a}\frac{\mathrm{d}S}{|\nabla_q\omega_a|} \tag{2-104}$$

式中，ω_a 是第 α 支格波的频谱；S_a 是第 α 支格波的等频面。

当然，对于简单情况，人们可直接由定义来求模式密度。有了模式密度，式（2-99）便化成

$$E=\int_0^{\omega_m}\frac{\hbar\omega D(\omega)\,\mathrm{d}\omega}{\mathrm{e}^{\hbar\omega/k_BT}-1} \tag{2-105}$$

热容量的表达式即可求得

$$C_V=\int_0^{\omega_m}k_B\left(\frac{\hbar\omega}{k_BT}\right)^2\frac{\mathrm{e}^{\hbar\omega/k_BT}D(\omega)\,\mathrm{d}\omega}{(\mathrm{e}^{\hbar\omega/k_BT}-1)^2} \tag{2-106}$$

由式（2-106）可知，求热容量的关键在于求解模式密度。对于实际的晶体，目前还很难得出三维的色散关系 $\omega_a(q)$。因此，模式密度的精确求解便成了一大困难。为了回避这一困难，在求固体热容时，人们通常采用近似方法。下面介绍的爱因斯坦模型和德拜（P. Debye）模型是最成功的两个近似方法。

2.5.2 爱因斯坦模型

爱因斯坦采用了一个极其简单的假定，但其结果却与实验符合较好。爱因斯坦假定晶体中所有原子都以相同的频率做振动。这一假定，实际是忽略了谐振子之间的差异，认为 $3N$ 个谐振子是全同的。在此情况下，晶体的热振动能可由式（2-99）直接得出

$$E=3N\frac{\hbar\omega}{\mathrm{e}^{\hbar\omega/k_BT}-1} \tag{2-107}$$

热容量则为

$$C_V=\frac{\partial E}{\partial T}=3Nk_Bf_E'\left(\frac{\hbar\omega}{k_BT}\right) \tag{2-108}$$

其中

$$f_E\left(\frac{\hbar\omega}{k_BT}\right)=\left(\frac{\hbar\omega}{k_BT}\right)^2\frac{\mathrm{e}^{\hbar\omega/k_BT}}{(\mathrm{e}^{\hbar\omega/k_BT}-1)^2}$$

称为爱因斯坦热容函数。再引入爱因斯坦温度 E，其定义式为 $k_B\Theta_E=h\omega$。于是式（2-108）化成

$$C_V=3Nk_B\left(\frac{\Theta_E}{T}\right)^2\frac{\mathrm{e}^{\Theta_E/T}}{(\mathrm{e}^{\Theta_E/T}-1)^2} \tag{2-109}$$

Θ_E 是由理论曲线与实验曲线尽可能地拟合来确定。对大多数的固体材料，Θ_E 在 100~300K 范围内。图 2-12 是金刚石热容的实验值与爱因斯坦理论曲线的比较。从比较可以看出，爱因斯坦的理论取得了很大的成功。

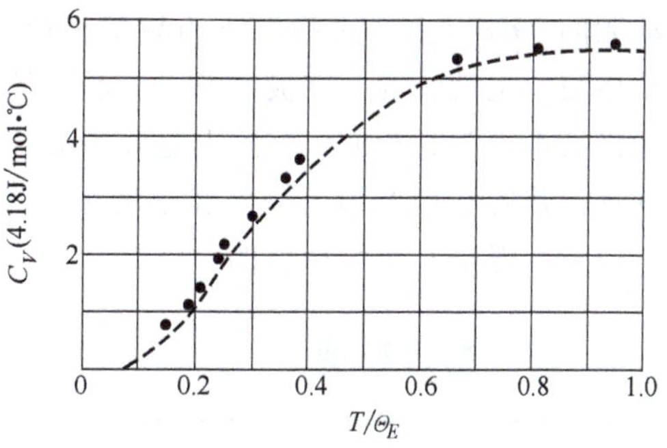

图 2-12 金刚石热容的实验值与爱因斯坦理论曲线的比较

当温度较高时，

$$\frac{\mathrm{e}^{\Theta_E/T}}{(\mathrm{e}^{\Theta_E/T}-1)^2}=\frac{1}{(\mathrm{e}^{\Theta_E/2T}-\mathrm{e}^{-\Theta_E/2T})^2}=\frac{1}{\left(\frac{\Theta_E}{2T}+\frac{\Theta_E}{2T}\right)^2}=\left(\frac{T}{\Theta_E}\right)^2$$

将上式代入式（2-109），得

$$C_V = 3Nk_B$$

可见在高温情况下，爱因斯坦的热容理论与杜隆-珀替定律一致。

当温度很低时，

$$e^{\Theta_E/T} \gg 1$$

所以式（2-109）化成

$$C_V = 3Nk_B\left(\frac{\Theta_E}{T}\right)^2 e^{-\Theta_E/T} \tag{2-110}$$

当温度很低时，绝缘体的热容以 T^3 趋于零，但式（2-110）表明，爱因斯坦热容比 T^3 更快地趋于零，这与实验偏差较大。造成这一偏差的根源就在于爱因斯坦模型过于简单，它忽视了各格波对热容贡献的差异。按照爱因斯坦温度的定义可估计出爱因斯坦频率 ω_E，$\omega_E = k_B\Theta_E/\hbar$，大约为 10^{13} Hz，相当于光学支频率。由式（2-98）可知，频率为 ω 的一支格波的平均振动能

$$\overline{E} = n(\omega)\hbar\omega = \frac{\hbar\omega}{e^{\hbar\omega/k_BT}-1} \tag{2-111}$$

按照式（2-111）可绘出格波的振动能与频率的关系曲线，如图 2-13 所示。从图 2-13 可以看出，格波的频率越高，其振动能越小。爱因斯坦考虑的格波的频率很高，其振动能很小，对热容量的贡献本来就不大，当温度很低时，就更微不足道了。其本质上的原因就在于，当温度一定时，频率越高的格波，其平均声子数越少。具体计算表明，在极低温下，频率 $\omega \leqslant 10k_BT/h$ 的格波的振动能占整个晶格振动能的 99% 以上。这些格波的频率很低，属于长声学格波。也就是说，在极低温下，晶体的热容量主要由长声学格波来决定。爱因斯坦把所有的格波都视为光学波，实际上是没考虑长声学波在极低温时对热容的主要贡献，自然会导致其理论热容在极低温下与实验热容偏差很大。这也说明，要在极低温下使理论与实验相符，应主要考虑长声学格波的贡献。

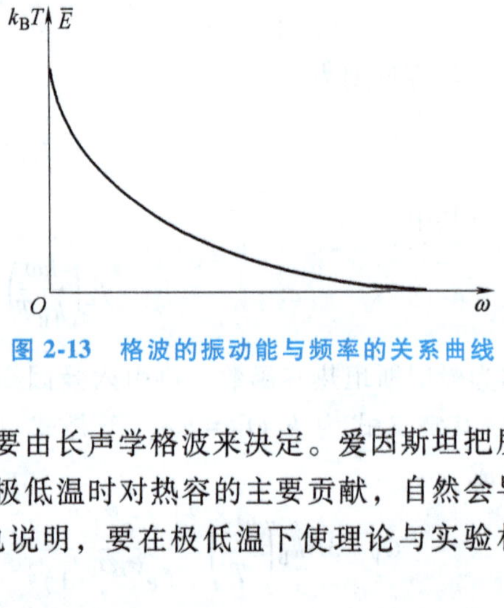

图 2-13　格波的振动能与频率的关系曲线

2.5.3　德拜模型

我们已经弄清楚，在极低温下，决定晶体热容的主要是长声学波。在长波近似一节中我们已论证过，长声学波就是弹性波。德拜热容模型的基本思想是：把格波作为弹性波来处理。不难预料，在极低温下，德拜热容理论应与实验相符。因为从式（2-111）可知，在极低温下，不仅光学波（如果晶体是复式格子的话）对热容的贡献可以忽略，而且频率高（短波长）的声学波对热容的贡献也可以忽略。决定晶体热容的主要是长声学波，即弹性波。为简单计，设固体介质是各向同性的，由弹性波的色散关系 $\omega = vq$ 可知，在三维波矢空间内，弹性波的等频面是一个球面，频率梯度的模

$$|\nabla_q \omega| = v\left|\nabla_q \sqrt{q_x^2+q_y^2+q_z^2}\right| = v \tag{2-112}$$

由式（2-112）和式（2-103）可求得一支格波的模式密度

$$d(\omega) = \frac{V_c}{(2\pi)^3}\frac{1}{v}\int \mathrm{d}S = \frac{V_c}{(2\pi)^3 v}4\pi q^2 = \frac{V_c \omega^2}{2\pi^2 v^3} \tag{2-113}$$

考虑到弹性波有三支格波：一支纵波，两支横波，所以总的模式密度

$$D(\omega) = \frac{3V_c\omega^2}{2\pi^2 v_\rho^3} \tag{2-114}$$

式中

$$\frac{3}{v_\rho^3} = \left(\frac{1}{v_\mathrm{L}^3}+\frac{2}{v_\mathrm{T}^3}\right) \tag{2-115}$$

式中 v_L 为纵波声速；v_T 为横波声速。由于是各向同性介质，两横波是简并的，即两横波速度相等。将式（2-114）代入式（2-106），得到

$$C_V = \frac{3V_c}{2\pi^2 v_\rho^3}\int_0^{\omega_\mathrm{m}} k_\mathrm{B}\left(\frac{\hbar\omega}{k_\mathrm{B}T}\right)\frac{\mathrm{e}^{\hbar\omega/k_\mathrm{B}T}\omega^2\mathrm{d}\omega}{(\mathrm{e}^{\hbar\omega/k_\mathrm{B}T}-1)^2} \tag{2-116}$$

其中截止频率 ω_m 由式（2-100）求出，即由

$$\int_0^{\omega_\mathrm{m}} \frac{3V_c\omega^2}{2\pi^2 v_\rho^3}\mathrm{d}\omega = 3N$$

求出。由此得到

$$\omega_\mathrm{m} = \left(6\pi^2\frac{N}{V_c}\right)^{1/3} v_\rho \tag{2-117}$$

有时称式（2-117）的频率为德拜频率，并记作 ω_D。对应 ω_D 还有一个德拜温度 Θ_D，其定义为

$$\Theta_\mathrm{D} = \frac{\hbar\omega_\mathrm{D}}{k_\mathrm{B}} \tag{2-118}$$

由以上两式可知，原子浓度高、声速大的固体，其德拜温度就高。金刚石的弹性常数是一般固体材料的10倍，其声速很大，再加上碳原子密度高，其德拜温度高达2230K。而一般固体材料的德拜温度大都在200~400K。

作变量变换

$$x = \frac{\hbar\omega}{k_\mathrm{B}T}$$

式（2-116）化成

$$C_V = \frac{3V_c k_\mathrm{B}^4 T^3}{2\pi^2\hbar^3 v_\rho^3}\int_0^{\Theta_\mathrm{D}/T}\frac{\mathrm{e}^x x^4\mathrm{d}x}{(\mathrm{e}^x-1)^2} \tag{2-119}$$

当温度较高时，$k_\mathrm{B}T \gg \hbar\omega$，$x$ 是小量，式（2-119）中的积分函数

$$\frac{\mathrm{e}^x x^4}{(\mathrm{e}^x-1)^2} = \frac{x^4}{(\mathrm{e}^{x/2}-\mathrm{e}^{-x/2})^2} \approx \frac{x^4}{\left(\frac{x}{2}+\frac{x}{2}\right)^2} = x^2$$

容易求得高温热容

$$C_V = 3Nk_B$$

从上式可知，德拜模型的高温热容与经典理论是一致的。

当温度甚低时，式（2-119）的积分上限可取为∞。为了便于积分，将被积函数按二项式定理展开成级数

$$\frac{e^x x^4}{(e^x - 1)^2} = \frac{x^4}{e^x(1 - e^{-x})^2} = x^4 e^{-x}(1 - e^{-x})^{-2}$$

$$= x^4 e^{-x}(1 + 2e^{-x} + 3e^{-2x} + \cdots)$$

$$= x^4 \sum_{n=1}^{\infty} n e^{-nx}$$

于是，积分

$$\int_0^{\infty} \frac{e^x x^4 dx}{(e^x - 1)^2} = \sum_{n=1}^{\infty} \int_0^{\infty} n e^{-nx} x^4 dx = 4! \sum_{n=1}^{\infty} \frac{1}{n^4} = \frac{4}{15}\pi^4$$

将上式代入式（2-119），得到

$$C_V = \frac{12\pi^4 Nk_B}{5}\left(\frac{T}{\Theta_D}\right)^3 \quad (2\text{-}120)$$

德拜理论在极低温下与实验是相符的，温度越低，符合程度越好。在极低温下，热容与 T^3 成正比的规律称为德拜定律。图 2-14 示出了金属铜热容的实验值与德拜理论值的比较，其中 $C_{V_{\infty}}$ 是热容的高温值，即经典值。

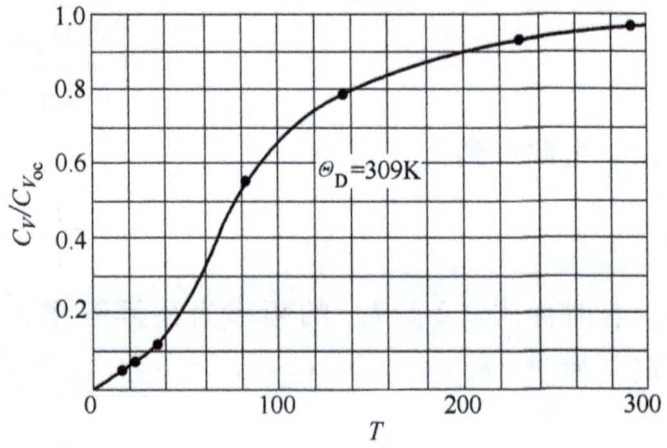

图 2-14 铜热容的实验数据与德拜理论值的比较

在德拜模型中，德拜温度是一个重要参量。Θ_D 都是间接由实验来确定，方法有二：一是实验确定声速 v_ρ，由式（2-117）和式（2-118）确定 Θ_D；二是测出材料的热容量，再由式（2-120）确定 Θ_D。如表 2-1 所示，在低温下，两种方法确定的 Θ_D 非常接近。由式（2-117）和式（2-118）两式看，德拜温度 Θ_D 应是一个常数，应与温度无关。但事实上却不然。由实验测出 C_V 在不同温度下的实验值，然后代入式（2-119）左端，再求 Θ_D，结果发现，Θ_D 与温度有关。Θ_D 理论值与实验值有偏差是容易理解的。原因在于德拜模型仍过于简化：它忽略了晶体的各向异性；它忽略了光学波和高频声学波对热容的贡献。光学波和高频声学波是色散波，它们的关系式比弹性波的要复杂得多。

表 2-1 几种晶体的德拜温度 （单位：K）

晶格	T	由热容求得的 Θ_D	由弹性常数求得的 Θ_D
NaCl	10	308	320
KCl	3	230	246
Ag	4	225	216
Zn	4	308	305

课后思考题

1. 设两个原子间的相互能量可以表示为

$$U(r)=-\frac{\alpha}{r^m}+\frac{\beta}{r^n}$$

（1）求形成稳定分子时的平衡间距 r_0 及结合能 W；

（2）若取 $m=2$，$n=10$，平衡间距$=0.3\text{nm}$，$W=4\text{eV}$，求 α、β 的值；

（3）计算使该分子分裂所必需的力。

2. 对于线性离子晶体，假定由 $2N$ 个交替带电荷为$\pm q$ 的离子排布成一条直线，其最近邻之间的排斥势能为 A/R^n。忽略最邻近离子以外的排斥势能，试写出在平衡间距下系统内能 $U(r_0)$ 的表达式。

3. 一维单原子晶格，在简谐近似下，考虑每一原子与其余所有原子都有作用，求格波的色散关系。

4. 聚乙烯链…—CH—CH—CH—CH…的伸张振动，可以采用一维双原子链模型来描述，原胞两原子质量均为 M，但每个原子与左右邻原子的力常数分别为 β_i 和 β，原子链的周期为 a。证明振动频率为

$$\omega^2=\frac{\beta_1+\beta_2}{M}\left\{1\pm\left[1-\frac{4\beta_1\beta_2\sin^2\frac{qa}{2}}{(\beta_1+\beta_2)^2}\right]^{\frac{1}{2}}\right\}$$

5. 求一维单原子链的振动模式密度 $g(\omega)$，若格波的色散可以忽略，其 $g(\omega)$ 具有什么形式？比较这两者的 $g(\omega)$ 曲线。

6. 金刚石（碳的相对原子质量为 12）的杨氏模量为 $10^{12}\text{N}\cdot\text{m}^2$，密度 $\rho=3.5\text{g}\cdot\text{cm}^{-3}$。试估算它的德拜温度。

7. 试用德拜模型求晶体中各声频支格波的零点振动能。

第3章 金属自由电子论

在化学元素周期表中，可以看到在通常状态下，金属元素约有75种之多。在自然界中，大约有2/3以上的固态纯元素属于金属。人类社会很早就学会了使用金属并成为人类进步的标志，如过去的铜器时代、铁器时代等。人类对金属的使用和研究与金属具有良好的导电、导热、易加工及特殊的金属光泽等自然属性是分不开的。那么金属为什么具有这些优越的自然属性呢？为了回答这一问题，大批科学家对此进行了深入研究，并由此推动了固体物理学的诞生、发展和壮大。本书将从最简单的金属自由电子气体模型出发，介绍固体物理基础的后续内容。

大家知道模型的建立对于科学研究是非常重要的。金属自由电子气体模型也是为了解释金属的自然属性而建立起来的。当然，一个合理的模型不是凭空产生的，那么金属自由电子气体模型是如何建立和发展的呢？

我们知道人类最早对于火的使用，导致了热力学的建立和发展。1870年前后，玻尔兹曼、麦克斯韦等建立了气体分子运动论的统计理论；1897年，汤姆孙（Thomson）发现了电子，使得人们可以进一步把组成固体的原子分为离子实（ion core）和价电子（valence electron）。基于以上背景和金属总是具有高电导率、高热导率和高反射率的实验事实，1900年，特鲁德（Drude）首先借助理想气体模型，建立了经典的金属自由电子气体模型。该模型认为：在金属中，价电子脱离原子的束缚成为自由电子，可以在金属中自由运动，也就是忽略了电子和离子实之间的库仑吸引作用，称为自由电子近似（free electronic approximation）；金属中大量的自由电子之间没有相互作用，忽略了电子和电子之间的库仑排斥作用，称为独立电子近似（independent electronic approximation）；假定离子实保持原子在自由状态时的构型，电子和离子实可以发生碰撞，其碰撞是瞬时的，碰撞可以突然改变电子的速度，但碰撞后电子的速度只与温度有关而与碰撞前的速度无关。在相继两次碰撞之间，电子做直线运动，遵循牛顿第二定律，这种近似称为碰撞近似（collision approximation）；最后还有一个是弛豫时间近似（relaxation time approximation）。一个电子与离子两次碰撞之间的平均时间与弛豫时间，与电子的速度和位置无关，由弛豫时间可以描述电子受到的散射或碰撞，并求得电子的平均自由程。

上述模型实际上使金属中的自由电子变成了理想气体中的粒子，因而借用已有的热力学规律就可以描述金属的一些特性。

1904 年，洛伦兹（Lorentz）发展了该理论，他在特鲁德模型的基础上引入经典的麦克斯韦-玻尔兹曼统计规律，认为电子速度服从麦克斯韦-玻尔兹曼统计分布律。

经典的特鲁德-洛伦兹自由电子论获得了巨大成功，它可以从微观上定性地解释金属的高电导率、高热导率、霍尔效应以及某些光学性质，并证明了金属热导率 K 除以电导率和热力学温度的积 σT 是一个常数，称为洛伦兹常量。这与 1853 年实验上发现的维德曼-弗兰兹（Wiedemann-Franz）定律一致。

但是经典的特鲁德-洛伦兹自由电子论也遇到了如下困难：

1）根据经典统计的能量均分定理，N 个价电子的电子气有 $3N$ 个自由度，它们对热容的贡献为 $3Nk_B/2$，但对大多数金属，实验值仅为这个理论值的 1%。

2）根据这个理论得出的自由电子的顺磁磁化率和温度成正比，但实验证明，自由电子的顺磁磁化率几乎与温度无关。

为解决上述困难，在 1926 年费米-狄拉克统计理论和量子力学建立以后不久，也就是 1928 年，德国物理学家索末菲（Arnold Sommerfeld）扬弃了特鲁德-洛伦兹自由电子论的经典力学与经典统计背景，认为金属中的价电子相互独立地在恒定势场中自由运动，其运动行为应由量子力学的薛定谔方程来描述，大量的价电子构成的电子气系统服从费米-狄拉克（Fermi-Dirac）统计理论，从而使得经典的电子气变成了量子的费米电子气。利用该模型，可以很好地解决经典理论的上述困难。为此本章将首先从索末菲的金属自由电子费米气体模型开始，随后讨论自由电子气体的热性质、泡利顺磁性、准经典模型和自由电子气体的输运性质等。最后给出该模型的不足之处和解决方案。

这里需要指出的是，上述模型由于采用的都是气体模型，正如理想气体在温度恒定下可用气体密度来唯一描述一样，自由电子气体模型也可用自由电子数密度 n 来描述，而且 n 是唯一的一个独立的参量。后面大家会看到，电子的能量、动量、速度等都可以写成 n 的函数。

3.1 经典自由电子论

3.1.1 特鲁德模型的研究背景

金属为什么既是电的良导体，同时又是热的良导体？长期以来，这曾经是物理学家极其关心的问题之一。

1897 年，英国卡文迪许实验室的汤姆孙（Thomson），通过对低压气体玻璃管中阴极射线（cathode ray）的研究，发现了金属中电子的存在，电子是人类认识的第一种基本粒子。由此开始，人类才认识到，古希腊人认为“不可分割的”原子是有内部结构的。19 世纪末，分子论在处理理想气体问题上已经获得了巨大的成功。

特鲁德（Drude）在这些工作的基础上，为了解释金属的特性，于 1900 年提出了关于金属的简单模型，即金属中的价电子同理想气体分子相类似，形成自由电子气体，称为金属电子气。后来，洛伦兹（Lorentz）将麦克斯韦-玻尔兹曼分布律（Maxwell-Boltzmann distribution law）应用于特鲁德的电子气模型，这就是经典的自由电子气模型。它从微观上解释了欧姆定律和维德曼-弗兰兹定律（Wiedemann-Franz law），而且其比例系数在数量级上与实验相符，从而使人们接受了这个模型。虽然特鲁德模型（Drude model）不能回答为什么实验上看不出电子对比热容（specific heat capacity）有任何贡献，可是依然是一个非常成功的电子理论。直到今天特鲁德模型依然是唯象理解并估算金属导电性质的有益手段，是能够利用微观概念计算实验观测量的第一个固体理论模型。对特鲁德模型不完善的地方，引入量子力学研究手段，发展并确立现代的金属电子论，即金属的自由电子模型。

3.1.2 特鲁德对金属结构的描述——“葡萄干”模型

当金属原子聚集在一起形成金属晶体时，原来孤立原子（isolated atoms）封闭壳层内的电子（称作芯电子）仍然紧紧地被原子核束缚着，它们和原子核一起被称为离子实。离子实的变化可以忽略，在三维空间中分散排列构成长程周期性结构的晶格。原来孤立原子封闭壳层外的电子（称为价电子），由于受原子核（nucleus）的束缚较弱，其状况与在孤立原子中的完全不同，可在金属体内正离子外部空间自由运动，模型的示意图如图 3-1 所示。金属是由许多原子组成的复杂体系，在研究金属时，作为一个比较好的近似，可以把金属看成由在三维空间中周期性分布的离子实和晶格中自由移动的电子气两部分构成。特鲁德对金属结构的这一构想，因正离子很像葡萄干，故又称为“葡萄干”模型。

金属原子可分为原子核、内部电子（core electrons）和价电子。核电荷为 eZ_a，这里 Z_a 是金属元素的原子序数。核外有 Z_a 个电子，其中有 Z 个价电子，有（Z_a-Z）个芯电子，金属晶体形成后，价电子可脱离原子在金属中自由地运动，这时它们被称为传导电子（conduction electrons）。对于这个由大量传导电子构成的系统，特鲁德将其称为自由电子气（free electron gas）系统，可以利用经典的分子运动学理论进行处理。

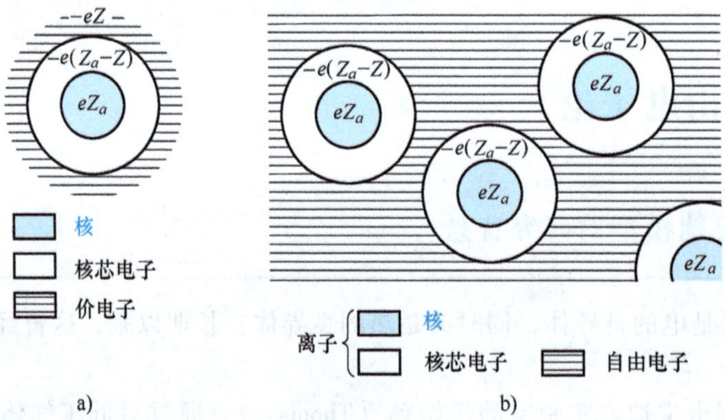

图 3-1 孤立原子与金属晶体中原子结构示意图

a）孤立原子 b）在金属中，原子核核芯电子仍然与孤立原子的情形相同，但是价电子却离开该原子形成电子气

3.1.3 特鲁德模型的基本假设

特鲁德模型，即经典的自由电子气模型，它是建立在金属电子气体假设基础上的，包括

4 层基本含意。

（1）自由电子近似（free electron approximation）　除了电子和离子实的碰撞以外，电子与离子实之间的库仑吸引相互作用完全被忽略，且因为金属晶体存在表面势垒，电子自由运动的范围仅限于样品内部。在金属中，由于带正电的离子实均匀分布，施加在电子上的电场为零，因此对电子并没有作用。当无外加电场时，每个电子做匀速直线运动；当存在外加电场时，每个电子的运动服从牛顿定律。这种忽略电子-离子之间相互作用的近似称为自由电子近似。

（2）独立电子近似（independent electron approximation）　忽略电子与电子之间的库仑排斥相互作用，即将金属中的自由电子看作彼此独立运动的、完全相同的粒子，这一假设称为独立电子近似。在独立、自由电子近似中，总能量全部是动能，势能可以被忽略。

（3）碰撞假设（collision approximation）　碰撞是电子速度被突然改变的瞬时事件，正如硬橡皮球从固定的物体上反弹回来一样，它是由于运动电子碰到不可穿透的离子实而反弹回来造成的，如图 3-2 所示。与理想气体理论不同的是，特鲁德忽略了电子之间的碰撞。假设电子和周围环境达到热平衡仅仅是通过碰撞实现的，碰撞前后电子的速度毫无关联，方向是随机的，其速率是和碰撞发生处的温度相适用的。在温度为 T 的金属中，把单原子理想气体的内能公式直接用于金属中的电子气体上，得到单个电子的平均能量等于 $\varepsilon=m\bar{v}^2/2=3k_BT/2$。

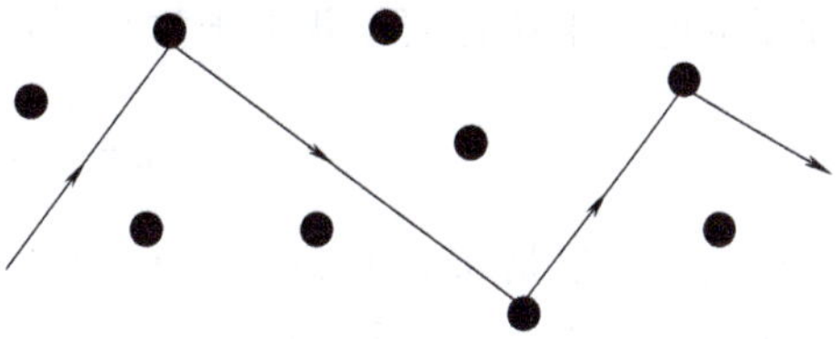

图 3-2　运动电子的轨迹

（4）弛豫时间近似（relaxation time approximation）　一个电子与离子实两次碰撞之间的时间间隔 t 称为弛豫时间（或平均自由时间，mean free time），则单位时间内电子发生碰撞的几率是 $1/t$。它意味着，在任意时刻选定一个电子，在前后两次碰撞之间平均而言，电子将有 t 时间的行程，称为平均自由程（mean freepath），$l=vt$。特鲁德进一步假设，弛豫时间与电子位置和速度无关，在无限小的时间间隔 $\mathrm{d}t$ 以内，一个电子碰撞的次数为 $\mathrm{d}t/t$。弛豫时间在金属电导理论中起着很重要的作用。

3.1.4　特鲁德模型的特征参量——电子数密度

在特鲁德的经典自由电子气体模型中，只有一个独立的特征参量，即电子数密度 n，它表示单位体积中的平均电子数，可作如下估算：

由于每摩尔金属元素包含 $N_A=6.022\times10^{33}$ 个原子（N_A 为阿伏伽德罗常数，Avogadro's number），而单位体积物质的量（摩尔数）为 ρ_m/M，其中 ρ_m 是金属元素的质量密度（mass density），M 是金属元素的相对原子质量（atomic mass）。则当每一个金属原子提供 Z 个自由电子时，其电子数密度为

$$n=N_A\frac{z\rho_m}{M}\tag{3-1}$$

例如，对于金属铜来说，铜的质量密度 $\rho_m=8.92\mathrm{g/cm^3}$，相对原子质量为 $A=M$，价电子

$Z=1$，则金属铜中的电子数密度

$$n=N_A\frac{Z\rho_m}{M}=8.47\times10^{22}\,\text{cm}^{-3}$$

如果将铜中的电子气体看成理想气体，则电子气体的压力为

$$p=(n/N_A)RT=342580\text{kPa}$$

这是一个非常大的气压，远远超过理想气体常温下的压力值。金属体内如此庞大的电子气压，是靠金属晶体中的结合能，例如金属键、共价键、离子键等能量来平衡的，电子在晶体内部自由运动，而不会逸出到金属晶体以外。

对于大多数金属而言，电子数密度的典型值是 $10^{22}\sim10^{23}\,\text{cm}^{-3}$，金属中电子气体还有一个基本常数，即电子半径 r_s。如果将每一个自由电子等效地看成经典的刚性带电小球，则金属原子的电子半径 r_s 可以用电子数密度 n 表示为

$$n=\frac{N}{V}=\frac{4\pi r_s^3}{3},r_s=\sqrt[3]{\frac{3}{4\pi n}} \tag{3-2}$$

r_s 的典型值是 0.1~0.2nm，习惯上常用玻尔半径 $a_0=4\pi\varepsilon_0\hbar^2/me^2=0.529\times10^{-11}\text{nm}$ 作为量度单位。对于大多数金属而言，比值 r_s/a_0 在 2~3 之间，而碱金属的 r_s/a_0 值较大，一般在 3~6 之间。一些金属的 Z、n、r_s、r_s/a_0 数值见表 3-1。从表中可以看出，金属中的电子气密度约为经典理想气体密度的 1000 倍。

表 3-1 代表性金属的自由电子浓度

元素	Z	$n/(10^{22}\cdot\text{cm}^{-3})$	r_s/Å	r_s/a_0
Li(78K)	1	4.70	1.72	3.25
Na(5K)	1	2.65	2.08	3.93
K(5K)	1	1.40	2.57	4.86
Rb(5K)	1	1.15	2.75	5.20
Cs(5K)	1	0.91	2.93	5.62
Cu	1	8.47	1.41	2.67
Ag	1	5.86	1.60	2.02
Au	1	5.90	1.59	3.01
Mg	2	8.61	1.41	2.66
Ca	2	4.61	1.73	3.27
Ba	2	3.15	1.96	3.71
Fe	2	17.0	1.12	2.12
Mn(α)	2	16.5	1.13	2.14
Zn	2	13.2	1.22	2.30
Cd	2	9.27	1.37	2.59
Al	3	18.1	1.10	2.07
Ga	3	15.4	1.16	2.19
In	3	11.5	1.27	2.41
Sn	4	14.8	1.17	2.22
Pb	4	13.2	1.22	2.30

利用特鲁德模型，可以成功说明金属中的某些输运过程（transport process），同时也可以发现，特鲁德模型还存在许多不足之处。

【例 3-1】 计算出金属的直流电导率，成功地解释了欧姆定律。

解： 根据欧姆定律，流经金属导体的电流密度 j 和施加在导体上的电场强度 E 成正比。可表示为

$$E=\rho j \tag{3-3}$$

式中，ρ 称为金属的电阻率（resistivity）。特鲁德模型给出了这一现象的经典微观解释。

根据特鲁德模型，金属导体内的电子运动类似理想气体分子的运动。设金属导体内电子数密度为 n，电子运动的平均速度用 $v_{平}$ 表示，则电流密度为

$$j=-nev_{平} \tag{3-4}$$

式中，$-e$ 是电子电荷。

在无外场时，电子的运动是随机的，因此，电子的平均运动速度 $v_{平}=0$，此时，导体内没有净定向电流。给导体施加外电场 E，可以测得导体中存在净定向电流密度 j。j 和外电场 E 的关系导出方法如下：考虑某一个电子，在连续两次碰撞之间的时间间隔为 t，设电子的初速度为 v_0，在外加电场作用下，前一次碰撞之后，电子立即附加上一个速度 $-eEt/m_e$，这里 m_e 是电子的质量。根据特鲁德模型的假设，碰撞后，电子运动的方向是随机的，因此 v_0 对电子平均运动速度是没有贡献的，$v_{平}$ 是电子由外电场获得的附加速度 $-eEt/m_e$ 取得平均的结果。对 $-eEt/m_e$ 取平均，实质上是对 t 求平均，根据特鲁德模型，t 的平均值就是平均自由时间 τ，因此

$$v_{平}=-\frac{eE\tau}{m_e} \tag{3-5}$$

将式（3-5）代入式（3-4），得

$$j=\left(\frac{ne^2\tau}{m_e}\right)E \tag{3-6}$$

比较式（3-3）和式（3-6），取

$$\sigma=\frac{1}{\rho}=\frac{ne^2\tau}{m_e} \tag{3-7}$$

得

$$j=\sigma E \text{ 或 } E=\rho j \tag{3-8}$$

式中，ρ 称为电导率（conductivity），式（3-8）正是欧姆定律。因此特鲁德模型在处理直流电导问题上是成功的。

除了欧姆定律之外，经典电子论还可以解释某些其他现象，如热导与电导之间的联系等。

3.2 电子气密度与费米能级

3.2.1 电子气的状态密度

在第 2 章中已经看到，由于晶体由大量的原子组成，能带中包含大量的能级。一般能带宽度在电子伏的数量级，因而相邻能级之间的距离约为 10^{-21}eV 的数量级，实际上形成准连

续的分布。在这种情形下，讨论某个具体能级并没有明显的实际意义。通常我们更为关注的是状态密度，即单位体积的晶体在单位能量间隔中的能级数或状态数。这里我们将能量上简并的状态也视为不同的能级计算。显然，状态密度本身也会与电子的能量有关。为了计算状态密度，考虑如式（3-9）所示的 k 空间。曲面 E 与 $E+\Delta E$ 分别代表固体的两个能量差为 ΔE 的等能面，围成一壳层，如图 3-3 所示。如果固体在正空间的体积为 V，则 k 空间波矢代表点的密度为 $V/(2\pi)^3$。如果算出两个等能面之间 k 空间的体积 $\Delta V'$，则根据定义状态密度应为

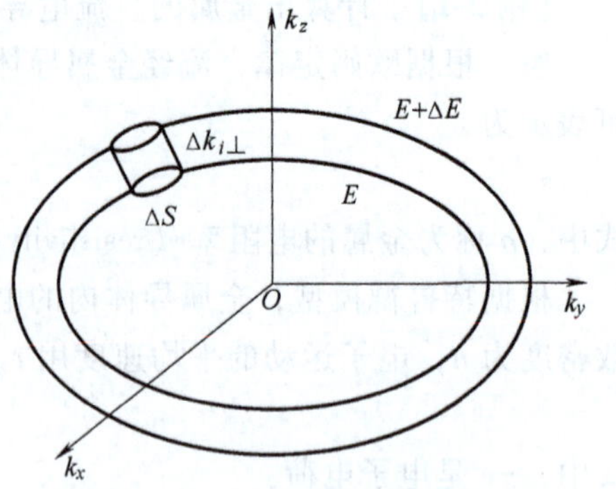

图 3-3　k 空间的等能面及能量壳层

$$g(E)=\lim_{\Delta E\to 0}\frac{1}{(2\pi)^3}\frac{\Delta V'}{\Delta E} \tag{3-9}$$

在等能面上取面元 $\Delta S_i'$，并作母线垂直于面元的小柱体，柱体高度即为该面元处两个等能面在 k 空间的垂直距离 $\Delta k_{i\perp}$。显然

$$\Delta V'=\sum_i \Delta k_{i\perp}\ \Delta S'_i \tag{3-10}$$

式中求和遍及全部等能面。注意，能量在 k 空间的梯度总是垂直于等能面的，即

$$\Delta E=|\nabla_k E|\Delta k_{\perp} \tag{3-11}$$

将式（3-11）代入式（3-10）后再代入式（3-9），得到

$$g(E)=\frac{1}{(2\pi)^3}\int_{S'(E)}\frac{\mathrm{d}S'}{|\nabla_k E|} \tag{3-12}$$

其中积分遍及能量为 E 的全部等能面。式（3-12）适用于能量 E 只涉及一支能带的情形。如果有若干支能带在能量 E 相互交叠，则式（3-12）应推广为

$$g(E)=\sum_j g_j(E)=\frac{1}{(2\pi)^3}\sum_j\int_{S'_j(E)}\frac{\mathrm{d}S'_j}{|\nabla_k E_j|} \tag{3-13}$$

式中，$g_j(E)$ 为相应于色散关系为 $E_j(k)$ 的第 j 支能带的状态密度。式（3-13）表明，只要知道材料的能带结构，即可一般地计算状态密度。

对于自由电子气的情形，计算十分简单。在三维情形下，由 $E(k)=\dfrac{\hbar^2k^2}{2m}$ 得

$$\nabla_k E=\frac{\hbar^2}{m}k \tag{3-14}$$

自由电子只有一“支”能带，因而按式（3-12）得

$$g(E)=\frac{1}{(2\pi)^3}4\pi k^2\Big/\frac{\hbar^2 k}{m}=\frac{m}{2\pi^2\hbar^2}k \tag{3-15}$$

式中，k 即能量为 E 的等能面的球半径。将 k 以 E 表示即得

$$g(E)=2\pi\left(\frac{2m}{h^2}\right)^{3/2}E^{1/2} \tag{3-16}$$

计入自旋简并性，

$$g(E)=4\pi\left(\frac{2m}{h^2}\right)^{3/2}E^{1/2} \tag{3-17}$$

令

$$C=4\pi\left(\frac{2m}{h^2}\right)^{3/2} \tag{3-18}$$

得到

$$g(E)=CE^{1/2} \tag{3-19}$$

对于二维情形，自由电子气的等能面变成一个半径为 $k=\sqrt{2mE}/\hbar$ 的圆。k 空间的波矢代表点的密度为 $S/(2\pi)^2$，S 为二维晶体的面积。此时式（3-12）退化为

$$g(E)=\frac{1}{(2\pi)^2}2\pi k\bigg/\frac{\hbar^2 k}{m}=\frac{2\pi m}{h^2} \tag{3-20}$$

计入自旋简并，得到

$$g(E)=4\pi m/h^2 \tag{3-21}$$

同理，对一维自由电子情形，

$$g(E)=4\pi m/h^2 \tag{3-22}$$

其中因子 2 来源于 $E(k)=E(-k)$。图 3-4 表示自由电子气的状态密度。

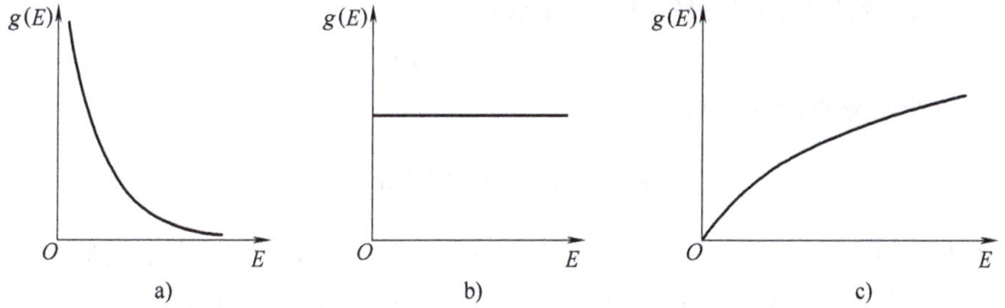

图 3-4　自由电子气的状态密度

a）一维自由电子气　b）二维自由电子气　c）三维自由电子气

3.2.2　费米能级

费米能级是与电子气的许多性质密切相关的具有重要意义的物理参量，决定于体系的电子数密度与温度，在绝对零度 $T=0\text{K}$，只决定于电子数密度。对于三维自由电子气，很容易算得 0K 时的费米能级 E_F^0 与电子数密度的关系。由式（3-19）得到，在能量低于 E 而处于 $E\sim E+\mathrm{d}E$ 之间的电子数为

$$\mathrm{d}N=CVE^{1/2}\mathrm{d}E \tag{3-23}$$

式中，V 为晶体体积。因此，体系中的电子数

$$N = CV\int_0^{E_F^0} E^{1/2}\mathrm{d}E = \frac{2}{3}CVE_F^{0\,3/2} \tag{3-24}$$

$$E_F^0 = \left(\frac{3n}{2C}\right)^{2/3} = \frac{h^2}{2m}\left(\frac{3n}{8\pi}\right)^{2/3} = \frac{\hbar^2}{2m}(3\pi^2 n)^{2/3} \tag{3-25}$$

式中，n 为电子数密度，$n=N/V$。由上式可得 0K 时费米球的半径为

$$k_F^0 = (3\pi^2 n)^{1/3} \tag{3-26}$$

以上结果近似适用于实际的金属，因为金属中的价电子在很大程度上类似于自由电子气。通常，金属中的电子数密度在 $10^{28}/m^3$ 数量级，而电子质量为 9.1×10^{-31}kg，由此可知 E 约为几个电子伏特。

同样我们很容易得到 0K 时电子体系的平均能量 E^0。根据定义，有

$$E^0 = \frac{1}{N}\int_0^{E_F^0} E\mathrm{d}N \tag{3-27}$$

将式（3-23）与式（3-24）代入，得到

$$E^0 = \frac{3}{5}E_F^0 \tag{3-28}$$

在以上的讨论中，我们应用了自由电子能量的色散关系 $E(k)=\dfrac{\hbar^2k^2}{2m}$，即只考虑电子的动能，因而 E^0 亦即为 0K 时电子的平均动能。式（3-28）表明，即使在绝对零度，电子体系仍然具有可观的平均动能。显然这是量子效应的表现，即由于泡利不相容原理，每个能级只能容纳自旋相反的两个电子，因而电子体系必须遵循费米-狄拉克统计规律的结果。

任何温度下能量位于 $E\sim E+\mathrm{d}E$ 间的电子数应为

$$\mathrm{d}N = CVf(E)E^{1/2}\mathrm{d}E \tag{3-29}$$

式中，$f(E)$ 为费米分布函数。从而

$$N = CV\int_0^{\infty} f(E)E^{1/2}\mathrm{d}E \tag{3-30}$$

注意：$f(E)$ 的表达式中包含 E_F 和温度 T，因而式（3-30）即为决定任何给定温度下费米能级的方程。通过式（3-30）计算 E_F 甚为复杂，我们这里只列出结果。对于满足条件 $k_BT\ll E_F^0$ 的温度，有

$$E_F \approx E_F^0\left[1-\frac{\pi^2}{12}\frac{k_B^2T^2}{(E_F^0)^2}\right] \tag{3-31}$$

式中，k_B 为玻尔兹曼常数。由于 1eV 相当于 $T\approx10^4$K 的 k_BT，因而在本书涉及的温度范围，式（3-31）总是成立的。而且，式（3-31）表明，虽然随着温度的上升费米能级要下降，但由于 $k_BT\ll E_F^0$，实际上 E_F 与 E_F^0 的差异十分有限，以至于在许多情形可以用 E_F^0 代替 E_F。然而必须注意的是，虽然在有限温度下费米球的半径相对没有大的变化，电子在 k 空间的分布却出现明显的改变。费米球内部靠近球面部分的状态（通常在能量与 E_F 相差 $2k_BT$ 的范围内）会部分空出而不为电子占据，而球面外比 E_F 高约 $2k_BT$ 的范围内的状态则可能被电子占据，即一部分紧靠费米面的电子由球内激发到球外，如图 3-5 所示。这一点决定了金属的许多性质，3.4 节介绍的电子气的热容即为一例。

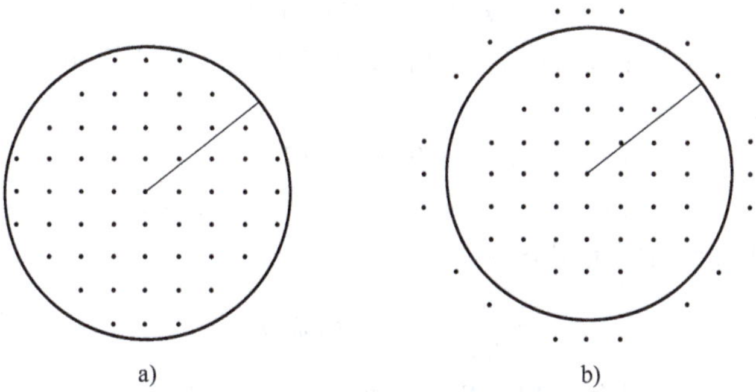

图 3-5　电子在 k 空间的分布——电子占据的状态

a) $T=0\mathrm{K}$　b) $T\neq0\mathrm{K}$

3.3　索末菲自由电子气模型

索末菲是一个理论物理学家，1928 年，索末菲在特鲁德模型的基础上，重新考虑了金属晶体中的价电子。按照索末菲的观点，金属中的电子气应服从量子力学原理，应该利用量子力学原理去计算电子气的能量和动量，并由此考察金属的一些自然属性。

索末菲模型的基本内容有：

1）忽略金属中的电子和离子实之间的相互作用——自由电子近似（free electron approximation）。

2）忽略金属中的电子和电子之间的相互作用——独立电子近似（independent electron approximation）。

3）价电子的能量分布服从费米-狄拉克统计——自由电子费米气体（free electron Fermi gas）。

4）不考虑电子和金属离子之间的碰撞（no collision）。

根据索末菲的假定，金属晶体尽管是每立方厘米包含 10^{23} 个粒子的复杂的多体系统，但是对于其中的价电子来说，每一个价电子（传导电子）都有一个对应的波函数，该波函数可由量子力学中单电子的定态薛定谔方程得到。此外，第三条假定实际上包含了泡利不相容原理，也就是每一个本征态最多只能被自旋相反的两个电子占据。下面首先利用量子力学原理讨论温度为 0K 时单电子的本征态和本征能量，并由此讨论电子气的基态和基态能量。

3.3.1　单电子的本征态和本征能量

1. 金属中自由电子的运动方程及其解

为讨论方便，设金属是边长为 L 的立方体，则金属的体积 $V=L^3$，自由电子数目为 N，由于忽略了电子和离子实以及电子与电子之间的相互作用，则 N 个电子的多体问题转化为单电子问题。

按照量子力学假设，单电子的状态用波函数 ψ 描述，$\psi(\boldsymbol{r})$ 满足薛定谔方程

$$\left(-\frac{\hbar^2}{2m}\nabla^2+V(\boldsymbol{r})\right)\psi(\boldsymbol{r})=\varepsilon\psi(\boldsymbol{r}) \tag{3-32}$$

式中，$V(\boldsymbol{r})$ 为电子在金属中的势能；ε 为电子的本征能量。

按照索末菲模型，电子在金属内只有动能，没有势能。因而若取坐标轴沿着立方体的三个边，则粒子势能可表示为

$$\begin{cases}V(x,y,z)=0,0<x,y,z<L \\ V(x,y,z)=\infty\ ,x,y,z\leqslant 0;\ x,y,z\geqslant L\end{cases} \tag{3-33}$$

因而在金属内单电子的薛定谔方程变为

$$-\frac{\hbar}{2m}\nabla^2\psi(\boldsymbol{r})=\varepsilon\psi(\boldsymbol{r}) \tag{3-34}$$

这和电子在自由空间运动的方程一样，方程有平面波解

$$\psi_k(\boldsymbol{r})=C\mathrm{e}^{\mathrm{i}\boldsymbol{k}\cdot\boldsymbol{r}} \tag{3-35}$$

式中，C 为归一化常数，由正交归一化条件

$$\int_V|\psi_k(\boldsymbol{r})|^2\mathrm{d}\boldsymbol{r}=1 \tag{3-36}$$

$$C=\frac{1}{\sqrt{V}},\ V=L^3 \tag{3-37}$$

所以，波函数可写为

$$\psi_k(\boldsymbol{r})=\frac{1}{\sqrt{V}}\mathrm{e}^{\mathrm{i}k\cdot r} \tag{3-38}$$

式中，$\boldsymbol{k}$ 为波矢，方向为平面波的传播方向。

把波函数代入薛定谔方程，得到自由电子的本征能量或色散关系为

$$\varepsilon=\frac{\hbar^2k^2}{2m}=\frac{\hbar^2}{2m}(k_x^2+k_y^2+k_z^2) \tag{3-39}$$

将动量算符 $\hat{p}=-\mathrm{i}\hbar\nabla$ 作用于电子的波函数，得

$$-\mathrm{i}\hbar\nabla\psi_k(\boldsymbol{r})=-\mathrm{i}\hbar\frac{\partial}{\partial r}\left(\frac{1}{\sqrt{V}}\mathrm{e}^{\mathrm{i}k\cdot r}\right)=\hbar\boldsymbol{k}\psi_k(\boldsymbol{r}) \tag{3-40}$$

所以也是动量算符的本征态，此时电子有确定的动量 $\boldsymbol{p}=\hbar\boldsymbol{k}$。由此还可以计算出电子的速度

$$v=\frac{\boldsymbol{p}}{m}=\frac{\hbar\boldsymbol{k}}{m} \tag{3-41}$$

相应的能量

$$\varepsilon=\frac{\hbar^2k^2}{2m}=\frac{1}{2}m\frac{\hbar^2k^2}{m^2}=\frac{1}{2}mv^2 \tag{3-42}$$

即电子的能量和动量都有经典对应，体现了自由电子的波粒二象性。但是，经典中的平面波矢 $\boldsymbol{k}$ 可取任意实数，对于电子来说，波矢 $\boldsymbol{k}$ 应取什么值呢？

2. 波矢 k 的取值

波矢 $\boldsymbol{k}$ 的取值应由边界条件来确定，边界条件的选取，一方面要考虑电子的实际运动情况（表面和内部）；另一方面要考虑数学上可解。常用边界条件有驻波边界条件和周期性边界条件。由于驻波边界条件要求波函数在金属表面上任何点的值均为零，得到的驻波解不便于讨论电子的输运性质。所以，人们广泛使用的是周期性边界条件（periodic boundary condition），又称为玻恩-冯卡门（Born-von Karman）边界条件。亦即

$$\begin{cases}\psi(x,y,z)=\psi(x+L,y,z)\\ \psi(x,y,z)=\psi(x,y+L,z)\\ \psi(x,y,z)=\psi(x,y,z+L)\end{cases} \tag{3-43}$$

显然，对于一维 $\psi(x+L)=\psi(x)$ 来说，相当于首尾相接成环，从而既有有限尺寸，又消除了边界的存在。对于三维情形，可想象成立方体在三个方向平移，填满了整个空间，从而当一个电子运动到表面时并不被反射回来，而是进入相对表面的对应点。波函数为行波，表示当一个电子运动到表面时并不被反射回来，而是离开金属，同时必有一个同态电子从相对表面的对应点进入金属中来。二者的一致性，表明周期性边界条件的合理性。此外，周期性边界条件的选取也与金属中离子实的周期性分布有关，关于这一点后面将详细讨论。

由周期性边界条件可得

$$\begin{cases}\psi(x+L,y,z)=\psi(x,y,z)\\ \psi(x,y+L,z)=\psi(x,y,z)\\ \psi(x,y,z+L)=\psi(x,y,z)\end{cases}\Rightarrow\begin{cases}e^{ik_xL}=1\\ e^{ik_yL}=1\\ e^{ik_zL}=1\end{cases}\Rightarrow\begin{cases}k_x=\dfrac{2\pi n_x}{L}\\ k_y=\dfrac{2\pi n_y}{L}\\ k_z=\dfrac{2\pi n_z}{L}\end{cases} \tag{3-44}$$

式中，n_x、n_y、n_z 取任意整数。

n_x、n_y、n_z 取值为整数，意味着波矢 $\boldsymbol{k}$ 取值是量子化的。所以，周期性边界条件的选取，导致了波矢 $\boldsymbol{k}$ 取值的量子化，从而，单电子的本征能量也取分立值，形成能级。

3. k 空间和 k 空间的态密度

大家知道，经典物理主要是在 r 空间讨论问题，由于索末非采用的是量子力学的波动方程来描述电子，所以在波矢空间讨论问题更方便。我们把以波矢 $\boldsymbol{k}$ 的三个分量 k_x、k_y、k_z 为坐标轴的空间称为波矢空间或 k 空间。由于波矢 $\boldsymbol{k}$ 取值是量子化的，它是描述金属中单电子态的适当量子数，所以，在 k 空间中许可的 k 值是用分立的点来表示的，每个点表示一个允许的单电子态。

由式（3-44）可知，n_x、n_y、n_z 取值为任意整数，所以，每个代表点（单电子态）在 k 空间是均匀分布的。因此每个代表点在波矢空间占据的体积为

$$\Delta k=\Delta k_x\Delta k_y\Delta k_z=\frac{2\pi}{L}\cdot\frac{2\pi}{L}\cdot\frac{2\pi}{L}=\left(\frac{2\pi}{L}\right)^3=\frac{(2\pi)^3}{V} \tag{3-45}$$

则 k 空间单位体积中的状态代表点数，即 k 空间态密度

$$\omega_k=\frac{1}{\Delta k}=\frac{V}{8\pi^3} \tag{3-46}$$

引入 k 空间非常便于直观讨论电子的能量分布情况，通过后续的学习大家会进一步加深理解。

3.3.2 电子气的基态和基态能量

1. N 个电子的基态、费米球、费米面

对于由 N 个价电子组成的电子气系统来说，电子的分布应满足能量最小原理和泡利不

相容原理。下面我们在 k 空间来讨论该问题。由波矢空间状态密度式（3-46），考虑到每个波矢状态代表点可容纳自旋相反的两个电子，则单位相体积可容纳的电子数为

$$2\omega_k = 2\times\frac{V}{8\pi^3} = \frac{V}{4\pi^3} \tag{3-47}$$

电子气的基态（$T=0\mathrm{K}$），可从能量最低的 $k=0$ 态开始，从低到高，依次填充而得到，每个 k 态两个电子。

我们已知自由电子费米气体中的每个电子的能量满足式（3-39），所以有

$$k_x^2+k_y^2+k_z^2 = \frac{2m\varepsilon}{\hbar^2} \tag{3-48}$$

当右边为常数时，式（3-48）是 k 空间中标准的球的方程。把具有相同能量的代表点所构成的面称为等能面，显然，由式（3-48）可知，在 k 空间中，等能面为球面。可见引入 k 空间讨论问题非常直观。

由于 N 很大，在 k 空间中，N 个电子的占据区最后形成一个球，即所谓的费米球（Fermi sphere）。费米球相对应的半径称为费米波矢（Fermi wave vector）。用 k_F 来表示。显然基态（$T=0\mathrm{K}$）时，自由电子费米气体全部分布在费米球内。通常把 k 空间中 N 个电子的占据区和非占据区分开的界面叫作费米面（Fermi surface）。基态时，电子填充的最高能级，称为费米能级 E_F。

显然对于 N 个电子构成的电子气系统来说，基态（$T=0\mathrm{K}$）时满足

$$2\times\frac{V}{8\pi^3}\times\frac{4}{3}\pi k_F^3 = N \tag{3-49}$$

由此可得费米波矢 k_F

$$k_F^3 = 3\pi^2\frac{N}{V} = 3\pi^2 n \tag{3-50}$$

式中，n 为价电子密度。

按照经典的观念，我们还可以定义费米面上单电子态对应的能量、动量、速度和温度等，即费米能量 ε_F、费米动量 p_F、费米速度 v_F 和费米温度 T_F。

$$\varepsilon_F = \frac{\hbar^2 k_F^2}{2m}, p_F = \hbar k_F, v_F = \frac{\hbar k_F}{m}, T_F = \frac{\varepsilon_F}{k_B} \tag{3-51}$$

由式（3-50）可见，它们都可以表示为价电子密度 n 的函数，这也就是前面我们所提到的自由电子气体模型可用价电子密度 n 来描述，而且 n 是仅有的一个独立参量的原因。对于给定的金属，价电子密度是已知的。由此，可以求得具体的费米波矢、费米能量、费米速度和费米温度等。计算结果显示，费米波矢一般为 $10^8\mathrm{cm}^{-1}$ 量级、费米能量为 1.5~15eV、费米速度为 $10^8\mathrm{cm/s}$ 量级、费米温度为 $10^5\mathrm{K}$ 量级。费米能量的计算结果与实验测量的结果符合得很好，这说明自由电子气体费米模型尽管如此简单，却很实用，所以，直到现在，该模型仍受到重视。其中的物理实质将在能带论中予以讨论。费米面是一个很重要的概念，金属的许多输运性质均由费米面附近的电子决定，在能带论中我们还要进一步讨论。此外，金属自由电子费米气体在基态时的球形占据，非常便于我们求得系统的基态能量。

2. 基态能量

自由电子气体的基态能量 E，可由费米球内所有单电子能级的能量相加得到。

$$E=2\sum_{k\leqslant k_F}\frac{\hbar^2k^2}{2m} \tag{3-52}$$

因子 2 源于泡利不相容原理，由此，单位体积自由电子气体的基态能量为

$$\frac{E}{V}=\frac{2}{V}\sum_{k\leqslant k_F}\frac{\hbar^2k^2}{2m} \tag{3-53}$$

考虑到

$$\Delta k=\frac{(2\pi)^3}{V}\rightarrow\frac{1}{V}=\frac{\Delta k}{(2\pi)^3} \tag{3-54}$$

代入式（3-53）得

$$\frac{E}{V}=\frac{2}{8\pi^3}\sum_{k\leqslant k_F}\frac{\hbar^2k^2}{2m}\Delta k \tag{3-55}$$

由于电子数目非常大，可认为量子化的波矢在费米球内准连续分布，因而上述求和可过渡为积分，从而求得单位体积自由电子气体的基态能为

$$\frac{E}{V}=\frac{2}{8\pi^3}\int_{k\leqslant k_F}\frac{\hbar^2k^2}{2m}\mathrm{d}k=\frac{2}{8\pi^3}\int_0^{k_F}\frac{\hbar^2k^2}{2m}4\pi k^2\mathrm{d}k=\frac{1}{\pi^2}\cdot\frac{\hbar^2k_F^5}{10m} \tag{3-56}$$

考虑到式（3-50）和式（3-51），单位体积自由电子气体的基态能可变为

$$\frac{E}{V}=\frac{1}{\pi^2}\frac{\hbar^2k_F^5}{10m}=\frac{3}{5}\varepsilon_F n \tag{3-57}$$

由此可得每个电子的平均能量为

$$\frac{E}{nV}=\frac{E}{N}=\frac{3}{5}\varepsilon_F \tag{3-58}$$

上述求解是在 k 空间进行的，涉及矢量积分，在一些实际问题中，比较麻烦，为此，人们常把对 k 的积分化为对能量的积分，从而引入能态密度。

3. 能态密度

能态密度是固体物理中的一个很重要的概念，它表示能量 E 附近单位能量间隔中包含自旋的电子态数目。若在能量 $\varepsilon\sim\varepsilon+\Delta\varepsilon$ 范围内存在 ΔN 个单电子态，则能态密度 $N(\varepsilon)$ 定义为

$$N(\varepsilon)=\lim_{\Delta\varepsilon\to\infty}\frac{\Delta N}{\Delta\varepsilon}=\frac{\mathrm{d}N}{\mathrm{d}\varepsilon} \tag{3-59}$$

有时，为计算方便，人们常用单位体积的能态密度，即单位体积样品中，单位能量间隔内包含自旋的单电子态数，用 $g(\varepsilon)$ 表示，则

$$g(\varepsilon)=\frac{N(\varepsilon)}{V} \tag{3-60}$$

按照上述定义，能量 $\varepsilon\sim\varepsilon+\Delta\varepsilon$ 范围内存在的单电子态数为

$$\mathrm{d}N=Vg(\varepsilon)\mathrm{d}\varepsilon \tag{3-61}$$

对于费米球内的自由电子来说，由式（3-39）可知，$k\sim k+\mathrm{d}k$ 对应的体积和能量范围 $\varepsilon\sim\varepsilon+\mathrm{d}\varepsilon$ 是对应的。利用在 k 空间中波矢密度公式，考虑泡利原理，即可求得能量间隔在 $\mathrm{d}\varepsilon$ 内的单电子态数目 $\mathrm{d}N$，并得到单位体积的能态密度 $g(\varepsilon)$。k 空间中，费米球内 $k\sim k+\mathrm{d}k$ 对应的体积

$$\mathrm{d}k=4\pi k^2\mathrm{d}k \tag{3-62}$$

利用波矢空间状态密度式（3-46）和泡利原理，则能量间隔在 $\mathrm{d}\varepsilon$ 内的单电子态数目 $\mathrm{d}N$ 为

$$\mathrm{d}N=2\frac{V}{8\pi^3}4\pi k^2\mathrm{d}k \tag{3-63}$$

由式（3-39）可得

$$k=\frac{1}{\hbar}(2m\varepsilon)^{\frac{1}{2}} \tag{3-64}$$

则

$$\mathrm{d}k=\frac{m}{\hbar^2 k}\mathrm{d}\varepsilon \tag{3-65}$$

将式（3-64）和式（3-65）代入式（3-63），可得

$$\mathrm{d}N=\frac{V}{\pi^2\hbar^3}(2m^3)^{\frac{1}{2}}\varepsilon^{\frac{1}{2}}\mathrm{d}\varepsilon \tag{3-66}$$

与式（3-61）比较，可得自由电子费米气体的能态密度

$$N(\varepsilon)=\frac{V}{\pi^2\hbar^3}(2m^3)^{\frac{1}{2}}\varepsilon^{\frac{1}{2}} \tag{3-67}$$

和单位体积的能态密度

$$g(\varepsilon)=\frac{N(\varepsilon)}{V}=\frac{1}{\pi^2\hbar^3}(2m^3)^{\frac{1}{2}}\varepsilon^{\frac{1}{2}} \tag{3-68}$$

可以看出，自由电子费米气体单位体积的能态密度与电子本征能量 ε 的平方根成正比，即

$$g(\varepsilon)=C\varepsilon^{\frac{1}{2}} \tag{3-69}$$

式中

$$C=\frac{1}{\pi^2\hbar^3}(2m^3)^{\frac{1}{2}} \tag{3-70}$$

此外，能态密度与系统的维度有关，上述结果仅是三维自由电子气的结果，如果是一维自由电子气系统，则等能面变为两个等能点；如果是二维自由电子气系统，则等能面变为等能线，相应的能态密度如下：

一维自由电子气

$$g(\varepsilon)\propto 1/\sqrt{\varepsilon} \tag{3-71}$$

二维自由电子气

$$g(\varepsilon)=\text{constant} \tag{3-72}$$

关于不同维度下更普遍的能态密度表达式，将在能带论中给出。能态密度对应固态电子的能谱分布。从统计物理的角度出发，低能激发态被热运动激发的概率比高能激发态大得多。如果低能激发态的能态密度大，体系的热涨落就强，相应的有序度降低或消失，不易出现有序相。也就是说，低能激发态的能态密度的大小影响着体系的有序度和相变。所以，从式（3-69）可以看出，三维自由电子体系在低能态的能态密度趋于零，因而低温下所引起的热涨落极小，体系可具有长程序。对一维自由电子体系来说，从式（3-70）可以看出，在低

能态的能态密度很大，而且随能量的降低而趋于无穷，因而低温下所引起的热涨落极大，导致一维体系不具长程序。从式（3-72）可以看出，二维自由电子体系的能态密度是常数，介于一维和三维中间，体系可具有准长程序，而且极易出现特殊相变，导致新的物理现象，如二维电子气系统中的量子霍尔效应、分数统计等现象。

利用单位体积的能态密度，同样可求得自由电子费米气在基态时单位体积的总能量

$$u_0=\int_0^{\varepsilon_F^0}\varepsilon g(\varepsilon)\mathrm{d}\varepsilon=\int_0^{\varepsilon_F^0}\varepsilon C\varepsilon^{\frac{1}{2}}\mathrm{d}\varepsilon=\frac{2}{5}C(\varepsilon_F^0)^{\frac{5}{2}}=\frac{1}{\pi^2}\cdot\frac{\hbar^2k_F^5}{10m}=\frac{3}{5}\varepsilon_F^0 n \tag{3-73}$$

这和前面的计算结果一致。由式（3-68）可以得到费米面处的能态密度

$$g(\varepsilon_F^0)=\frac{1}{\pi^2\hbar^3}(2m^3\varepsilon_F^0)^{\frac{1}{2}} \tag{3-74}$$

并可以化为

$$g(\varepsilon_F^0)=\frac{mk_F}{\pi^2\hbar^2}=\frac{mk_F^3}{\pi^2\hbar^2k_F^2}=\frac{3m\pi^2n}{\pi^2\hbar^2k_F^2}=\frac{3n}{2\varepsilon_F^0} \tag{3-75}$$

利用单位体积的能态密度，同样可求得自由电子气在基态时每个电子的平均能量

$$\frac{E_0}{N}=\int_0^{\varepsilon_F^0}\varepsilon g(\varepsilon)V\mathrm{d}\varepsilon\Big/\int_0^{\varepsilon_F^0}g(\varepsilon)V\mathrm{d}\varepsilon=\frac{3}{5}\varepsilon_F^0 \tag{3-76}$$

由此可以看出，即使在绝对零度时，电子仍有相当大的平均能量，这与经典的结果是截然不同的。按照经典的自由电子气体特鲁德模型，电子在 $T=0$K 时的平均能量为零。在统计物理中，把体系与经典行为的偏离，称为简并性（degeneracy）。因此，在 $T=0$K 时，金属自由电子气是完全简并的。系统简并性的判据是

$$\varepsilon_F^0 \gg k_BT \tag{3-77}$$

因而，只要温度比费米温度低很多，电子气就是简并的，由于费米能量在几个电子伏特，而室温下的热扰动能大约为 0.026eV，所以室温下电子气也是高度简并的。需要指出的是，这里电子气简并的概念与量子力学中的简并毫无关系，量子力学中的简并通常指不同状态对应相同能量的情形。

利用 N 电子系统的能量表示式（3-76）可以导出 $T=0$K 时电子气的压强 p，并进而求得体弹性模量 K 的表达式

$$E_0=\frac{3}{5}N\varepsilon_F^0=\frac{3}{5}N\cdot\frac{\hbar^2}{2m}\left(3\pi^2\frac{N}{V}\right)^{\frac{2}{3}} \tag{3-78}$$

$$p=-\left(\frac{\partial E^0}{\partial V}\right)_N=\frac{3}{5}N\cdot\frac{\hbar^2}{2m}\cdot\left(3\pi^2\frac{N}{V}\right)^{\frac{2}{3}}\cdot\left(\frac{2}{3}\right)\frac{1}{V}=\left(\frac{2}{3}\right)\frac{E^0}{V} \tag{3-79}$$

$$K=-V\left(\frac{\partial p}{\partial V}\right)=\left(\frac{10}{9}\right)\frac{E^0}{V}=\frac{2}{3}n\varepsilon_F^0 \tag{3-80}$$

以上是自由电子费米气体在 $T=0$K 时的基态情形，那么对于 $T\neq 0$K 时的激发态，自由电子费米气体又会发生什么变化呢？下面给出讨论。

3.4 金属的热容

3.4.1 电子的热容

若金属中含有 N 个电子，根据摩尔定容热容的定义式 $C_{V,m}^{e}=\left(\frac{\partial \overline{E}}{\partial T}\right)_{V}$，金属电子的摩尔定容热容可写为

$$C_{V,m}^{e}=\frac{\pi^2}{2}Nk_{\mathrm{B}}\left(\frac{k_{\mathrm{B}}T}{E_{\mathrm{F}}^{0}}\right)=\gamma T \tag{3-81}$$

式中，γ 称为金属电子的摩尔定容热容系数，通常以 J/(mol·K^2) 为单位，$\gamma=\frac{N\pi^2k_{\mathrm{B}}^2}{2E_{\mathrm{F}}^0}$。经典的特鲁德模型预测的金属的摩尔定容热容 $C_{V,m}=nks$，是一个与温度无关的常数，它在处理金属摩尔定容热容问题上遇到了根本性的困难。式（3-81）表明，量子的索末菲模型预测的电子的摩尔定容热容与温度成正比。量子与经典摩尔定容热容两者的比值大约为 $k_{\mathrm{B}}T/E$，在金属中，E 有几个电子伏特，即使在室温附近，$k_{\mathrm{B}}T/E^2\sim10^{-2}$，$k_aT<E$。可见，对一般温度而言，电子气的摩尔定容热容很小，量子理论值比经典值小得多，这就成功地解释了为什么室温下电子对金属的摩尔定容热容的影响很难观察到的难题。电子是费米子，满足泡利不相容原理，按照费米统计分布规律，能量较小的电子处于较低的能级，这些能级大部分已被电子占据，没有空着的能级供电子跃迁（electron transition）。这些电子从晶格振动获得的能量不足以使其跃迁到费米面附近或以外的空状态上去，因此，处于较低能级的电子就不能被激发，对摩尔定容热容也就没有贡献。而在费米面附近，有很多能级未被电子占据，因此，只有费米面附近的少量电子容易被激发而对金属的摩尔定容热容有贡献。也就是说，绝大多数的电子，其能量不随温度变化，能量随温度变化的只是少数电子，这就是在常温下电子的摩尔定容热容很小的原因，如图 3-6 所示。

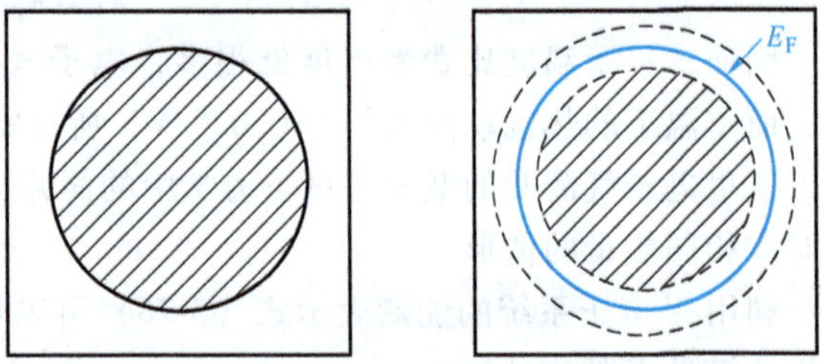

图 3-6 费米面和热激发
a) 温度为 0 b) 温度为 T

3.4.2 金属的热容

在常温下，晶格振动的摩尔定容热容约为 25J/(mol·K)，电子的摩尔定容热容 $C_{V,m}$ 要比晶格振动的摩尔定容热容 $C_{V,n}^{c}$ 小得多，大约只有 1%。因此，在常温下，金属的摩尔定容热容仍然服从杜隆-珀蒂（Dulong-Petit）定律，即

$$C_{V,m}(T)=3Nk_{\mathrm{B}} \tag{3-82}$$

由式（3-82）可知，对金属热容有贡献的费米能级附近这部分电子大约为

$$N' = N\left(\frac{k_B T}{E_F^0}\right) \tag{3-83}$$

根据晶格振动的摩尔定容热容表达式，当温度 $T \leqslant \Theta_D$ 时：

$$C_{V,m} = \frac{12\pi^4}{5} N k_B \left(\frac{T}{\Theta_D}\right)^3 = bT^3 \tag{3-84}$$

其中
$$b = \frac{12\pi^4 N k_B}{5\Theta_D}$$

电子与晶格振动的摩尔定容热容的比值为

$$\frac{C_{V,m}^e}{C_{V,m}^c} = \frac{5}{24\pi^2} \frac{k_B T}{E_F^0} \left(\frac{\Theta_D}{T}\right)^3 \tag{3-85}$$

式（3-85）表明，随着温度下降，比值$\frac{C_{V,m}^e}{C_{V,m}^c}$逐渐增加，直到液氦温区，$C_{V,m}^e$ 与 $C_{V,m}^c$ 的大小才可以相比拟，即电子气对晶体的摩尔定容热容的贡献只有在低温时才是主要的。低温下金属的总的摩尔定容热容可写为

$$C_{V,m} = C_{V,m}^e + C_{V,m}^c = \gamma T + bT^3 \tag{3-86}$$

$$\frac{C_{V,m}}{T} = \gamma + bT^2 \tag{3-87}$$

通过实验测得不同温度下金属的比热容值，作出 $C_{V,m}/T\text{-}T^2$ 的关系曲线。从直线的斜率可以确定系数 b。将直线延伸到 $T=0\text{K}$ 的范围，则直线在纵轴上的截距就是电子的摩尔定容热容系数 γ，如图 3-7 所示。

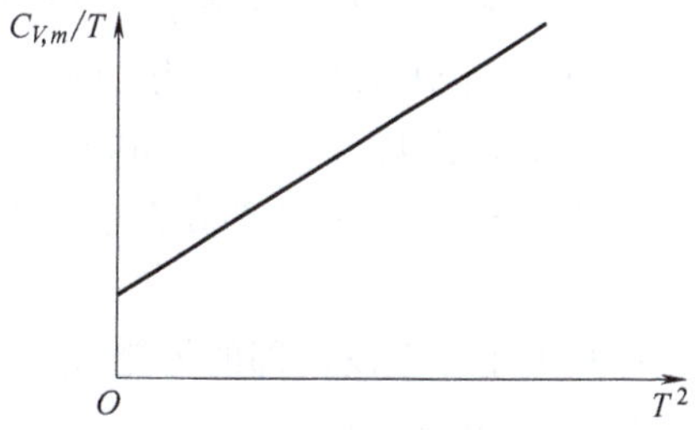

图 3-7 低温下 $C_{V,m}/T\text{-}T^2$ 关系

表 3-2 给出了部分金属实验测得的实测值 $\gamma_{实}$ 和由自由电子模型计算得到的理论值 $\gamma_{理论}$。由表 3-2 可以看出，对大多数金属，例如碱金属和贵金属（Cu、Ag、Au），$\gamma_{理论}$与实验值 $\gamma_{实}$符合得很好，电子气理论对它们的描述比较成功。但对于过渡金属（如 Fe、Mn）及多价金属（如 Bi、Sb）等元素，$\gamma_{理论}$与 $\gamma_{实}$ 有较大的偏差。原因在于自由电子模型过于简单，忽略了一些因素，如电子与电子间的相互作用及晶格振动对电子状态的影响等。

表 3-2 金属的摩尔定容热容系数 γ （单位：$\mu\text{J}\cdot\text{mol}^{-1}\cdot\text{K}^{-1}$）

金属	Li	Na	K	Cu	Ag	Au	Mg	Ca
$\gamma_{实}$	1.63	1.38	2.08	0.695	0.646	0.729	1.30	2.91
$\gamma_{理论}$	0.75	1.09	1.67	0.505	0.645	0.642	0.99	1.51
金属	Ba	Zn	Al	In	Be	Cd	Sr	Ti
$\gamma_{实}$	2.70	0.64	1.35	1.69	0.17	0.688	3.60	1.47
$\gamma_{理论}$	1.94	0.75	1.35	1.23	0.50	0.948	1.79	1.29

3.5 功函数与接触电势差

3.5.1 电子发射

1. 功函数

在金属内部，电子受到正离子的吸引，但是由于各离子的吸引力相互抵消，而使电子受到的净吸引力为零。而在金属表面处，由于正离子的均匀分布被破坏，电子将在金属表面处受到净吸引力，阻碍它逸出金属表面。显然，只有在外界提供足够的能量时，电子才会脱离金属表面逸出形成电子发射（electron emission）。

按照金属自由电子气模型，将金属中的自由电子看成在一个方匣子中运动，或者看作处于深度为 E_0 的势阱内部运动的电子气系统，电子的费米能级为 E_F，如图 3-8 所示。在绝对零度时，低于费米能级的所有状态均被电子所占据。实验结果表明，当金属被加热或有光照在上面时，电子可以从金属中逸出。电子发射（逸出）相当于要在金属表面处形成一个高度为 E_0 的势垒（potential barrier）。通常，将金属内部的电子逸出金属表面至少需要从外界得到的能量称为功函数（work function）或逸出功（escape work），记为 W_0。根据图 3-8 可知，逸出功近似等于电子气系统的费米能级 E_F 与金属外部真空中自由电子的能级 E_∞ 之差，即

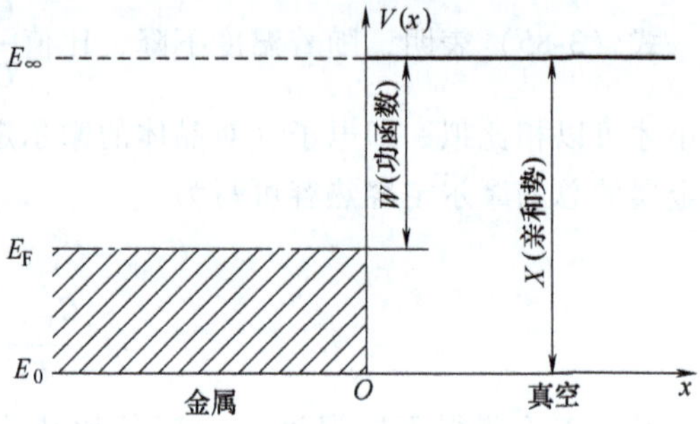

图 3-8　一个电子在金属表面的势能

$$W=E_\infty-E_F \tag{3-88}$$

而把电子在金属内部的势能 E_0 与金属外部真空中自由电子的能级 E_∞ 之差定义为电子亲和势（electron affinity）：

$$X=E_\infty-E_0 \tag{3-89}$$

金属的逸出功一般为几个电子伏特。表 3-3 列出了某些常用金属的逸出功。

表 3-3　某些金属的逸出功

金属	Na	K	Ca	Ba	Pt	Cs	Ta	W	Ni
逸出功/eV	2.3	2.2	3.2	2.5	5.3	1.8	4.2	4.5	4.6

依照能量提供的方式不同，有如下 3 种常见的电子发射：

1）高温引起的热电子发射（thermoelectron emission）。

2）光照引起的光致发射（光电效应，photoelectric effect）。

3）强电场引起的场致发射（field emission）。

2. 热电子发射

金属中的电子因受热而逸出金属表面的现象称为电子热发射（thermoelectron emission）。由图 3-8 可以看出，金属为一势阱，常温下电子很难逸出金属表面，当金属被加热时，部分

电子可获得足够的能量逸出金属表面，形成热电子发射。如有外部电路，则逸出的电子可形成热电子发射电流。由实验得出热电子发射电流密度为

$$J=AT^2 e^{-W/(k_B T)} \tag{3-90}$$

此式称为理查逊-杜什曼定律（Richardson-Dushman's law）。式中，T 为热力学温度；A 为常数，因金属不同而不同。由式（3-90）可知，温度越高，功函数 W 越小，发射的电流越大。

根据测定热电子发射电流密度的实验数据，作 $\ln(J/T^2)$ 与 $1/T$ 的关系曲线，则可得到一条直线，由直线的斜率可确定 W。实验值 A 大多数情况下与理论值相差较大，主要原因是：

1）功函数 W 是温度的函数，$W(T)=X_0+\alpha T$。这是因为电子亲和势 X_0 相当于晶体内电子的束缚能，由于晶体热膨胀，它随温度的升高而减少，另一方面费米能也随温度的升高而减少。

2）功函数 W 与晶体表面特性有关，比如点阵结构以及杂质吸附等。

3. 光电效应

赫兹于 1888 年用紫外光照射金属，观察到从金属发射出带电粒子的现象，这就是光电效应。1897 年汤姆孙发现电子，1900 年伦纳德（Lennard）测定金属在光照时发射出来的带电粒子的荷质比，证明它们就是电子。实验表明，光电效应是瞬时发生的，发射的电子与光照之间的时差小于 3ns，其中发射的电子称为光电子。

对于每一种金属，只有入射光频率 ν 大于一定频率 ν_0，才有光电效应。ν_0 称为红限频率，是金属的特性，它决定了能够产生光电子发射的入射光的最小频率。发射出的光电子数目与入射光强成正比，而与入射光频率无关。也就是说，是否有光电效应发生取决于入射光的频率，但发射光电子数目的多少则取决于入射光的强度。

这些现象用光波的电磁波的经典理论难以解释。1905 年爱因斯坦提出红限频率对应的光子能量就是金属的功函数：

$$h\nu_0=W \tag{3-91}$$

他同时给出在频率 $\nu>\nu_0$ 的光照射下，光电子动能的最大值为

$$E_m=h(\nu-\nu_0) \tag{3-92}$$

在索末菲自由电子气模型中，电子气服从费米-狄拉克分布，在温度 T 下，在费米能级以上的能态也存在电子，因而光电子动能最大值只有在绝对零度时严格成立。光电效应，本质上就是金属中电子吸收了一个光子 $h\nu$，相当于金属表面势垒高度下降了 $h\nu$ 的电子发射问题。理查逊-杜什曼定律的电子发射电流密度公式原则上仍然适用。

在光电效应基础上，后来发展了紫外光电子谱（UPS）和 X 射线光电子谱（XPS），成为研究固体电子结构和物质成分的重要实验手段。

4. 场致发射

施加强电场 F 后，在金属体外的势能

$$V(x)=E_\infty-E_0-eF_x \tag{3-93}$$

如图 3-9 所示，它是一条斜直线。按照量子力学观点，能量低于势能最大值的电子，也有可能从金属穿过势垒发射出来。在外加强电场作用下，金属发射的电子流可按热发射电子

流的方法来计算。主要区别在于所有 $v_x>0$ 的都有可能发射。因此在温度 $T=0$ 时，场致发射（field emission）的电流密度为

$$J(0,F)=\alpha\frac{F^2}{W}e^{-\beta\frac{W^{3/2}}{F}} \tag{3-94}$$

式中 $\alpha=\frac{e^3}{8\pi h}$，$\beta=\frac{4(2m)^{1/2}}{3\quad eh}$。

式（3-94）称为福勒-诺德海姆公式（Fowler-Nordheim formula）。在场致发射实验中，电场强度 F 的大小一般在 10^{10}V/m 的量级。该公式在固体光电子器件中有十分广泛的应用。

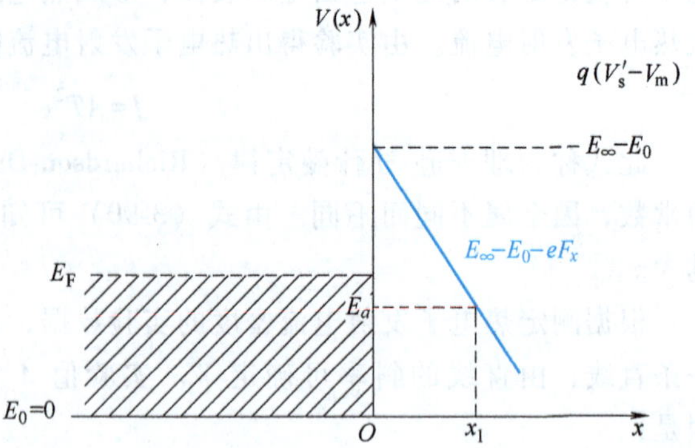

图 3-9 电子通过强电场在金属表面形成的三角形势垒

3.5.2 接触电势差

设两种金属 A 和金属 B 的电子逸出功不同，分别为 W_A 和 W_B。如图 3-10 所示，两金属相接触后，通过界面的热电子电流密度也不同，分别为

$$J_A=AT^2e^{-W_A/(k_BT)}$$
$$J_B=AT^2e^{-W_B/(k_BT)} \tag{3-95}$$

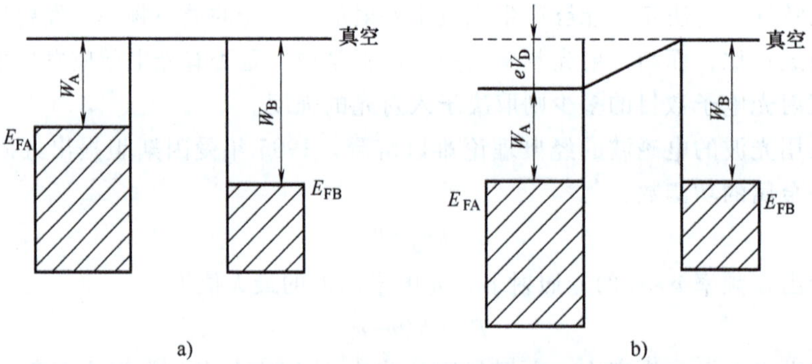

图 3-10 金属间的接触电势差

a）接触前两金属的费米能级和逸出功 b）两金属接触后存在的势垒差

由图 3-10 可见，两金属功函数的不同直接反映了它们费米能级位置的高低。若 $W_B>W_A$，则 $J_A>J_B$，即从左至右穿过界面的电子多于从右至左穿过界面的电子，其结果是在左边金属 A 中出现过剩的正电荷，而右边金属 B 中出现过剩的负电荷。正、负电荷区域之间将形成电场，从而产生电势差。金属 A 的电势 V_A 高，金属 B 的电势 V_B 低，有 $V_A>V_B$，这一附加电场阻碍金属 A 中的电子逸出，有利于金属 B 中的电子逸出，相当于 A 中的逸出功变成了 W_A+eV_A，而 B 中的逸出功变成了 W_B+eV_B，热电子发射电流密度式（3-95）变为

$$J_A=AT^2e^{-(W_A+eV_A)/(k_BT)}$$
$$J_B=AT^2e^{-(W_B+eV_B)/(k_BT)} \tag{3-96}$$

电荷积累到一定程度后，可使得 $J_A=J_B$，通过界面的净电荷为零，电荷积累不再增加，即达到一个稳定平衡状态。由式（3-96）有

$$W_A+eV_A=W_B+eV_B \tag{3-97}$$

由式（3-97）和式（3-88）可得两金属间的电势差为

$$V_D=V_A-V_B=\frac{1}{e}(W_B-W_A)=\frac{1}{e}(E_{FA}-E_{FB}) \tag{3-98}$$

平衡后两金属间的电势差 V_p 称为接触电势差（contact potential difference）。按自由电子模型得到，金属间的接触电势差等于两种金属的电子逸出功之差与电子电量的比。这说明两金属的接触电势差是由于两金属中电子气系统的费米能级高低不同而造成的。如果将接触电势差给出的电势能之差也考虑进去，则平衡后两块金属的费米能级刚好相等，电子的相互流动处于平衡状态，即有统一的费米能级，如图 3-10b 所示。

不同金属接触后产生电势差现象，是一个重要的固体基础理论，例如，它是讨论金属之间的界面性质的理论基础，是热电偶测量温度的原理等。

课后思考题

1. 设某金属晶体体积为 $V=(L_1\times L_2\times L_3)$，计算在 k 空间每一个模式的体积、模式密度 $g(k)$ 和能量标度下态密度 $N(E)$，并说明 $g(k)$ 和 $N(E)$ 的区别与联系。推导一维和二维情况下自由电子的状态密度 $N_1(E)$ 和 $N_2(E)$。

2. 在具有晶格常数 a 的面心立方点阵中，有 $N_L=N_1N_2N_3$ 个单胞，写出波矢 $\boldsymbol{k}$ 的表达式，以及每个波矢 $\boldsymbol{k}$ 占有的体积，并计算出面心立方点阵的第一布里渊区中可以获得多少个波矢 $\boldsymbol{k}$ 点？

3. 一维周期势场中电子的波函数满足布洛赫定理。如果晶格常数为 a，电子的波函数为

（1）$\psi_k(x)=\sin\frac{x}{a}\pi$

（2）$\psi_k(x)=\mathrm{i}\cos\frac{3x}{a}\pi$

（3）$\psi_k(x)=\sum\limits_{l=-\infty}^{+\infty}f(x-la)$

（4）$\psi_k(x)=\sum\limits_{m=-\infty}^{+\infty}(-\mathrm{i})^m f(x-ma)$

求电子在这些态中最小的波矢（简约波矢）。

4. 电子周期场的势能函数为：

$$V(x)=\begin{cases}\frac{1}{2}m\omega^2[b^2-(x-na)^2], & na-b\leqslant x\leqslant na+b\\ 0, & (n-1)a+b\leqslant x\leqslant na-b\end{cases}\quad 且\ a=4b,\ \omega\ 是常数$$

（1）试画出此势能曲线，并求其平均值。

（2）用近自由电子近似模型求出晶体的第一个及第二个带隙宽度。

5. 设 1 价金属具有简单立方结构，晶格常数 a 为 3.3Å，试求：

（1）费米面的半径和费米能量。

（2）费米球到布里渊区边界的最短距离。

6. 试确定比费米能级高 $1k_BT$、$5k_BT$、$10k_BT$ 的能级被电子占据的概率。

第4章
晶体中电子在磁场中的运动

磁性是物质的基本属性，不同物质的磁特性各不相同。物质放在不均匀的磁场中会受到磁力的作用。在相同的不均匀磁场中，不同物质所受到的磁力的作用不同，我们可以用单位质量的物质所受到的磁力方向和强度来确定物质磁性的强弱。磁性是一种极为普遍的现象，小至原子、原子核和电子，乃至更深的物质层次，大至地球、月亮和太阳等天体，都具有磁性。固体磁性涉及十分广泛的领域，磁性材料有着广泛的技术应用。

人类对磁的认识，可以追溯到公元前6~7世纪。中国古代的《管子》中记载了“山上有磁石者，其下有金铜”；《吕氏春秋》中有对磁石吸铁特性的生动描述：“慈招铁，或引之也”，将其喻为慈爱的父母对子女的吸引一样，所以称之为“磁”（慈）。由于自然界有天然的磁石，人们在注意到磁现象的同时很快将其应用于实际生活中。战国时期就已经利用天然磁石来制作“司南之勺”——指南勺，东晋的《古今注》中也谈到“指南鱼”。1600年，吉尔伯特（William Gilbert）的著作《论磁、磁体和地球作为一个巨大的磁体》标志着人类对电磁现象系统研究的开始。在这部著作中，吉尔伯特总结了前人对磁的研究，周密地讨论了地磁的性质，记载了大量实验，使磁学变成了科学。到了18世纪，奥斯特（Hans C. Oersted）发现了电流产生磁场的现象。19世纪，法拉第（Michael Faraday）发现了电磁感应现象，即在磁场中以某种方式运动的导体可以产生电流；法拉第提出了电力线和磁力线的概念，证实了电现象和磁现象的统一性。之后，1895年居里（Pierre Curie）提出了居里定律。1896年塞曼（Pieter Zeeman）发现了光谱在磁场中的分裂现象，并由此获得1902年的诺贝尔物理学奖。

进入20世纪之后，磁学逐步发展完善。1905年，朗之万（Paul Langevin）根据统计力学发展了顺磁性和抗磁性理论，提出顺磁性是由分子/原子固有磁矩按外磁场方向排列引起的，这一论点解释了居里定律，同时朗之万还提出抗磁性是由分子/原子的环形电流在外磁场中的响应造成的；1907年，外斯（Pierre Weiss）提出了分子场和磁畴的假说，以解释铁磁性，后来的研究证明，这个假设与固体中的电子自旋轨道相关。1921年，斯特恩（Otto Stern）和盖拉赫（Walther Gerlach）完成了证明原子在磁场中取向量子化的著名实验，证实了原子自旋角动量的量子化，即为普朗克常量；古德斯密特（Samuel Goudsmit）和乌伦贝克

(George E. Uhlenbeck) 则在 1925 年发现了电子自旋角动量为$\frac{\hbar}{2}$；1928 年海森伯（Werner Heisenberg）提出用量子力学解释分子场起源的海森伯模型，解释了铁磁体的外磁场；朗道（Lev D. Landau）在 1930 年提出关于在强磁场中自由电子的朗道能级理论，并在 1935 年和利弗席兹（Evgeny M. Lifshitz）一起预言了磁畴的结构；1946 年布洛赫（Felix Bloch）和珀塞尔（Edward M. Purcell）发明了核磁共振方法，以研究固体、液体、气体中的核子磁矩；1948 年奈耳（Louis E. F. Neel）建立了亚铁磁性/反铁磁性理论，推动了铁磁性材料的研究。

在磁学领域有诸多成果获得了诺贝尔物理学奖，包括海森伯模型（1932 年获诺贝尔物理学奖）、亚铁磁理论（1970 年获诺贝尔物理学奖），此外，发现原子自旋量子数（即普朗克常数）的斯特恩获得 1945 年诺贝尔物理学奖，发明核磁共振方法的布洛赫和珀塞尔获得 1952 年诺贝尔物理学奖。

物质的磁性是一个非常复杂的现象。在研究的过程中有不少理论、假设，形成磁学下的各个分支，其中包括磁学的一个重要分支，即研究基本粒子与电子自旋和原子自旋相互作用的自旋电子学。

本章内容扼要介绍固体磁特性的基本知识。

4.1 原子的磁性

固体是由大量原子组成的，固体的磁性本质上是由其构成原子的磁性决定的。原子又是由电子和原子核组成的，原子核的磁矩比电子磁矩小 3 个数量级，在考虑固体宏观磁性时可以忽略不计，故原子的磁性主要来自电子磁矩的贡献。

一个原子中往往包含多个电子，下面先分析单个电子的情况。根据式（3-32）可知，描述单个电子在原子核库仑势场中运动的薛定谔方程中，哈密顿算符为

$$\hat{H}_i^{(0)}=\frac{\hat{p}_i^2}{2m}+V(r_i) \tag{4-1}$$

其中：

$$V(r_i)=\frac{e^2}{4\pi\varepsilon_0 r_i} \tag{4-2}$$

式中，r_i 为电子到原子核中心的距离，近似认为是原子半径。

多个电子的情况时，哈密顿算符可以写成

$$\hat{H}=\sum_i \hat{H}_i^{(0)}+\sum_{i<j}\frac{e^2}{4\pi\varepsilon_0 r_{ij}}+\sum_i \hat{H}_i^{SO} \tag{4-3}$$

式中，第一项即为式（4-1）、式（4-2）描述的单电子哈密顿量，下角标 i 标示不同的电子；第二项表示电子之间的库仑相互作用，r_{ij} 表示第 i 个电子到第 j 个电子之间的距离；第三项称为自旋-轨道耦合项，来自原子核与电子相对运动所产生的磁场与电子自旋磁矩的相互作用，这种作用称为自旋-轨道相互作用。式（4-3）的哈密顿算符决定了原子的本征态以及对应的能量本征值（原子中电子的运动状态，即能级）。

在外磁场作用下，式（4-3）的哈密顿算符发生变化，即原子的能量本征值发生变化。设变化量为 ΔE，定义 ΔE 对于外磁场的导数为原子的磁矩 μ_α：

$$\mu_\alpha = -\frac{\partial(\Delta E)}{\partial B_\alpha} \quad \alpha = x, y, z \tag{4-4}$$

磁矩也称为磁偶极矩，是描述载流线圈或微观粒子磁性的物理量。电子的磁矩包括由轨道磁矩和自旋磁矩构成的固有磁矩，以及在外磁场中产生的感生磁矩。

4.1.1 固有磁矩

固有磁矩包括轨道磁矩和自旋磁矩。

1. 轨道磁矩

轨道磁矩即为电子轨道运动产生的磁矩 μ_L。首先不考虑电子的自旋，式（4-3）可以写成

$$\hat{H} = \sum_i \frac{1}{2m}\hat{p}_i^2 + V(r_1, r_2, \cdots) \tag{4-5}$$

式中，第二项表示原子内部的势能函数，外部磁场只是改变动量 $\boldsymbol{p}$。设外加恒定磁场 $\boldsymbol{B}_0$ 沿 z 方向，$\boldsymbol{B}_0=(0,\ 0,\ B_0)$，则 $\boldsymbol{p}$ 的变化为 $\boldsymbol{p}+e\boldsymbol{A}$，其中，$\boldsymbol{A}$ 为朗道磁势矢（磁场的矢量势）。由下式定义：

$$\nabla \times \boldsymbol{A} = \boldsymbol{B}_0$$

故

$$\boldsymbol{A} = \frac{1}{2}(-B_0 y, B_0 x, 0) \tag{4-6}$$

代入式（4-5），可以得到在外加磁场时的哈密顿算符：

$$\begin{aligned}\hat{H} &= \sum_i \frac{1}{2m}(\hat{p}_i + eA(r_i))^2 + V(r_1, r_2, \cdots) \\ &= \sum_i \frac{1}{2m}(\hat{p}_i^2 + 2eA(r_i)\hat{p}_i + e^2A^2(r_i)) + V(r_1, r_2, \cdots) \\ &= \left(\sum_i \frac{1}{2m}\hat{p}_i^2 + V(r_1, r_2, \cdots)\right) + \frac{eB_0}{2m}\sum_i (x_i\hat{p}_{yi} - y_i\hat{p}_{xi}) + \frac{e^2B_0^2}{8m}\sum_i (x_i^2 + y_i^2)\end{aligned} \tag{4-7}$$

式中，第二项中的是原子总的电子轨道角动量 $\boldsymbol{L}$ 在 z 方向分量 $\boldsymbol{L}_z$ 的算符，记为 $\hat{L}_z$。我们知道，轨道角动量 $\boldsymbol{L}$ 的本征值为 $\hbar$ 的整数倍：

$$\hat{L}\psi = L\psi = l\hbar\psi \tag{4-8}$$

L 是轨道角动量量子数。轨道角动量在 z 方向分量 L_z 的本征值也是 $\hbar$ 的整数倍，即

$$\hat{L}_z\psi = L_z\psi = M_L\hbar\psi \tag{4-9}$$

式中，M_L 是轨道角动量在 z 方向分量的量子数，也称为磁量子数，不同的 M_L 表示角动量空间量子化的不同取向，在 z 方向上的投影分量不同；显然有

$$|M_L| \leqslant |l| \tag{4-10}$$

即对于轨道角动量量子数 l 的本征态，其磁量子数 M_L 有（$2l+1$）个取值：

$$M_L = l,\ l-1,\ \cdots,\ 0,\ \cdots,\ -l \tag{4-11}$$

在没有外加磁场时，能量本征值与角动量的空间取向无关，即不同磁量子数 M_L 对应的

本征态具有同样的能量，轨道角动量量子数 l 的本征态是（$2l+1$）重简并的。

对比式（4-5）和式（4-7）可知。外加恒定磁场 $\boldsymbol{B}_0$ 引起哈密顿量的变化为

$$\Delta\hat{H}=\frac{eB_0}{2m}\hat{L}_z+\frac{e^2B_0^2}{8m}\sum_i(x_i^2+y_i^2) \tag{4-12}$$

即哈密顿量的变化量与原子在磁场方向（z 方向）上的角动量分量相关。对于轨道角动量量子数为 l、磁量子数为 M_L 的态，能量本征值的变化为

$$\begin{aligned}\Delta E&=\langle\psi_{l,M_L}|\Delta\hat{H}|\psi_{l,M_L}\rangle\\&=\frac{eB_0}{2m}M_L\hbar+\frac{e^2B_0^2}{8m}\sum_i\overline{(x_i^2+y_i^2)}\end{aligned} \tag{4-13}$$

可以看到，在外磁场下不同磁量子数 M_L 的态具有不同的能量变化，（$2l+1$）重能量简并态发生分裂，这个分裂称为塞曼分裂；式（4-13）中的第一项称为取向能。

根据式（4-4）可得原子在 z 方向上的磁矩为

$$\mu_z=-\frac{\partial(\Delta E)}{\partial B_z}=-\frac{e}{2m}M_L\hbar-\frac{e^2B_0}{4m}\sum_i\overline{(x_i^2+y_i^2)} \tag{4-14}$$

式中，第一项即称为轨道磁矩，与外加磁场无关，即为原子的固有磁矩，对于确定的轨道角动量量子数 l，任意方向上的磁量子数 M_L 的取值范围都是一样的，故写成

$$\mu_L=-\frac{e}{2m}M_L\hbar \tag{4-15}$$

或

$$\boldsymbol{\mu}_L=-\frac{e}{2m}\boldsymbol{L} \tag{4-16}$$

轨道磁矩与轨道角动量的比值 $-\frac{e}{2m}$ 称为电子轨道运动的磁旋比。这里的负号表明了磁矩的方向与轨道角动量分量的方向相反。

定义玻尔磁子：

$$\mu_B=\frac{e\hbar}{2m}=9.27\times10^{-24}\,\text{J/T} \tag{4-17}$$

相当于轨道角动量分量为一个量子单位 $\hbar(M_L=1)$ 时的磁矩。用玻尔磁子表示轨道磁矩，则有

$$\mu_L=-M_L\mu_B \tag{4-18}$$

式中的负号也是表明轨道磁矩的方向与轨道角动量分量的方向相反。

2. 自旋磁矩

电子的自旋运动也同样会产生磁矩，只是这时的磁旋比是轨道运动的 2 倍，即自旋磁矩 $\boldsymbol{\mu}_S$ 为

$$\boldsymbol{\mu}_S=-\frac{e}{m}\boldsymbol{S} \tag{4-19}$$

式中，$\boldsymbol{S}$ 为总的自旋角动量，其本征值 S 也是 $\hbar$ 的整数倍：

$$S=s\hbar \tag{4-20}$$

式中，s 为自旋量子数，自旋磁矩也可用玻尔磁子 μ_B 表示：

$$\mu_S = -2s\mu_B \tag{4-21}$$

考虑自旋磁矩与外磁场的作用，式（4-12）所示哈密顿量的变化量需加上一项：

$$\begin{aligned}\Delta\hat{H} &= \frac{eB_0}{2m}\hat{L}_z + \frac{eB_0}{m}\hat{S}_z + \frac{e^2B_0^2}{8m}\sum_i (x_i^2 + y_i^2) \\ &= \frac{eB_0}{2m}(\hat{L}_z + 2\hat{S}_z) + \frac{e^2B_0^2}{8m}\sum_i (x_i^2 + y_i^2)\end{aligned} \tag{4-22}$$

相应地，式（4-13）和式（4-14）变为

$$\Delta E = \frac{eB_0}{2m}(L_z + 2S_z) + \frac{e^2B_0^2}{8m}\sum_i \overline{(x_i^2 + y_i^2)} \tag{4-23}$$

$$\mu_z = -\frac{\partial(\Delta E)}{\partial B_z} = -\frac{e}{2m}(L_z + 2S_z) - \frac{e^2B_0}{4m}\sum_i \overline{(x_i^2 + y_i^2)} \tag{4-24}$$

式（4-24）中的第一项亦称为取向能，由此得到式（4-24）的第一项只与轨道角动量和自旋角动量相关，与外加磁场无关，是原子的固有磁矩（包括轨道和自旋）：

$$(\mu_J)_z = -\frac{e}{2m}(L_z + 2S_z) \tag{4-25}$$

3. 固有磁矩的经典解释

原子的磁性也可以从经典物理的角度理解。电子绕原子核做圆轨道运转和本身的自旋运动都会产生"电磁涡旋"，从而形成磁性，如图 4-1 所示。

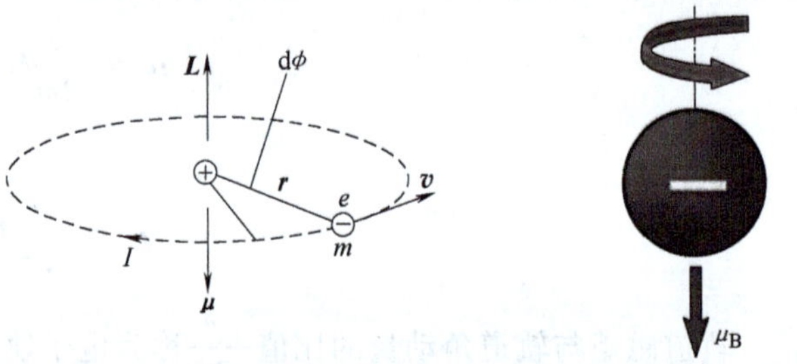

图 4-1　轨道磁矩和自旋磁矩经典物理解释

大家知道，平面载流线圈的磁矩定义为

$$\boldsymbol{\mu} = IS\hat{\boldsymbol{n}} \tag{4-26}$$

式中，I 为电流；S 为线圈面积；$\hat{\boldsymbol{n}}$ 为与电流方向成右手螺旋关系的单位矢量。

电子轨道运动即电子绕原子核旋转，如同一个环形电流，产生的磁矩 $\boldsymbol{\mu}_L$ = 环形电流×环形面积。环形电流是单位时间通过环形导线某截面的电荷量，这里可以用一个电子的电量 e 与电子轨道运动旋转一周的时间 T 的比值来表示：

$$I = -\frac{e}{T} \tag{4-27}$$

环形的面积可以表示成

$$\begin{aligned}S &= \int_0^{2\pi} \frac{1}{2} rr\mathrm{d}\phi = \int_0^T \frac{1}{2} r^2 \frac{\mathrm{d}\phi}{\mathrm{d}t}\mathrm{d}t \\ &= \int_0^T \frac{1}{2m} mrv\mathrm{d}t = \int_0^T \frac{1}{2m} L\mathrm{d}t = \frac{T}{2m}L\end{aligned} \tag{4-28}$$

式中，L 为轨道角动量。代入式（4-26），即可得式（4-16）所示的轨道磁矩：

$$\boldsymbol{\mu}_L = -\frac{e}{2m}\boldsymbol{L}$$

同理亦可推导出式（4-19）所示的自旋磁矩 $\boldsymbol{\mu}_S$。

4. 固有磁矩与角动量的关系

原子中电子的总角动量 $\boldsymbol{J}$ 是所有电子轨道角动量和自旋角动量的合成。这里有两种合成方法，一种合成方法是先将各电子的轨道角动量和自旋角动量各自合成为总的轨道角动量和总的自旋角动量，再合成电子的总角动量，称为 L-S 耦合，即

$$\boldsymbol{J} = \sum_i \boldsymbol{L}_i + \sum_i \boldsymbol{S}_i = \boldsymbol{L} + \boldsymbol{S} \tag{4-29}$$

另一种合成方法是先将每一电子的轨道角动量和自旋角动量合成为一个电子的总角动量，再由各个电子的总角动量合成原子的总角动量，称为 J-J 耦合，可以写成

$$\boldsymbol{J} = \sum_i (\boldsymbol{L}_i + \boldsymbol{S}_i) \tag{4-30}$$

L-S 耦合适合于电子之间的轨道-轨道、自旋-自旋耦合较强的原子，一般对应原子序数不太大的原子；而 J-J 耦合则适用于同一电子的轨道-自旋耦合较强的原子，一般对应原子序数大于 80 的情况。

与前面分析轨道角动量的式（4-9）类似，总角动量在磁场方向分量的本征值为 $M_J\hbar$，M_J 是总角动量相应的磁量子数，不同的 M_J 表示总角动量空间量子化的不同取向在磁场方向上的投影分量不同；对于量子数为 J 的总角动量，同样有

$$|M_J| \leqslant |J| \tag{4-31}$$

即

$$M_J = J, J-1, \cdots, 0, \cdots, -J \tag{4-32}$$

这里就 L-S 耦合的情况分析总固有磁矩与总角动量的关系。原子的总固有磁矩 $\boldsymbol{\mu}$ 是总的轨道磁矩 $\boldsymbol{\mu}_L$ 和总的自旋磁矩 $\boldsymbol{\mu}_S$ 之和：

$$\boldsymbol{\mu} = \boldsymbol{\mu}_L + \boldsymbol{\mu}_S \tag{4-33}$$

由于轨道运动和自旋运动的磁旋比不同，原子的总固有磁矩 $\boldsymbol{\mu}$ 与总角动量 $\boldsymbol{J}$ 之间存在夹角 θ，这使得 $\boldsymbol{\mu}$ 绕着 $\boldsymbol{J}$ 进动（见图 4-2）；由于进动的频率通常很高，只有沿 $\boldsymbol{J}$ 的分量 μ_J 可观测到。

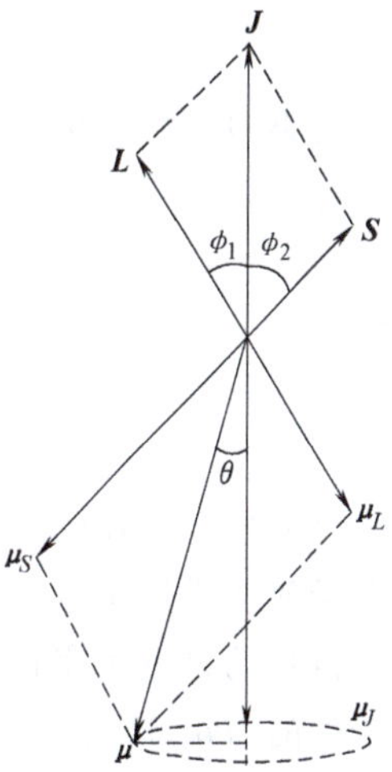

图 4-2　磁矩与角动量的关系

根据余弦定理，图 4-2 中所示各个角动量之间有如下关系：

$$S^2 = J^2 + L^2 - 2JL\cos\phi_1 \tag{4-34}$$

$$L^2 = J^2 + S^2 - 2JS\cos\phi_2 \tag{4-35}$$

式中，J、L、S 为总角动量、总轨道角动量、总自旋角动量的本征值。

同时

$$\mu_J = \mu_L\cos\phi_1 + \mu_S\cos\phi_2 \tag{4-36}$$

将式（4-16）和式（4-19）代入式（4-36），有

$$\mu_J = -\frac{e}{2m}(L\cos\phi_1 + 2S\cos\phi_2) \tag{4-37}$$

由式（4-34）和式（4-35）导出 $\cos\phi_1$、$\cos\phi_2$ 的表达式，代入式（4-37），可得

$$\mu_J = -\frac{e}{2m}\left(1 + \frac{J^2 + S^2 - L^2}{2J^2}\right)J \tag{4-38}$$

J^2、S^2、L^2 分别表示各个角动量平方算符的本征值。令

$$g_J=1+\frac{J^2+S^2-L^2}{2J^2} \tag{4-39}$$

由角动量平方算符的本征值可知

$$g_J=1+\frac{J(J+1)+s(s+1)-l(l+1)}{2J(J+1)} \tag{4-40}$$

则式（4-38）可写成

$$\boldsymbol{\mu}_J=-g_J\frac{e}{2m}\boldsymbol{J} \tag{4-41}$$

亦可写成

$$\boldsymbol{\mu}_J=-g_J\frac{e}{2m}\boldsymbol{M}_J\hbar=-g_J\boldsymbol{M}_J\boldsymbol{\mu}_B \tag{4-42}$$

g_J 称为朗道因子。由式（4-40）可以看出，当自旋轨道角动量 $\boldsymbol{S}$ 为 0 时，总角动量 J 等于总轨道角动量 L，所以 $g_J=1$，这时固有磁矩完全是由轨道运动产生的；而当轨道角动量 L 为 0 时，总角动量 J 等于总自旋角动量 S，故 $g_J=2$，这时的固有磁矩则完全是由电子的自旋运动产生的。实际 g_J 可以由实验精确测定，如果测得的 g_J 接近 1，表明原子固有磁矩主要是由轨道磁矩贡献的，如果测得的 g_J 接近 2，表明原子固有磁矩主要是由自旋磁矩贡献的。

4.1.2 感生磁矩

式（4-14）和式（4-24）中的最后一项为感生磁矩，它依赖于外加磁场 $\boldsymbol{B}_0$：

$$(\boldsymbol{\mu})_{z感生}=-\frac{e^2}{4m}\sum_i\overline{(x_i^2+y_i^2)(\boldsymbol{B}_0)_z} \tag{4-43}$$

负号表明感生磁矩与磁场的方向相反。设原子半径为 r，对于球对称的电子云分布，有

$$\overline{x^2}=\overline{y^2}=\overline{z^2}=\frac{1}{3}\overline{r^2} \tag{4-44}$$

代入式（4-43），可得感生磁矩：

$$(\boldsymbol{\mu})_{z感生}=-\frac{e^2}{6m}\sum_i\overline{r_i^2}(\boldsymbol{B}_0)_z \tag{4-45}$$

式（4-45）描述的感生磁矩亦可通过经典力学推导出来。根据经典力学，一个做旋转运动的电子放在磁场中，有如在重力场中的旋转陀螺，将产生进动运动。产生进动的原因是外力矩使得角动量发生变化。如图 4-3 所示，设一个以角速度 ω 旋转的陀螺，角动量为 $\boldsymbol{L}$，重力场产生的力矩 $\boldsymbol{M}$ 为

$$\boldsymbol{M}=\boldsymbol{r}\times\boldsymbol{F} \tag{4-46}$$

力矩 $\boldsymbol{M}$ 使得角动量发生变化：

$$\mathrm{d}\boldsymbol{L}=\boldsymbol{M}\mathrm{d}t \tag{4-47}$$

于是产生了进动。

外磁场对具有固有磁矩的原子产生的磁力矩为

$$\boldsymbol{M}=\boldsymbol{\mu}_J\times\boldsymbol{B}_0 \tag{4-48}$$

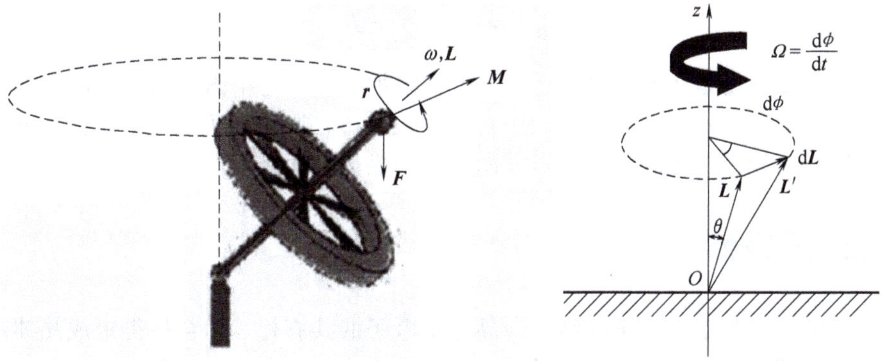

图 4-3　进动

该磁力矩使得轨道角动量 $\boldsymbol{L}$ 发生变化：

$$\frac{\mathrm{d}\boldsymbol{L}}{\mathrm{d}t}=\boldsymbol{\mu}_J\times\boldsymbol{B}_0 \tag{4-49}$$

$\boldsymbol{L}$ 的末端产生一个角速度为 Ω 的圆周运动，这个圆周运动称为拉莫尔（Joseph Larmor，1857—1942，爱尔兰）进动，如图 4-4 所示。

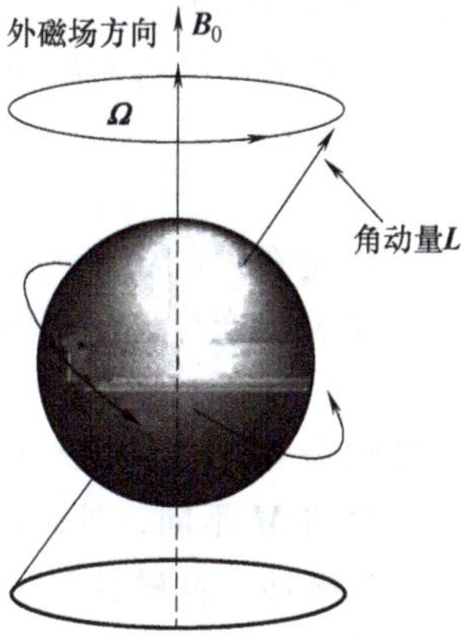

图 4-4　原子在外磁场中的拉莫尔进动

从图 4-3 可知

$$\frac{\mathrm{d}L}{\mathrm{d}t}=\frac{r\mathrm{d}\phi}{\mathrm{d}t}=r\Omega=J\Omega\sin\theta \tag{4-50}$$

即

$$\frac{\mathrm{d}\boldsymbol{L}}{\mathrm{d}t}=\boldsymbol{\Omega}\times\boldsymbol{L} \tag{4-51}$$

式（4-49）与式（4-51）等号右边相等：

$$\boldsymbol{\mu}_J\times\boldsymbol{B}_0=\boldsymbol{\Omega}\times\boldsymbol{L} \tag{4-52}$$

将固有磁矩的表达式（4-41）代入，可得拉莫尔进动的角频率：

$$\boldsymbol{\Omega}=\frac{e\boldsymbol{B}_0}{2m} \tag{4-53}$$

拉莫尔进动产生的感生电流：

$$\boldsymbol{i}=-\frac{e\boldsymbol{\Omega}}{2\pi}=-\frac{e\boldsymbol{B}_0}{4\pi m} \tag{4-54}$$

设拉莫尔进动的半径为 $\bar{r}^2=\overline{(x_i^2+y_i^2)}$，则感生电流的环绕面积为

$$S=\frac{2\pi}{3}\bar{r}^2 \tag{4-55}$$

由式（4-26）可知感生磁矩为

$$\boldsymbol{\mu}_{感生}=-\frac{e^2\bar{r}^2}{6m}\boldsymbol{B}_0 \tag{4-56}$$

对于多电子原子，则得到式（4-45）所示的感生磁矩：

$$\boldsymbol{\mu}_{感生} = -\frac{e^2}{6m}\sum_i \overline{r_i^2}\boldsymbol{B}_0$$

可见，拉莫尔进动是在电子轨道运动之上的附加运动。这个附加运动引起附加电流产生相应的磁矩，即为感生磁矩，由于进动按右手螺旋绕 $\boldsymbol{B}_0$ 进行，而且电子具有负电荷，因而根据式（4-26）可知，产生的感生磁矩方向与外加磁场方向相反。

4.2 固体的磁性

孤立原子的磁矩决定于原子的结构。晶体中电子的共有化运动会使得组成晶体的各个原子的磁矩部分抵消，未被抵消掉的原子磁矩的排布方式决定了单位体积中晶体的总磁矩 $\boldsymbol{M}$：

$$\boldsymbol{M} = \lim_{\Delta V\to 0}\frac{\sum\boldsymbol{\mu}}{\Delta V} = N_0\boldsymbol{\mu} \tag{4-57}$$

式中，N_0 为固态物质中所包含的原子数；$\boldsymbol{\mu}$ 为每个原子的磁矩。如前所述，原子核比电子重 2000 倍左右，其运动速度仅为电子速度的几千分之一，故原子核的磁矩仅为电子的千分之几，可以忽略不计。

磁化是指使材料的磁矩在外磁场中发生变化的过程。物质的磁性是以磁化率来描写的，磁化率定义：

$$\chi = \boldsymbol{M}/\boldsymbol{H} = \mu_0\boldsymbol{M}/\boldsymbol{B}_0 \tag{4-58}$$

式中，$\boldsymbol{M}$ 是在外磁场 $\boldsymbol{B}_0(\mu_0\boldsymbol{H})$ 作用下单位体积中的总磁矩，除了固有磁矩外，还包括感生磁矩。$\boldsymbol{M}$ 又会产生磁感应强度：

$$\boldsymbol{B} = \mu_0\boldsymbol{H} + \kappa\mu_0\boldsymbol{M} \tag{4-59}$$

外磁场 $\boldsymbol{H}$ 撤掉后材料中的磁感应强度 $\boldsymbol{B}$ 由 $\boldsymbol{M}$ 的状态决定。不同的固态材料在外磁场中磁化产生的 $\boldsymbol{M}$ 不同，外磁场撤掉后 $\boldsymbol{M}$ 的变化状况也不尽相同，据此可将物质的磁性分为抗磁性、顺磁性、铁磁性等不同的类别。具有微弱顺磁性或抗磁性的固体，是由饱和结构的原子实和载流子构成的，称为一般的固体；具有铁磁性的材料则往往是由 d 壳层不满的过渡族元素或 f 壳层不满的稀土族元素构成的，它们的原子中有未被填满的电子壳层，其电子的自旋磁矩未被抵消，所以原子具有“永久磁矩”。这类物质也称为包含“顺磁离子”的固体。

4.2.1 抗磁性与顺磁性

磁化率 χ 为正的物质称为顺磁物质，即外磁场使物质产生与之方向相同的磁感应强度；而磁化率 χ 为负的物质则称为抗磁物质，这时外磁场使物质产生与之方向相反的磁感应强度。

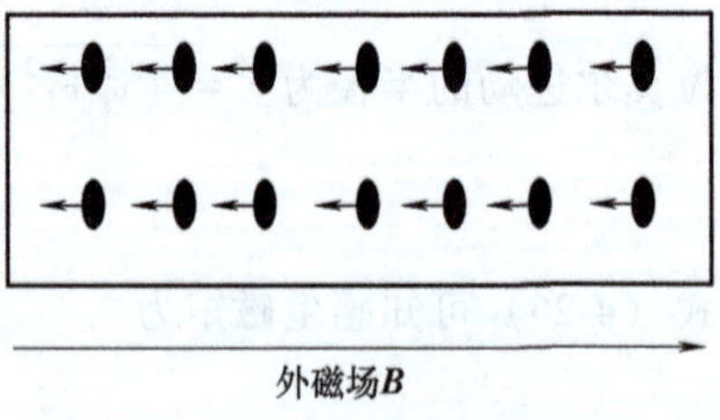

图 4-5 物质磁化的抗磁性是因为在外磁场中产生了感生磁矩

首先，所有物质都含有做轨道运动的电子，外磁场的作用使电子轨道改变，感生一个与外磁场方向相反的磁矩（感生磁矩），只要有外磁场存在，感生磁场就会存在，由量子理论和经典力学的拉莫尔进动模型推导出的式（4-43）可知，感生磁矩与外磁场方向相反，所以一切物质都含有抗磁性（见图 4-5）。

另一方面，考虑到与周围环境（晶格或邻近的磁矩）之间存在着能量的交换，电子轨道角动量绕着外磁场的拉莫尔进动会受到阻力，进动的辐角会逐渐减小。当轨道磁矩的方向接近外加磁场方向时，进动和轨道运动的方向相反，使得轨道能量降低，即式（4-23）中第一项的取向能为负值；反之，如果轨道磁矩方向与外磁场反向时，进动和轨道运动的方向相同，则轨道动能增加，取向能为正值。磁矩的取向越接近外磁场，能量越低，如图 4-6、图 4-7 所示，拉莫尔进动在失去能量辐角逐渐减小的过程中，轨道磁矩趋向与外磁场相同的方向排列，产生与外磁场方向相同的磁感应强度，即体现出物质的顺磁性。上面描述了固有磁矩中电子轨道磁矩在外磁场中取向产生的顺磁性，对于含有自旋磁矩的固有磁矩，可做同样的分析。

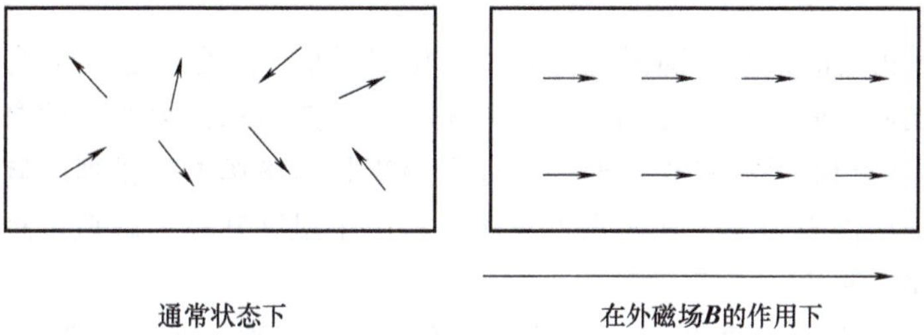

图 4-6　原子的固有磁矩在外磁场作用下，趋向外磁场的方向，体现出物质顺磁性

1. 抗磁性

显而易见，没有固有磁矩的材料不存在磁矩趋向于外磁场取向的现象，只体现出由于感生磁矩产生的抗磁性。这些材料往往被具有饱和电子结构的电子层填满，各电子轨道角动量和自旋角动量互相抵消，显示不出固有磁矩（固有磁矩为零），或表述成不存在永久磁矩。例如具有惰性气体结构的离子晶体以及靠电子配对而成的共价晶体，都形成饱和电子结构，金属的内层电子和半导体的基本电子结构（只有满带和空带，没有载流子和杂质缺陷）一般也是饱和电子结构。抗磁性物质的抗磁性一般很微弱，磁化率约为 10^{-5}，为负值。

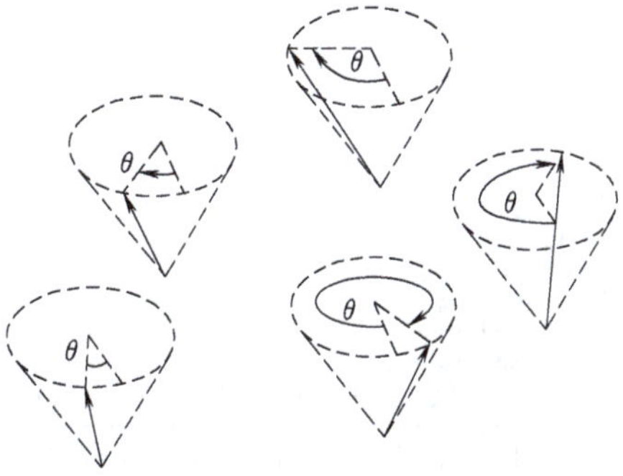

图 4-7　固有磁矩绕着外磁场进动的辐角会逐渐减小，最终趋近磁场方向

设单位体积有 N 个原子，每个原子有 Z 个电子，将式（4-45）给出的感生磁矩代入式（4-57）和式（4-58），可得抗磁磁化率为

$$\chi = -\frac{\mu_0 e^2}{6m} N \sum_i^Z \overline{r_i^2} \tag{4-60}$$

可以看到，抗磁磁化率随着原子中电子数（原子序数）的增加而增加。

2. 顺磁性

磁化率 χ 为正的物质称为顺磁性物质，外磁场使物体产生与其方向一致的磁感应强度。顺磁性物质都是由具有固有磁矩的原子构成的。不论外加磁场是否存在，这类物质原子内部都存在永久磁矩。但在无外加磁场时，由于顺磁性物质的原子做无规则的热振动，原子的固有磁矩是无序排列的，宏观来看，没有磁性。

在有外加磁场时，固有磁矩将围绕外加磁场做进动，产生来自感生磁矩的抗磁性。如前面分析的那样，固有磁矩在外磁场作用下最终趋近磁场方向——平行于磁场方向排列，稳定时显示出顺磁性，磁化率 χ 为正值，磁化强度与外磁场方向一致。此时电子轨道角动量方向与磁场方向反平行，进动与轨道运动的方向相反，能量降低。

由于所有物质都含有做轨道运动的电子，因而只要外加磁场存在，感生磁场就会存在，所以一切物质都具有抗磁性。也就是说，具有固有磁矩的物质也会有抗磁性，只是由于固有磁矩取向产生的顺磁性大于抗磁性，从而使抗磁性显示不出来。

固体的顺磁性服从居里提出的经验定律：

$$\chi = \frac{C}{T} \tag{4-61}$$

式中，C 为与材料相关的常数。随温度升高，磁化率减小，这是热运动影响磁矩按磁场方向排列的结果。假设原子间无相互作用，没有外磁场时，热运动使得原子的磁矩取向混乱，宏观上不显示磁性。但当有外磁场作用时，各原子磁矩趋向磁场方向排列的概率大些，使得磁矩在磁场方向的平均值不为零，显示出宏观磁性；由于温度升高，磁矩按磁场方向排列的概率变小，导致磁化率减小。

顺磁性物质的磁化率一般也不大，室温下约为 10^{-5}，取正值。一般含有奇数个电子的原子或分子，电子未填满壳层的原子或离子，如过渡元素、稀土元素、镧系元素，还有铝铂等金属，都属于顺磁性物质，如图 4-8 所示。

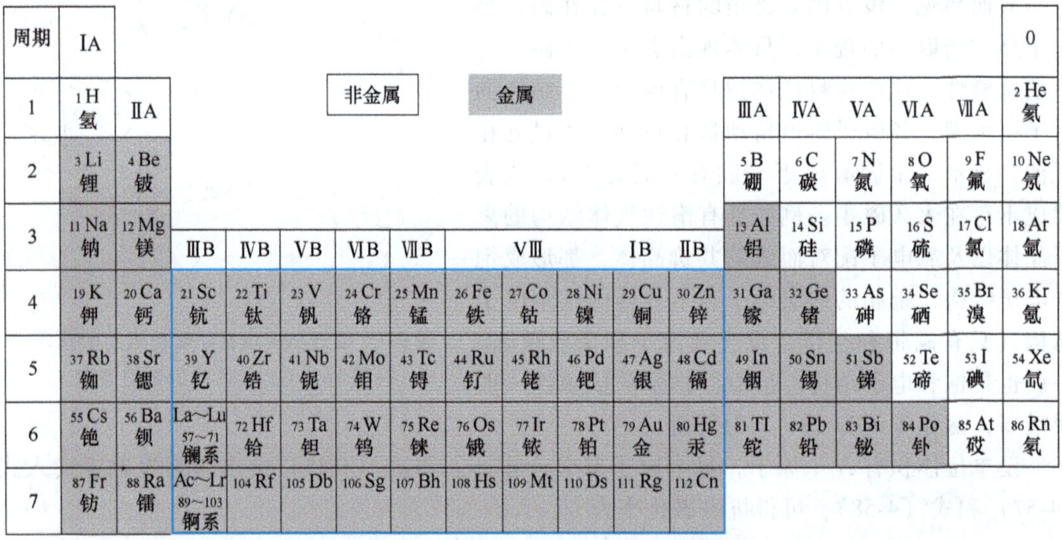

图 4-8 矩形框中的元素构成顺磁性物质

为说明顺磁性的规律，朗之万首先提出了自由磁矩取向的统计理论，后来又产生了量子理论。按照经典理论，磁矩在磁场中可以任意取向，而按照量子理论，磁矩取向是量子化的，这是两者的主要区别。但在一般情况下，量子理论和经典理论可得到相似的结果。

由式（4-42）可知

$$\boldsymbol{\mu}_J = -g_J M_J \boldsymbol{\mu}_B$$

$\boldsymbol{\mu}_J$ 的模为

$$\mu_J = g_J \sqrt{J(J+1)}\,\mu_B \tag{4-62}$$

磁矩 $\boldsymbol{\mu}_J$ 在磁场中的势能为

$$W=-\boldsymbol{\mu}_J\cdot\boldsymbol{H}=g_JM_J\boldsymbol{\mu}_B\boldsymbol{H} \tag{4-63}$$

如式（4-32）所示，M_J 有（2J+1）个取值，故势能 W 也是量子化的，有（2J+1）个能量的取值。不同磁矩取向的统计平均就是对这（2J+1）个能量的统计平均。这里采用玻尔兹曼统计，则平均磁矩：

$$\bar{\boldsymbol{\mu}}_J=\frac{\sum_{-J}^{J}\boldsymbol{\mu}_J\exp\left(\frac{-W}{k_BT}\right)}{\sum_{-J}^{J}\exp\left(\frac{-W}{k_BT}\right)}=\frac{\sum_{-J}^{J}(-g_JM_J\boldsymbol{\mu}_B)\exp\left(\frac{-g_JM_J\boldsymbol{\mu}_B\boldsymbol{H}}{k_BT}\right)}{\sum_{-J}^{J}\exp\left(\frac{-g_JM_J\boldsymbol{\mu}_B\boldsymbol{H}}{k_BT}\right)} \tag{4-64}$$

令

$$x=\frac{Jg_J\boldsymbol{\mu}_B\boldsymbol{H}}{k_BT} \tag{4-65}$$

式（4-64）化简为

$$\begin{aligned}\bar{\boldsymbol{\mu}}_J&=-g_J\boldsymbol{\mu}_B\frac{\sum_{-J}^{J}M_J\exp\left(-\frac{M_Jx}{J}\right)}{\sum_{-J}^{J}\exp\left(-\frac{M_Jx}{J}\right)}\\&=-g_J\boldsymbol{\mu}_B\frac{\partial}{\partial x}\ln\sum_{-J}^{J}\exp\left(-\frac{M_Jx}{J}\right)\end{aligned} \tag{4-66}$$

再利用等比级数之和的公式，可有

$$\begin{aligned}\sum_{-J}^{J}\exp\left(\frac{-M_Jx}{J}\right)&=\frac{\exp(-x)\left\{\exp\left[\left(\frac{2J+1}{J}\right)x\right]-1\right\}}{\exp\left(\frac{x}{J}\right)-1}\\&=\frac{\exp[(J+1)x]-\exp(-Jx)}{\exp\left(\frac{x}{J}\right)-1}\\&=\frac{\exp\left[\left(1+\frac{1}{2J}\right)x\right]-\exp\left[-\left(1+\frac{1}{2J}\right)x\right]}{\exp\left(\frac{x}{2J}\right)-\exp\left(-\frac{x}{2J}\right)}\end{aligned} \tag{4-67}$$

所以

$$\begin{aligned}\ln\sum_{-J}^{J}\exp\left(-\frac{M_Jx}{J}\right)=&\ln\left\{\exp\left[\left(\frac{2J+1}{2J}\right)x\right]-\exp\left[-\left(\frac{2J+1}{2J}\right)x\right]\right\}-\\&\ln\left[\exp\left(\frac{x}{2J}\right)-\exp\left(-\frac{x}{2J}\right)\right]\end{aligned} \tag{4-68}$$

$$\frac{\partial}{\partial x}\ln\sum_{-J}^{J}\exp\left(-\frac{M_Jx}{J}\right)=\frac{2J+1}{2J}\coth\left[\frac{2J+1}{2J}x\right]-\frac{1}{2J}\coth\left(\frac{x}{2J}\right)=B_J(x) \tag{4-69}$$

$B_J(x)$ 称为布里渊函数，所以有

$$B_J(x)=\frac{2J+1}{2J}\coth\left(\frac{2J+1}{2J}\right)x-\frac{1}{2J}\coth\frac{x}{2J} \tag{4-70}$$

对于磁场不太强或温度较高的情况，有 $x\ll 1$，利用 $\coth(x)=\frac{1}{x}+\frac{x}{3}$，可将 $B_J(x)$ 展开成幂级数并保留最低项，得到

$$B_J(x)\approx\frac{1}{3}\left(1+\frac{1}{2J}\right)^2x-\frac{1}{3}\left(\frac{1}{2J}\right)^2x \tag{4-71}$$

将式（4-71）代入式（4-70），得到

$$\begin{aligned}\bar{\boldsymbol{\mu}}_J&=\frac{g_J\boldsymbol{\mu}_B J}{3}\left[\left(\frac{2J+1}{2J}\right)^2-\left(\frac{1}{2J}\right)^2\right]x\\&=g_J\frac{\boldsymbol{\mu}_B J}{3}\left(\frac{J+1}{J}\right)x\\&=g_J J(J+1)\frac{g_J\mu_B^2\boldsymbol{H}}{3k_BT}\\&=\frac{\mu_J^2\boldsymbol{H}}{3k_BT}\end{aligned} \tag{4-72}$$

若单位体积有 N 个原子，则

$$\boldsymbol{M}=N\bar{\boldsymbol{\mu}}_J=\frac{N\mu_J^2\boldsymbol{H}}{3k_BT} \tag{4-73}$$

于是

$$\chi=\frac{\mu_0N\mu_J^2}{3k_BT} \tag{4-74}$$

将式（4-74）与式（4-61）比较可知，居里定律中的 C 为

$$C=\frac{\mu_0N\mu_J^2}{3k_B} \tag{4-75}$$

金属中的传导电子具有顺磁性，但传导电子的顺磁性不服从居里定律，它的磁化率与温度无关。如图 4-9a 所示，在没有外磁场时，两种自旋的电子能量分布对称，它们的电子数相等，因而总磁矩为零。在有外加磁场 B_0 的情况下，平行和反平行的自旋磁矩在磁场中具有不同的取向能：$-\mu_BB_0$ 和 μ_BB_0，导致两种自旋能级图的移动，反平行的自旋能级升高，平行的自旋能级下降，为保持费米能级不变，电子填充情况变动，E_F 以上、虚线以下的电子的磁矩将反转方向，产生顺磁性贡献。这部分电子的数目可用图 4-9b 中阴影的面积表示为

$$S=\frac{1}{2}N(E_F)\mu_BB_0 \tag{4-76}$$

这些电子每个沿磁场方向的磁矩由 $-\mu_B$ 变为 μ_B，所以总磁矩为

$$M=\frac{1}{2}N(E_F)(\mu_BB_0)2\mu_B \tag{4-77}$$

则磁化率：

$$\chi=\mu_0N(E_F)\mu_B^2 \tag{4-78}$$

由于 E_F 基本不随温度变化，所以磁化率与温度无关。

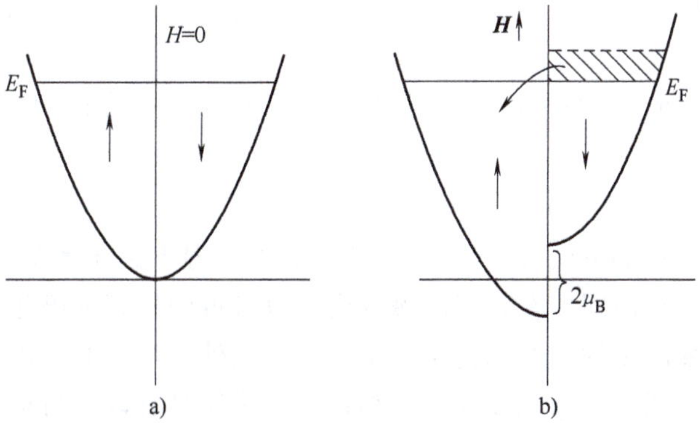

图 4-9 自由电子能量的塞曼分裂

4.2.2 铁磁性

所谓铁磁性，是指没有外磁场时仍具有自发磁化的现象。具有铁磁性的物质，称为磁性材料，具有代表性的主要有铁、钴、镍和以它们为基的合金。磁性材料的原子中往往有未被填满的电子壳层，其电子的自旋磁矩未被抵消，故原子具有“永久磁矩”；d 壳层不满的过渡族元素或 f 壳层不满的稀土族元素大都是磁性材料，这类物质也称为包含“顺磁离子”的固体。铁磁性材料的磁化率很大，磁化过程中显示磁滞现象，铁磁物质中还包括反铁磁体和亚铁磁体。

关于铁磁性产生的原因，外斯提出以下两个假设（外斯理论）：

1）一块具有宏观尺度的铁磁样品。一般说来包含了许多自发磁化了的小区域，称为磁畴。每个磁畴大约有 10^{15} 个原子。这些磁畴的磁化方向各不相同，互相抵消，因此总的磁化强度为零。外场的作用是促使不同磁畴的磁化方向取得一致，从而使铁磁体表现出宏观磁化强度。

2）在每一个磁畴里，存在一定的强相互作用，使元磁矩自发地平行排列起来，形成自发磁化。

理论和实验表明，磁性材料磁畴中的原子磁矩有 3 种最简单的有序排列：

1）自旋彼此平行排列，如图 4-10 所示，体现铁磁体的特性。

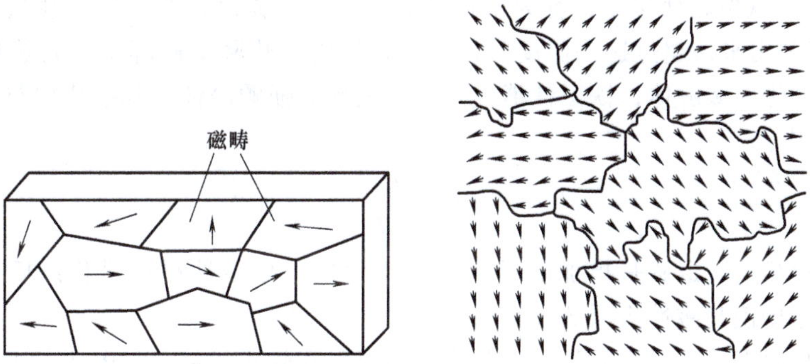

图 4-10 铁磁材料中包含了许多自发磁化了的小区域，称为磁畴

2）自旋反平行排列，两种自旋大小相等，正好抵消，总磁矩为零，如图 4-13 所示，体现反铁磁体的典型特征。

3）自旋反平行排列，但两种磁矩大小不同，从而导致一定的自发磁化，如图 4-13 所示，体现亚铁磁体的典型特征。

1. 铁磁体

对诸如铁（Fe）、钴（Co）、镍（Ni）等物质，在室温下磁化率χ可达 10^{-3} 数量级，这类物质称为铁磁体。铁磁体即使在较弱的磁场内，也可得到极高的磁化强度，而且当外磁场移去后，仍可保留极强的磁性，其磁化率为正值。但当外场增大时，由于磁化强度迅速达到饱和，其磁化率会有所减小。与顺磁性物质相比，铁磁体具有以下特征：

1）铁磁体非常容易被磁化，而且体现出很强的磁性。例如，在 $(10/4\pi)$ A/m 的外加磁场下，铁硅的磁化强度高达 0.1T，而普通顺磁物质则只有 10^{-9}T 的磁化强度。

2）铁磁体的磁化过程显示出磁滞现象。

所谓磁滞现象是指处在外磁场中，物质磁化强度的变化滞后于外磁场强度变化的现象。图 4-11 中所示的磁滞回线表述了铁磁物质的磁滞现象。图中横坐标为外加磁场 H，纵坐标为物质的磁感应强度 B。可以看到，在原处于磁中性状态的强磁物质中施加外磁场，随着外磁场强度 H 的逐渐增大，物质中的磁化强度 B 亦随之增大；当磁化强度增大到 B_s 以后，即使 H 继续增加，磁化强度也不再增加了，这种状态称为磁饱和，B_s 称为磁饱和强度。

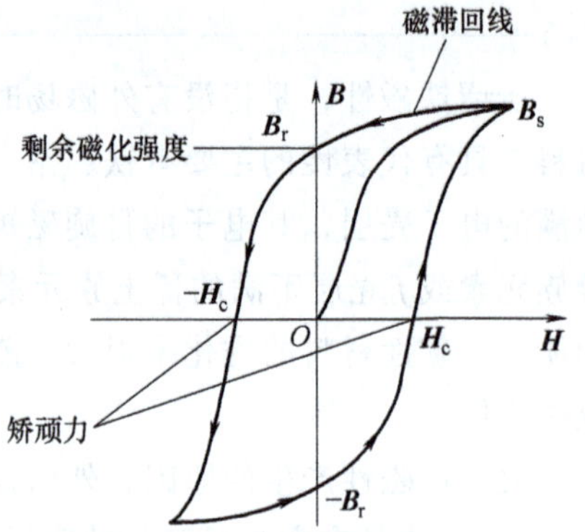

图 4-11　磁滞回线

当外磁场强度逐渐减小至零时，磁化强度却并不立即减为零，只随之减小至 B_r，B_r 称为剩余磁化强度；当磁场强度由零反向加大至$-H_c$ 时，磁化强度才由 B_r 减小至零，H_c 则称为矫顽力；矫顽力是磁性材料经过磁化以后再经过退磁使其剩余磁性（剩余磁通密度或剩余磁化强度）降低到零的磁场强度。继续反向加大磁场强度，磁化强度可达到反向饱和值$-B_s$；同样，当减小反向磁场强度至零时，反向的磁化强度也仍然具有反向的剩余磁化强度，只有再加正向磁场至矫顽力 H_c 才可以消除磁化强度。以上过程中，B-H 平面上表示磁化状态的点的轨迹形成一个对原点对称的回线，称为磁滞回线。

3）存在一个铁磁转变温度，称为铁磁居里温度 T_c。铁磁物质的铁磁性只在铁磁居里温度 T_c 以下才表现出来，超过这一温度后，由于物质内部热骚动破坏电子自旋磁矩的平行取向，因而自发磁化区域解体，铁磁性消失。材料表现为强顺磁性，其磁化率与温度的关系服从居里-外斯定律：

$$\chi=\frac{C}{T-T_c} \tag{4-79}$$

与磁化过程相反，退磁是指加磁场（称为磁化场）使磁性材料磁化以后，再加同磁化场方向相反的磁场使其磁性降低的过程。

铁磁性材料根据退磁过程的特点，分为永磁材料和软磁材料，如图 4-12 所示。

永磁材料又称硬磁材料。这里所说的“软”和“硬”并不是指力学性能上的软硬，而是指磁学性能上的“软”“硬”。磁性硬是指磁性材料经过外加磁场磁化以后能长期保留其强磁性，其特征是矫顽力（矫顽磁场）高；而软磁材料则是既容易磁化，又容易退磁，即矫顽力很低的磁性材料。

铁氧体（ferrite）是一种具有铁磁性的金属氧化物，一般是以三价铁离子作为主要正离子成分的若干种氧化物，有锌铬铁氧体、镍锌铁氧体、钡铁氧体、钢铁氧体等。铁氧体的电阻率比金属、合金磁性材料大得多，而且还有较高的介电性能。铁氧体的磁性能还表现在高频时具有较高的磁导率，因而铁氧体已成为高频弱电领域用途广泛的非金属磁性材料。

铁氧体矩磁材料是指具有矩形磁滞回线的铁氧体材料。它的特点是较小的外磁场作用就能使之磁化，并迅速达到饱和，去掉外磁场后，磁性仍然能保持与饱和时基本一样，它的磁滞回线呈矩形形状，故称为“矩磁”材料，如镁锰铁氧体、锂锰铁氧体等就是这样的矩磁材料，如图 4-12c 所示。这种铁氧体材料在电子计算机的存储器磁心等领域有着重要的应用。

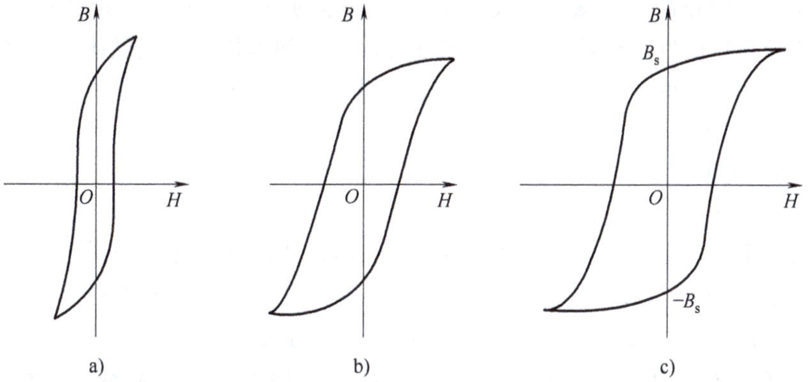

图 4-12 软磁材料、硬磁材料、矩磁材料的磁滞回线

a）软磁材料 b）硬磁材料 c）矩磁材料

2. 反铁磁体

在原子固有磁矩呈现有序排列的材料中，如果相邻原子的固有磁矩为反平行排列，则磁矩虽处于有序状态，但总的净磁矩在不受外场作用时仍为零。这种磁有序状态称为反铁磁性，如图 4-13a 所示。实验观测结果证明，反铁磁体也具有磁畴结构，并且通过中子衍射证实了反铁磁体在微观结构上磁矩的反平行的排列。

在宏观磁性上，反铁磁体表现为弱顺磁性，磁化率χ较小，取正值。但是不同于一般的顺磁性，反铁磁体的磁化率是随着温度的升高而增大。像铁磁性一样，反铁磁性存在一个转变温度，称作奈尔温度 T_N。反铁磁性物质中磁矩的有序排列只有在奈尔温度 T_N 以下才能存在，当温度高于奈尔温度 T_N 时，物质从反铁磁性转变为正常的顺磁性。这时，磁化率随温度的变化服从居里-外斯定律，即随着温度的升高而降低。所以，反铁磁体的磁化率在奈尔温度点出现极大值，即 $T<T_N$ 时显示反铁磁性，$T>T_N$ 时显示顺磁性，服从下式规律：

$$\chi=\frac{C'}{T+T_N} \tag{4-80}$$

一些反铁磁体在强外场或低温下会转变为磁矩平行排列的铁磁体，显示出很高的磁化率。具有代表性的反铁磁材料有铬（Cr）、FeMn 等合金、NiO 等氧化物。

3. 亚铁磁性

亚铁磁性与反铁磁性具有相同的物理本质，只是亚铁磁体中反平行的固有磁矩大小不等，因而存在部分抵消不尽的固有磁矩，其宏观的磁性性质类似于铁磁体，如图 4-13b 所示。温度高于某一数值 T_c（居里温度）时，亚铁磁体变为顺磁体。铁氧体大都是亚铁磁体。

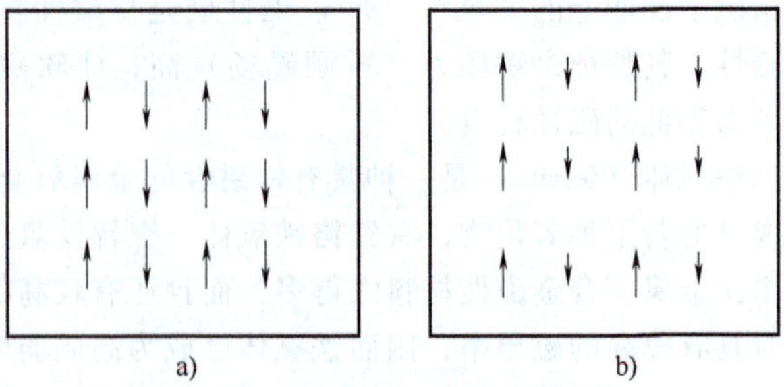

图 4-13　反铁磁体与亚铁磁体示意图
a）反铁磁体　b）亚铁磁体

4.3　磁有序与局域磁矩理论

前面所介绍的顺磁性、抗磁性，代表了组成固体的原子（离子）相互独立磁矩的集合的性质，本节介绍铁磁性、反铁磁性和亚铁磁性的特征和本质，与顺磁体、抗磁体不同，这些性质体现了组成固体的原子（离子）磁矩相互作用的合作现象。

4.3.1　磁有序

在较低温度下（$T<T_c$），实验观察到很多顺磁体，即使没有外磁场诱导，也显现一定的磁性，即磁化强度 $M=0$，显然这种自发磁化现象是与固体内部原子固有磁矩的空间排列有关，每个固有磁矩都有意与邻近固有磁矩的指向一致。这种一致性来源于固有磁矩间的相互作用，由于原子固有磁矩的自发同向排列，固体的有序度增加，熵减小，称之为“磁有序”。铁磁体是最简单的磁有序固体，在铁磁体中所有固有磁矩对自发磁化的贡献相等。在反铁磁体中的磁有序是这样的，一半固有磁矩指向一个方向，而另一半指向相反，因而自发磁化强度为零。但是它与完全无序是不同的，按照指向相同磁矩的排列成线、面等，可把反铁磁性分为 A、C、G 三类，如图 4-14 所示。在亚铁磁体中，固有磁矩有如反铁磁体的排列，只是相反方向的磁矩大小不等不能相互抵消。

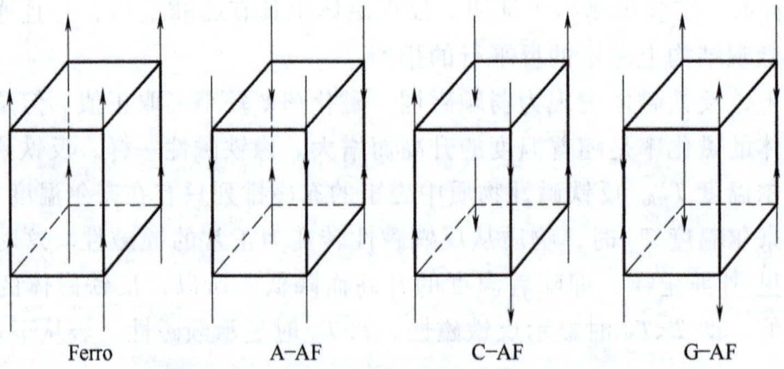

图 4-14　反铁磁分类，三种结构类型示意图

是什么“作用”使得固有磁矩之间“合作”产生磁有序呢？首先想到的是磁矩之间的磁相互作用力。我们现在来估算一下固有磁矩之间的作用力有多大：假定两个固有磁矩均有

玻尔磁子 μ_0 的磁矩，相距 $r=3\text{Å}$ 的间距，一个磁矩在另一磁矩处产生的磁感应强度 B 具有 $\mu_0\mu_B/4\pi r^3$ 的量级，这样相互作用磁能可以估计为

$$\Delta E\sim\mu_B B\sim\frac{\mu_c\mu_B^2}{4\pi r^3}\sim\frac{10^{-7}\times10^{-46}}{3\times10^{-29}}\text{J}\sim3\times10^{-25}\text{J}\sim2\times10^{-6}\text{eV}$$

这个能量相当于 $T=0.03\text{K}$ 时的平均热能，也就是说，当 $T>0.03\text{K}$ 时，随机热无序会破坏由磁相互作用产生的固有磁矩有序排列。但实际上很多铁磁体在 1000K 时仍然有自发磁化现象，这就表明磁相互作用力不是固有磁矩合作现象的内因，而是有更强的相互作用力，这个作用力最有可能的候选者就是固体中电子之间以及电子与核之间的电子态相互作用，这个相互作用完全是一种量子效应，称之为交换作用。

4.3.2　交换作用

交换作用是一种量子效应，它是与泡利不相容原理直接相关的，对一个二电子系统（如氢分子），我们将证明虽然电子间的库仑相互作用不明显地依赖于电子的自旋自由度，但二电子系统的能量却明显依赖于它们的自旋态。根据泡利不相容原理，多电子体系的波函数必须是反对称的，如果忽略轨道-自旋之间的相互作用，二电子体系的波函数可写成空间部分与自旋部分的乘积，有

$$\psi(r_1\quad r_2\quad s_1\quad s_2)=\varphi(r_1\quad r_2)\chi(s_1\quad s_2)$$

这样就存在着两种不同的状态：

1）两个电子自旋相互平行，这时自旋波函数 $\chi(s_1,\ s_2)$ 是交换对称的，而轨道波函数是交换反对称的，有

$$\varphi^A(r_1\quad r_2)=\frac{1}{\sqrt{2}}[\varphi_a(r_1)\varphi_b(r_2)-\varphi_a(r_2)\varphi_b(r_1)]$$

式中，$\varphi_a(r_1)$、$\varphi_b(r_2)$ 是两个电子轨道波函数，此态是三重态。

2）两个电子自旋反平行，自旋波函数反对称，轨道波函数对称，有

$$\varphi^s(r_1,r_2)=\sqrt{\frac{1}{2}}[\varphi_a(r_1)\varphi_b(r_2)+\varphi_a(r_2)\varphi_b(r_1)]$$

此态为单态。

由微热论计算得到两个电子之间的库仑相互作用能可统一表示为

$$\boldsymbol{E}=\boldsymbol{E}_1-\frac{\boldsymbol{J}}{2}-2\boldsymbol{J}\boldsymbol{s}_1\cdot\boldsymbol{s}_2/\hbar^2 \tag{4-81}$$

式中

$$E_1=\int\text{d}r_1\int\text{d}r_2|\varphi_a(r_1)|^2\frac{e^2}{4\pi\varepsilon_0|r_1-r_2|}|\varphi_b(r_2)|^2 \tag{4-82}$$

显然是来自一个密度为 $\int\varphi_a(r_1)\text{d}r_1$ 的电荷与另一个密度为 $\int\varphi_b(r_2)\text{d}r_2$ 的电荷之间的相互作用能——库仑能，而

$$J=\int\text{d}r_1\int\text{d}r_2\psi_a^*(r_1)\psi_b(r_1)\frac{e^2}{4\pi\varepsilon_0|r_1-r_2|}\psi_b^*(r_2)\psi_a(r_2) \tag{4-83}$$

称为交换项，是由于泡利不相容原理所出现的量子效应项，称作直接交换作用。由式（4-81）很容易看出，对三重态和单态，两电子之间的库仑相互作用能量是不同的，对三重态，二电子自旋平行有

$$2s_1 \cdot s_2 = s^2 - s_1^2 - s_2^2 = [s(s+1) - s_1(s_1+1) - s_2(s_2+1)]\hbar^2 = \frac{\hbar^2}{2}$$

所以

$$E = E_1 - J$$

而单态时，两电子反平行，$s = s_1 + s_2 = 0$

$$2s_1 \cdot s_2 = (s^2 - s_1^2 - s_2^2) = -\frac{3}{2}\hbar^2$$

所以

$$E = E_1 + J$$

由上面的讨论可见，电子之间的库仑相互作用能量与电子自旋状态有关。

现在我们来讨论交换项的正负，由式（4-83）可以看出，当 $r_1 \sim r_2$ 时交换积分 J 为正，实际上 J 的正负与电子之间的距离有关。斯莱特（J. C. Slater）提出固体中 J 的正负可以用原子间距 r 和原子壳层中的电子轨道半径 r_B 的比值 r/r_B 来确定，当 $r/r_B \geqslant 3$ 时，$J>0$，此时电子自旋一致的状态（三重态）能量较低，因而表现了自发磁化的铁磁性，Fe、Co、Ni 等即属于此类；当 $r/r_B < 3$ 时，$J<0$，应具有反铁磁态，Ma、Cr 等属于反铁磁类，J 与 r/r_B 的关系曲线如图 4-15 所示。

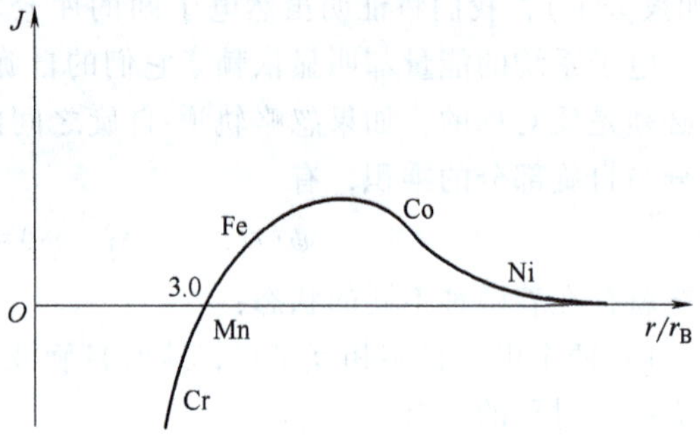

图 4-15　交换能 J 与 r/r_B 的关系

4.3.3　Heisenberg Hamilton 量及其平均场近似

从上面的讨论可以看出，决定两电子间是铁磁性作用还是反铁磁性作用的关键式（4-81）中与自旋有关的项

$$H_s = -2Js_1 \cdot s_2/\hbar^2 \tag{4-84}$$

对于晶体，式（4-84）可写成

$$H_{s_i} = -2J\sum_j s_i \cdot s_j/\hbar^2 \tag{4-85}$$

式中，$\sum s_i$ 表示对 i 近邻自旋磁矩求和；H_{s_i} 表示第 i 个自旋磁矩与周围其他磁矩的交换作用，称作 Heisenberg Hamilton 量。

下面用平均场近似处理 H_{s_i}，可推导出与磁有序实验规律相符合的结果。

为简单计只考虑最近邻近似，有

$$H_{s_i} = -2Js_i \cdot \sum_{j=1}^{z} s_j/\hbar^2 \tag{4-86}$$

式中，z 是最近邻磁矩数，式（4-86）可以看成第 i 个磁矩在其周围磁矩产生的磁场

$$2\boldsymbol{J}\sum_{j=1}^{z}\boldsymbol{s}_j/\hbar^2 \tag{4-87}$$

中的磁能，平均场近似认为近邻磁矩产生的磁场可写成 $2Jz(s_j/\hbar^2)$，$\langle s_j\rangle$是 s_j 的平均值，受原子的顺磁性的讨论的启发，引入平均场近似后，H_{s_i} 可写成

$$\boldsymbol{H}_{s_i}=-\boldsymbol{s}_i\cdot 2\boldsymbol{J}z<\boldsymbol{s}_i/t^2>=-g\boldsymbol{s}_i\cdot g\mu_B\mu_0\frac{2\boldsymbol{J}z<\boldsymbol{s}_j>}{g\mu_B\mu_0\hbar^2} \tag{4-88}$$

定义有效磁场

$$\boldsymbol{H}_{\text{eff}}=\frac{2\boldsymbol{J}z<\boldsymbol{s}_i>}{g\mu_B\mu_0\hbar^2} \tag{4-89}$$

式（4-88）可写成与顺磁原子在外磁场中相同的形式

$$\boldsymbol{H}_{s_i}=-g\mu_B\mu_0\boldsymbol{s}_i\cdot\boldsymbol{H}_{\text{eff}} \tag{4-90}$$

式中，g 是兰登（Lande）因子；H 是玻尔磁子；H_{eff} 也称为分子场（由 P. E. Weiss 提出），接下来的讨论与原子顺磁性的讨论相似，因为磁化强度通常定义为

$$\boldsymbol{M}=ng\mu_B<\boldsymbol{s}_j>$$

式中，n 是单位体的磁耦极子数，故有效磁场可写为

$$\boldsymbol{H}_{\text{eff}}=\frac{2\boldsymbol{J}z<\boldsymbol{s}_j>}{g\mu_0\mu_B\hbar^2}<s_j>=\frac{2z\boldsymbol{J}}{ng^2\mu_B^2\mu_0\hbar^2}\boldsymbol{M}=\gamma\boldsymbol{M} \tag{4-91}$$

式中

$$\gamma=2z\boldsymbol{J}/(ng^2\mu_B^2\mu_0\hbar^2) \tag{4-92}$$

称为有效场系数。

引入分子有效磁场（$\boldsymbol{B}_{\text{eff}}=\mu_0\boldsymbol{H}_{\text{eff}}$）后，作用在磁矩上的磁场应为外场 B 与分子有效场之和，即

$$\boldsymbol{B}_e=\boldsymbol{B}+\mu_0 r\boldsymbol{M} \tag{4-93}$$

磁化强度

$$\boldsymbol{M}=ng\mu_B B_j'\left(\frac{g\mu_B\boldsymbol{B}_{\text{eff}}\boldsymbol{S}}{K_B T}\right)=ng\mu_B\boldsymbol{B}_j(x) \tag{4-94}$$

注意，式（4-94）已用 s 替代了 j，$B_j(x)$ 是布里渊函数，只需将式（4-65）中 J 换成 S 即可，此时

$$x=\frac{g\mu_B(\boldsymbol{B}+\mu_0 r\boldsymbol{M})S}{K_B T} \tag{4-95}$$

通过解式（4-94）和式（4-95），可得 $\boldsymbol{M}$ 与磁感应强度 B 之间的关系，这里最关心的是外磁场 $B=0$ 时的自发磁化强度，由式（4-95）可知，$B=0$ 时，有

$$\boldsymbol{M}=\frac{K_B T}{Kg\mu_B S}x \tag{4-96}$$

对式（4-96）和式（4-94）联立求解，可得到自发磁化强度，此超越方程组可用作图法

求解，如图4-16所示，从图可以解得磁化强度和温度的关系，式（4-94）是图中曲线，式（4-96）是随着温度不同而斜率不同的直线，在直线与曲线的交点处，就是自发磁化的强度。由图4-16可见，并非对所有的温度 T 都有自发磁化强度，存在一临界温度 T_c，可用式（4-94）曲线在原点处的斜率表示，只有当 $T<T_c$ 时才会产生自发磁化。另外，从图4-16中可以看出，当磁化强度 M 趋向 $x\to\infty$ 时，$B_j(x)\to 1$ 趋于饱和值

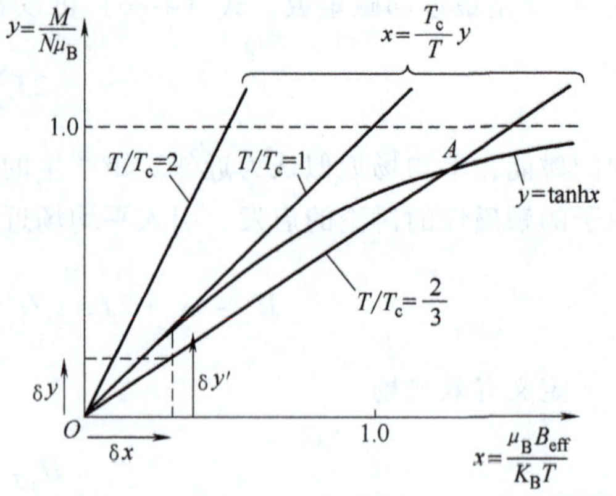

图4-16　式（4-96）和式（4-94）在图中的表示

$$\boldsymbol{M}_{s0}=n\boldsymbol{J}g\boldsymbol{M}_B \tag{4-97}$$

因此，当温度很低时，自发磁化强度趋向饱和值。

现在求临界温度 T_c 的表示式，在原点处 $x=0$，此时布里渊函数可近似写成

$$\boldsymbol{B}_j(x)\approx\frac{s+1}{3s}x \tag{4-98}$$

这样式（4-94）可以写成

$$\boldsymbol{M}\approx ng\mu_B\frac{s+1}{3}x \tag{4-99}$$

显然式（4-99）为图4-16中曲线在 $y=0$ 处的切线方程，此较式（4-99）与式（4-96），可得

$$\frac{K_B T_c}{g\mu_B rS}=\frac{ng\mu_B(s+1)}{3} \tag{4-100}$$

由此，得

$$T_c=ng^2\mu_B^2 s(s+1)\gamma/(3K_B)=np^2\mu_B^2\gamma/(3K_B) \tag{4-101}$$

式中，p 为有效量子数。由此可见，居里温度 T_c 直接与分子场系数 γ 成正比，当 $T>T_c$ 时，热涨落大于磁矩之间的相互作用能，$K_BT_c=np^2\mu_B^2\gamma/3$，破坏了分子磁场，从而铁磁性消失，变成顺磁性，而 γ 直接与直接交换能 J 有关，直接交换能越大，T_c 越高，把分子场系数 $\gamma=2zJ/(ng^2\mu_B^2h^2)$ 代入式（4-101），T_c 可写为

$$T_c=\frac{2z}{3K_B}[s(s+1)]J \tag{4-102}$$

根据 $T_c=1000\text{K}$ 计算，可以估算出交换能约为0.1eV。

由式（4-96）和式（4-99）并考虑到式（4-102），联立消去 x，可解出 $T<T_c$ 时自发磁化强度满足的超越方程

$$M=B_j\left(\frac{3s}{s+1}\cdot\frac{T_c}{T}M\right) \tag{4-103}$$

在 T_c 附近，将布里渊函数 B_j 展到三级项，得

$$M^2=\frac{10}{3}\cdot\frac{(s+1)^2}{(s+1)^2+s^2}\cdot\frac{T_c-T}{T_c} \tag{4-104}$$

得到 M 与温度的大致关系为

$$M \sim (T_c - T)^{1/2} \tag{4-105}$$

4.3.4　间接交换作用与超交换作用

由前面的讨论可知，可由直接交换作用 J 的正负来直接决定固体的磁有序性质，但是由 J 的表示式（4-83）可以看出，只有当两个电子波函数相互交叠时 J 才不为零，这对过渡金属的 3d 电子是满足的，但对稀土金属中处于内壳层的 4f 电子来说，两相邻稀土金属离子的 4f 电子波函数相互交叠甚微，因而很难用直接交换作用解释其磁有序现象，为此人们提出间接交换、超交换和双交换等模型。

间接交换认为两个内层壳层磁矩是通过传导电子（5s，5p 电子）为中介而发生相互作用的，一磁性离子的 4f 电子先与 s 传导电子发生交换作用，使 s 电子的自旋与 4f 电子的自旋平行或反平行，然后，此 s 电子再与邻近离子的 4f 电子发生交换作用，使 4f 电子自旋与 s 电子自旋平行或反平行，结果，通过中间 s 电子，相邻的 4f 电子处于自旋平行或反平行状态。除了这种 s-f 电子间接交换外，也可有 s-d 及 d-d 电子间的间接交换作用。d-d 间接交换是指对某些固体的 d 电子有局域和扩展（传导电子）两种状态，局域的 d 电子通过扩展 d 电子的中介而发生的交换。

超交换作用是指具有铁磁性、反铁磁性的绝缘体过渡金属氧化物，如 MnO 等，其相邻的锰离子通过氧离子为中介相互交换而形成反铁磁性，通过超交换作用也可形成反铁磁性或铁磁性。图 4-17 是 MnO 中电子超交换作用示意图，其中图 4-17a 为基态，交换作用为零；图 4-17b 为激发态，氧离子的一个 p 电子跃到相邻的锰中成为 d′电子，形成 Mn^{+}— O^{-}—Mn^{2+}，由于洪德定则，Mn^{+}中的 d′电子与原子的 5 个 d 电子处于低能自旋反平行态，O^{-}中剩余一个不成对的 p 电子，与另一侧 Mn^{2+}的直接交换作用为负，总的结果是锰离子自旋反平行时能量最低，或者说总的交换作用 $J<0$，为反铁磁材料。

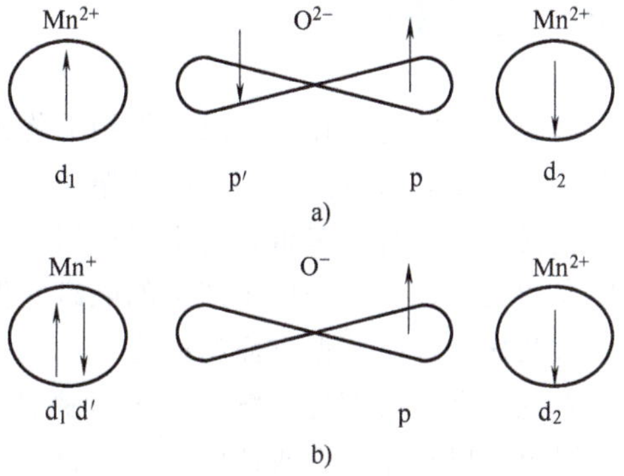

图 4-17　MnO 中电子超交换作用示意图

双交换作用是为解释钙钛矿结构的混合价锰氧化合物中的反铁磁-铁磁相变引进的，这类氧化物，如 $La_{1-x}Ca_xMnO_3$ 在 T_c 温度附近还伴随出现金属-半导相变和超庞磁电阻（colossal magnetoresistance）效应。此种材料奇特的物理性质及潜在的应用前景，引起了人们极大的研究热情，De Gennes 用一个纯自旋模型描述了这种转变，由于 Ca 的掺杂，原来 La_2MnO_3 中的 Mn^{3+}离子变成了在格点上随机分布的 Mn^{3+}和 Mn^{4+}离子，相邻 Mn^{3+}与 Mn^{4+}之间既有前面提到的超交换作用，也存在另一种交换作用，称为双交换作用。双交换作用可以用图 4-18 示意描述，Mn^{+}的 3 价离子和 4 价离子具有 $Mn^{3+}(t_{2g}^{\ 3}e_g^{\ 1})$ 和 $Mn^{4+}(t_g^{\ 3}e_g^{\ 0})$ 电子组态。根据洪德定则，3d 轨道电子自旋平行排列，t_{2g} 态的三个电子形成局域自旋，e_g 电子则是巡游的。由于强的洪德耦合，如果邻近两个离子的自旋反平行，此时 e_g 电子的跃迁需要克服很大的库仑势，因此，此时的跃迁是禁止的，只有当相邻两个离子自旋平行，电子才能通过 O^{2-}跳跃到另一离子上。而电子的跳跃导致了局域自旋之间的铁磁交换相互作用——双交换作用，同时电子的跳跃形成了跃迁电导，因此双交换作用既导致铁磁耦合，同时又使电导增加，很好地解释了此类材料在 $T<T_c$ 时呈铁磁性及金属电导性，而且这个电导为自旋极化电子的电导，$T>T_c$ 呈顺磁性和半导体电导性。

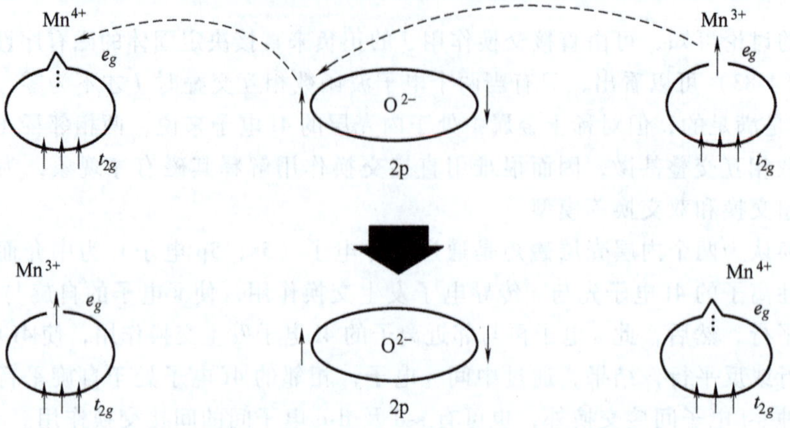

图 4-18　锰氧化物中双交换作用示意图

4.4 磁共振

前面讨论的都是在直流磁场作用下物体表现出来的一些磁学性质，下面要讨论在交变磁场作用下的磁共振现象。利用磁共振实验技术可以获得许多有关固体及物质结构的知识，而且，现代磁共振有许多重要的实际应用。不同的磁性材料可以实现许多不同的磁共振，下面主要介绍在朗之万顺磁体中产生的顺磁共振。在此基础上再简单地介绍一些有关铁磁共振、反铁磁共振及核磁共振方面的内容。

考虑一个具有朗之万顺磁性的顺磁体，其中各个顺磁离子磁矩之间的相互作用比较微弱，以至可以忽略而看成彼此独立。存在外加磁场 $\boldsymbol{B}$ 时，顺磁离子的电子总角动量 $\boldsymbol{J}$ 受到力矩 $\boldsymbol{\mu}_J \times \boldsymbol{B}$ 的作用而变化：

$$\frac{\mathrm{d}\boldsymbol{J}}{\mathrm{d}t}=\boldsymbol{\mu}_J \times \boldsymbol{B} \tag{4-106}$$

对式（4-106）两边乘以 $g\gamma$，可得到

$$\frac{\mathrm{d}\boldsymbol{\mu}_J}{\mathrm{d}t}=(g\gamma)\boldsymbol{\mu}_J \times \boldsymbol{B} \tag{4-107}$$

如果顺磁离子数密度为 N，则顺磁体的磁化强度 $\boldsymbol{M}=N\boldsymbol{\mu}_J$。对式（4-107）两边乘以 N，可得

$$\frac{\mathrm{d}\boldsymbol{M}}{\mathrm{d}t}=-\eta \boldsymbol{M} \times \boldsymbol{B} \tag{4-108}$$

这里已令

$$\eta=-g\gamma=\frac{ge}{2m} \tag{4-109}$$

如果外磁场是直流磁场 $\boldsymbol{B}_0$，则式（4-108）表示 $\boldsymbol{M}$ 绕外磁场 $\boldsymbol{B}_0$ 进动，并且进动角频率为

$$\omega_0=\eta B_0=\frac{geB_0}{2m} \tag{4-110}$$

现在，设想除在 z 方向施以强直流磁场 $\boldsymbol{B}_0$ 之外，还在 x-y 平面内施以小幅度横向交变磁场 $\boldsymbol{b}$。这时，施加在顺磁离子上的总磁感应强度应是

$$\boldsymbol{B}=\boldsymbol{e}_3\boldsymbol{B}_0+\boldsymbol{b} \tag{4-111}$$

式中，$\boldsymbol{e}_3$ 表示沿 z 方向的单位矢量。把磁化强度 $\boldsymbol{M}$ 也表示成相似的形式：

$$\boldsymbol{M}=\boldsymbol{e}_3M_z+\boldsymbol{m} \tag{4-112}$$

式中，M_z 为沿 z 轴的磁化强度；$\boldsymbol{m}$ 是 x-y 平面内变化的磁化强度。将式（4-111）代入式（4-108），可得式（4-108）的分量形式：

$$\begin{cases}\dfrac{\mathrm{d}m_x}{\mathrm{d}t}=-\eta(m_yB_0-M_zb_y)\\[2mm]\dfrac{\mathrm{d}m_y}{\mathrm{d}t}=-\eta(M_zb_x-m_xB_0)\\[2mm]\dfrac{\mathrm{d}M_z}{\mathrm{d}t}=-\eta(m_xb_y-m_yb_x)\end{cases} \tag{4-113}$$

由于假设在 x-y 平面内施加的横向交变场的磁感应强度 $\boldsymbol{b}$ 远比 z 方向的直流场的磁感应强度 $\boldsymbol{B}_0$ 小，易见在式（4-113）中，和 $\boldsymbol{B}_0$ 及 M_z 相比，b_x 与 b_y 及 m_x 与 m_y 都是小量。如果只保留一级小量而忽略二级以上的小量，则由式（4-113）可得

$$\frac{\mathrm{d}M_z}{\mathrm{d}t}\approx 0 \tag{4-114}$$

这表示在只考虑一级近似的情形下，磁化强度 $\boldsymbol{M}$ 在 z 方向上的分量 M_z 是个常量；这也说明，磁化强度 $\boldsymbol{M}$ 仍然绕 z 轴做简单进动。如设 x-y 平面内的横向交变场 $\boldsymbol{b}$ 的角频率为 ω，则

$$\boldsymbol{b}=\boldsymbol{b}_0\mathrm{e}^{\mathrm{i}\omega t} \tag{4-115}$$

可以想到在 $\boldsymbol{b}$ 的作用下横向磁化强度 $\boldsymbol{m}$ 也按相同的角频率 ω 变化：

$$\begin{cases}m_x=m_{0x}\mathrm{e}^{\mathrm{i}\omega t}\\m_y=m_{0y}\mathrm{e}^{\mathrm{i}\omega t}\end{cases} \tag{4-116}$$

将式（4-116）代入式（4-113），经简单运算可得

$$\begin{cases}m_x=\dfrac{\eta M_z}{\omega_0^2-\omega^2}(\omega_0b_x+\mathrm{i}\omega b_y)\\[2mm]m_y=\dfrac{\eta M_z}{\omega_0^2-\omega^2}(-\mathrm{i}\omega b_x+\omega_0b_y)\end{cases} \tag{4-117}$$

为简单起见，可取 $\boldsymbol{b}$ 的方向沿 x 轴，即 $b_x=b_0\mathrm{e}^{\mathrm{i}\omega t}$、$b_y=0$，代入式（4-117）并取其实部可得到

$$
\begin{cases}
m_x = \dfrac{\eta M_z \omega_0}{\omega_0^2 - \omega^2} b_0 \cos\omega t \\
m_y = \dfrac{\eta M_z \omega}{\omega_0^2 - \omega^2} b_0 \sin\omega t
\end{cases} \tag{4-118}
$$

式（4-118）表示横向磁化强度 $\boldsymbol{m} = \boldsymbol{e}_1 m_x + \boldsymbol{e}_2 m_y$（$\boldsymbol{e}_1$ 及 $\boldsymbol{e}_2$ 分别为沿 x 及 y 轴的单位矢量）在 x-y 平面内以角频率 ω 转动，但其端点的轨迹却为一椭圆，如图 4-19a 所示。如果再结合式（4-114），则可以看到在纵向直流磁场 $\boldsymbol{B}_0$ 及横向交变磁场 $\boldsymbol{b}$ 的共同作用下，磁化强度 $\boldsymbol{M}$ 仍绕 $\boldsymbol{B}_0$（z 轴）进动，但其端点在 x-y 平面内的轨迹为一椭圆，如图 4-19b 所示。从式（4-118）可以看到，图 4-19a 所示的椭圆长轴、短轴分别是 $\dfrac{\eta M_z \omega_0}{\omega_0^2 - \omega^2} b_0$ 及 $\eta \dfrac{M_z \omega}{\omega_0^2 - \omega^2} b_0$。如果改变横向交变磁场 $\boldsymbol{b}$ 的频率 ω，当 $\omega \to \omega_0$ 时，椭圆的长轴、短轴将趋向无穷大；这就是说，当横向交变磁场 $\boldsymbol{b}$ 的角频率（即横向磁化强度 $\boldsymbol{m}$ 在 x-y 平面内的旋转角频率）ω 与由纵向直流磁场 $\boldsymbol{B}_0$ 决定的进动角频率 ω_0 相接近时，两种旋转运动将同步而达到共振，这时横向磁化强度 $\boldsymbol{m}$ 及总磁化强度 $\boldsymbol{M}$ 都趋向无穷大。

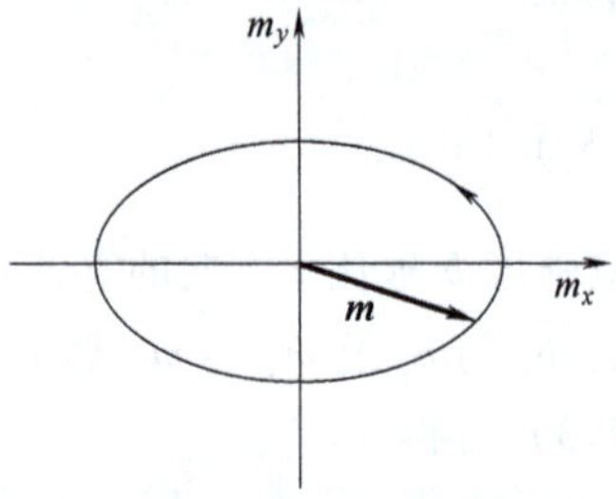

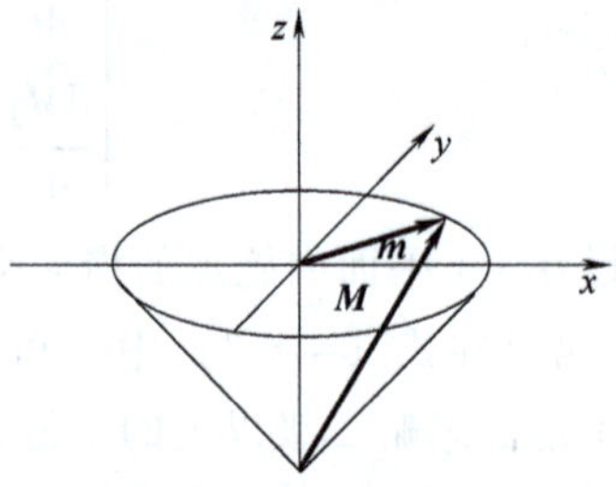

图 4-19　磁化强度 $\boldsymbol{M}$ 绕 $\boldsymbol{B}_0$ 的进动

a）横向磁化强度 $\boldsymbol{m}$ 端点的轨迹　b）磁化强度 $\boldsymbol{M}$ 绕 z 轴进动

以上假设交变磁场 $\boldsymbol{b}$ 的方向不变，相当于线偏振的电磁波（常为光波和微波）中的磁场。现在考虑圆偏振电磁波的情形。圆偏振电磁波的偏振面一直在旋转，也就是说交变磁感应强度 $\boldsymbol{b}$ 的方向一直在旋转。可以将 $\boldsymbol{b}$ 分为右旋及左旋而表示成下面的形式：

$$
\begin{cases}
b_x = b_0 \cos\omega t \\
b_y = b_0 \sin\omega t
\end{cases} \quad \text{（右旋）} \tag{4-119}
$$

和

$$
\begin{cases}
b_x = b_0 \cos\omega t \\
b_y = -b_0 \sin\omega t
\end{cases} \quad \text{（左旋）} \tag{4-120}
$$

分别如图 4-20a 和 b 所示。如果把 $\boldsymbol{b}$ 写成复数形式，则式（4-119）及式（4-120）可分别表示为

$$
\begin{cases}
b_x = b_0 e^{i\omega t} \\
b_y = -ib_0 e^{i\omega t} = -ib_x
\end{cases} \quad \text{（右旋）} \tag{4-121}
$$

$$\begin{cases} b_x = b_0 e^{i\omega t} \\ b_y = ib_0 e^{i\omega t} = ib_x \end{cases} \quad (左旋) \tag{4-122}$$

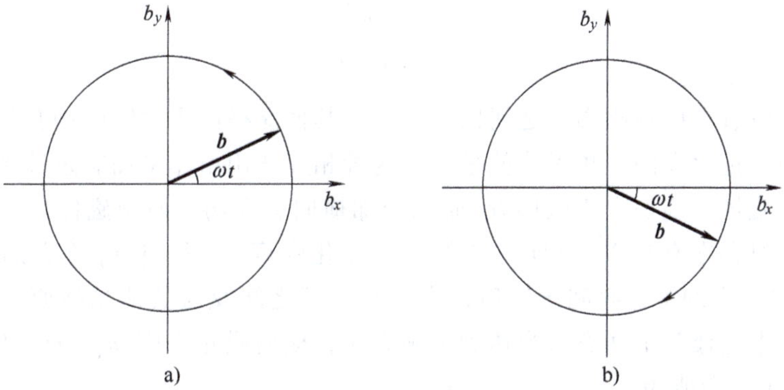

图 4-20　电磁波中磁场分量 b 的旋转

a）右旋圆偏振　b）左旋圆偏振

分别将式（4-121）及式（4-122）代入式（4-117），可得在右旋和左旋圆偏振情形的横向磁化强度为

$$\begin{cases} m_x = \dfrac{\eta M_z}{\omega_0 - \omega} b_x \\ m_y = \dfrac{\eta M_z}{\omega_0 - \omega} b_y \end{cases} \quad (右旋) \tag{4-123}$$

$$\begin{cases} m_x = \dfrac{\eta M_z}{\omega_0 + \omega} b_x \\ m_y = \dfrac{\eta M_z}{\omega_0 + \omega} b_y \end{cases} \quad (左旋) \tag{4-124}$$

从上面的表式中可以看到，$\boldsymbol{m} = \boldsymbol{e}_1 m_x + \boldsymbol{e}_2 m_y$ 的方向与交变磁场 $\boldsymbol{b} = \boldsymbol{e}_1 b_x + \boldsymbol{e}_2 b_y$ 完全一致。因为 $\boldsymbol{b}$ 按逆时针（右旋）或顺时针（左旋）方向旋转，横向磁化强度 $\boldsymbol{m}$ 必相应也按逆时针（右旋）或顺时针（左旋）方向旋转；而且，根据式（4-123），当右旋横向磁场 $\boldsymbol{b}$ 的交变角频率 ω 与纵向直流磁场 $\boldsymbol{B}_0$ 决定的进动角频率 ω_0 相一致时，$\boldsymbol{b}$ 的旋转与 $\boldsymbol{M}$ 的进动完全同步而发生共振。这时横向磁化强度 $\boldsymbol{m}$ 及总磁化强度 $\boldsymbol{M}$ 都趋向无穷大。但是，从式（4-124）可以看到，对于右旋圆偏振，当 $\omega \to \omega_0$ 时，并不引起共振。其原因是在直流磁场 $\boldsymbol{B}_0$ 作用下，磁化强度 $\boldsymbol{M}$ 绕 $\boldsymbol{B}_0$ 的进动是按逆时针（右旋）方向旋转的，左旋的 $\boldsymbol{b}$ 不可能与之同步，因而也不可能达到共振。式（4-123）及式（4-124）可分别表示成

$$\boldsymbol{m}_R = \frac{\eta M_z}{\omega_0 - \omega} \boldsymbol{b} \tag{4-125}$$

$$\boldsymbol{m}_L = \frac{\eta M_z}{\omega_0 + \omega} \boldsymbol{b} \tag{4-126}$$

所以，对右旋及左旋圆偏振电磁场可分别写出相应的横向磁化率为

$$\chi_R = \frac{\mu_0 \eta M_z}{\omega_0 - \omega} \tag{4-127}$$

$$\chi_L = \frac{\mu_0 \eta M_z}{\omega_0 + \omega} \tag{4-128}$$

前面的讨论没有考虑顺磁离子之间以及它们与其他晶格原子之间的相互作用，可是实际上这种相互作用总是存在的，顺磁体就是依靠这种相互作用由非平衡态过渡到平衡态。设想在某一时刻对顺磁体仅施加直流磁场 $\boldsymbol{B}_0$ 而未施加横向交变场，使顺磁体处于非平衡态。这时在顺磁体内同时存在有与 $\boldsymbol{B}_0$ 方向一致的纵向磁化强度 M_z 及与 $\boldsymbol{B}_0$ 垂直的横向磁化强度 m_x、m_y。但经过一定的弛豫时间 τ 以后，由于在离子之间及与其他晶格原子之间的相互作用，顺磁体将逐渐过渡到平衡态。当达到平衡态时，横向磁化强度 m_x、m_y 变为零，纵向磁化强度 M_z 将趋于平衡值 M_0。

在由非平衡态过渡到平衡态的过程中，纵向磁化强度 M_z 及横向磁化强度 m_x、m_y 的变化速率可分别表示成 $\frac{M_0 - M_z}{\tau_1}$ 及 $-m_x/\tau_2$、$-m_y/\tau_2$（τ_1、τ_2 分别表示纵向及横向弛豫时间）。因此，计入顺磁离子之间及顺磁离子与其他晶格原子间的相互作用，方程式（4-113）应改写为

$$\begin{cases} \dfrac{\mathrm{d}m_x}{\mathrm{d}t} = -\eta(m_y B_0 - M_z b_y) - \dfrac{m_x}{\tau_2} \\ \dfrac{\mathrm{d}m_y}{\mathrm{d}t} = -\eta(M_z b_x - m_x B_0) - \dfrac{m y}{\tau_2} \\ \dfrac{\mathrm{d}M_z}{\mathrm{d}t} = -\eta(m_x b_y - m_z b_x) - \dfrac{M_z - M_0}{\tau_1} \end{cases} \tag{4-129}$$

常称此方程为布洛赫方程。现在来分析纵向弛豫时间 τ_1 的物理意义。假设在顺磁体上同时加有直流磁场 B_0 及交变磁场 $\boldsymbol{b} = \boldsymbol{e}_1 b_x + \boldsymbol{e}_2 b_y$，而在某一时刻 $t=0$ 将 $\boldsymbol{b}$ 撤销。这时顺磁体应开始向平衡态弛豫。对 $t>0$，式（4-129）的最后一式应写成

$$\frac{\mathrm{d}M_z}{\mathrm{d}t} = \frac{M_z - M_0}{\tau_1} \tag{4-130}$$

式（4-130）的解为

$$M_z = M_0 + (M_{z0} - M_0)\mathrm{e}^{-\frac{t}{\tau_1}} \tag{4-131}$$

式中，M_{z0} 表示撤销交变场 $\boldsymbol{b}$ 的瞬间（$t=0$）M_z 的值。式（4-131）说明，此时 M_z 将按指数规律弛豫至平衡值 $\boldsymbol{M}_0$，相应的弛豫时间即为 τ_1。图 4-21 示意地画出了撤销交变场后 $\boldsymbol{M}$ 的弛豫情形。$\boldsymbol{M}$ 将在 τ_1 的时间标度内螺旋式地逼近其平衡值 $\boldsymbol{M}_0$。在弛豫过程中 $\boldsymbol{M}$ 的方向由原来与 $\boldsymbol{B}_0$ 不一致逐渐过渡到与 $\boldsymbol{B}_0$ 一致；与此同时，磁能由大变小，减少的能量依靠顺磁离子和周围晶格原子间的相互作用而变成晶格振动能。由于这一弛豫过程是依靠顺磁

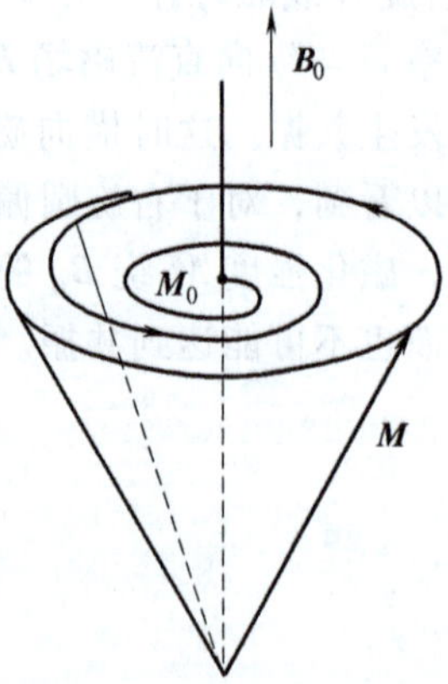

图 4-21　纵向弛豫示意

离子与周围晶格原子间的相互作用而实现的，有时也称此纵向弛豫时间 τ_1 为自旋-晶格弛豫时间。温度越高，晶格振动越激烈，顺磁离子与晶格原子间的相互作用越强，过渡到平衡态所需要的弛豫时间 τ_1 就越短。在液氦温度，τ_1 约为 10^{-6}s。

课后思考题

1. 已知 Cu 的离子实的抗磁磁化率是 -2.0×10^{-6}，Cu 的密度是 8.93g/cm^3，相对原子质量是 63.5，试计算 Cu 离子的平均半径。

2. 设金属导带的态密度为 $N(E_F)=\dfrac{3N}{2E_F}$，试推导此时传导电子的顺磁化率为 $\chi=\dfrac{3C}{2T_F}$，其中 N 为单位体积中的原子数，C 为居里经验定律中的常数，T_F 为费米温度。

第5章 能带理论

前面通过经典自由电子气模型讨论了金属导体的电导、热导和热容问题，其中索末菲基于量子力学的理论成果在解释碱金属的物理性质时取得了巨大的成功，与实验结果一致性较高。然而，将该理论应用于碱土金属和其他过渡金属时，其理论值与实验值相差较大，同时还无法解释为什么固体有导体、半导体和绝缘体之分，无法理解金属中的电子为何具有那么长的平均自由程。为了弄清楚这些问题，物理学家布洛赫（F. Bloch）等人利用量子力学知识提出了能带理论，比较彻底地解决了固体中电子运动的基本理论问题，为人们理解导体、半导体和绝缘体奠定了重要的理论基础，推动了半导体学科和现代半导体电子工业体系的快速发展。

能带理论是固体物理学的核心内容。本章将介绍布洛赫定理和能带理论的一些基本研究成果，主要使用两种近似模型（近自由电子模型和紧束缚模型）来讨论能带结构的产生与特点，并从准经典运动的角度来理解电子的准动量、有效质量张量等物理概念，最后介绍导体、半导体和绝缘体的能带结构与导电性。

5.1 能带理论的基本近似与能带形成

5.1.1 能带理论的基本近似

能带理论是量子力学和量子统计在固体应用中得到的最直接、最重要的成果。电子在固体（或晶体）中的运动规律可以通过求解薛定谔方程来确定电子的波函数和能量：

$$\left(-\frac{\hbar^2}{2m}\nabla^2+V(\boldsymbol{r})\right)\varphi(k,\boldsymbol{r})=E\varphi(k,\boldsymbol{r}) \tag{5-1}$$

要解出上述方程，就必须确定势能函数 $V(\boldsymbol{r})$。然而，固体中含有大量的原子核和电子，内部势场分布非常复杂，电子在固体中的运动必将受到晶格原子势场和其他电子的相互作用。该系统的哈密顿量由5个部分组成：电子的动能以及电子之间的相互作用能、原子核的动能以及原子核之间的相互作用能、电子和原子核之间的相互作用能。显然，如果使用薛定谔方程来研究它们的运动状态，则求解该方程本身是一个极其复杂的多体问题。

考虑到固体存在周期性结构，固体中的电子必然处于一个周期性势场之中。因此，针对这个复杂的多体问题，能带理论做了一些近似处理，将多体问题转化为单电子在周期性势场中运动的问题。这些近似包括绝热近似、单电子近似和周期势场近似。下面予以简单介绍。

（1）绝热近似　绝热近似也称为定核近似或玻恩-奥本海默（Born-Oppenheimer）近似，由物理学家奥本海默及其导师玻恩共同提出，是一种解答电子与原子核体系的量子力学方程的近似方法。相比电子的质量，原子核的质量要高出 3~5 个数量级，因而在受到同等相互作用下，原子核的运动速度要比电子的缓慢得多，这种速度差异使得电子如同运动在静止原子核构成的势场中，而原子核难以感知电子的具体位置。因此，为简化处理，可以忽略原子核的运动，将问题转化为电子在固定原子核的周期性势场中运动，把多体问题简化为多电子问题。

（2）单电子近似　即使做了玻恩-奥本海默近似，固体的电子数目仍然非常庞大，而且电子运动还是相互关联的，因而多电子体系的薛定谔方程仍然很难精确求解。为此，可以利用一种 Hatree-Fock 平均势场来代替电子之间的相互作用，即假定固体中任一电子都处在原子实周期势场和其他电子所产生的平均势场中，使得每个电子与其他电子之间的相互作用势能仅与其自身位置有关，而与其他电子的位置无关，在此近似下，每一个电子都处在相同的势场中运动，多电子体系问题就进一步简化成单电子问题了。

（3）周期势场近似　前面已经学到，晶体中的原子是按照布拉维点阵有规则排列的，具有周期性结构。经过上述两种近似处理后，薛定谔方程中的势能项可写为

$$V(\boldsymbol{r})=U(\boldsymbol{r})+u(\boldsymbol{r}) \tag{5-2}$$

式中，$U(\boldsymbol{r})$ 表示固体中的一种平均势能，是一个恒量；$u(\boldsymbol{r})$ 表示原子核对电子的势能，具有与固体相同的晶格周期性。

不难证明，该势能项同样也具有晶格周期性，即

$$V(\boldsymbol{r})=V(\boldsymbol{r}+\boldsymbol{R}_n) \tag{5-3}$$

式中，$\boldsymbol{R}_n$ 是晶体的正格矢，$\boldsymbol{R}_n=n_1\boldsymbol{a}_1+n_2\boldsymbol{a}_2+n_3\boldsymbol{a}_3$。

综上，经过绝热近似、单电子近似和周期势场近似后，求解薛定谔方程就从一个复杂的多体问题简化成了一个在晶格周期性势场下的单电子问题，能带理论正是建立在上述近似的基础上发展出来的固体单电子理论。

5.1.2　能带的形成

根据能带理论，固体中的电子不再被束缚于某个原子，而是在整个固体中运动，具有这种运动形式的电子称为共有化电子。为什么会出现电子共有化现象？

以金属钠原子为例，假设相邻钠原子之间的距离 d 远大于实际金属钠的晶格常数 a，则原子间的相互作用可以忽略，此时每个原子的状态如同孤立原子，其势能曲线如图 5-1 所示，原子中的所有电子都难以跨越电子势垒，只能在自身的势阱中运动。理论计算表明，当相邻原子间距 $d=30\text{Å}$ 时，电子从一个原子转移到相邻原子中需要 10^{20} 年。

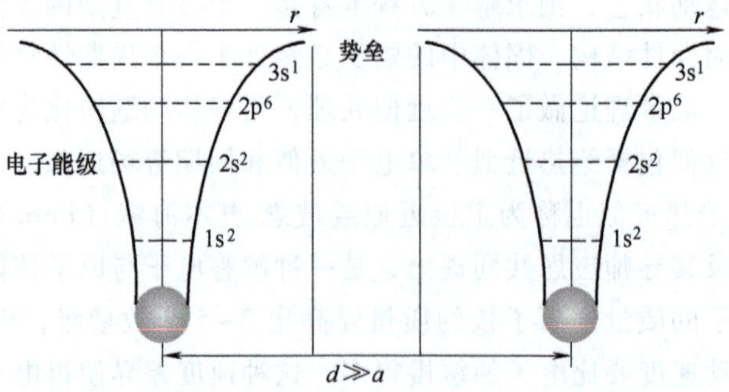

图 5-1 两个相距很远的钠原子的势能曲线与电子能级

当相邻原子不断靠近时，电子受到邻近原子的作用变得越来越大，势阱将发生叠加，导致势能曲线中间形成电子势垒。随着 $d \to a$，电子势垒将发生两个变化：①势垒高度大幅降低；②势垒宽度逐渐变窄，如图 5-2 所示。对于处于高能级的 3s 价电子，此时电子势能大于势垒高度，电子可以自由地在整个固体中运动，即原来隶属于某一原子的价电子为整个固体所共有。对于处于较低能级的 2s 和 2p 电子，尽管电子势能小于势垒高度，但由于势垒又窄又低，仍有一定概率通过隧道效应穿透势垒实现电子共有化。处于最低能级的 1s 电子，则很难穿透势垒，因而仍处于束缚态。因此，当原子不断靠近组成实际晶体时，处于高能级的外层电子将有更大的概率穿透势垒，即外层电子共有化程度高，使之成为整个晶态固体的共有化电子。

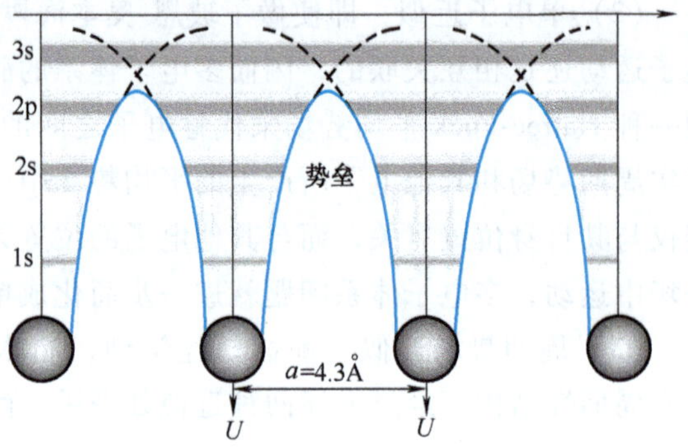

图 5-2 晶态钠固体的势能曲线与电子能级

晶体中原子的外层电子在相邻原子的势场作用下，在整个晶体中做共有化运动，在相同轨道上的电子被共有化后，根据泡利不相容原理，原来孤立原子的简并能级就会分裂成许多差异微小的准连续能级，从而形成能带（energy band）。可见，能带的出现是由于相互靠近的原子发生作用，迫使分立的原子能级简并消除而导致的结果，如图 5-3 所示。

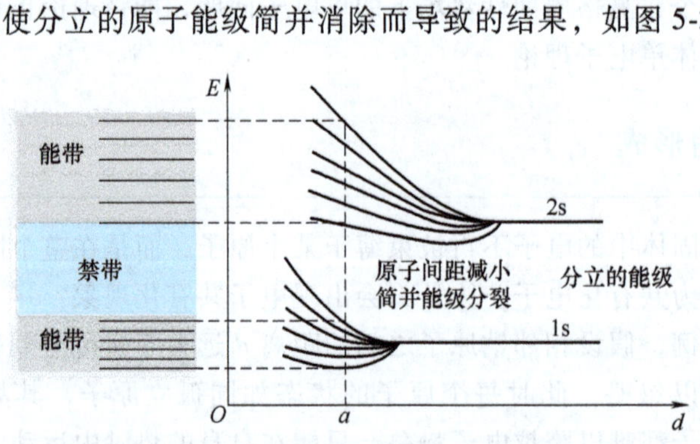

图 5-3 6 个钠原子组成晶体后的能带形成过程

宏观晶体中每条能带的宽度只与组成原子之间的结合状态有关，而与原子数目无关，宽度一般为几个电子伏特。由于固体中的原子数目巨大，能带内相邻能级之间的距离非常小，因而带内能级分布是准连续的。

根据能带的成因，能带一般具有如下规律：越是外层的电子，其能带越宽；点阵间距越小的晶体，其能带越宽。由于固体中的电子只能在某个能带中的某个能级上，因而能带中的电子排布必须服从泡利不相容和能量最低原则。

固体形成的能带与孤立原子的能级之间的物理关系存在三种形式：

1）简单的一一对应：孤立原子的每一个能级都一一对应于固体中的一条能带，如图 5-3 所示，这种情况一般适合较内层的电子。

2）能带重叠：对于 3s、3p、3d、4s 等外层电子，由于外层电子共有化程度高，这些能带在平衡原子间距处变得很宽，能带之间就有可能出现重叠，如图 5-4a 所示。

3）先重叠再分裂：对于具有金刚石结构的Ⅳ族晶体，如碳、硅、锗等，s 能带和 p 能带先发生重叠，然后又通过 sp^3 杂化后分裂成两个子能带，由禁带隔开，如图 5-4b 所示。下面的子能带叫价带，对应成键态，每个原子中的 4 个杂化价电子形成共价键；上面的子能带叫导带，在绝对零度时，该能带是没有电子填充的空带。

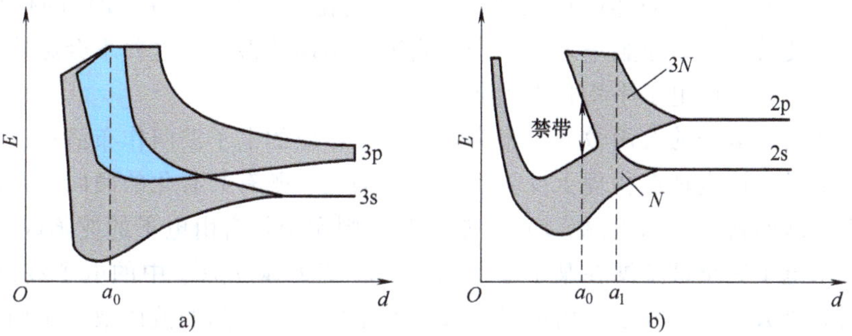

图 5-4　三种能带形式示意图

a）能带重叠　b）能带先重叠再分裂

5.2　布洛赫定理

5.2.1　布洛赫定理的历史回顾

在研究金属电导过程中，金属自由电子气模型无法解释为何晶体中的电子平均自由程远大于原子间距的问题，索末菲曾认为这可能是过多估计了被离子实散射的电子数目，试图利用只有费米能级附近的电子能被散射来解释电子不受离子实散射的事实。显然，该思想仍然局限在自由电子气上，导致理论无法取得进一步突破，遗憾错失摘得胜利果实的良机。

为了解决自由电子气模型遗留下的问题，1928 年，年仅 23 岁的布洛赫（F. Bloch）在其攻读博士学位时，也在思考上述问题，他注意到了德布罗意研究的最新物质波成果，敏锐地觉察到，金属中电子的平均自由程超长的特点肯定与电子的波动性有关，认为电子受到的是周期性势场的相干散射作用，而不是一种无规则的散射，清楚地给出了固体中电子的运动状态。从后面的学习中可以看到，在一个规则的晶格周期性势场中，存在着薛定谔方程的许多本征解，这些解就是一些幅度被调制的平面波，散射只是使电子波函数产生一个相位因子，因而并不会衰减。

5.2.2 布洛赫定理的定义

根据固体单电子理论，求解晶体中电子能量状态问题，最终就归结为在一个晶格周期性势场中的单电子定态薛定谔方程，即式（5-1）。布洛赫证明，该方程具有如下本征函数解的形式：

$$\varphi(\boldsymbol{k},\boldsymbol{r})=U(\boldsymbol{k},\boldsymbol{r})\mathrm{e}^{\mathrm{i}\boldsymbol{k}\cdot\boldsymbol{r}} \tag{5-4}$$

式中，$U(\boldsymbol{k},\ \boldsymbol{r})$ 是一个与势场 $V(\boldsymbol{r})$ 具有相同周期性的函数，即

$$U(\boldsymbol{k},\boldsymbol{r})=U(\boldsymbol{k},\boldsymbol{r}+\boldsymbol{R}_n) \tag{5-5}$$

可见，布洛赫定理可定义为：晶体周期性势场中的电子波函数是一个按照晶格周期函数进行调幅的平面波，即调幅平面波。不管周期性势场的具体函数形式如何，在周期性势场中运动的单电子波函数不再是自由电子的平面波，而是被周期函数 $U(\boldsymbol{k},\ \boldsymbol{r})$ 所调制，其振幅也不再是个常数，而是会随晶体的周期结构而发生变化。可见，$U(\boldsymbol{k},\ \boldsymbol{r})$ 的作用就是调制平面波的振幅，使其从一个原胞进入下一个原胞进行周期性振荡，这并不会影响布洛赫函数具有行进波的特性，因此电子平均自由程非常大。

在晶体中运动的电子的波函数满足布洛赫定理，相应的电子波叫作布洛赫波，这种电子也叫作布洛赫电子。该定理在物理上反映了晶体中的电子既有共有化的倾向，同时又受到周期排列离子实束缚的特点。当 $U(\boldsymbol{k},\ \boldsymbol{r})$ 为常数时，则完全是自由电子的波函数；当 $\mathrm{e}^{\mathrm{i}\boldsymbol{k}\cdot\boldsymbol{r}}$ 为常数时，则表示电子完全被束缚在某个原子周围，转变为孤立原子中的电子波函数。因此，布洛赫电子的波函数是一种介于自由电子和孤立原子中电子之间的波函数，是两者的组合。

利用式（5-4）和式（5-5），可以推导出布洛赫定理的另外一种等价形式：

$$\begin{aligned}\varphi(\boldsymbol{k},\boldsymbol{r}+\boldsymbol{R}_n)&=U(\boldsymbol{k},\boldsymbol{r}+\boldsymbol{R}_n)\mathrm{e}^{\mathrm{i}\boldsymbol{k}\cdot(\boldsymbol{r}+\boldsymbol{R}_n)}\\&=U(\boldsymbol{k},\boldsymbol{r})\mathrm{e}^{\mathrm{i}\boldsymbol{k}\cdot(\boldsymbol{r}+\boldsymbol{R}_n)}\\&=U(\boldsymbol{k},\boldsymbol{r})\mathrm{e}^{\mathrm{i}\boldsymbol{k}\cdot\boldsymbol{r}}\mathrm{e}^{\mathrm{i}\boldsymbol{k}\cdot\boldsymbol{R}_n}\\&=\varphi(\boldsymbol{k},\boldsymbol{r})\mathrm{e}^{\mathrm{i}\boldsymbol{k}\cdot\boldsymbol{R}_n}\end{aligned}$$

即

$$\varphi(\boldsymbol{k},\boldsymbol{r}+\boldsymbol{R}_n)=\mathrm{e}^{\mathrm{i}\boldsymbol{k}\cdot\boldsymbol{R}_n}\varphi(\boldsymbol{k},\boldsymbol{r}) \tag{5-6}$$

式（5-6）表明，晶体中相差一个正格矢 $\boldsymbol{R}_n$ 的布洛赫波函数相当于在其基础上乘上一个相位因子 $\mathrm{e}^{\mathrm{i}\boldsymbol{k}\cdot\boldsymbol{R}_n}$。

根据布洛赫定理，还可以获得如下结论：

1）电子出现的概率具有正晶格的周期性。

按照波函数的物理意义，电子出现的概率为波函数模的二次方，则

$$|\varphi(\boldsymbol{k},\boldsymbol{r}+\boldsymbol{R}_n)|^2=|U(\boldsymbol{k},\boldsymbol{r}+\boldsymbol{R}_n)|^2$$

$$|\varphi(\boldsymbol{k},\boldsymbol{r})|^2=|U(\boldsymbol{k},\boldsymbol{r})|^2$$

根据式（5-5）可知 $$|\varphi(\boldsymbol{k},\boldsymbol{r}+\boldsymbol{R}_n)|^2=|\varphi(\boldsymbol{k},\boldsymbol{r})|^2$$

2）波函数 $\varphi(\boldsymbol{k},\ \boldsymbol{r})$ 本身并不一定具有正晶格的周期性。

要使波函数具有正晶格周期性，即 $\varphi(\boldsymbol{k},\boldsymbol{r}+\boldsymbol{R}_n)=\varphi(\boldsymbol{k},\boldsymbol{r})$，则根据式（5-6）可知，条件必须满足 $\mathrm{e}^{\mathrm{i}\boldsymbol{k}\cdot\boldsymbol{R}_n}=1$。然而，波矢 $\boldsymbol{k}$ 并不一定是倒格矢，因而 $\mathrm{e}^{\mathrm{i}\boldsymbol{k}\cdot\boldsymbol{R}_n}$ 并不一定等于 1，所以 $\varphi(\boldsymbol{k},\boldsymbol{r}+\boldsymbol{R}_n)\neq\varphi(\boldsymbol{k},\boldsymbol{r})$。

5.2.3 布洛赫定理的证明

布洛赫定理证明的基本思路是：引入一个平移对称操作算符 $T(\boldsymbol{R}_n)$，然后证明该平移算符与哈密顿算符是对易的，即 $[T,\ H]=0$，因而二者具有相同的本征函数；接着利用玻恩-冯卡门周期性边界条件来确定平移算符的本征值，最后给出电子波函数的形式。

（1）引入平移对称操作算符 $T(\boldsymbol{R}_n)$　$T(\boldsymbol{R}_n)$ 具有如下数学性质：任意函数 $f(\boldsymbol{r})$ 经过该平移算符作用后，可变换为 $f(\boldsymbol{r}+\boldsymbol{R}_n)$，即 $T(\boldsymbol{R}_n)f(\boldsymbol{r})=f(\boldsymbol{r}+\boldsymbol{R}_n)$，其中 $f(\boldsymbol{r})$ 可以为 $V(\boldsymbol{r})$、$H(\boldsymbol{r})$ 等。很容易证明，平移算符之间是对易的，因为 $T(\boldsymbol{R}_m)T(\boldsymbol{R}_n)f(\boldsymbol{r})=T(\boldsymbol{R}_m)f(\boldsymbol{r}+\boldsymbol{R}_n)=f(\boldsymbol{r}+\boldsymbol{R}_n+\boldsymbol{R}_m)=T(\boldsymbol{R}_n)T(\boldsymbol{R}_m)f(\boldsymbol{r})$，所以，

$$T(\boldsymbol{R}_m)T(\boldsymbol{R}_n)=T(\boldsymbol{R}_n)T(\boldsymbol{R}_m) \tag{5-7}$$

将平移算符作用到薛定谔方程左边，则

$$T(\boldsymbol{R}_n)H(\boldsymbol{r})\varphi(\boldsymbol{r})=H(\boldsymbol{r}+\boldsymbol{R}_n)\varphi(\boldsymbol{r}+\boldsymbol{R}_n) \tag{5-8}$$

在直角坐标系中，由于

$$\boldsymbol{r}=x\boldsymbol{i}+y\boldsymbol{j}+z\boldsymbol{k}$$

$$\boldsymbol{r}+\boldsymbol{R}_n=(x+R_{nx})\boldsymbol{i}+(y+R_{ny})\boldsymbol{j}+(z+R_{nz})\boldsymbol{k}$$

由于拉普拉斯算符只是对 x，y，z 的微分，因而有如下关系：

$$\nabla_{\boldsymbol{r}}^2=\frac{\partial}{\partial x^2}+\frac{\partial}{\partial y^2}+\frac{\partial}{\partial z^2}=\nabla_{\boldsymbol{r}+\boldsymbol{R}_n}^2$$

因此，哈密顿函数有

$$\begin{aligned}H(\boldsymbol{r}+\boldsymbol{R}_n)&=-\frac{\hbar^2}{2m}\nabla_{\boldsymbol{r}+\boldsymbol{R}_n}^2+V(\boldsymbol{r}+\boldsymbol{R}_n)\\&=-\frac{\hbar^2}{2m}\nabla_{\boldsymbol{r}}^2+V(\boldsymbol{r})=H(\boldsymbol{r})\end{aligned} \tag{5-9}$$

式（5-9）表明，哈密顿函数 $H(\boldsymbol{r})$ 也是一个晶格的周期性函数。

结合式（5-8）、式（5-9）有：$T(\boldsymbol{R}_n)H(\boldsymbol{r})\varphi(\boldsymbol{r})=H(\boldsymbol{r})T(\boldsymbol{R}_n)\varphi(\boldsymbol{r})$

所以，

$$T(\boldsymbol{R}_n)H(\boldsymbol{r})=H(\boldsymbol{r})T(\boldsymbol{R}_n) \tag{5-10}$$

因此，平移算符 T 与哈密顿算符 H 存在对易关系，即 $[T,\ H]=0$，表明具有相同的本征函数。如果 $\varphi(\boldsymbol{r})$ 是 H 的本征函数，则其也是 T 的本征函数。那么，本征值 $\lambda(\boldsymbol{R}_n)$ 应该具有如下特点：

根据 $T(\boldsymbol{R}_n)\varphi(\boldsymbol{r})=\lambda(\boldsymbol{R}_n)\varphi(\boldsymbol{r})$ 以及 $T(\boldsymbol{R}_n)\varphi(\boldsymbol{r})=\varphi(\boldsymbol{r}+\boldsymbol{R}_n)$ 可知，本征值 $\lambda(\boldsymbol{R}_n)$ 满足：

$$\varphi(\boldsymbol{r}+\boldsymbol{R}_n)=\lambda(\boldsymbol{R}_n)\varphi(\boldsymbol{r}) \tag{5-11}$$

根据平移特点，有

$$T(\boldsymbol{R}_n)=T(n_1\boldsymbol{a}_1+n_2\boldsymbol{a}_2+n_3\boldsymbol{a}_3)=T(n_1\boldsymbol{a}_1)T(n_2\boldsymbol{a}_2)T(n_3\boldsymbol{a}_3)$$

即

$$T(\boldsymbol{R}_n)=[T(\boldsymbol{a}_1)]^{n_1}[T(\boldsymbol{a}_2)]^{n_2}[T(\boldsymbol{a}_3)]^{n_3} \tag{5-12}$$

因此，

$$T(\boldsymbol{R}_n)\varphi(\boldsymbol{r})=[T(\boldsymbol{a}_1)]^{n_1}[T(\boldsymbol{a}_2)]^{n_2}[T(\boldsymbol{a}_3)]^{n_3}\varphi(\boldsymbol{r}) \tag{5-13}$$

联立 $T(\boldsymbol{R}_n)\varphi(\boldsymbol{r})=\lambda(\boldsymbol{R}_n)\varphi(\boldsymbol{r})$，可知本征值为

$$\lambda(\boldsymbol{R}_n)=[T(\boldsymbol{a}_1)]^{n_1}[T(\boldsymbol{a}_2)]^{n_2}[T(\boldsymbol{a}_3)]^{n_3} \tag{5-14}$$

（2）引入玻恩-冯卡门周期性边界条件　假设晶体在 $\boldsymbol{a}_1$、$\boldsymbol{a}_2$、$\boldsymbol{a}_3$ 三个方向上的原胞数分别为 N_1、N_2、N_3，则总原胞数 $N=N_1\cdot N_2\cdot N_3$，引入周期性边界条件 $\varphi(\boldsymbol{r})=\varphi(\boldsymbol{r}+N_i\boldsymbol{a}_i)$。

利用平移算符 T 的性质，有

$$T(N_i\boldsymbol{a}_i)\varphi(\boldsymbol{r})=\varphi(\boldsymbol{r}+N_i\boldsymbol{a}_i)$$

$$T(N_i\boldsymbol{a}_i)\varphi(\boldsymbol{r})=[T(\boldsymbol{a}_i)]^{N_i}\varphi(\boldsymbol{r})=[\lambda(\boldsymbol{a}_i)]^{N_i}\varphi(\boldsymbol{r})$$

则

$$\varphi(\boldsymbol{r})=[\lambda(\boldsymbol{a}_i)]^{N_i}\varphi(\boldsymbol{r})$$

因此，$[\lambda(\boldsymbol{a}_i)]^{N_i}=1$，且本征值解为

$$\lambda(\boldsymbol{a}_i)=\mathrm{e}^{\mathrm{i}2\pi\frac{l_i}{N_i}}\quad(l_i\text{ 为整数}) \tag{5-15}$$

引入矢量 $\boldsymbol{k}=\dfrac{l_1}{N_1}\boldsymbol{b}_1+\dfrac{l_2}{N_2}\boldsymbol{b}_2+\dfrac{l_3}{N_3}\boldsymbol{b}_3$，其中 $\boldsymbol{b}_i$ 为晶体倒格矢基矢，利用正格矢和倒格矢的关系：$\boldsymbol{a}_i\cdot\boldsymbol{b}_j=2\pi\delta_{ij}$，则式（5-15）本征值的形式可改写为

$$\lambda(\boldsymbol{a}_i)=\mathrm{e}^{\mathrm{i}\boldsymbol{k}\cdot\boldsymbol{a}_i} \tag{5-16}$$

结合式（5-14），则本征值 $\lambda(\boldsymbol{R}_n)$ 可化简成

$$\lambda(\boldsymbol{R}_n)=[\lambda(\boldsymbol{a}_1)]^{n_1}[\lambda(\boldsymbol{a}_2)]^{n_2}[\lambda(\boldsymbol{a}_3)]^{n_3}=\mathrm{e}^{\mathrm{i}\boldsymbol{k}(n_1\boldsymbol{a}_1+n_2\boldsymbol{a}_2+n_3\boldsymbol{a}_3)}=\mathrm{e}^{\mathrm{i}\boldsymbol{k}\boldsymbol{R}_n}$$

代入式（5-11），可得式（5-6），布洛赫定理得证。

平移算符本征值的物理意义是原胞之间电子波函数的相位变化，矢量 $\boldsymbol{k}$ 是简约波矢，其改变一个倒格子矢量 $\boldsymbol{G}_n$，平移算符的本征值不会发生改变。因此，为了使简约波矢 $\boldsymbol{k}$ 的取值和平移算符的本征值一一对应，一般将其限制在第一布里渊区，即 $\boldsymbol{k}_j\in\left[-\dfrac{b_j}{2},\ \dfrac{b_j}{2}\right]$，如图 5-5 所示，位于 a、b、c、d 处的波矢平移一个倒格矢就进入了第一布里渊区，得到简约波矢点 a'、b'、c'、d'，因而一个明确的波矢状态应当标明它属于哪个带，其简约波矢等于多少。

第一布里渊区的体积为 $\dfrac{(2\pi)^3}{\Omega}$，波矢 $\boldsymbol{k}$ 每个代表点的体积为

$$\frac{1}{N_1}\boldsymbol{b}_1\cdot\left(\frac{1}{N_2}\boldsymbol{b}_2\times\frac{1}{N_3}\boldsymbol{b}_3\right)=\frac{(2\pi)^3}{N\Omega}=\frac{(2\pi)^3}{V_c} \tag{5-17}$$

则状态分布密度为 $\dfrac{V_c}{(2\pi)^3}$，且简约布里渊区中波矢的数目为

$$\frac{(2\pi)^3}{\Omega}\bigg/\frac{(2\pi)^3}{N\Omega}=N$$

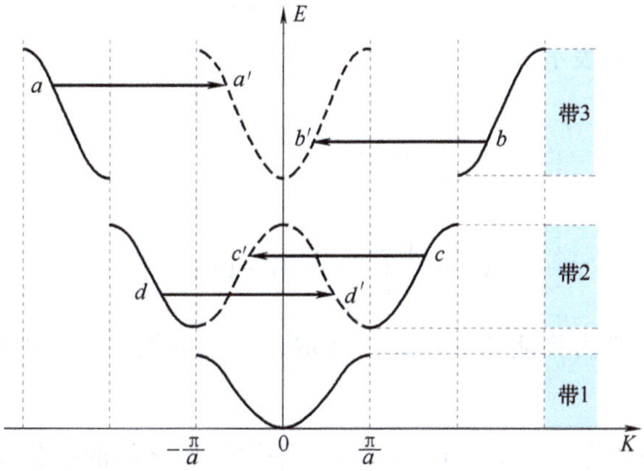

图 5-5 波矢与简约波矢的关系

5.2.4 布洛赫定理的重要推论

1）相差一个倒格矢 $\boldsymbol{G}_n$ 的波矢 $\boldsymbol{k}$ 具有相同的电子波函数和能量状态。

$$\varphi(\boldsymbol{k},\boldsymbol{r})=\varphi(\boldsymbol{k}+\boldsymbol{G}_n,\boldsymbol{r}) \tag{5-18}$$

$$E_n(\boldsymbol{k},\boldsymbol{r})=E_n(\boldsymbol{k}+\boldsymbol{G}_n,\boldsymbol{r}) \tag{5-19}$$

2）在倒易空间里选取合适的坐标系，能带具有 $\boldsymbol{k}=\boldsymbol{0}$ 的中心反演对称性。

$$E_n(\boldsymbol{k})=E_n(-\boldsymbol{k}) \tag{5-20}$$

3）电子的能量状态 E 是一个具有实在物理意义的量，因此，具有与晶体结构相同的对称性。

$$E_n(\alpha\boldsymbol{k})=E_n(\boldsymbol{k}) \tag{5-21}$$

式中，α 表示晶体所具有的对称操作。

4）确定晶体中一个电子的状态需要能带指数 n、波矢 $\boldsymbol{k}$ 和自旋态 m_s 三个量子态，由于波矢数目为 N，因此每个能带可容纳的电子数目为 $2N$。

5.3 一维周期势场中电子运动的近自由电子模型

5.3.1 近自由电子模型

近自由电子模型所讨论的对象是原子实束缚较弱的电子，例如金属中的价电子。与自由电子相比，晶体中的电子必然会受到周期性势场的作用。对于金属中的价电子，这种晶体周期性势场很弱，因此其运动状态和自由电子非常接近，但又会表现出周期性势场中电子状态的新特点，这样的电子叫作近自由电子。

为易于理解，下面以一维晶体模型为例进行讨论，由于势场函数 $V(x)$ 具有晶格周期性，可以对其进行傅里叶级数展开：

$$V(x)=\sum_{-\infty}^{\infty}V_n e^{i\frac{2\pi}{a}nx}=\sum_{n\neq 0}V_n e^{i\frac{2\pi}{a}nx} \tag{5-22}$$

式中，V_n 为展开系数，可表示成：

$$V_n=\frac{1}{a}\int_0^a V(x)e^{-i\frac{2\pi}{a}nx}dx \tag{5-23}$$

当 $n=0$ 时，

$$V_0=\frac{1}{a}\int_0^a V(x)dx=\overline{V(x)}$$

可见，V_0 的物理意义为势能的平均值。选取合适的势能零点，可使势能平均值为 0，即 $V_0=\overline{V(x)}=0$。

近自由电子的周期性势场很弱，可以将其与平均势场之间的起伏量 ΔV 作为微扰项，即

$$\Delta V=V(x)-\overline{V(x)}=V(x) \tag{5-24}$$

在一维条件下，由于 $G_n=2n\pi/a$，因此，式（5-23）可写成

$$V_n=V_{G_n}=\frac{1}{a}\int_0^a V(x)e^{-iG_nx}dx \tag{5-25}$$

对上式两边取共轭，有

$$V_n^*=V_{G_n}^*=\frac{1}{a}\int_0^a V^*(x)e^{iG_nx}dx \tag{5-26}$$

考虑到晶体中的周期性势场是一个实函数，即 $V(x)=V^*(x)$，比较上面两式，可知

$$V_n^*=V_{-n} \quad 或者 \quad V_{G_n}^*=V_{-G_n} \tag{5-27}$$

5.3.2 定态非简并微扰计算能量与波函数

根据量子力学定态非简并微扰理论，通过求解晶体中近自由电子的定态薛定谔方程（5-1），可得电子的能量本征值和波函数：

$$E(\boldsymbol{k})=E^{(0)}(\boldsymbol{k})+E^{(1)}(\boldsymbol{k})+E^{(2)}(\boldsymbol{k})+\cdots \tag{5-28}$$

$$\varphi_{\boldsymbol{k}}(x)=\varphi_{\boldsymbol{k}}^{(0)}(x)+\varphi_{\boldsymbol{k}}^{(1)}(x)+\varphi_{\boldsymbol{k}}^{(2)}(x)+\cdots \tag{5-29}$$

假设一维晶体是由 N 个原子组成的金属，则其线度 $L=Na$。微扰的零阶近似就是自由电子的波函数和能量本征值：

$$\varphi_{\boldsymbol{k}}^{(0)}(x)=\frac{1}{\sqrt{L}}e^{ikx} \tag{5-30}$$

$$E^{(0)}(\boldsymbol{k})=\frac{\hbar^2k^2}{2m} \tag{5-31}$$

根据微扰理论，能量的一级修正项为

$$E^{(1)}(\boldsymbol{k})=H'_{kk}=\int\varphi_{\boldsymbol{k}}^{(0)*}(x)V(x)\varphi_{\boldsymbol{k}}^{(0)}(x)dx=\overline{V(x)}=0 \tag{5-32}$$

能量的一级修正项为 0，则必须考虑能量的二级修正项：

$$E^{(2)}(\boldsymbol{k})=\sum_{k'\neq k}\frac{|H'_{k'k}|^2}{E^{(0)}(\boldsymbol{k})-E^{(0)}(\boldsymbol{k}')} \tag{5-33}$$

式中，微扰矩阵单元为

$$H'_{k'k}=\int\varphi_{\boldsymbol{k}'}^{(0)*}(x)V(x)\varphi_{\boldsymbol{k}}^{(0)}(x)\mathrm{d}x=\frac{1}{L}\int\mathrm{e}^{-\mathrm{i}(\boldsymbol{k}'-\boldsymbol{k})x}V(x)\mathrm{d}x \tag{5-34}$$

将式（5-22）代入得

$$H'_{k'k}=\frac{1}{L}\sum_{n\neq 0}V_n\int\mathrm{e}^{-\mathrm{i}[\boldsymbol{k}'-(\boldsymbol{k}+\boldsymbol{G}_n)]x}\mathrm{d}x \tag{5-35}$$

由于波函数满足正交归一化，则

$$H'_{k'k}=\sum_{n\neq 0}V_n\delta_{k',k-G_n} \tag{5-36}$$

利用 δ 函数的性质，有：

当 $\boldsymbol{k}'=\boldsymbol{k}+\boldsymbol{G}_n$ 时，$H'_{k'k}=\sum\limits_{n\neq 0}V_n$；

当 $\boldsymbol{k}'\neq\boldsymbol{k}+\boldsymbol{G}_n$ 时，$H'_{k'k}=0$。

可见，只有当 $\boldsymbol{k}'=\boldsymbol{k}+\boldsymbol{G}_n$ 时，$\boldsymbol{k}$ 和 $\boldsymbol{k}'$ 二态才会产生耦合进入表达式。因此，能量的二级修正项为

$$E^{(2)}(\boldsymbol{k})=\sum_{n\neq 0}\frac{|V_n|^2}{E^{(0)}(\boldsymbol{k})-E^{(0)}(\boldsymbol{k}+\boldsymbol{G}_n)} \tag{5-37}$$

代入式（5-28），可得电子的能量近似为

$$E(\boldsymbol{k})=E^{(0)}(\boldsymbol{k})+E^{(2)}(\boldsymbol{k})=\frac{\hbar^2k^2}{2m}+\sum_{n\neq 0}\frac{2m|V_n|^2}{\hbar^2[k^2-(k+G_n)^2]} \tag{5-38}$$

类似地，波函数的一级修正项

$$\varphi_{\boldsymbol{k}}^{(1)}(x)=\sum_{k'\neq k}\frac{H'_{k'k}}{E^{(0)}(\boldsymbol{k})-E^{(0)}(\boldsymbol{k}')}\varphi_{\boldsymbol{k}'}^{(0)}(x) \tag{5-39}$$

利用上述微扰矩阵单元性质，化简可得

$$\varphi_{\boldsymbol{k}}^{(1)}(x)=\sum_{n\neq 0}\frac{2mV_n}{\hbar^2[k^2-(k+G_n)^2]}\varphi_{\boldsymbol{k}+\boldsymbol{G}n}^{(0)}(x)\frac{1}{\sqrt{L}}\mathrm{e}^{\mathrm{i}(k+G_n)x} \tag{5-40}$$

即

$$\varphi_{\boldsymbol{k}}^{(1)}(x)=\frac{1}{\sqrt{L}}\mathrm{e}^{\mathrm{i}kx}\sum_{n\neq 0}\frac{2mV_n}{\hbar^2[k^2-(k+G_n)^2]}\mathrm{e}^{\mathrm{i}G_nx} \tag{5-41}$$

利用式（5-29），可得电子的波函数近似

$$\varphi_{\boldsymbol{k}}(x)=\frac{1}{\sqrt{L}}\mathrm{e}^{\mathrm{i}kx}\left(1+\sum_{n\neq 0}\frac{2mV_n}{\hbar^2[k^2-(k+G_n)^2]}\mathrm{e}^{\mathrm{i}G_nx}\right) \tag{5-42}$$

与布洛赫函数式（5-4）对比可知，

$$U_{\boldsymbol{k}}(x)=1+\sum_{n\neq 0}\frac{2mV_n}{\hbar^2[k^2-(k+G_n)^2]}\mathrm{e}^{\mathrm{i}G_nx} \tag{5-43}$$

很容易证明，$U_{\boldsymbol{k}}(x)=U_{\boldsymbol{k}}(x+na)$，因此满足布洛赫定理。

从式（5-43）可以看出，晶体中的电子波函数由两个部分组成，一个是波矢 $\boldsymbol{k}$ 本身的平

面波，另一个是由波矢 $\boldsymbol{k}+\boldsymbol{G}_n$ 的散射波叠加项。由于近自由电子的周期性势场很弱，那么它的展开系数 V_n 也很小；当 $\boldsymbol{k}$ 和 $\boldsymbol{k}+\boldsymbol{G}_n$ 相差较大时，则散射波较弱，正是非简并微扰所适用的情形。

5.3.3 定态简并微扰计算能量与波函数

当 $\boldsymbol{k}$ 态和 $\boldsymbol{k}'$ 态能量相等时，即 $E^{(0)}(\boldsymbol{k})=E^{(0)}(\boldsymbol{k}')$，此时两个态是简并的。如果继续使用非简并微扰理论计算，则二级修正项将无法收敛，此时需要采用定态简并微扰理论来计算确定电子的能量和波函数。

对于一维晶体，当波矢处于布里渊边界时，即 $\boldsymbol{k}=-\dfrac{n\pi}{a}$，$\boldsymbol{k}'=\dfrac{n\pi}{a}$，此时同时满足 $E^{(0)}(\boldsymbol{k})=E^{(0)}(\boldsymbol{k}')$ 且 $\boldsymbol{k}'-\boldsymbol{k}=\boldsymbol{G}_n$。对于处于简并态的 $\boldsymbol{k}$ 和 $\boldsymbol{k}'$，利用量子力学简并微扰理论可知，其零阶近似波函数是自由电子波函数的线性组合：

$$\varphi_{\boldsymbol{k}}^{(0)}(x)=A\varphi_{\boldsymbol{k}}^{(0)}(x)+\varphi_{\boldsymbol{k}'}^{(0)}(x)=\frac{1}{\sqrt{L}}(A\mathrm{e}^{\mathrm{i}kx}+B\mathrm{e}^{\mathrm{i}k'x}) \tag{5-44}$$

代入定态薛定谔方程式（5-1），有

$$[\hat{H}^{(0)}+V(x)]\varphi_{\boldsymbol{k}}^{(0)}(x)=E(\boldsymbol{k})\varphi_{\boldsymbol{k}}^{(0)}(x) \tag{5-45}$$

由于 $\hat{H}^{(0)}\varphi_{\boldsymbol{k}}^{(0)}(x)=E^{(0)}(\boldsymbol{k})\varphi_{\boldsymbol{k}}^{(0)}(x)$，结合式（5-22）和式（5-44），式（5-45）整理可得

$$A[E^{(0)}(\boldsymbol{k})-E(\boldsymbol{k})+V(x)]\mathrm{e}^{\mathrm{i}kx}+B[E^{(0)}(\boldsymbol{k}')-E(\boldsymbol{k})+V(x)]\mathrm{e}^{\mathrm{i}k'x}=0 \tag{5-46}$$

等式两边同乘 $\mathrm{e}^{-\mathrm{i}kx}$，并对整个晶体积分。考虑到 $E^{(0)}(\boldsymbol{k})$、$E(\boldsymbol{k})$ 并不是 x 的函数，因此

$$A[E^{(0)}(\boldsymbol{k})-E(\boldsymbol{k})]+\int\mathrm{e}^{-\mathrm{i}kx}V(x)\mathrm{e}^{\mathrm{i}kx}\mathrm{d}\tau+B\int\mathrm{e}^{-\mathrm{i}kx}V(x)\mathrm{e}^{\mathrm{i}k'x}\mathrm{d}\tau=0 \tag{5-47}$$

其中

$$\int\mathrm{e}^{-\mathrm{i}kx}V(x)\mathrm{e}^{\mathrm{i}kx}\mathrm{d}\tau=\overline{V(x)}=0$$

并利用式（5-26），化简得

$$A[E^{(0)}(\boldsymbol{k})-E(\boldsymbol{k})]+BV_n^*=0 \tag{5-48}$$

同理，式（5-46）两边同乘 $\mathrm{e}^{-\mathrm{i}k'x}$，对整个晶体积分，可得

$$AV_n+B[E^{(0)}(\boldsymbol{k}')-E(\boldsymbol{k})]=0 \tag{5-49}$$

式（5-48）和式（5-49）可看作以 A、B 为变量的线性方程组，要使其有非零解的条件，则必须满足

$$\begin{vmatrix} E^{(0)}(\boldsymbol{k})-E(\boldsymbol{k}) & V_n^* \\ V_n & E^{(0)}(\boldsymbol{k}')-E(\boldsymbol{k}) \end{vmatrix}=0$$

即

$$[E^{(0)}(\boldsymbol{k})-E(\boldsymbol{k})][E^{(0)}(\boldsymbol{k}')-E(\boldsymbol{k})]-|V_n|^2=0 \tag{5-50}$$

求解上述方程，可获得两个简并微扰态的能量为

$$E_{\pm}(\boldsymbol{k})=\frac{[E^{(0)}(\boldsymbol{k})+E^{(0)}(\boldsymbol{k}')]\pm\{[E^{(0)}(\boldsymbol{k})-E^{(0)}(\boldsymbol{k}')]^2+4|V_n|^2\}^{1/2}}{2} \tag{5-51}$$

5.3.4 近自由电子能量的讨论

（1） $|E^{(0)}(\boldsymbol{k})-E^{(0)}(\boldsymbol{k}')|\gg|V_n|$ 在此条件下，波矢 $\boldsymbol{k}$ 远离布里渊边界。由于 $\boldsymbol{k}'=\boldsymbol{k}+\boldsymbol{G}_n$，因而波矢 $\boldsymbol{k}'$也远离布里渊边界，二者处于非简并态，根据式（5-38）和式（5-42）可知，电子能量和波函数的修正项都很小，非常接近于自由电子的能量和波函数，如图 5-6 中的 a 和 a'点。

（2） $|E^{(0)}(\boldsymbol{k})-E^{(0)}(\boldsymbol{k}')|\ll|V_n|$ 此条件下的波矢 $\boldsymbol{k}$ 距离布里渊边界非常近。如图 5-6 中 b 和 b'点或 c 和 c'点，二者所对应的波矢分别从相反的方向接近布里渊边界。

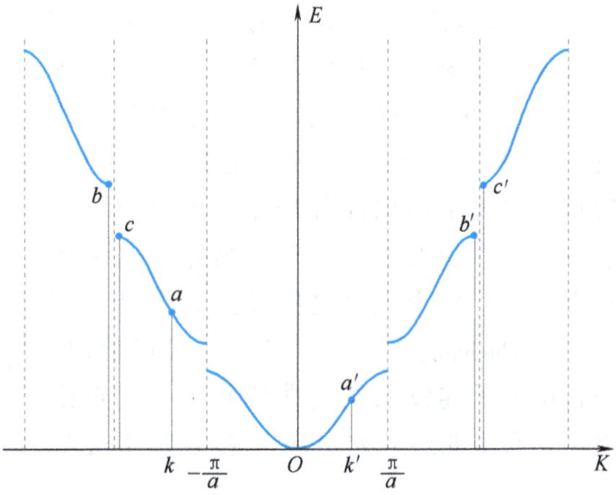

图 5-6 近自由电子能量在不同波矢下的变化

假设有 $\Delta\ll1$ 的一小量，令 $\boldsymbol{k}=-\frac{n\pi}{a}(1-\Delta)$；$\boldsymbol{k}'=\frac{n\pi}{a}(1+\Delta)$

则

$$E^{(0)}(\boldsymbol{k})=\frac{\hbar^2}{2m}\left[\frac{n\pi}{a}(1-\Delta)\right]^2=T_n(1-\Delta)^2 \tag{5-52}$$

$$E^{(0)}(\boldsymbol{k}')=\frac{\hbar^2}{2m}\left[\frac{n\pi}{a}(1+\Delta)\right]^2=T_n(1+\Delta)^2 \tag{5-53}$$

其中，$T_n=\frac{\hbar^2}{2m}\left(\frac{n\pi}{a}\right)^2$。

于是，式（5-51）可改写成

$$E_{\pm}(\boldsymbol{k})=T_n(1+\Delta^2)\pm|V_n|\left(\frac{4T_n^2\Delta^2}{|V_n|^2}+1\right)^{1/2} \tag{5-54}$$

由于 $\Delta\ll1$，可保证 $T_n\Delta\ll|V_n|$，利用二项式$(1+x)^{1/2}\approx1+\frac{x}{2}$，则有

$$E_{+}(\boldsymbol{k})=T_n+|V_n|+T_n\left(\frac{2T_n}{|V_n|}+1\right)\Delta^2 \tag{5-55}$$

$$E_{-}(\boldsymbol{k})=T_n-|V_n|-T_n\left(\frac{2T_n}{|V_n|}-1\right)\Delta^2 \tag{5-56}$$

考虑到近自由电子的周期性势场很弱，可确保 $T_n>|V_n|$，因此 Δ^2 之前的系数都大于0。对于式（5-55），电子能量是一个以 Δ 为变量的开口向上的抛物线，对应于图 5-6 中的 b 点和 c'点处，微扰后能量升高；对于式（5-56），电子能量是一个以 Δ 为变量的开口向下的抛物线，对应于图 5-6 中的 b'点和 c 点处，微扰后能量下降。

当 $\Delta\to0$ 时，此时波矢位于布里渊边界上，即 $\boldsymbol{k}=-\frac{n\pi}{a}$、$\boldsymbol{k}'=\frac{n\pi}{a}$，它们的零级能量相等，

则式（5-55）和式（5-56）可变为

$$E_{+}(\boldsymbol{k})=T_n+|V_n| \tag{5-57}$$

$$E_{-}(\boldsymbol{k})=T_n-|V_n| \tag{5-58}$$

上两式表明当 $\boldsymbol{k}$ 和 $\boldsymbol{k}'$ 到达布里渊边界时，由于周期性势场的作用，原来处于简并态的能量会发生改变，一个上升 $|V_n|$，一个下降 $|V_n|$，结果就是在布里渊边界能量发生跳变，出现一个宽度为 $2|V_n|$ 的禁带。可见，禁带的出现是周期性势场作用的结果，在该位置所对应的能量状态是晶体中电子无法占据的，两个允带之间被禁带隔开。图 5-7 为晶体的能带结构示意图，可以看出，与自由电子连续的能量曲线相比，近自由电子在布里渊边界处出现了宽为 $2|V_n|$ 的禁带。

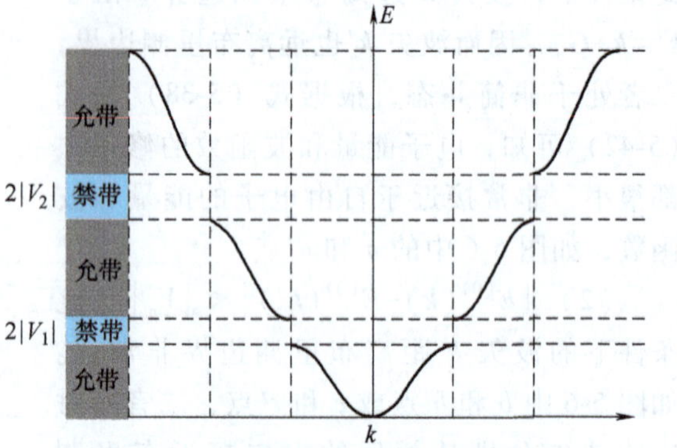

图 5-7　晶体的能带结构示意图

能带结构图就是电子能量 E 与波矢 $\boldsymbol{k}$ 之间的色散关系图，是研究材料物理性质的重要工具。能带结构图一般有以下三类常用的表示方式：

第一类是扩展区图式，如图 5-7 所示，各个子能带分别绘制于其对应的布里渊区内，E 是 k 的单值函数。

第二类是简约区图式，如图 5-8a 所示，利用式（5-19），在同一个子能带内，不在第一布里渊区的子能带可以通过平移一个合适的倒格矢进入第一布里渊区，通过此种方式可以把所有子能带绘制于第一布里渊区，此时 E 是 $\boldsymbol{k}$ 的多值函数。因此，一个波矢 $\boldsymbol{k}$ 所对应的能量必须标明其能带指数，如 $E_1(\boldsymbol{k})$、$E_2(\boldsymbol{k})$、$E_3(\boldsymbol{k})$ 等。

第三类是重复区图式，如图 5-8b 所示，由于各个布里渊区的体积都相同，将子能带在每一个布里渊区都重复表示出来，用以表明子能带在 k 空间都是波矢 $\boldsymbol{k}$ 的周期函数。

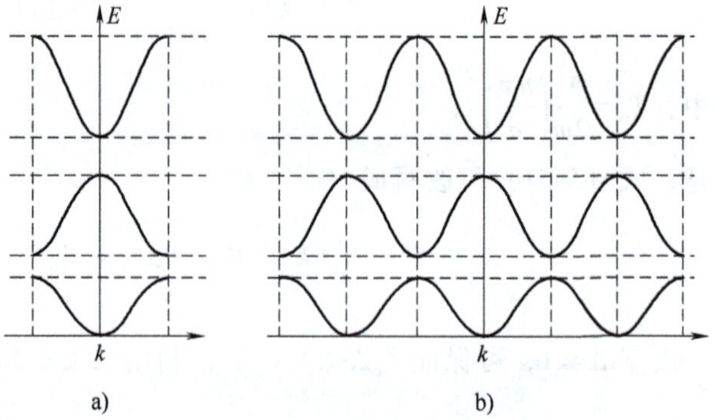

图 5-8　能带结构的其他图式

a）简约区图式　b）重复区图式

5.3.5　产生能隙的物理释义

将第一布里渊区边界上的电子波矢（$\boldsymbol{k}=-\pi/a$、$\boldsymbol{k}'=-\pi/a$）和能量 $E(\boldsymbol{k})$ 分别代入式（5-44）、式（5-57）和式（5-58），得

$$\varphi_{\boldsymbol{k}}^{0}(x)=\frac{1}{\sqrt{L}}\left(A\mathrm{e}^{\mathrm{i}\frac{\pi}{a}x}+B\mathrm{e}^{-\mathrm{i}\frac{\pi}{a}x}\right) \tag{5-59}$$

$$E_{\pm}\left(\frac{\pi}{a}\right)=\frac{\hbar^2\pi^2}{2ma^2}\pm|V_1| \tag{5-60}$$

将上式代入式（5-48），有

$$\pm|V_1|A+V_1^*B=0 \tag{5-61}$$

同理代入式（5-49），有

$$V_1A\pm|V_1|B=0 \tag{5-62}$$

由于 $V(x)$ 是实函数，可知 $V_1^*=V_1$。
因此，

$$\frac{A}{B}=\pm1 \tag{5-63}$$

将其代入式（5-59），可得电子波函数的两个解为

$$\varphi_+^{(0)}(x)=\frac{A}{\sqrt{L}}\left(\mathrm{e}^{\mathrm{i}\frac{\pi}{a}x}+\mathrm{e}^{-\mathrm{i}\frac{\pi}{a}x}\right)=\frac{2A}{\sqrt{L}}\cos\left(\frac{\pi}{a}x\right) \tag{5-64}$$

$$\varphi_-^{(0)}(x)=\frac{A}{\sqrt{L}}\left(\mathrm{e}^{\mathrm{i}\frac{\pi}{a}x}-\mathrm{e}^{-\mathrm{i}\frac{\pi}{a}x}\right)=\mathrm{i}\frac{2A}{\sqrt{L}}\sin\left(\frac{\pi}{a}x\right) \tag{5-65}$$

根据波函数的物理意义，在布里渊边界的电子密度分为

$$\rho_+=|\varphi_+^{(0)}(x)|^2=\frac{4A^2}{L}\cos^2\left(\frac{\pi}{a}x\right) \tag{5-66}$$

$$\rho_-=|\varphi_-^{(0)}(x)|^2=\frac{4A^2}{L}\sin^2\left(\frac{\pi}{a}x\right) \tag{5-67}$$

上述两种电子云的驻波分布如图 5-9 所示，可以看出，这两种驻波使得电子倾向于聚集在晶体中不同的空间区域，具有不同的势能，其中 $\varphi_+^{(0)}(x)$ 对应的电子倾向于靠近带正电的离子实，使其势能低于行波的平均势能；$\varphi_-^{(0)}(x)$ 对应的电子倾向于远离带正电的离子实，使其势能高于行波的平均势能。因此，$\varphi_-^{(0)}(x)$ 比 $\varphi_+^{(0)}(x)$ 的势能更高，导致其在布里渊区边界上产生了一定宽度的能隙。

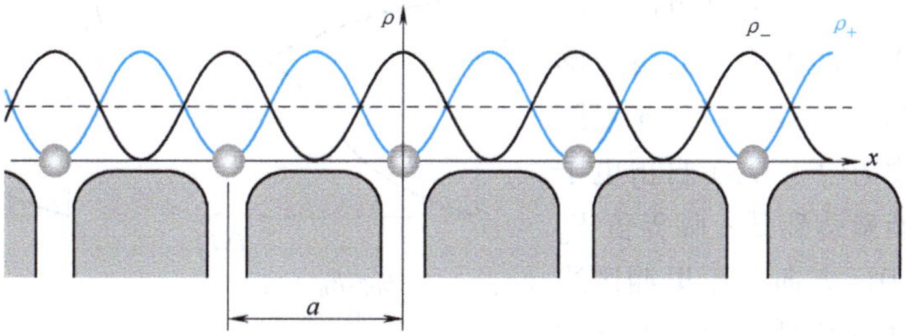

图 5-9　布里渊边界处的两种电子云的驻波分布

5.3.6　二维晶体和三维晶体的能带结构

相较于一维晶体，二维晶体和三维晶体的能量是两个（$\boldsymbol{k}_x$，$\boldsymbol{k}_y$）或三个（$\boldsymbol{k}_x$，$\boldsymbol{k}_y$，$\boldsymbol{k}_z$）

方向波矢的函数，因此它们的能带结构也更加复杂，难以将其所有几何方向上的能带进行完整表达。实际中，一般在第一布里渊区内将 $\boldsymbol{k}$ 空间某些特殊对称方向上的 $E\sim\boldsymbol{k}$ 关系表达出来，沿着这些特殊方向求解能量本征值。

以二维晶体为例，图 5-10 所示为二维正方晶体中波矢沿〈10〉和〈11〉方向上的能带结构示意图。可以看出，同一模值的波矢在不同方向上接近布里渊边界的程度是不同的（图 5-10a）。在〈10〉方向，波矢大小接近布里渊边界 A 点时，由于周期性势场作用，电子的能量会降低，而在第二布里渊区边界 B 点的电子能量将升高，因而在 AB 间会出现能隙，如图 5-10b 所示。与此同时，在〈11〉方向上，同一模值的波矢离布里渊区边界 C 点还有一段距离，因此两个能带在能量上将发生重叠，如图 5-10c、d 所示。可见，对于二维晶体和三维晶体，尽管某一方向在布里渊边界有能量跳变，但由于有可能会发生能带重叠，两个能量跳变所对应的能量范围不同，导致整个晶体不会出现共有的能隙，因而在布里渊边界并不一定会产生能隙。

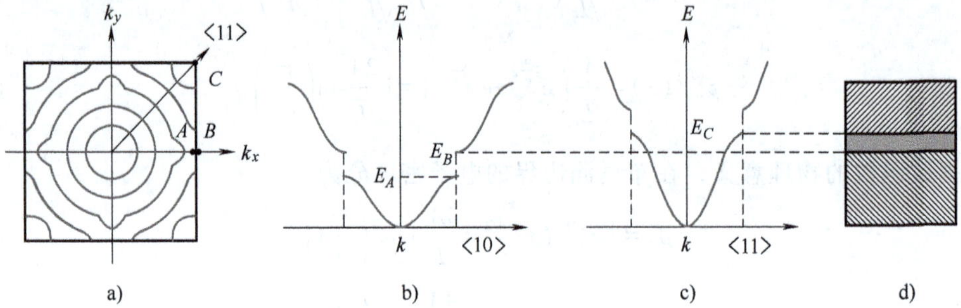

图 5-10　二维正方晶体的等能线图和能带结构图

根据上述分析可知，在远离布里渊区边界的位置，二维正方晶体的等能线接近于自由电子的圆形，当即将到达边界 A 点时，由于能量下降，导致等能线向边界方向外凸，如图 5-10a 所示。此时在能量 E_A 附近的单位能量间隔区间，近自由电子的波矢空间比自由电子的更大，又由于倒空间波矢点是均匀的，因此，在 A 点附近的电子能态密度 $D(E)$ 大于自由电子的能态密度。当能量达到某一临界值 E_A 时，等能线在〈10〉方向与布里渊区边界垂直，能态密度达到最大值。继续增加能量，等能线发生破裂，分成四段，能态密度开始减小，当能量到达 E_C 时，等能线变成一点，能态密度等于零。如果第二布里渊区的能量最低点 E_B 大于 E_C，则能态密度曲线如图 5-11a 所示；如果 $E_B<E_C$，则表示两个能带发生重叠，此时能态密度也发生重叠，如图 5-11b 所示。

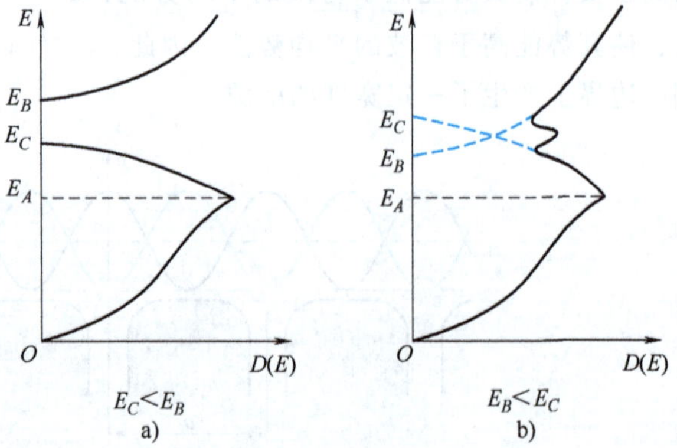

图 5-11　能态密度曲线

a）能带不重叠　b）能带重叠

5.4 紧束缚近似模型

5.4.1 紧束缚近似模型的基本思想

近自由电子近似模型假设晶体中的周期性势场很弱，因而电子受离子实的束缚作用很弱，电子的运动状态基本接近自由电子，这非常适合于金属中的价电子。然而，对于绝缘体中的电子或者金属的内层电子，离子实对电子有相当强的束缚作用，电子运动的自由性大幅降低，主要受该原子势场的影响，此时固体中的电子行为类似于孤立原子中的电子行为。因此，可以将孤立原子中的电子波函数视为固体中电子波函数的零级近似，而将其他原子势场对电子的影响采用微扰处理，这样的方法称为紧束缚近似（tight binding approximation）。

假设位于格点 $\boldsymbol{R}_m$ 上的孤立原子波函数为 $\varphi(\boldsymbol{r}-\boldsymbol{R}_m)$，满足定态薛定谔方程：

$$\left[-\frac{\hbar^2}{2m}\nabla^2+V^{\mathrm{at}}(\boldsymbol{r}-\boldsymbol{R}_m)\right]\varphi(\boldsymbol{r}-\boldsymbol{R}_m)=E^{\mathrm{at}}\varphi(\boldsymbol{r}-\boldsymbol{R}_m) \tag{5-68}$$

式中，$V^{\mathrm{at}}(\boldsymbol{r}-\boldsymbol{R}_m)$ 表示位于格点 $\boldsymbol{R}_m$ 上的孤立原子在 $\boldsymbol{r}$ 处产生的势场；E^{at} 表示孤立原子中电子的能量。

当所有孤立原子组成具有一定晶体结构的固体时，如果所有原子在 $\boldsymbol{r}$ 处产生的势场为 $V(\boldsymbol{r})$，则其他原子势场产生的微扰项 ΔV 可表示为 $V(\boldsymbol{r})-V^{\mathrm{at}}(\boldsymbol{r}-\boldsymbol{R}_m)$。图 5-12 所示为一维晶体中的周期性势场和微扰势场。

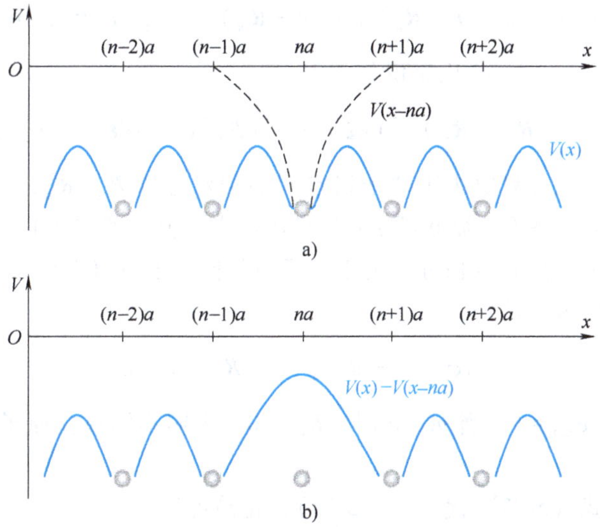

图 5-12　一维晶体中的周期性势场和微扰势场

a）周期性势场　b）微扰势场

对于固体中的电子，其运动方程可写成：

$$\left[-\frac{\hbar^2}{2m}\nabla^2+V(\boldsymbol{r})\right]\varphi(\boldsymbol{r})=E\varphi(\boldsymbol{r}) \tag{5-69}$$

如果固体是由 N 个初基元胞组成的，假定初基元胞仅含有一个原子，则每个格点上的原子都可以按照式（5-68）写出波动方程，它们具有相同的波函数和能量，因此是 N 重简并的，于是我们就可以采取简并微扰的处理方式，将微扰后固体中电子的波函数看作是 N 个孤立原子轨道波函数的线性叠加，这种方法也被称作原子轨道线性组合法（Linear Combination of Atomic Orbitals，LCAO），即

$$\varphi(\boldsymbol{r}) = \sum_m a_m \varphi(\boldsymbol{r} - \boldsymbol{R}_m) \tag{5-70}$$

式中，a_m 为组合系数。

5.4.2 紧束缚近似下的波函数和能量本征值

将式（5-70）代入式（5-69），并分离出微扰项 ΔV，化简得

$$\left[-\frac{\hbar^2}{2m}\nabla^2 + V(\boldsymbol{R}_m) + V(\boldsymbol{r}) - V(\boldsymbol{R}_m)\right]\sum_m a_m \varphi(\boldsymbol{r} - \boldsymbol{R}_m) = E\sum_m a_m \varphi(\boldsymbol{r} - \boldsymbol{R}_m) \tag{5-71}$$

利用式（5-69），式（5-71）可进一步简化为

$$\sum_m a_m \Delta V \varphi(\boldsymbol{r} - \boldsymbol{R}_m) = (E - E^{\mathrm{at}})\sum_m a_m \varphi(\boldsymbol{r} - \boldsymbol{R}_m) \tag{5-72}$$

将 $\varphi^{*\mathrm{at}}(\boldsymbol{r}-\boldsymbol{R}_n)$ 左乘上述方程两边，并对整个晶体积分，可得

$$\sum_m a_m \int \varphi^*(\boldsymbol{r} - \boldsymbol{R}_n)\Delta V \varphi(\boldsymbol{r} - \boldsymbol{R}_m)\mathrm{d}\boldsymbol{r} = (E - E^{\mathrm{at}})\sum_m a_m \int \varphi^*(\boldsymbol{r} - \boldsymbol{R}_n)\varphi(\boldsymbol{r} - \boldsymbol{R}_m)\mathrm{d}\boldsymbol{r} \tag{5-73}$$

首先讨论左侧积分 $A = \int \varphi^*(\boldsymbol{r} - \boldsymbol{R}_n)\Delta V \varphi(\boldsymbol{r} - \boldsymbol{R}_m)\mathrm{d}\boldsymbol{r}$ 令 $\boldsymbol{\xi} = \boldsymbol{r} - \boldsymbol{R}_n$，由于势场 $V(x)$ 为周期函数，则 $V(\xi) = V(\boldsymbol{r} - \boldsymbol{R}_m) = V(\boldsymbol{r})$ 化简积分 A 得

$$A = \int \varphi^*[\boldsymbol{\xi} - (\boldsymbol{R}_n - \boldsymbol{R}_m)][V(\boldsymbol{\xi}) - V^{\mathrm{at}}(\boldsymbol{\xi})]\varphi(\boldsymbol{\xi})\mathrm{d}\boldsymbol{\xi} = -J(\boldsymbol{R}_n - \boldsymbol{R}_m) \tag{5-74}$$

式（5-74）表明，积分只取决于两个格点间的相对位置 $\boldsymbol{R}_n - \boldsymbol{R}_m$，为方便计算，引入符号 $J(\boldsymbol{R}_n - \boldsymbol{R}_m)$，前面负值是因为微扰项 ΔV 的势场仍为负值，如图 5-12b 所示。

进一步考察式（5-73）右侧积分，由于原子间距比原子轨道半径大得多，所以不同格点的波函数重叠很小，可近似认为

$$B = \int \varphi^*(\boldsymbol{r} - \boldsymbol{R}_n)\varphi(\boldsymbol{r} - \boldsymbol{R}_m)\mathrm{d}\boldsymbol{r} = \delta_{nm} \tag{5-75}$$

只有当 $m = n$ 时，$\delta_{nm} = 1$；当 $m \neq n$ 时，$\delta_{nm} = 0$，表明不同孤立原子间的电子云不重叠，没有相互作用。

将式（5-74）和式（5-75）代入式（5-73），化简可得

$$-\sum_m a_m J(\boldsymbol{R}_n - \boldsymbol{R}_m) = (E - E^{\mathrm{at}})a_n \tag{5-76}$$

式（5-76）是一个通过系数 a 联立的方程组，具有如下形式的方程解：

$$a_m = C\mathrm{e}^{\mathrm{i}\boldsymbol{k}\cdot\boldsymbol{R}_m} \tag{5-77}$$

式中，C 为归一化因子，对于初基元胞总数为 N 的固体，可以取 $C = N^{-1/2}$，代入式（5-76），化简可得

$$E = E^{at} - \sum_{m} J(\boldsymbol{R}_n - \boldsymbol{R}_m) e^{-i\boldsymbol{k}\cdot(\boldsymbol{R}_n - \boldsymbol{R}_m)} = E^{at} - \sum_{l} J(\boldsymbol{R}_l) e^{i\boldsymbol{k}\cdot\boldsymbol{R}_l} \tag{5-78}$$

由于 $\boldsymbol{R}_n - \boldsymbol{R}_m = \boldsymbol{R}_l$，这表明式（5-78）右侧无须取决于 m 或 n，在式（5-77）形式解的情况下，所有方程组都可以化为相同条件，因此，式（5-78）就是紧束缚近似下固体中电子运动的能量本征值，具有准连续能级分布的特点。

进一步根据式（5-70）、式（5-75）以及式（5-77），确定其波函数为

$$\varphi(\boldsymbol{r}) = \frac{1}{\sqrt{N}} \sum_{m} e^{i\boldsymbol{k}\cdot\boldsymbol{R}_m} \varphi(\boldsymbol{r} - \boldsymbol{R}_m) \tag{5-79}$$

很容易证明，式（5-79）满足布洛赫定理，其中平面波振幅项可写成

$$U(\boldsymbol{r}) = \frac{1}{\sqrt{N}} \sum_{m} e^{-i\boldsymbol{k}\cdot(\boldsymbol{r} - \boldsymbol{R}_m)} \varphi(\boldsymbol{r} - \boldsymbol{R}_m)$$

对于 $-J(\boldsymbol{R}_l) = \int \varphi^{*\,at}(\xi - \boldsymbol{R}_l)[V(\xi) - V^{at}(\xi)]\varphi(\xi)d\xi$，可以理解为固体中两个相差为 $\boldsymbol{R}_l$ 的格点原子的电子波函数在微扰势能的作用下电子云的“加权”重叠积分。如果将 $\boldsymbol{R}_l = 0$ 项单独提出为 J_0，即表示为电子波函数完全重叠下的积分值，则式（5-78）的能量本征值可写成

$$E = E^{at} - J_0 - \sum_{l \neq 0} J(\boldsymbol{R}_l) e^{i\boldsymbol{k}\cdot\boldsymbol{R}_l} \tag{5-80}$$

或

$$E = E^{at} - J_0 - \sum_{l \neq 0}^{\text{最近邻}} J(\boldsymbol{R}_l) e^{i\boldsymbol{k}\cdot\boldsymbol{R}_l} \tag{5-81}$$

注意到随着原子间距的不断增加，孤立原子的电子波函数下降很快，因此，可以只需考虑最近邻原子的重叠积分，而其他更远处原子产生的积分值很小，可以忽略不计。由此可知，紧束缚模型适用于相邻原子的电子波函数重叠很小的情形，包括绝缘体、半导体、金属的内层电子以及过渡金属的 d 电子。

5.4.3 固体能带的 $E \sim k$ 关系

为简明起见，这里重点讨论由孤立原子 s 能级形成的固体的 s 能带结构。由于 s 态电子波函数具有球对称性，最近邻原子的重叠积分与方向无关，其大小用 J_1 表示，可以将它提到求和号外，于是紧束缚近似下的 $E \sim \boldsymbol{k}$ 关系为

$$E_s = E_s^{at} - J_0 - J_1 \sum_{n \neq 0}^{\text{最近邻}} e^{i\boldsymbol{k}\cdot\boldsymbol{R}_n} \tag{5-82}$$

以简单立方晶体为例，计算其 s 能带的 $E \sim \boldsymbol{k}$ 关系。以其中一个格点原子为原点，其最近邻的原子格点有 6 个，分别为（a, 0, 0）、（$-a$, 0, 0）、（0, a, 0）、（0, $-a$, 0）、（$-a$, 0, 0）、（0, 0, $-a$），将其代入式（5-81），有

$$E_s(\boldsymbol{k}) = E_s^{at} - J_0 - J_1(e^{ik_x a} + e^{-ik_x a} + e^{ik_y a} + e^{-ik_y a} + e^{ik_z a} + e^{-ik_z a})$$

化简得

$$E_s(\boldsymbol{k}) = E_s^{at} - J_0 - 2J_1(\cos k_x a + \cos k_y a + \cos k_z a)$$

立方晶体的布里渊区仍为立方结构，如图 5-13a 所示，在特殊点 Γ、M、X 和 R 处的能量分别为

$$\Gamma \text{ 点 } \boldsymbol{k}=(0,0,0)\text{，} E_s(\boldsymbol{k})=E_s^{\text{at}}-J_0-6J_1$$

$$X \text{ 点 } \boldsymbol{k}=\left(\frac{\pi}{a},0,0\right)\text{，} E_s(\boldsymbol{k})=E_s^{\text{at}}-J_0-2J_1$$

$$M \text{ 点 } \boldsymbol{k}=\left(\frac{\pi}{a},\frac{\pi}{a},0\right)\text{，} E_s(\boldsymbol{k})=E_s^{\text{at}}-J_0+2J_1$$

$$R \text{ 点 } \boldsymbol{k}=\left(\frac{\pi}{a},\frac{\pi}{a},\frac{\pi}{a}\right)\text{，} E_s(\boldsymbol{k})=E_s^{\text{at}}-J_0+6J_1$$

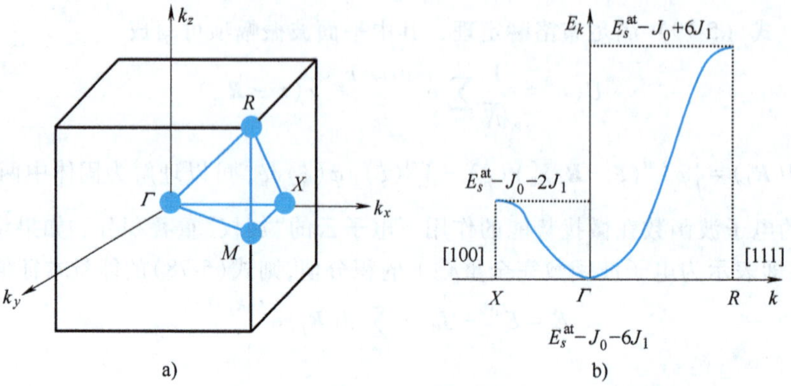

图 5-13　立方晶格的布里渊区及 s 能带的 E~k 关系图

图 5-13b 为 s 能带的 E~$\boldsymbol{k}$ 关系，可见，Γ 点和 R 点分别对应于能带底和能带顶，能带宽度为 $\Delta E=12J_1$，能带宽度与原子能级之间的关系如图 5-14 所示。当孤立原子按照一定晶体结构组成固体时，s 态电子的能级在 E_s^{at} 的基础上先降低 J_0 的能量，然后分裂成一个宽度为 $12J_1$ 的能带。

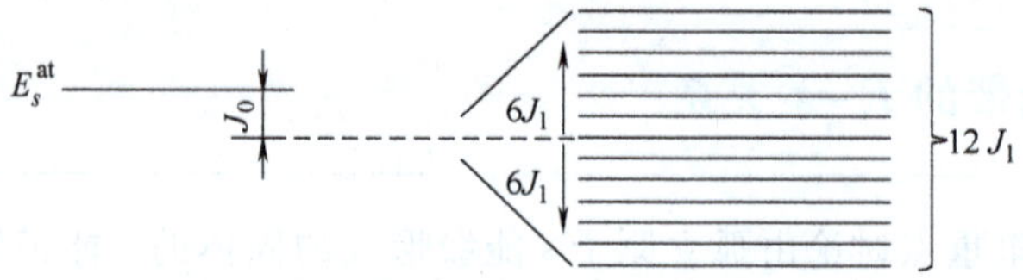

图 5-14　能带宽度与原子能级之间的对应关系

通过上述分析可以看出，能带宽度 ΔE 取决于 J_1，而 J_1 的大小又取决于最近邻原子波函数之间的重叠程度，重叠越多，在微扰势下的积分值越大，所形成的能带宽度越大。

以上讨论只适用于原子能级非简并的 s 态电子，此时能级只有一个波函数且原子间的波函数重叠很少。对于 p 态电子、d 态电子等，这些能级状态都是简并的，因此，其布洛赫函数应是孤立原子有关状态波函数的线性组合。

仍以简单立方晶体中原子 p 态电子为例，简要分析其形成的能带结构。考虑到原子 p 态是三重简并的，其原子轨道分别表示为

$$\varphi_{p_x}=xf(\boldsymbol{r})\text{；}\varphi_{p_y}=yf(\boldsymbol{r})\text{；}\varphi_{p_x}=yf(\boldsymbol{r})$$

3 个轨道分别形成一个能带，所对应的波函数是各自原子轨道的线性组合，即：

$$\varphi_{\boldsymbol{k}}^{p_x}=C\sum_m \mathrm{e}^{i\boldsymbol{k}\boldsymbol{R}_m}\varphi_{p_x}(\boldsymbol{r}-\boldsymbol{R}_m)$$

$$\varphi_{\boldsymbol{k}}^{p_y} = C\sum_m \mathrm{e}^{\mathrm{i}\boldsymbol{k}\boldsymbol{R}_m}\varphi_{p_y}(\boldsymbol{r}-\boldsymbol{R}_m)$$

$$\varphi_{\boldsymbol{k}}^{p_z} = C\sum_m \mathrm{e}^{\mathrm{i}\boldsymbol{k}\boldsymbol{R}_m}\varphi_{p_z}(\boldsymbol{r}-\boldsymbol{R}_m)$$

由于 p 轨道不具备球对称性，在 6 个最近邻的重叠积分中，沿不同方向的积分大小 $J(\boldsymbol{R}_l)$ 是不相等的。例如，对于 φ_{p_x}，电子主要聚集在 x 轴方向，因此在此方向上的两个重叠积分更大，设为 J_1；沿其他两个方向的重叠积分较小，且彼此相等，可用 J_2 来表示，将其代入式（5-81），可得能量本征值

$$E_{p_x}(\boldsymbol{k}) = E_p^{\mathrm{at}} - J_0 - 2J_1\cos k_x a - 2J_2(\cos k_y a + \cos k_z a)$$

同理，对于 φ_{p_y} 和 φ_{p_z}，其能量本征值为

$$E_{p_y}(\boldsymbol{k}) = E_p^{\mathrm{at}} - J_0 - 2J_1\cos k_y a - 2J_2(\cos k_x a + \cos k_z a)$$

$$E_{p_z}(\boldsymbol{k}) = E_p^{\mathrm{at}} - J_0 - 2J_1\cos k_z a - 2J_2(\cos k_x a + \cos k_y a)$$

注意到原子的 p 态是奇宇称的。对于 φ_{p_x}，存在 $\varphi_{p_x}(-x) = -\varphi_{p_x}(x)$，因此，沿 x 轴方向的重叠积分 $J_1<0$，而沿 y 和 z 轴方向的重叠积分 $J_2>0$。类似的分析结果同样适用于 φ_{p_y} 和 φ_{p_z}。

下面简单分析〈100〉方向的能带结构：

Γ 点 $\boldsymbol{k}=(0,0,0)$：$E_{p_i}(\boldsymbol{k}) = E_p^{\mathrm{at}} - J_0 - 2J_1 - 4J_2$

X 点 $\boldsymbol{k}=\left(\dfrac{\pi}{a},0,0\right)$：

$$E_{p_x}(\boldsymbol{k}) = E_p^{\mathrm{at}} - J_0 - 4J_2$$

$$E_{p_y}(\boldsymbol{k}) = E_p^{\mathrm{at}} - J_0 - 2J_1$$

$$E_{p_z}(\boldsymbol{k}) = E_p^{\mathrm{at}} - J_0 - 2J_1$$

将 s 态和 p 态电子在〈100〉方向上的能带结构画在一起，如图 5-15 所示，可以明显观察出二者的区别。

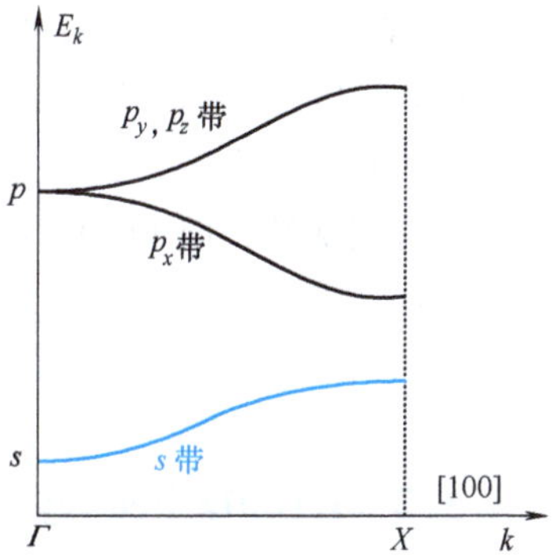

图 5-15 立方晶格的 p 能带的 $E\sim k$ 关系图

理论上，孤立原子中每一个电子能级在形成晶体后都要分裂成一个能带，称为子能带。一般来说，能量最低的子能带对应于最内层电子，其电子轨道很小，不同原子波函数相互重叠的程度最低，能带宽度最窄；而在更高能量的外层电子轨道，重叠程度更高，从而形成的能带宽度更大。如果电子能级和子能带一一对应，则会形成如图 5-3 所示的能带结构。子能带没有重叠的部分就是禁带，适合描述内层电子；如果子能带之间发生重叠，则会形成一个混合能带，如图 5-4a 所示，适合描述外层电子。对于具有金刚石结构的复式晶格，如硅、锗等，由于这些原子的 s 态和 p 态能级相距较近，组成晶体时不同原子态之间还存在相互作用，会形成一个 sp^3 杂化轨道，这是一种分子轨道，无法再用 s 态和 p 态来区分，其能带结构如图 5-4b 所示。因此，在紧束缚近似看来，禁带就是孤立原子能级之间的不连续能量区域在能级分裂之后所剩下的能量区间。

5.5 Kronig-Penney 能带模型

5.5.1 一维周期性势场的设定

根据布洛赫定理，前面两个章节分别利用近自由电子模型和紧束缚模型讨论了这两种极端情形下的能带结构，并从理论上得出了相似的结论：晶体中电子的能级在周期性势场的作用下会形成允带和禁带。从前面的讨论中不难看出，要精确求解晶体的禁带宽度，不管是近自由电子模型下的 $2|V_n|$，还是紧束缚模型下的参数 J_1 和 J_2，都必须给出晶体中电子的周期性势能函数 $V(r)$ 的具体形式。然而，目前我们对实际晶体中的具体势能函数 $V(r)$ 仍然一无所知，为了能够将能带理论和实验结果相比较，就必须尽可能去找出符合实际情况的 $V(r)$，这种尝试从未停止过。

1931 年，R. Kronig 和 W. G. Penney 提出了一个简单的一维方形势场模型，即 Kronig-Penney 模型，它是一维单原子晶体的一个简单模型，利用简单的解析函数实现了严格的能带求解，并得出了允带和禁带的结论。Kronig-Penney 模型清晰地说明了一维晶格中周期性势场是如何产生带隙的，是量子力学中的一个可解问题。这个问题既可以看作一维晶体势中电子的近似，也可以看作一维势垒链势垒问题的推广。该模型的解显示出“带隙”——一个电子无法假设的能带，但在实际材料中，尤其是在半导体中，却可以“看到”的信息。尽管 Kronig-Penney 模型只是一个简单尝试，却成为将固体分为导体和绝缘体的初步基础，近年来常使用类似的方式来讨论超晶格的能带。

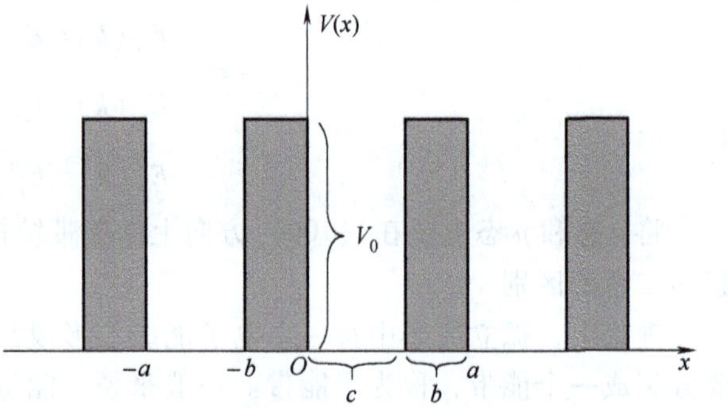

图 5-16 一维单原子晶体的周期性方形势场模型的设定

Kronig-Penney 模型对一维单原子晶体的周期性方形势场进行了如下设定，如图 5-16 所示，势场中势阱的势能为 0，势垒的高度为 V_0，每个势阱的宽度为 c，势垒的宽度为 b，势场的周期为 $a=b+c$。根据上述设定，该模型下的势能函数具有周期性，即 $V(x)=V(x+na)$，可以写成如下形式，其中 n 为任意整数：

$$V(x)=\begin{cases} V_0 & na-b<x<na \\ 0 & na<x<na+c \end{cases} \tag{5-83}$$

5.5.2 Kronig-Penney 模型的求解

根据布洛赫定理可知，晶体中电子的波函数可写成 $\varphi(x)=u(x)\mathrm{e}^{ikx}$，将其代入一维薛定谔方程

$$\frac{\mathrm{d}^2\varphi}{\mathrm{d}x^2}+\frac{2m}{\hbar^2}(E-V)=0$$

整理可得，幅值函数 $u(x)$ 需要满足

$$\frac{d^2u(x)}{dx^2}+2ik\frac{du(x)}{dx}+\left[\frac{2m}{\hbar^2}(E-V)-k^2\right]u(x)=0 \tag{5-84}$$

在势场突变点，波函数 $\varphi(x)$ 及其导数必须连续，这其实就是要求布洛赫波的 $u(x)$ 及其导数必须连续。下面根据式（5-83）的势能函数形式，分不同区域求解出 $u(x)$ 的表达式。

1）在（0，c）区域，此时 $V=0$，则式（5-84）可改写成

$$\frac{d^2u(x)}{dx^2}+2ik\frac{du(x)}{dx}+(\alpha^2-k^2)u(x)=0 \tag{5-85}$$

其中 $\alpha^2=\frac{2mE}{\hbar^2}$，这是一个二阶常系数微分方程，其解的形式为

$$u(x)=A_0e^{i(\alpha-k)x}+B_0e^{-i(\alpha+k)x} \tag{5-86}$$

根据布洛赫定理 $\varphi(x)=u(x)e^{ikx}$，得

$$\varphi(x)=A_0e^{i\alpha x}+B_0e^{-i\alpha x} \tag{5-87}$$

式中，A_0 和 B_0 是待定系数。可以看到，在此区域内的本征函数是向左和向右行进的平面波的线性组合，其能量为

$$E=\frac{\hbar^2\alpha^2}{2m} \tag{5-88}$$

因为幅值函数具有周期性，所以在其他周期性势阱区域（na，$na+c$），可以利用布洛赫函数确定 $\varphi(x+na)$，即 $\varphi(x+na)=e^{iknc}\varphi(x)$，则

$$\varphi(x+na)=A_0e^{ikna}e^{i\alpha x}+B_0e^{ikna}e^{-i\alpha x} \tag{5-89}$$

2）在（-b，0）区域，此时 $V=V_0$，则式（5-84）可改写成

$$\frac{d^2u(x)}{dx^2}+2ik\frac{du(x)}{dx}-(\beta^2+k^2)u(x)=0 \tag{5-90}$$

其中 $\beta^2=\frac{2m}{\hbar^2}(V_0-E)=\frac{2mV_0}{\hbar^2}-\alpha^2$，该微分方程解的形式为

$$u(x)=C_0e^{(\beta-ik)x}+D_0e^{-(\beta+ik)x} \tag{5-91}$$

$$\varphi(x)=C_0e^{\beta x}+D_0e^{-\beta x} \tag{5-92}$$

式中，C_0 和 D_0 是待定系数。可以看到，此区域内的能量为

$$E=V_0-\frac{\hbar^2\beta^2}{2m} \tag{5-93}$$

同理，利用布洛赫函数性质，对于周期性势垒区域（$na-b$，na），此时波函数 $\varphi(x+na)$ 可写成

$$\varphi(x+na)=e^{ikna}C_0e^{\beta x}+e^{ikna}D_0e^{-\beta x} \tag{5-94}$$

在势场突变点 $x=0$ 和 $x=c$ 位置，由于波函数 $\varphi(x)$ 及其导数必须连续，则

$$A_0+B_0=C_0+D_0 \tag{5-95}$$

$$i\alpha(A_0-B_0)=\beta(C_0-D_0) \tag{5-96}$$

$$A_0e^{i\alpha c}+B_0e^{-i\alpha c}=C_0e^{ika-\beta b}+D_0e^{ika+\beta b} \tag{5-97}$$

$$i\alpha(A_0e^{i\alpha c}-B_0e^{-i\alpha c})=\beta(C_0e^{ka-\beta b}-D_0e^{ka+\beta b}) \tag{5-98}$$

式（5-95）~（5-98）是系数 A_0、B_0、C_0 和 D_0 的齐次线性方程组，要使其具有非零解，则方程的系数行列式必须等于零，求解过程从略，经过化简可得：

$$\frac{\beta^2-\alpha^2}{2\alpha\beta}\sinh(\beta b)\sin(\alpha c)+\cosh(\beta b)\cos(\alpha c)=\cos ka \tag{5-99}$$

其中，$\sinh(x)=(e^x-e^{-x})/2$，$\cosh(x)=(e^x+e^{-x})/2$。由此可以计算出能量 E 与波矢 $\boldsymbol{k}$ 之间的色散关系。

5.5.3 Kronig-Penney 模型中的 $E\sim k$ 色散关系

考虑到 kc 是实数，因而等式（5-99）右侧取值只能在 [-1，1] 的范围内，也就是说，

$$-1\leqslant\frac{\beta^2-\alpha^2}{2\alpha\beta}\sinh(\beta b)\sin(\alpha c)+\cosh(\beta b)\cos(\alpha c)\leqslant 1$$

由于参数 α 与能量有关，因此上式为决定电子能量的超越方程，非常复杂。为了简化处理，这里进一步假定 $V_0\to\infty$，$b\to 0$（即 $c\to a$），并保持 $V_0 b$ 有限，则 $\alpha^2\ll\beta^2$。

设 $P=\lim\frac{\beta^2 ab}{2}$，则 $\beta b=\sqrt{\frac{2Pb}{a}}\ll 1$。于是，$\sinh(\beta b)\approx\beta b$，$\cosh(\beta b)\approx 1$，则式（5-99）进一步简化为

$$P\frac{\sin(\alpha a)}{\alpha a}+\cos(\alpha a)=\cos(ka) \tag{5-100}$$

利用式（5-100）可以确定电子的能量。

设 $x=\alpha a$，则由函数

$$f(x)=P\frac{\sin x}{x}+\cos x$$

可以画出 $f(x)$ 的关系曲线。当 $P=3\pi/2$ 时，其图形如图 5-17 所示。由于 $f(x)$ 值在 [-1，1] 的范围内，因此图中只有在此范围内的取值才是有效的，由此可以求出满足条件的 x 或 αa 值。

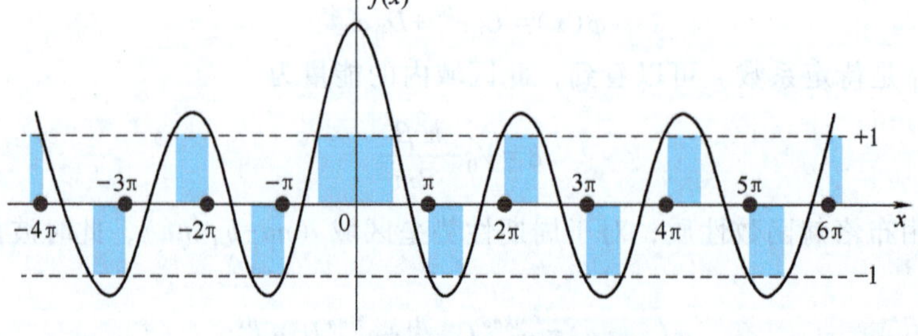

图 5-17　当 $P=3\pi/2$ 时的图形

由于 $\alpha^2=\frac{2mE}{\hbar^2}$，那么如果已知 α 和 m 值，则可求出能量 E。再根据许可的 αa 值，则可以计算出纵坐标值 cos（ka），由此得到每一个 E 值所对应的 k 值，据此画出 $E\sim k$ 色散关系。

为方便绘制，以$\frac{2ma^2}{\pi^2\hbar^2}$为纵坐标，$ka$ 为横坐标。

下面讨论不同 P 值情况下的电子能量状态以及能带情况。

1）当 $P=0$ 时，由式（5-100）可知

$$\alpha a=ka\pm 2n\pi \qquad (n\ \text{为任意整数})$$

将其代入 $\alpha^2=\frac{2mE}{\hbar^2}$，得

$$E=\frac{\hbar^2}{2m}\left(k\pm\frac{2n\pi}{a}\right)^2 \tag{5-101}$$

如果晶体中的波矢 $\boldsymbol{k}$ 是准连续的，则能量 E 也具有准连续值，对应于晶体中自由粒子的情况。

2）当 $P\to\infty$ 时，考虑到式（5-100）等式两边均有限，则必有

$$\frac{\sin(\alpha a)}{\alpha a}\to 0$$

此时，$\alpha a=n\pi$（n 为任意整数），代入 $\alpha^2=\frac{2mE}{\hbar^2}$，得

$$E=\frac{n^2\pi^2\hbar^2}{2ma^2} \tag{5-102}$$

式（5-102）表示电子具有分立的能级，其能量 E 与波矢 $\boldsymbol{k}$ 无关，对应于电子处于无限深势阱中的情况。可见，P 值表达了晶体中粒子被束缚的程度。

3）从图 5-17 可以看出，在 $\cos(ka)=\pm 1$ 处，即 $ka=\pm n\pi$ 时，能量会出现间隙，也就是禁带，即图中的阴影区域。

4）由 $\alpha^2=\frac{2mE}{\hbar^2}$可知，如果 α 越大，则对应的能量 E 也越大，从图 5-18 可以看到，能量越大时，其所对应的允带也更宽。

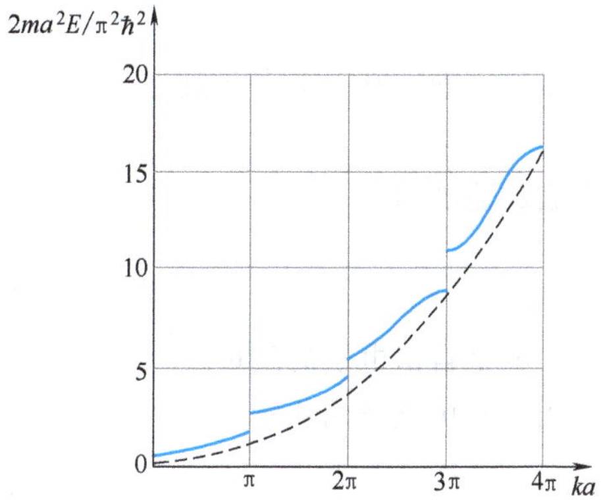

图 5-18 当 $P=3\pi/2$ 时 $E\sim k$ 色散关系

5）从图 5-17 可以得出，能量 E 是波矢 $\boldsymbol{k}$ 的偶函数，即 $E(\boldsymbol{k})=E(-\boldsymbol{k})$。

6）根据函数关系 $\cos(ka)=\cos\left(k+\frac{2n\pi}{a}\right)a=\cos(k+G_n)a$，结合式（5-100）有

$$E(k)=E(k+G_n)$$

即晶体中电子能量具有倒易空间周期性。

可以看到，通过 Kronig-Penney 模型得出的上述结论与布洛赫定理给出的推论是一致的。

Kronig-Penney 模型是第一个严格求解的模型，尽管其所讨论的是简单的一维方形势场模型，但却给出了周期性势场对电子运动影响的简明图像，证实了周期性势场中的电子可以占据的能级形成了能带，能带之间存在禁带。此外，这个模型所揭示的规律具有多方面的适应性，经过适当修正可以用来讨论表面态、合金能带以及超晶格能带的问题，具有重要的指导意义。

5.6 布洛赫电子的准经典运动

通过前面章节的学习，我们已经了解了晶体中的电子在周期性势场中运动的本征态和本征值，这是研究各种有关电子运动问题的基础，比如讨论金属电子的热容量和半导体电子的热激发等物理问题。在实际中，晶体中的电子运动还会受到包括电场或磁场等外场的作用。电子有可能在外场的作用下做加速运动，同时电子从外场吸收能量后还可以激发声子，通过晶格振动把能量传给晶体，可见，晶体在外场作用下会出现电子—声子相互作用，这是固体物理中重要的微观作用过程。

一般情况下，相对于晶体内部的周期性势场，外加势场会弱很多，因此可以基于晶体中周期性势场的本征态来讨论外场条件下电子在晶体中的输运问题，处理这种问题的方法主要有准经典法和量子理论法。本节主要介绍其中一种准经典法，即将布洛赫电子的平均速度视为电子的速度，把电子看作一种具有一定速度和有效质量的准粒子，再通过准经典粒子在外场中的运动方程来求解所需的物理参量，从而获得简单明了的物理规律。

5.6.1 波包与电子速度

首先讨论自由电子的平面波，其波函数形式为

$$\varphi(\boldsymbol{k},\boldsymbol{r})=V_c^{-1/2}\mathrm{e}^{i\boldsymbol{kr}}$$

根据量子力学，其动量本征值为

$$\boldsymbol{p}=\hbar\boldsymbol{k}$$

因而它的速度为

$$v(\boldsymbol{k})=\frac{\boldsymbol{p}}{m}=\frac{\hbar}{m}\boldsymbol{k} \tag{5-103}$$

式中，m 是自由电子的质量。

由于自由电子的能量为

$$E(k)=\frac{\hbar^2}{2m}k^2$$

因此，自由电子的速度可写成

$$v(\boldsymbol{k})=\frac{1}{\hbar}\nabla_{\boldsymbol{k}}E(\boldsymbol{k}) \tag{5-104}$$

上述过程即为自由电子速度的推导过程，其中 $\nabla_{\boldsymbol{k}}$表示 k 空间运算符，自变量包括 k_x、k_y 和 k_z。

对于晶体中的布洛赫波，它可以看作由许多频率相差不大的电子波所组成的波包，这样波包的群速度就是组成该波包电子的平均速度，也就是布洛赫电子的平均速度。采取类似自由电子的方式，只需要在推导过程中加上能带指数 n，也可以获得一个与式（5-104）相似的公式（推导从略），即

$$v_n(\boldsymbol{k})=\frac{1}{\hbar}\nabla_{\boldsymbol{k}}E_n(\boldsymbol{k}) \tag{5-105}$$

式（5-105）右边 $\nabla_{\boldsymbol{k}}E_n(\boldsymbol{k})$ 表示能量 E_n 在波矢 $\boldsymbol{k}$ 空间内求梯度。因此，布洛赫电子的运动速度与能量梯度成正比，方向与等能面法线方向一致，是一个正空间的参量，单位为 m/s。

为了更好地对比布洛赫电子和自由电子的区别，图 5-19 给出了这两种电子速度与波矢方向的关系。对于自由电子，由于其等能面是球面，因此可用式（5-103）来表示，此时自由电子的速度与波矢 $\boldsymbol{k}$ 的方向相同，大小成正比。对于布洛赫电子，速度也是波矢 $\boldsymbol{k}$ 的函数，即与 k 空间的能量梯度成正比。但梯度矢量垂直于能量等值线，因此在 $\boldsymbol{k}$ 空间中每一点上的速度都与通过该点的能量等值线正交。对于晶体的等能面，一般都不是球形的，如图 5-19b 所示，因此，布洛赫电子的速度与波矢 $\boldsymbol{k}$ 的方向不一定完全一致。

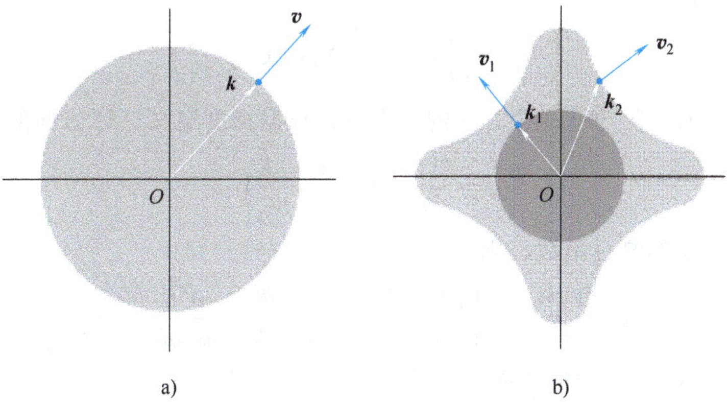

图 5-19　自由电子与布洛赫电子的速度与波矢方向的关系
a）自由电子　b）布洛赫电子

5.6.2　外力作用下的电子状态与准动量

当晶体处于外场中时，布洛赫电子的运动将受到外力 $\boldsymbol{F}$ 的作用，这里仅考虑能带内的电子运动，而不会在能带间发生跃迁，显然，在单位时间 dt 内，外场力对电子所做的功为 $\boldsymbol{F}\cdot v_{\boldsymbol{k}}\mathrm{d}t$。相应地，电子通过吸收外力场能产生的能量变化值为 dE，根据能量守恒原理，可知

$$\mathrm{d}E=\boldsymbol{F}\cdot v_{\boldsymbol{k}}\mathrm{d}t \tag{5-106}$$

考虑到电子能量 E 是状态 $\boldsymbol{k}$ 的函数，因此式（5-106）左侧项可写成 $\mathrm{d}\boldsymbol{k}\cdot\nabla_{\boldsymbol{k}}E$，得

$$\mathrm{d}\boldsymbol{k}\cdot\nabla_{\boldsymbol{k}}E=\boldsymbol{F}\cdot v_{\boldsymbol{k}}\mathrm{d}t$$

结合式（5-104），有

$$\left(\hbar\frac{\mathrm{d}\boldsymbol{k}}{\mathrm{d}t}-\boldsymbol{F}\right)\cdot v(\boldsymbol{k})=0 \tag{5-107}$$

如果将 $\boldsymbol{F}$ 和 $\boldsymbol{k}$ 分解成与 $v_{\boldsymbol{k}}$ 平行和垂直的分量，则根据式（5-107）可知，不管是平行还是垂直方向，均有

$$\frac{\mathrm{d}}{\mathrm{d}t}(\hbar\boldsymbol{k})=\boldsymbol{F} \tag{5-108}$$

式（5-108）即为布洛赫电子在外场力作用下运动状态变化的基本公式。与经典牛顿定

理$\frac{\mathrm{d}p}{\mathrm{d}t}=\boldsymbol{F}$相比，二者在形式上是相似的，表明 $\hbar\boldsymbol{k}$ 具有类似动量的性质。由于布洛赫波并不是动量的本征态，即没有确定的动量，而且 $\boldsymbol{k}$ 也等于动量算符的平均值，因而 $\hbar\boldsymbol{k}$ 常被称为是布洛赫电子的准动量。它是晶体中布洛赫电子与其他粒子、准粒子发生相互作用时遵守动量守恒定律（或准动量选择定则）而表现出来的。

5.6.3 加速度与有效质量张量

根据式（5-105）可知，速度 $v(\boldsymbol{k})$ 是 $\boldsymbol{k}$ 的函数，由此可以推出布洛赫电子在外场力作用下的加速度公式：

$$\frac{\mathrm{d}v(\boldsymbol{k})}{\mathrm{d}t}=\frac{1}{\hbar}\frac{\mathrm{d}}{\mathrm{d}t}\nabla_{\boldsymbol{k}}E(\boldsymbol{k}) \tag{5-109}$$

考虑到 $\boldsymbol{k}$ 包括 k_x、k_y 和 k_z3 个方向的自变量，根据梯度定义，k_x 方向的加速度为

$$a=\frac{\mathrm{d}v(k_x)}{\mathrm{d}t}=\frac{1}{\hbar}\frac{\mathrm{d}}{\mathrm{d}t}\left(\frac{\partial E}{\partial k_x}\right) \tag{5-110}$$

由于$\partial E/\partial \boldsymbol{k}_x$ 是 t 的复合函数，则

$$a_x=\frac{\mathrm{d}v(k_x)}{\mathrm{d}t}=\frac{1}{\hbar}\left(\frac{\partial^2 E\partial k_x}{\partial k_x^2\ \partial t}+\frac{\partial^2 E}{\partial k_x\partial k_y}\frac{\partial k_y}{\partial t}+\frac{\partial^2 E}{\partial k_x\partial k_z}\frac{\partial k_z}{\partial t}\right)$$

同理，可写出 k_y 和 k_z 方向的加速度：

$$a_y=\frac{\mathrm{d}v(k_y)}{\mathrm{d}t}=\frac{1}{\hbar}\left(\frac{\partial^2 E}{\partial k_y\partial k_x}\frac{\partial k_x}{\partial t}+\frac{\partial^2 E\partial k_y}{\partial k_y^2\ \partial t}+\frac{\partial^2 E}{\partial k_y\partial k_z}\frac{\partial k_z}{\partial t}\right)$$

$$a_z=\frac{\mathrm{d}v(k_z)}{\mathrm{d}t}=\frac{1}{\hbar}\left(\frac{\partial^2 E}{\partial k_z\partial k_x}\frac{\partial k_x}{\partial t}+\frac{\partial^2 E}{\partial k_z\partial k_y}\frac{\partial k_y}{\partial t}+\frac{\partial^2 E\partial k_z}{\partial k_z^2\ \partial t}\right)$$

因此，上面 3 个式子可写出矩阵形式：

$$a=\frac{\mathrm{d}v(\boldsymbol{k})}{\mathrm{d}t}=\frac{1}{\hbar}\begin{pmatrix}\frac{\partial^2 E}{\partial k_x^2} & \frac{\partial^2 E}{\partial k_x\partial k_y} & \frac{\partial^2 E}{\partial k_x\partial k_z}\\ \frac{\partial^2 E}{\partial k_y\partial k_x} & \frac{\partial^2 E}{\partial k_y^2} & \frac{\partial^2 E}{\partial k_y\partial k_z}\\ \frac{\partial^2 E}{\partial k_z\partial k_x} & \frac{\partial^2 E}{\partial k_z\partial k_y} & \frac{\partial^2 E}{\partial k_z^2}\end{pmatrix}\begin{pmatrix}\frac{\partial k_x}{\partial t}\\ \frac{\partial k_y}{\partial t}\\ \frac{\partial k_z}{\partial t}\end{pmatrix} \tag{5-111}$$

结合式（5-108），有

$$a=\frac{\mathrm{d}v(\boldsymbol{k})}{\mathrm{d}t}=\frac{1}{\hbar^2}\begin{pmatrix}\frac{\partial^2 E}{\partial k_x^2} & \frac{\partial^2 E}{\partial k_x\partial k_y} & \frac{\partial^2 E}{\partial k_x\partial k_z}\\ \frac{\partial^2 E}{\partial k_y\partial k_x} & \frac{\partial^2 E}{\partial k_y^2} & \frac{\partial^2 E}{\partial k_y\partial k_z}\\ \frac{\partial^2 E}{\partial k_z\partial k_x} & \frac{\partial^2 E}{\partial k_z\partial k_y} & \frac{\partial^2 E}{\partial k_z^2}\end{pmatrix}\begin{pmatrix}F_{k_x}\\ F_{k_y}\\ F_{k_z}\end{pmatrix} \tag{5-112}$$

可以看出，式（5-112）具有与牛顿定律 $a=\boldsymbol{m}^{-1}\boldsymbol{F}$ 相似的表达形式，只是出现了一个张量来代替 $\boldsymbol{m}^{-1}$，这个张量叫作倒有效质量张量，用 $\boldsymbol{m}^{*-1}$ 来表示，对它进行矩阵的逆操作就可以得到有效质量张量（$\boldsymbol{m}^{*}$）。

由于能量 $E(\boldsymbol{k})$ 及其导数连续，其混合偏导与次序无关，即

$$\frac{\partial^2 E}{\partial k_i \partial k_j}=\frac{\partial^2 E}{\partial k_j \partial k_i} \quad (i\neq j)$$

因此有效质量张量具有对称性，也称为对称张量，包含 6 个与能带结构有关的独立分量。

如果选择合适的坐标系，使坐标轴与张量的主轴方向一致，则只有 $i=j$ 的对角分量不为 0，其他非对角分量均为 0。此时，倒有效质量张量的逆对角分量就是有效质量张量的对角分量，即

$$m_{xx}^{*}=\frac{\hbar^2}{\partial^2 E/\partial k_x^2} \tag{5-113}$$

$$m_{yy}^{*}=\frac{\hbar^2}{\partial^2 E/\partial k_y^2} \tag{5-114}$$

$$m_{zz}^{*}=\frac{\hbar^2}{\partial^2 E/\partial k_z^2} \tag{5-115}$$

则式（5-112）可写成

$$a=\frac{\mathrm{d}v(\boldsymbol{k})}{\mathrm{d}t}=\begin{pmatrix} m_{xx}^{*-1} & 0 & 0 \\ 0 & m_{yy}^{*-1} & 0 \\ 0 & 0 & m_{zz}^{*-1} \end{pmatrix}\begin{pmatrix} F_{k_x} \\ F_{k_y} \\ F_{k_z} \end{pmatrix} \tag{5-116}$$

很明显，张量中的每一分量项 $a=\boldsymbol{m}_i^{-1}\boldsymbol{F}_{k_i}$ 均具有和牛顿经典方程类似的形式，也就是说，晶体中的布洛赫电子在外场力作用下的运动形式遵守经典牛顿定律，只是用有效质量 $\boldsymbol{m}^{*}$ 替代了惯性质量 $\boldsymbol{m}$。由于有效质量是一个张量，一般地，其对角元素不一定相等，因此，加速度和外场力的方向可以是不相同的。只有当布洛赫电子的等能面为球面时，3 个对角分量才会相等，有效质量变成标量，例如，自由电子的等能面为球面，则 $m_{xx}^{*}=m_{yy}^{*}=m_{zz}^{*}=m$，此时加速度和外场力的方向才会相同。当等能面为椭球面时，有效质量在椭球的横轴方向和纵轴方向具有很大的差异，此时加速度和外场力基本不同向。

有效质量是一个重要的概念，它把晶体中电子准经典运动的加速度与外力联系了起来。需要注意的是，有效质量并不是一个常数，而是 $\boldsymbol{k}$ 的函数，其值可以是正值也可以是负值，具有重要的物理意义。一般地，有效质量在能带底附近总是表现为正值，布洛赫电子的加速度与外场力方向相同；而在能带顶附近总是表现为负值，布洛赫电子的加速度与外力方向相反。

为简便起见，以一维晶体为例，图 5-20 所示为它的能带结构、布洛赫电子速度、有效质量与波矢之间的关系示意图。

根据紧束缚模型，对于一维晶体的 s 能带，容易推导出其能带结构为

$$E_s(\boldsymbol{k})=E_s^{\mathrm{at}}-J_0-2J_1\cos ka$$

则根据式（5-105）可知，布洛赫电子速度为

$$v(\boldsymbol{k})=\frac{2}{\hbar}J_1 a\sin ka$$

根据式（5-113）~式（5-115）可知，布洛赫电子的有效质量为

$$m^*=\frac{\hbar^2}{\partial^2 E/\partial k^2}=\frac{\hbar^2}{2J_1 a^2\cos ka}$$

利用上述3个式子可以将能带结构、布洛赫电子速度、有效质量与波矢之间的关系画出来，如图5-20a所示。

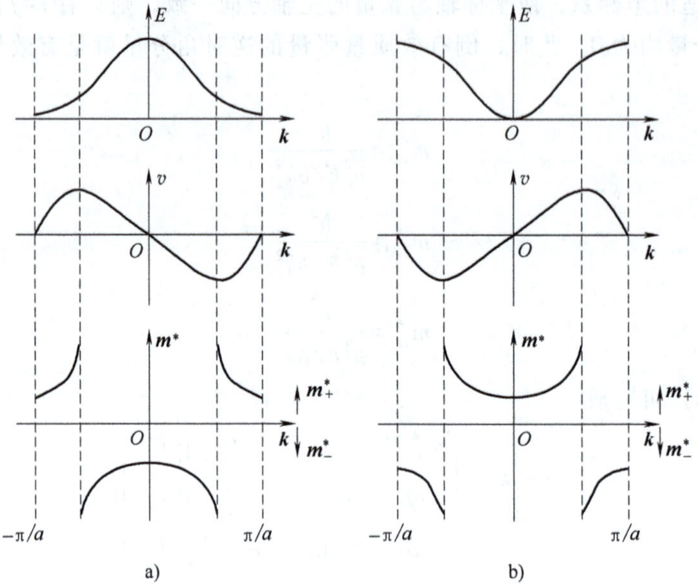

图 5-20　一维晶体能带结构、布洛赫电子速度、有效质量与波矢的关系

对于晶体中的电子，除了受外场力作用以外，还会受到晶格场力的作用。然而，从前面有效质量的推导过程中，可以看到式（5-116）并没有出现这种不易测量的晶格场力，这是因为有效质量包含了晶格场力的影响，这种影响最终反映在有效质量的复杂性上。这种作用通过在布里渊区边界发生Bragg反射，利用电子与晶格之间交换动量的形式表现出来。一般情况下是一个张量，特殊情况下可以退化为标量。有效质量既可以利用能带结构求出，也可以通过实验来测定。

5.7　三类晶体的能带结构

尽管晶体中存在大量电子，但无数实验表明，晶体的电子导电性表现出显著的差异，有的具有良好的电子导电性，而有的却很差，这一现象曾长期得不到合理的解释。能带理论的提出，首次从理论上解释了晶体为何存在导体、半导体和绝缘体的区别，这一伟大成就为现代科技的发展奠定了重要的理论基础，尤其是促进了半导体领域的急速发展。

从5.6节可知，晶体中布洛赫电子的有效质量与能带结构有关，不同能带或同一能带不同波矢 $\boldsymbol{k}$ 处的电子有效质量都不尽相同，导致在同一外场力 $\boldsymbol{F}$ 的作用下，不同位置的电子的加速度就会不同。因此，要考察一个晶体的电子导电性，就必须知道其内部布洛赫电子的

能量分布，从而计算出这些电子对整体电流的贡献。电子在晶体中处于平衡态时，满足费米-狄拉克分布函数 $f(E, T)$，把这种具有有效质量、除碰撞外没有其他相互作用且遵守费米-狄拉克分布的布洛赫电子称为布洛赫电子费米气。本节将讨论这些电子在能带中的填充情况与导电性、最后总结三类晶体的能带结构。

5.7.1　能带填充与导电规则

（1）满带、不满带与空带　假设晶体包含的初基原胞数为 N，则在第一布里渊区中波矢 $\boldsymbol{k}$ 的数目为 N，根据能带结构和电子自旋可知，每个子能带可以填充 $2N$ 个电子。根据能带填充情况，可以有以下 3 种分类：

如果一个能带内的所有状态全部被电子填满，则称为满带。

如果一个能带内有部分状态未被电子填充，则称为不满带或半满带。

如果一个能带内的所有状态均未被电子填充，则称为空带。

以半导体硅为例，其价带由 4 个子能带组成，因而共有 $8N$ 个电子状态。硅的初基原胞包含 2 个原子，每个硅原子有 4 个价电子，则由 N 个初基原胞组成的硅晶体就有 $2N$ 个原子，包含 $8N$ 个价电子。因此，对于处于基态的硅晶体，其价带的 4 个子能带正好全部被这 $8N$ 个价电子所填满，因而都是满带。

（2）能带中的电子运动电流与导电规则　对于晶体中的某一能带 n，其 $\boldsymbol{k}$ 空间体元 $\mathrm{d}\tau_{\boldsymbol{k}}$ 内的布洛赫电子数为

$$\mathrm{d}n=\frac{2}{(2\pi)^3}f\mathrm{d}\tau_{\boldsymbol{k}}$$

如果这些电子做集体定向运动，则产生的元电流密度为

$$\mathrm{d}j=\mathrm{d}n[-ev(\boldsymbol{k})]=-\frac{ev(\boldsymbol{k})}{4\pi^3}f\mathrm{d}\tau_{\boldsymbol{k}}$$

由此可知，在整个第一布里渊区内，全部电子运动所形成的电流密度为

$$I=-\frac{e}{4\pi^3}\int_{B.Z.}f\cdot v(\boldsymbol{k})\mathrm{d}\tau_{\boldsymbol{k}} \tag{5-117}$$

如果晶体没有受到外场力的作用，即 $F=0$，根据 $E(\boldsymbol{k})=E(-\boldsymbol{k})$，可知费米-狄拉克分布函数 $f(E, T)$ 是波矢 $\boldsymbol{k}$ 的偶函数，也就是说，无论能带是否被填充满，电子在能带中的分布都是对称的，如图 5-21 所示。

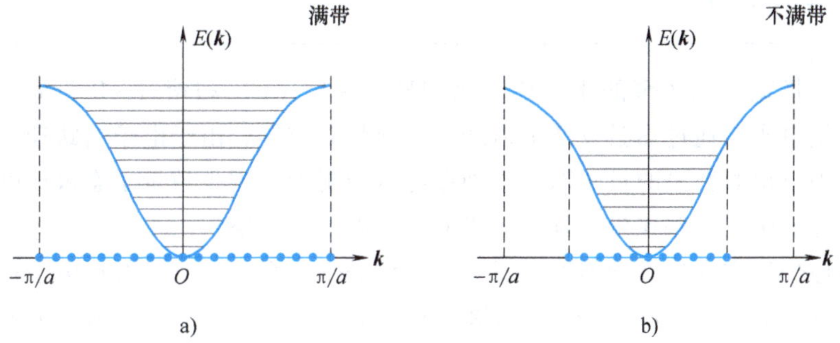

图 5-21　满带和不满带中布洛赫电子在第一布里渊区的对称分布

进一步地，根据式（5-105），有

$$v(\boldsymbol{k})=\frac{1}{\hbar}\nabla_{\boldsymbol{k}}E(\boldsymbol{k})=\frac{1}{\hbar}\nabla_{\boldsymbol{k}}E(-\boldsymbol{k})=-\frac{1}{\hbar}\nabla_{-\boldsymbol{k}}E(-\boldsymbol{k})$$

可见，$v(-\boldsymbol{k})=-v(\boldsymbol{k})$，即布洛赫电子的速度 $v(\boldsymbol{k})$ 是一个奇函数。

根据 $f(E,T)$ 和 $v(\boldsymbol{k})$ 的奇偶性，可知式（5-117）中的积分函数 $f\cdot v(\boldsymbol{k})$ 是一个奇函数，其在对称域内的积分值为零，因此，电流密度 $I=0$，表示晶体在未受外场力时不会产生宏观电流。

当外场力 $F\neq0$ 时，对任一布洛赫电子，由式（5-108）变换均有

$$\mathrm{d}\boldsymbol{k}=\frac{1}{\hbar}\boldsymbol{F}\mathrm{d}t \tag{5-118}$$

下面分别对满带和不满带进行讨论。

1）满带。对于满带情况，如图 5-21a 所示，在 $\mathrm{d}t$ 时间内，布洛赫电子在外场力作用下波矢增量均为 $\mathrm{d}\boldsymbol{k}$，相当于所有电子“齐步走”。由于晶体倒格子具有周期性，因此，电子在波矢空间的运动相当于从第一布里渊区进入了相邻的第一布里渊区，即电子的对称性在外场力作用下并未发生变化，保持着对称分布，因此电流密度仍为零，不会出现电流。可见，不管有没有外场力的作用，满带材料均不导电。

2）不满带。对于不满带情况，其基态如图 5-21b 所示，当施加外场力后，布洛赫电子就会在外场力作用下进行运动，从本征的对称分布状态变成了不对称分布，即电子不再处于平衡态，此时费米-狄拉克分布函数也就不再对称，电子速度的分布以及积分域都不对称了，如图 5-22 所示。根据式（5-117）可知，电流密度 $I\neq0$。因此，不满带材料在外场力作用下可以导电。

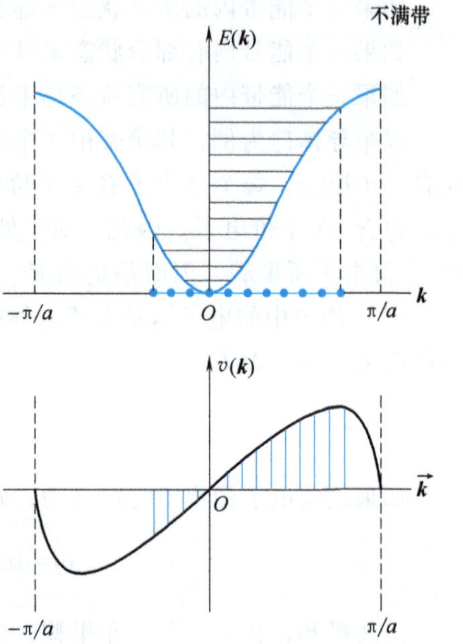

图 5-22 加外场力后不满带中布洛赫电子及其速度在第一布里渊区内的分布

根据上述讨论，可知能带在外场力作用下的导电规则为：满带不导电，不满带导电。

5.7.2 近满带与空穴

对于一些禁带宽度比较窄的半导体，例如硅（~1.1eV）和锗（~0.7eV），在室温下，价带顶上的少量电子会通过热激发或辐射跃迁至导带底位置，由于电子的跃迁，就会在原来是满带的价带中空出等数量的量子态。这种在能带顶附近出现少数量子态未被电子所占据的能带结构叫作近满带。这些在价带顶空下来的量子态就称为空穴。

为了更好地理解空穴的概念与物理意义，假设满带上只有一个没有被电子占据的量子态 $\boldsymbol{k}$，整个近满带的总电流密度为 $I(\boldsymbol{k})$，如果在此空位上放入一个电子，则这个电子产生的荷电流为 $-ev(\boldsymbol{k})$。由于放入这个电子后，能带又变成了满带，根据 5.7.1 节分析可知，满带的

总电流密度为零，因而有

$$I(\boldsymbol{k})+[-ev(\boldsymbol{k})]=0$$

由此可知，包含一个空位的近满带的电流密度为

$$I(\boldsymbol{k})=ev(\boldsymbol{k}) \tag{5-119}$$

式（5-119）表明，近满带中所有电子集体运动所产生的总电流就如同是一个带正电电荷 e、速度与 $\boldsymbol{k}$ 态电子速度相同的准粒子所引起的电流。根据能量最低原则，晶体中电子总是趋向于占据低能态位置，因此空穴总是位于能带顶位置，从图 5-20a 可知，能带顶附近电子的有效质量 $\boldsymbol{m}_e^*<0$。因此，把这个带有正电电荷 e、正有效质量 $\boldsymbol{m}_h^*=-\boldsymbol{m}_e^*>0$ 且速度为 $v(\boldsymbol{k})$ 的准粒子称为空穴。

应当指出，空穴是一个假想的准粒子，只有在近满带的情况下才具有重要的实际物理意义，此概念的引入是为了更好地描述近满带中大量电子运动的集体行为，是一种简单明了而等效的处理方式。在半导体物理中，价带顶的空穴和导带底的电子是半导体的载流子，共同决定着半导体的导电性能。

5.7.3 导体、半导体和绝缘体的能带结构

当晶体处于基态（$T=0$K）时，电子按照能量从低到高依次填充能带，根据能带的导电规则，如果最后填充的能带是不满的，则晶体是导体；如果最后填充的能带是满的，则晶体是非导体。因此，很容易区分导体、半导体和绝缘体能带结构的异同。

（1）导体 对于碱金属晶体（如 Li、Na、K 等），每个初基原胞只含一个原子，而每个原子又仅有一个 s 态价电子，则由 N 个原子组成的晶体，s 能带可容纳 $2N$ 个电子，但晶体只有 N 个价电子，因此，能带中只有一半的能级（下半部分）被电子填充，而上半部分仍有 N 个位置是空的，所以碱金属晶体都是良导体，其能带结构如图 5-23a 所示。

对于二价碱土金属晶体（如 Be、Mg、Ca 等），与碱金属相似，s 能带可容纳 $2N$ 个电子，但每个碱土金属原子最外层包含 2 个 s 态价电子，则由 N 个原子组成的晶体有 $2N$ 个价电子，正好把 s 能带全部填满。按照能带导电规则，应该形成非导体，然而这与实验结果完全不符。造成这一矛盾的根源在于，碱土金属晶体的最外层 s 能带与其上方的 p 能带发生了重叠，电子在没有完全填满 s 能带时就开始填充能量更低的 p 能带，导致 s 能带和 p 能带两个能级都是不满带，所以碱土金属晶体也是良导体，其能带结构如图 5-23b 所示。能带重叠在实际晶体中是一个常见的现象，因此，在分析实际晶体的能带结构时，不能简单按能带理论的一般性原理来判断其是否为导体或非导体。

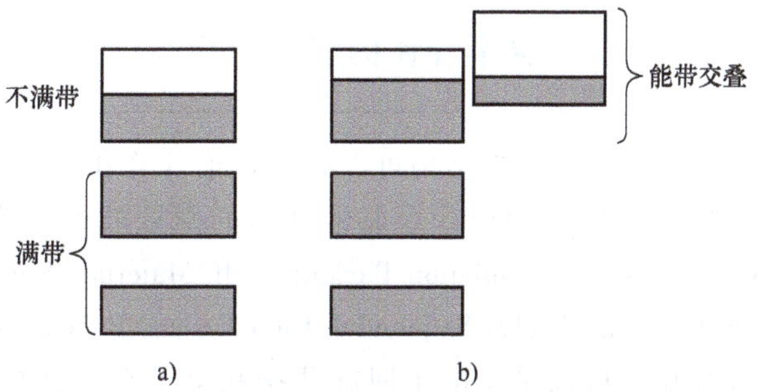

图 5-23 导体的能带结构图

a）碱金属导体 b）碱土金属导体

（2）半导体与绝缘体 前面以硅以例，对其能带的电子填充情况进行了分析，很明显，

处于基态的半导体和绝缘体，电子刚好全部填满能带，其能带结构由一系列满带组成，因此，半导体和绝缘体都属于非导体。从能带结构上看，二者并没有本质区别，其区别仅在于禁带宽度 E_g 大小的不同，如图 5-24 所示。一般地，半导体的禁带宽度较小，绝缘体的禁带宽度较大，但二者并没有严格的界限。我们把最上面一个满带叫作价带（E_V），最靠近价带的空带叫作导带（E_c），费米能级（E_F）位于导带和价带之间。

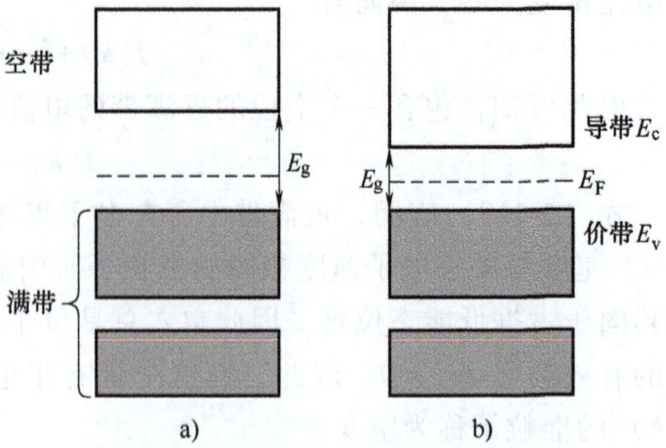

图 5-24　绝缘体和半导体的能带结构图

a）绝缘体　b）半导体

由于半导体的禁带宽度较小，在一定温度下，价带中就会有少量电子通过热激发跃迁到导带底，这个过程称为本征激发。禁带宽度越窄，本征激发出的电子数目就越多，晶体中电子和空穴的本征载流子浓度就越高。因此，半导体具有一定的导电性，但与金属良导体中的电子浓度相比，其本征载流子浓度要低好几个数量级，导电性非常有限。在实践中，通常会通过晶体掺杂、缺陷工程等技术手段来调控半导体的禁带宽度，甚至将绝缘体半导体化，更多半导体相关的知识将在后面章节继续学习。除此之外，导体和非导体之间还可以通过施加高压（Wilson 转变）、原子位移畸变（Peierls 转变）、改变相邻原子间距（Mott 转变）等方式进行转变。

尽管能带理论在解释导体、半导体与绝缘体方面取得了巨大的成功，尤其在半导体材料与器件方面取得了有目共睹的成就，然而，该理论无法解释超导现象，即使在判断晶体是否为导体时，有时也是不准确的。例如，在一些过渡金属氧化物（如 MnO、FeO）中，过渡金属的 3*d* 能带是不满的，O 的 2*p* 能带是满的，按照能带理论应该是导体，而实际上这些物质是绝缘体或半导体。但对 TiO、VO 等氧化物，3*d* 能带也是不满的，但实验发现这些物质却是导体，与能带理论的结论相一致。可见，该理论仍存在局限性。

5.7.4　常见半导体的能带结构

晶体的实际能带结构可以结合理论计算和实验来获取，其中常见的用于理论计算能带结构的商业软件包有 VASP（Viena Ab-initio Simulation Package）和 Materials Studio 中的 CASTEP（Cambridge Sequential Total Energy Package）模块。在实验中，可以采用电子回旋共振和电子自旋共振等手段来确定电子或空穴的有效质量以及能带结构。

在理论计算中，一般更加关注简约布里渊区某些具有较高对称性点的求解。图 5-25 所示为简约布里渊区边界几个最为常见的高对称性点，例如，布里渊中心原点记作 Γ 点，[001] 方向上边界点记作 X 点，[111] 方向上边界点记作 L 点，[110] 方向上边界点记作 K 点。

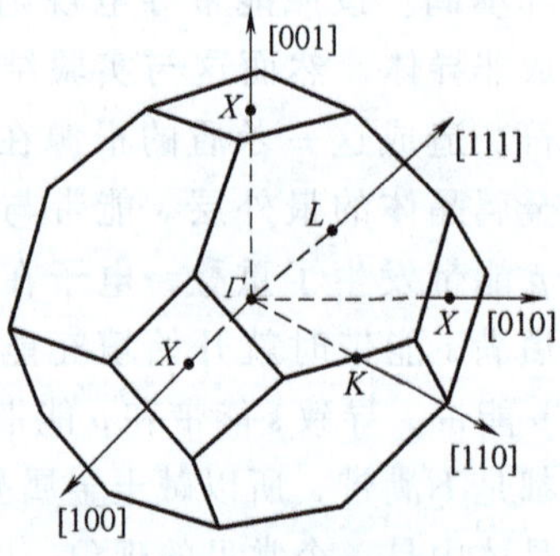

图 5-25　布里渊区边界上高对称性点及其符号

图 5-26 所示为半导体硅（Si）和锗（Ge）沿［100］和［111］方向上的能带结构图。两种半导体的价带顶都位于布里渊中心 Γ 点，硅的导带底位于布里渊中心到［100］方向边界的 0.85 倍处，而锗的导带底位于［111］方向的布里渊边界 L 点。可以看出，这两种半导体的导带底和价带顶所对应的波矢方向不同，这种半导体叫作间接带隙半导体。硅和锗的禁带宽度是随温度变化的，且具有负温度系数。当温度为 300K 时，硅和锗的禁带宽度（E_g）分别为 1.12eV 和 0.67eV。

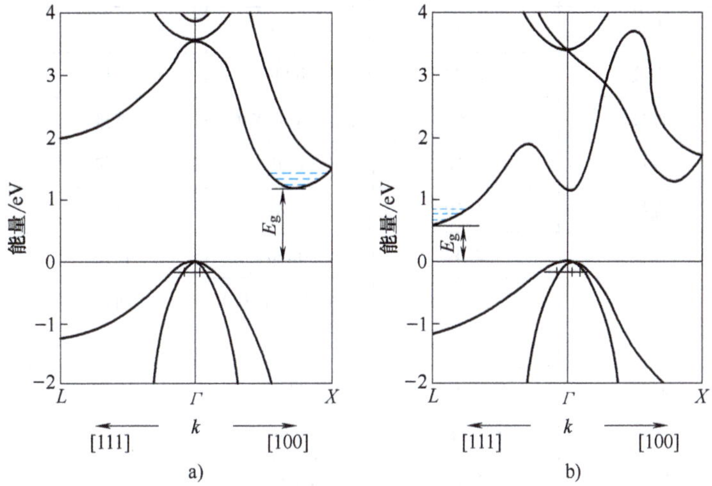

图 5-26 半导体硅和锗的能带结构

a）Si b）Ge

在化合物半导体中，Ⅲ-Ⅴ族和Ⅱ-Ⅵ族化合物是两类较为常见的半导体材料。下面对砷化镓的能带结构予以介绍。图 5-27 所示为砷化镓沿［100］和［111］方向上的能带结构示意图，可以看到导带底和价带顶均位于布里渊中心 Γ 点。这种带底和价带顶所对应相同波矢方向的半导体叫作直接带隙半导体，类似的带隙材料包括氧化锌、磷化铟等。

能带结构决定了晶体的电学和光学等多种性质。间接带隙半导体中电子跃迁时，有极大的概率将能量转移至晶格成为声子，最终变成热能释放掉。而直接带隙中的电子跃迁前后只有能量的变化，而无位置的变化，因而有更高的概率将能量以光子的形式释放出来。因此在制备光学器件时，通常选用直接带隙半导体。

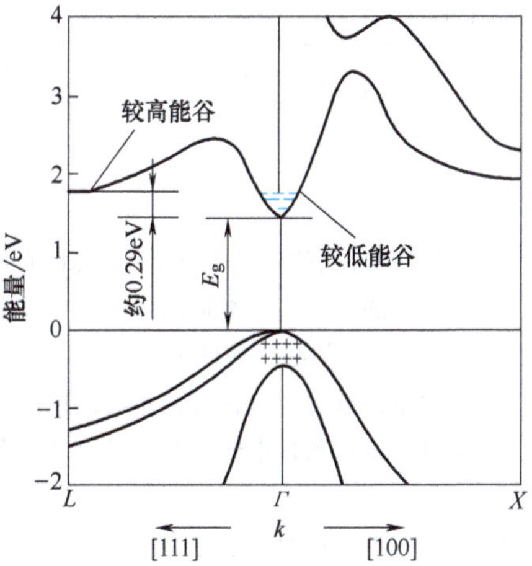

图 5-27 半导体砷化镓的能带结构

常见半导体材料的带隙类型和禁带宽度见表 5-1。可以看出，半导体材料的禁带宽度受晶体结构、温度、掺杂程度、晶体尺寸等因素的影响较大，实际应用中也经常通过调控这些因素来改变其禁带宽度。值得一提的是，随着块体材料的尺寸逐渐减小至量子点，晶体呈现出量子限域效应，其能带结构将由连续能带变为分立能级，且禁带宽度随着晶体尺寸的变小而逐渐增大。又由于量子点的尺寸小于激子的玻尔半径，有效地保证了光激发产生的激子能够实现高效复合，使其具有独特的光学性能，所以通过改变量子点尺寸可以获得不同颜色的光。

表 5-1 常见半导体材料室温下的禁带宽度（E_g）

晶体	带隙	E_g/eV	晶体	带隙	E_g/eV
Si	间接	1.12	InP	直接	1.35
Ge	间接	0.66	InAs	直接	0.36
ZnO	直接	3.34	InSe	直接	0.36
ZnS	直接	3.70	InSb	直接	0.18
ZnSe	直接	2.67	GaN(纤维锌矿)	直接	3.44
ZnTe	直接	2.26	GaP	间接	2.26
Zn_2P_3	直接	1.50	GaAs	直接	1.43
CdS	直接	2.42	GaSb	直接	0.72
CdSe	直接	1.70	AlN(纤维锌矿)	间接	5.11
CdTe	直接	1.44	AlP	间接	2.45
h-BN	间接	5.9~6.07	AlAs	间接	2.36
c-BN	直接	6.4~6.6	AlSb	间接	1.65
MoS_2(块体)	间接	1.29	4H-SiC	间接	3.23
MoS_2(单层)	直接	1.80	6H-SiC	间接	2.86
g-C_3N_4	直接	2.70	3C-SiC	间接	2.36
SnO_2	直接	3.60	TiO_2(金红石)	直接	3.0
SnS_2	直接	2.20	TiO_2(锐钛矿)	间接	3.2
SnSe	直接	0.90	Cu_2S	直接	1.20
SnTe	直接	0.18	Cu_2Se	直接	1.20
HgS	直接	2.00	Cu_2Te	直接	1.1~1.4
HgSe	直接	0.60	PbS	直接	0.36

课后思考题

1. 固体能带论有哪些基本近似？其目的是什么？

2. 晶体中的电子的基本特征是什么？其形成的能带结构与孤立原子的电子能级有哪些对应关系？周期性势场是能带形成的必要条件吗？

3. 试述布洛赫定理的含义，并给出该定理的两个基本表达式以及推论。

4. 近电子模型和紧束缚模型所讨论的对象分别是什么？根据这两个模型，如何解释晶体能隙或禁带的形成？

5. 假设一维晶体的电子势能函数 $V(x)$ 为

$$V(x)=\begin{cases} V_0 & na \leqslant x \leqslant na+d \\ 0 & na+d \leqslant x \leqslant (n+1)a \end{cases}$$

如图 5-28 所示，试用近自由电子模型计算第一个带隙的宽度。

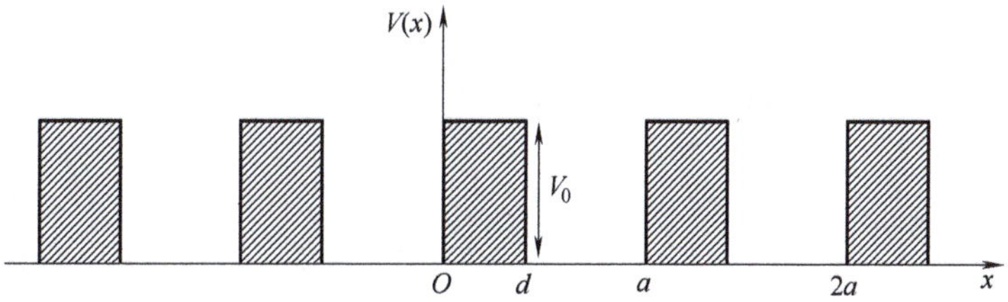

图 5-28 题 5 的图

6. 已知电子周期场的势能函数 $V(x)$ 为

$$V(x)=\begin{cases}\dfrac{1}{2}m\omega^2[b^2-(x-na)^2] & x\in[na-b,na+b]\\ 0 & x\in[(n-1)a+b,na-b]\end{cases}$$

其中 $a=4b$，ω 为常数。

（1）请画出此势能函数曲线。

（2）求势能函数 $V(x)$ 的平均值。

（3）求此晶体的第一个和第二个禁带宽度。

7. 针对一维周期性势场中的电子波函数，利用布洛赫定理，求出下列电子在这些状态下的波矢 $\boldsymbol{k}$（其中 a 为一维晶体的晶格常数）：

（1）$\varphi_k(x)=\sin\dfrac{3\pi}{a}x$

（2）$\varphi_k(x)=\mathrm{i}\cos\dfrac{6\pi}{a}x$

（3）$\varphi_k(x)=\sum\limits_{m=-\infty}^{\infty}f(x-ma)$（$f$ 为某一确定函数，m 为整数）

8. 对于体心立方晶体（晶格常数为 a），在最近邻近似下：

（1）利用紧束缚近似模型计算 s 能带与波矢之间 $E_s\sim\boldsymbol{k}$ 的关系。

（2）求出能带宽度。

9. 试述有效质量、空穴的物理意义，引入它们有何用处？

10. 对于面心立方晶体（晶格常数为 a），在最近邻近似下：

（1）利用紧束缚近似模型计算 s 能带与波矢之间 $E_s\sim\boldsymbol{k}$ 的关系。

（2）计算沿 $k_x(k_y=k_z=0)$ 方向的 s 能带宽度。

（3）求能带底电子的有效质量。

11. 对于简单立方晶体（晶格常数为 a），在最近邻近似下：

（1）利用紧束缚近似模型计算 s 能带与波矢之间 $E_s\sim\boldsymbol{k}$ 的关系。

（2）求出第一布里渊区［110］方向的能带、电子的平均速度、有效质量、沿［110］方向有恒定电场 E 时的加速度。

第6章
半导体理论基础

6.1 载流子统计分布

在特定温度下，通过热激发，电子从价带跃迁到导带（这称为本征激发），形成导带电子和价带空穴。电子和空穴也可通过杂质电离的方式产生，电子从施主能级跃迁到导带时会生成导带电子，而当电子从价带激发到受主能级时会生成价带空穴。除了电子激发跃迁，也存在相反的过程，电子从导带跃迁到价带与空穴复合并释放能量，使得导带中的电子和价带中的空穴不断减少，这称为载流子的复合。在特定温度下，电子激发和复合这两个相反过程之间会建立起动态平衡，即达到该温度下的热平衡状态。此时，半导体中电子浓度和空穴浓度将不随时间变化，这种处于热平衡状态下的电子和空穴称为热平衡载流子。当温度发生变化时，原先的平衡状态被破坏，并建立新的平衡状态，热平衡载流子浓度也会相应发生变化，达到另一个稳定数值。

事实上，半导体的导电性会随温度变化而显著变化。这种变化主要是由于半导体中载流子浓度随温度变化所引起的。因此，要全面了解半导体的导电性及其相关性质，必须深入研究半导体中载流子浓度随温度变化的规律，并解决如何在特定温度下计算半导体中热平衡载流子浓度的问题。

为了计算热平衡载流子浓度并找出其随温度变化的规律，需要弄清楚两个问题：第一，允许的量子态如何分布；第二，电子在这些允许的量子态中的分布情况。接下来，我们将依次探讨这两个问题，并进一步计算热平衡载流子浓度，以便了解它随温度变化的规律。

6.1.1 态密度

在半导体的导带和价带中，假定在能量 E 到 $E+\mathrm{d}E$ 之间无限小的能量间隔内有 $\mathrm{d}Z$ 个量子态，则状态密度 $g(E)$ 为

$$g(E)=\frac{\mathrm{d}Z}{\mathrm{d}E} \tag{6-1}$$

也就是说，状态密度 $g(E)$ 就是在能带中能量 E 附近每单位能量间隔内的量子态数。只要能求出 $g(E)$，则允许的量子态按能量分布的情况就知道了。

半导体中电子的波矢 $\boldsymbol{k}$ 不能取任意的数值，而是受到一定条件的限制。

以波矢 $\boldsymbol{k}$ 的三个互相正交的分量 k_x、k_y、k_z。为坐标轴的直角坐标系所描写的空间为 k 空间。显然，在 k 空间中，由一组整数（n_x，n_y，n_z）所决定的一点，对应于一定的波矢 $\boldsymbol{k}$，如图 6-1 所示。

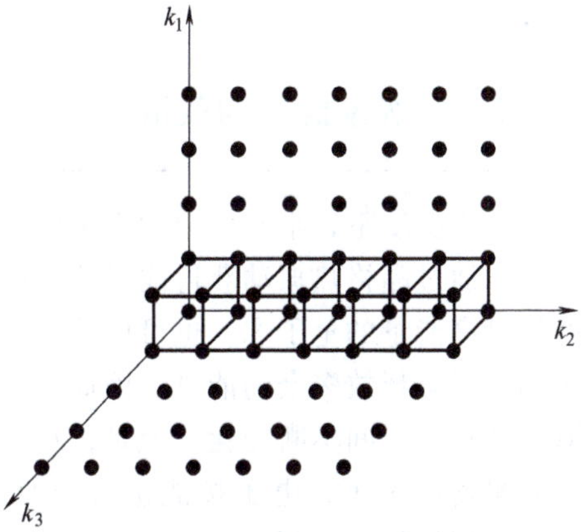

图 6-1　k 空间中的状态分布

因为任一代表点的坐标，沿三条坐标轴方向均为 $1/L$ 的整数倍，所以代表点在 k 空间中是均匀分布的。每一个代表点都和体积为 $1/L^3=1/V$ 的一个立方体相联系，这些立方体之间紧密相接、没有间隙、没有重叠地填满 k 空间。也就是说，在 k 空间中，电子的允许能量状态密度是 V。如果计入电子的自旋，那么，k 空间中每一个代表点实际上代表自旋方向相反的两个量子态。所以，在 k 空间中，电子的允许量子态密度是 $2V$。这时，每一个量子态最多只能容纳一个电子。

下面计算半导体导带底附近的态密度。为简单起见，考虑能带极值在 $k=0$ 等能面为球面的情况。根据式（6-2），导带底附近 $E(k)$ 与 k 的关系为

$$E(k)=E_c+\frac{h^2k^2}{2m_n^*} \tag{6-2}$$

式中，m_n^* 为导带底电子有效质量。

在 k 空间中，以 $|k|$ 为半径作一球面，它就是能量为 $E(k)$ 的等能面；再以 $|k+\mathrm{d}k|$ 为半径所作的球面，它是能量为 $E+\mathrm{d}E$ 的等能面。要计算能量在 $E\sim E+\mathrm{d}E$ 之间的量子态数，只要计算这两个球壳之间的量子态数即可。因为这两个球壳之间的体积是 $4\pi k^2\mathrm{d}k$，而 k 空间中，量子态密度是 $2V$，所以，在能量 $E\sim E+\mathrm{d}E$ 之间的量子态数为

$$\mathrm{d}Z=2V\times4\pi k^2\mathrm{d}k \tag{6-3}$$

由式（6-3），求得

$$k=\frac{(2m_n^*)^{1/2}(E-E_e)^{1/2}}{h}$$

及

$$k\mathrm{d}k=\frac{m_n^*\mathrm{d}E}{h^2}$$

代入式（6-3），得

$$\mathrm{d}Z=4\pi V\frac{(2m_n^*)^{3/2}}{h^3}(E-E_e)^{1/2}\mathrm{d}E \tag{6-4}$$

由式（6-1）求得导带底能量 E 附近单位能量间隔的量子态数，即导带底附近状态密度 $g_c(E)$ 为

$$g_c(E)=\frac{\mathrm{d}Z}{\mathrm{d}E}=4\pi V\frac{(2m_n^*)^{3/2}}{h^3}(E-E_e)^{1/2} \tag{6-5}$$

式（6-5）表明，导带底附近单位能量间隔内的量子态数目，随着电子的能量增加按抛物线关系增多。即电子能量越高，态密度越大。图 6-2 中的曲线 1 表示 $g_c(E)$ 与 E 的关系曲线。

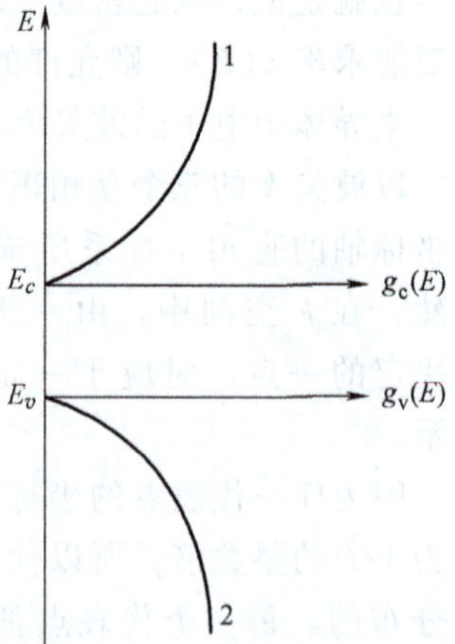

图 6-2 状态密度与能量的关系

6.1.2 费米能级和载流子的统计分布

在一定温度下，半导体中的大量电子不停地做无规则热运动，电子通过晶格热振动获得能量后，既可以从低能量的量子态跃迁到高能量的量子态，也可以从高能量的量子态跃迁到低能量的量子态释放多余的能量。因此，从一个电子来看，它所具有的能量随时间不断变化。但是，从大量电子的整体统计来看，热平衡状态下，电子按能量大小具有一定的统计分布规律，在不同能量的量子态上，电子的统计分布概率是一定的。电子服从泡利不相容原理的费米统计律。从第 3 章费米能级的内容可知，对于能量为 E 的一个量子态，被一个电子占据的概率 $f(E)$ 为

$$f(E)=\frac{1}{1+\exp\left(\frac{E-E_F}{k_B T}\right)} \tag{6-6}$$

$f(E)$ 称为电子的费米分布函数，它是描写热平衡状态下，电子在允许的量子态上如何分布的一个统计分布函数。式中，k_B 是玻尔兹曼常数，T 是热力学温度。E_F 称为费米能级，是一个很重要的物理参数，只要知道了 E_F 的数值，在一定温度下，电子在各量子态上的统计分布就可以完全确定。它可以由半导体中能带内所有量子态中被电子占据的量子态数应等于电子总数 N 这一条件来决定，即

$$\sum_i f(E_i)=N \tag{6-7}$$

将半导体中大量电子的集体看成一个热力学系统，由统计理论证明，费米能级 E_F 是系统的化学势，即

$$E_F=\mu=\left(\frac{\partial F}{\partial N}\right)_T \tag{6-8}$$

式中，μ 代表系统的化学势；F 是系统的自由能。式（6-8）的意义是：当系统处于热平衡状态，也不对外界做功的情况下，系统中增加一个电子所引起系统自由能的变化，等于系统的化学势，也就是等于系统的费米能级。而处于热平衡状态的系统有统一的化学势，所以处于热平衡状态的电子系统有统一的费米能级。

下面讨论费米分布函数 $f(E)$ 的一些特性。

由式（6-6），当 $T=0K$ 时：

若 $E<E_F$，则 $f(E)=1$；

若 $E>E_F$，则 $f(E)=0$。

图 6-3 中曲线 A 是 $T=0K$ 时 $f(E)$ 与 E 的关系曲线。可见在热力学温度零度时，能量比

E_F 小的量子态被电子占据的概率是 100%，因而这些量子态上都是有电子的；而能量比 E_F 大的量子态，被电子占据的概率是零，因而这些量子态上都没有电子，是空的。故在热力学温度零度时，费米能级 E_F 可看成量子态是否被电子占据的一个界限。

当 $T>0K$ 时：

若 $E<E_F$，则 $f(E)>1/2$；

若 $E=E_F$，则 $f(E)=1/2$；

若 $E>E_F$，则 $f(E)<1/2$。

上述结果说明，当系统的温度高于热力学温度零度时，如果量子态的能量比费米能级低，则该量子态被电子占据的概率大于 50%；若量子态的能量比费米能级高，则该量子态被电子占据的概率小于 50%。因此，费米能级是量子态基本上被电子占据或基本上是空的一个标志。而当量子态的能量等于费米能级时，则该量子态被电子占据的概率是 50%。

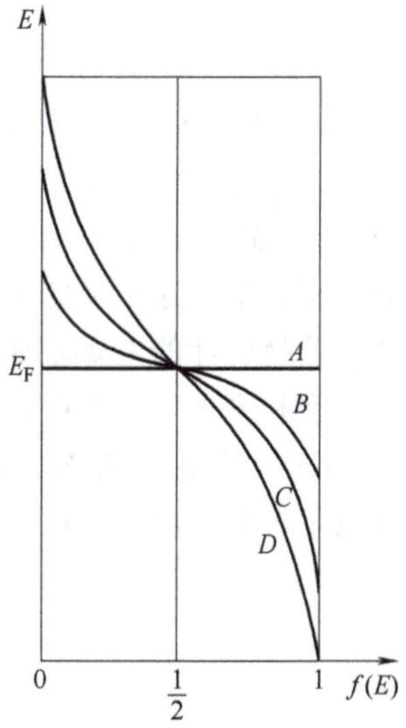

图 6-3　费米分布函数与温度关系曲线

6.1.3　玻尔兹曼分布函数

作为一个例子，看一下量子态的能量比费米能级高或低 $5k_BT$ 时的情况。

当 $E-E_F>5k_BT$ 时，$f(E)<0.007$；

当 $E-E_F<-5k_BT$ 时，$f(E)>0.993$。

可见，温度高于热力学温度零度时，能量比费米能级高 $5k_BT$ 的量子态被电子占据的概率只有 0.7%，概率很小，量子态几乎是空的；而能量比费米能级低 $5k_BT$ 的量子态被电子占据的概率是 99.3%，概率很大，量子态上几乎总有电子。

一般可以认为，在温度不是很高时，能量大于费米能级的量子态基本上没有被电子占据，而能量小于费米能级的量子态基本上为电子所占据，所以费米能级的位置比较直观地标志了电子占据量子态的情况，通常就说费米能级标志了电子填充能级的水平。费米能级位置较高，说明有较多的能量较高的量子态上有电子。

图 6-3 中还给出了温度为 300K、1000K 和 1500K 时费米分布函数 $f(E)$ 与 E 的曲线。从图中可以看出，随着温度的升高，电子占据能量小于费米能级的量子态的概率下降，而占据能量大于费米能级的量子态的概率增大。

在式（6-6）中，当 $E-E_F \gg k_BT$ 时，由于 $\exp\left(\frac{E-E_F}{k_BT}\right) \gg 1$，所以

$$1+\exp\left(\frac{E-E_F}{k_BT}\right) \approx \exp\left(\frac{E-E_F}{k_BT}\right)$$

这时，费米分布函数就转化为

$$f_B(E)=e^{-\frac{E-E_F}{k_BT}}=e^{\frac{E_F}{k_BT}}e^{-\frac{E}{k_BT}}$$

令 $A=e^{\frac{E_F}{k_BT}}$，则

$$f_B(E) = A e^{-\frac{E}{k_B T}} \tag{6-9}$$

式（6-9）表明，在一定温度下，电子占据能量为 E 的量子态的概率由指数因子所决定。这就是熟知的玻尔兹曼统计分布函数。因此，$f_B(E)$ 称为电子的玻尔兹曼分布函数。由图 6-3 看到，除去在 E_F 附近几个 $k_B T$ 处的量子态外，在 $E-E_F \gg k_B T$ 处，量子态为电子占据的概率很小，这正是玻尔兹曼分布函数适用的范围。这一点是容易理解的，因为费米统计与玻尔兹曼统计的主要差别在于：前者受到泡利不相容原理的限制。而在 $E-E_F \gg k_B T$ 的条件下，泡利原理失去作用，因而两种统计的结果变成一样了。

$f(E)$ 表示能量为 E 的量子态被电子占据的概率，因而 $1-f(E)$ 就是能量为 E 的量子态不被电子占据的概率，这也就是量子态被空穴占据的概率。故

$$1 - f(E) = \frac{1}{1 + \exp\left(\dfrac{E_F - E}{k_B T}\right)}$$

当 $E-E_F \gg k_B T$ 时，上式分母中的 1 可以略去，若设 $B = e^{-\frac{E_F}{k_B T}}$，则

$$1-f(E) = B e^{\frac{E}{k_B T}} \tag{6-10}$$

式（6-10）称为空穴的玻尔兹曼分布函数。它表明当 E 远低于 E_F 时，空穴占据能量为 E 的量子态的概率很小，即这些量子态几乎都被电子所占据了。

在半导体中，最常遇到的情况是费米能级 E 位于禁带内，而且与导带底或价带顶的距离远大于 $k_B T$，所以，对导带中的所有量子态来说，被电子占据的概率一般都满足 $f(E)<1$，故半导体导带中的电子分布可以用电子的玻尔兹曼分布函数描写。由于随着能量 E 的增大，$f(E)$ 迅速减小，所以导带中绝大多数电子分布在导带底附近。同理，对半导体价带中的所有量子态来说，被空穴占据的概率一般都满足 $1-f(E)$ 远远小于 1，故价带中的空穴分布服从空穴的玻尔兹曼分布函数。由于随着能量 E 的增大，$1-f(E)$ 迅速增大，所以价带中绝大多数空穴分布在价带顶附近。因而式（6-9）和式（6-10）是讨论半导体问题时常用的两个公式。通常把服从玻尔兹曼统计律的电子系统称为非简并性系统，而把服从费米统计律的电子系统称为简并性系统。

6.1.4 载流子浓度

导带可以分为无限多的无限小的能量间隔，在能量 $E \sim E+dE$ 之间有 $dZ = g_c(E)dE$ 个量子态，而电子占据能量为 E 的量子态的概率是 $f(E)$，则在 $E \sim E+dE$ 间有 $f(E)g_c(E)dE$ 个被电子占据的量子态，因为每个被占据的量子态上有一个电子，所以在 $E \sim E+dE$ 间有 $f(E)g_c(E)dE$ 个电子。然后把所有能量区间中的电子数相加，实际上是从导带底到导带顶对 $f(E)g_c(E)dE$ 进行积分，就得到了能带中的电子总数，再除以半导体体积，就得到了导带中的电子浓度。图 6-4 中画出了能带、函数 $f(E)$、$1-f(E)$、$g_c(E)$、$g_v(E)$ 以及 $f(E)g_c(E)$ 和 $[1-f(E)]g_v(E)$ 等曲线。在图 6-4e 中用阴影线标出的面积就是导带中能量 $E \sim E+dE$ 间的电子数，所以 $f(E)g_c(E)$ 曲线与能量轴之间的面积除以半导体体积后，就等于导带的电子浓度。

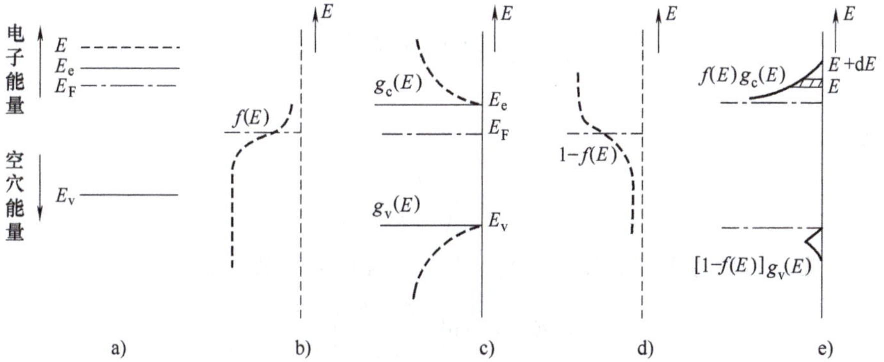

图 6-4　导带中电子浓度

a）简单能带　b）$f(E)$　c）$g(E)$　d）$1-f(E)$　e）$f(E)\ g(E)$

$$dN=f_B(E)g_c(E)dE$$

把式（6-5）的 $g_c(E)$ 和式（6-9）的 $f_B(E)$ 代入上式，得

$$dN=4\pi V\frac{(2m_n^*)^{3/2}}{h^3}\exp\left(-\frac{E-E_F}{k_BT}\right)(E-E_c)^{1/2}dE$$

或改写成在能量 $E\sim E+dE$ 间单位体积中的电子数为

$$dn=\frac{dN}{V}=4\pi\frac{(2m_n^*)^{3/2}}{h^3}\exp\left(-\frac{E-E_F}{k_BT}\right)(E-E_c)^{1/2}dE$$

对上式积分，可算得热平衡状态下非简并半导体的导带电子浓度 n_0 为

$$n_0=\int_{E_e}^{E_c'}4\pi\frac{(2m_n^*)^{3/2}}{h^3}\exp\left(-\frac{E-E_F}{k_BT}\right)(E-E_c)^{1/2}dE \tag{6-11}$$

积分上限 E_c 是导带顶能级。若引入变量 $x=(E-E_c)/(k_BT)$，则变为

$$n_0=4\pi\frac{(2m_n^*)^{3/2}}{h^3}(k_BT)^{3/2}\exp\left(-\frac{E-E_F}{k_BT}\right)\int_0^{x'}x^{1/2}e^{-x}dx \tag{6-12}$$

式中，$x'=(E_c'-E_c)/k_BT$。为求解上式，利用如下积分公式

$$\int_0^{\infty}x^{1/2}e^{-x}dx=\frac{\sqrt{\pi}}{2}$$

在式（6-12）中的积分上限是 x' 而不是 ∞，因此，它的积分值应小于 $\sqrt{\pi}/2$。为了求出式（6-12）中的积分值，可以这样来理解，因为导带中的电子绝大多数在导带底部附近，按照电子的玻尔兹曼分布函数，电子占据量子态的概率随量子态具有的能量升高而迅速下降，所以从导带顶 E_c 到能量无限间的电子数极少，计入这部分电子并不影响所得结果。而这样做，在数学处理上却带来了很大的方便。于是，式（6-12）可以改写为

$$n_0=4\pi\frac{(2m_n^*)^{3/2}}{h^3}(k_BT)^{3/2}\exp\left(-\frac{E_e-E_F}{k_BT}\right)\int_0^{\infty}x^{1/2}e^{-x}dx$$

式中积分值为 $\sqrt{\pi}/2$，计算得导带中电子浓度为

$$n_0=2\frac{(2\pi m_n^*k_BT)^{3/2}}{h^3}\exp\left(-\frac{E_e-E_F}{k_BT}\right) \tag{6-13}$$

令

$$N_c = 2\frac{(2\pi m_n^* k_B T)^{3/2}}{h^3} \tag{6-14}$$

则得到

$$n_0 = N_c \exp\left(-\frac{E_c - E_F}{k_B T}\right) \tag{6-15}$$

N_c 称为导带的有效态密度。显然，$N_c \propto T^{3/2}$ 是温度的函数。而

$$f(E_c) = \exp\left(-\frac{E_c - E_F}{k_B T}\right)$$

是电子占据能量为 E 的量子态的概率，因此式（6-15）可以理解为把导带中所有量子态都集中在导带底 E_c，而它的状态密度为 N_c，则导带中的电子浓度是 N_c 中有电子占据的量子态数。

表 6-1 和图 6-5 给出了 $x^{1/2}e^{-x}$ 随 x 的变化。

表 6-1　$x^{1/2}e^{-x}$ 随 x 的变化

x	$x^{1/2}$	e^{-x}	$x^{1/2}e^{-x}$
0	0	1.0	0
0.25	0.5	0.78	0.39
0.50	0.7	0.61	0.43
1	1.0	0.37	0.37
2	1.4	0.14	0.20
3	1.7	0.05	0.085
4	2.0	0.018	0.036
5	2.2	0.007	0.015
23	4.8	10^{-10}	4.8×10^{-10}

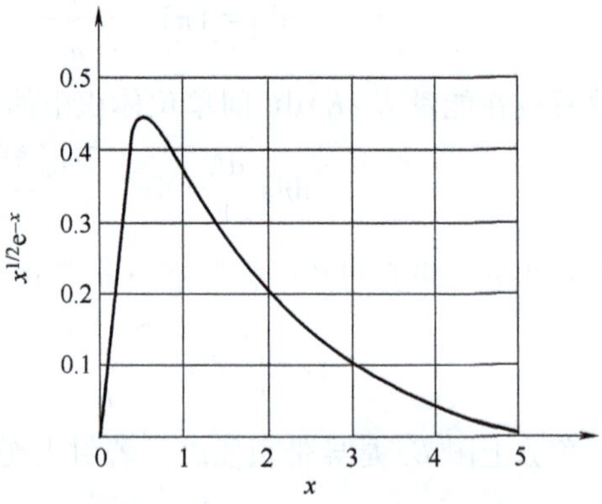

图 6-5　$x^{1/2}e^{-x}$ 随 x 的变化

6.2　掺杂

在实际应用的半导体材料的晶格中，总是存在着偏离理想情况的各种复杂现象。首先，原子并不是静止在具有严格周期性的晶格的格点位置上，而是在其平衡位置附近振动。其次，半导体材料并不是绝对纯净的，而是含有若干杂质。这就是说，在半导体中的某些区域，晶格中的原子周期性排列被破坏，形成了不同的其他化学元素的原子。再次，实际的半导体晶格结构并不是完整无缺的，而是存在着各种缺陷。一般将缺陷分为 3 类：①点缺陷，如空位、间隙原子；②线缺陷，如位错；③面缺陷，如层错、多晶体中的晶粒间界等。

实践表明，极微量的杂质和缺陷，能够对半导体材料的物理性质和化学性质产生决定性的影响，当然，也严重地影响着半导体器件的质量。例如，在硅晶体中，若以 10^5 个硅原子中掺入一个杂质原子的比例掺入硼原子，则该硅晶体的电导率在室温下将增加 10^3 倍。又如目前用于生产一般硅平面器件的硅单晶，要求控制位错密度在 $10^3 cm^{-2}$ 以下，若位错密度过高，则不可能生产出性能良好的器件。

存在于半导体中的杂质和缺陷，为什么会起着这么重要的作用呢？根据理论分析认为，

由于杂质和缺陷的存在，会使严格按周期性排列的原子所产生的周期性势场受到破坏，有可能在禁带中引入允许电子具有的能量状态（即能级）。正是由于杂质和缺陷能够在禁带中引入能级，才使它们对半导体的性质产生决定性的影响。

关于杂质和缺陷在半导体禁带中产生能级的问题，虽然已经进行了大量的实验研究和理论分析工作，使人们的认识日益完善，但是还没有达到能够用系统的理论进行与实验测量结果完全相一致的定量计算。因此，本章将不涉及杂质和缺陷的相关理论，而主要介绍目前在电子技术中占重要地位的硅（Si）、锗（Ge）、砷化镓（GaAs）、氮化镓（GaN）、氮化铝（AlN）、碳化硅（SiC）在禁带中引入杂质和缺陷能级的实验观测结果。

6.2.1　替位杂质与间隙杂质

半导体中的杂质，主要来源于制备半导体的原材料纯度不够、半导体单晶制备过程中及器件制造过程中的污染，或是为了控制半导体的性质而人为地掺入某种化学元素的原子。下面以硅中的杂质为例来说明杂质在半导体晶格中的位置。

硅是化学元素周期表中的第Ⅳ族元素，每一个硅原子拥有 4 个价电子，硅原子间以共价键的方式结合成晶体。硅的晶体结构属于金刚石型，其晶胞为立方体，如图 6-6 所示。在一个晶胞中包含 8 个硅原子，若近似地把原子看成半径为 r 的圆球，则可以计算出这 8 个原子占据晶胞空间的百分数如下。

位于立方体某顶角的圆球中心与距离此顶角为 1/4 体对角线长度处的圆球中心间的距离为两球的半径之和 $2r$。它应等于边长为 a 的立方体的体对角线长度 $\sqrt{3}a$ 的 1/4，因此，圆球的半径 $r=\sqrt{3}a/8$。8 个圆球的体积除以晶胞的体积为

$$\frac{8\times\frac{4}{3}\pi r^3}{a^3}=\frac{\sqrt{3}\pi}{16}=0.34$$

这一结果说明，在金刚石型晶体中，一个晶胞内的 8 个原子只占有晶胞体积的 34%，还有 66%是空隙。金刚石型晶体结构中的两种空隙如图 6-6 所示，这些空隙通常称为间隙位置。图 6-6a 为四面体间隙位置，它是由图中虚线连接的 4 个原子构成的正四面体中的空隙

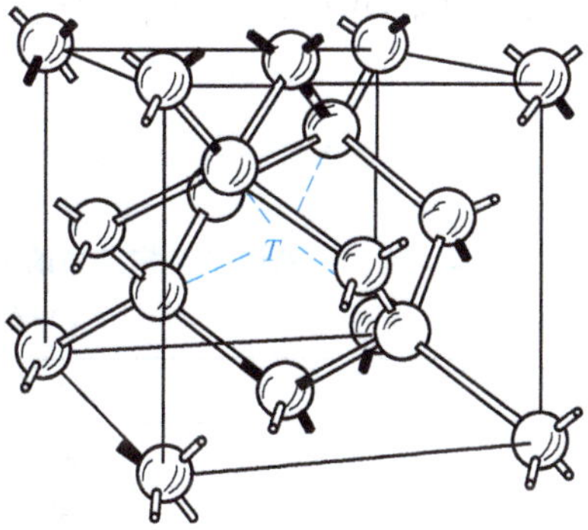

a)

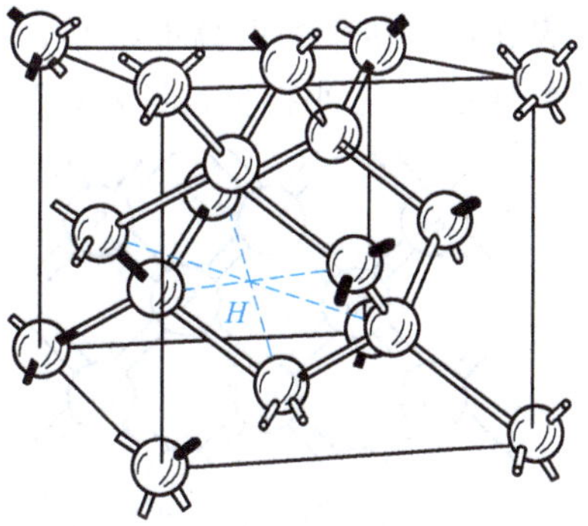

b)

图 6-6　金刚石型晶体结构中的两种间隙位置

a）四面体间隙位置　b）六面体间隙位置

T；图 6-6b 为六面体间隙位置，它是由图中虚线连接的 6 个原子所包围的空间 H。

由上所述，杂质原子进入半导体硅以后，只可能以两种方式存在。一种方式是杂质原子位于晶格原子间的间隙位置，常称为间隙式杂质。另一种方式是杂质原子取代晶格原子而位于晶格点处，常称为替位式杂质。事实上，杂质进入其他半导体材料中，也是以这两种方式存在的。图 6-7 表示硅晶体平面晶格中间隙式杂质和替位式杂质的示意图。图中 A 为间隙式杂质，B 为替位式杂质。间隙式杂质原子一般比较小，如离子锂（Li^+）的半径为 0.068nm，是很小的，所以离子锂在硅、锗、砷化镓中是间隙式杂质。

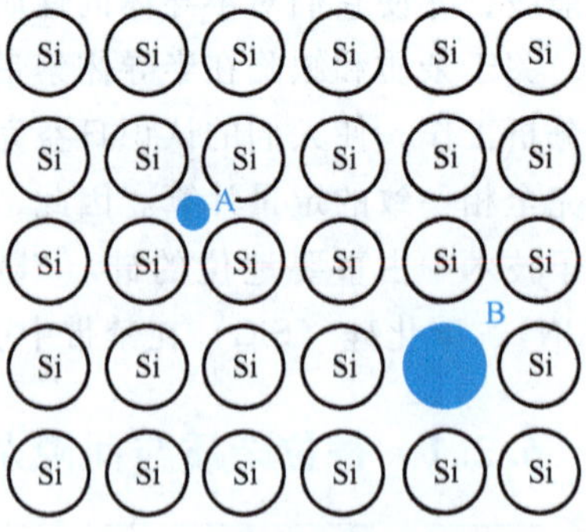

图 6-7　硅中的间隙式杂质和替位式杂质

一般形成替位式杂质时，要求替位式杂质原子的大小与被取代的晶格原子的大小比较相近，还要求它们的价电子壳层结构比较相近。如硅、锗是Ⅳ族元素，与Ⅲ、Ⅴ族元素的情况比较相近，所以Ⅲ、Ⅴ族元素在硅、锗晶体中都是替位式杂质。单位体积中的杂质原子数称为杂质浓度，通常用来表示间隙式杂质和替位式杂质晶体中杂质含量的多少。

6.2.2　施主杂质与施主能级

Ⅲ、Ⅴ族元素在硅、锗晶体中是替位式杂质。下面先以硅中掺磷（P）为例，讨论Ⅴ族杂质的作用。如图 6-8 所示，一个磷原子占据了硅原子的位置。磷原子有 5 个价电子，其中 4 个价电子与周围的 4 个硅原子形成共价键，还剩余一个价电子。同时磷原子所在处也多余一个正电荷$+q$（硅原子去掉价电子有正电荷 $4q$，磷原子去掉价电子有正电荷 $5q$），称这个正电荷为正电中心磷离子（P^+）。所以磷原子替代硅原子后，其效果是形成一个正电中心 P^+和一个多余的价电子。这个多余的价电子就束缚在正电中心 P^+的周围。但是，这种束缚作用比共价键的束缚作用弱得多，只要很少的能量就可以使它挣脱束缚，成为导电电子在晶格中自由运动，这时磷原子就成为少了一个价电子的磷离子（P^+），它是一个不能移动的正电中心。上述电子脱离杂质原子的束缚成为导电电子的过程称为杂质电离。使这个多余的价电子挣脱束缚成为导电电子所需要的能量称为杂质电离能，用 ΔE_D 表示。实验测量表明，Ⅴ族杂质元素在硅、锗中的电离能很小，在硅中约为 0.04～0.05eV，在锗中约为 0.01eV，比硅、锗的禁带宽度 E_g 小得多，见表 6-2。

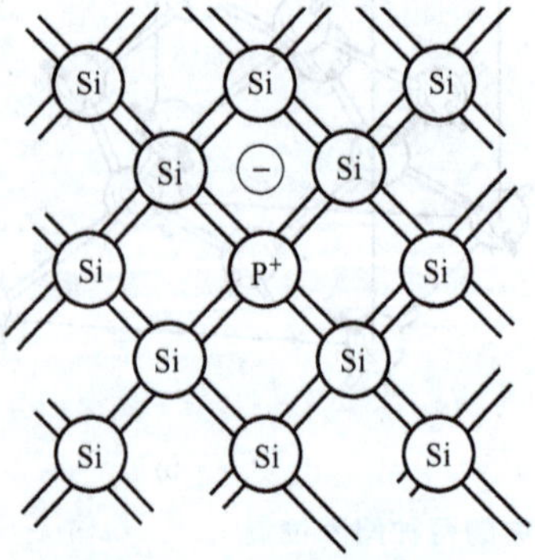

图 6-8　硅中的施主杂质

表 6-2　硅、锗晶体中Ⅴ族杂质的电离能

（单位：eV）

晶体	杂质		
	P	As	Sb
Si	0.044	0.049	0.039
Ge	0.0125	0.0127	0.0095

V族杂质在硅、锗中电离时，能够释放电子而产生导电电子并形成正电中心，称它们为施主杂质或 n 型杂质。它释放电子的过程叫作施主电离。施主杂质未电离时是中性的，称为束缚态或中性态，电离后成为正电中心，称为离化态。

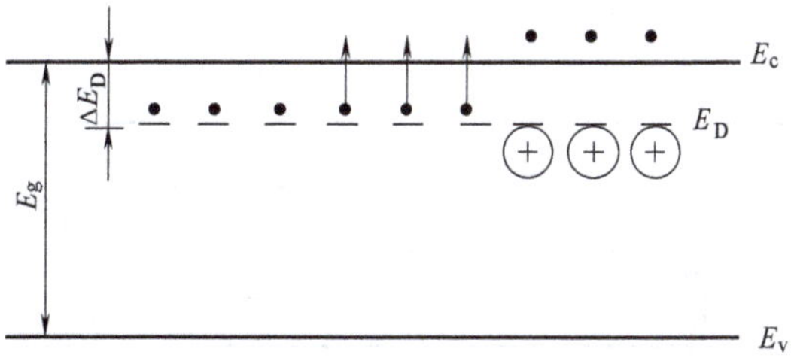

图 6-9　施主能级和施主电离

施主杂质的电离过程，可以用能带图表示，如图 6-9 所示。当电子得到能量 ΔE_D 后，就从施主的束缚态跃迁到导带成为导电电子，所以电子被施主杂质束缚时的能量比导带底 E_c 低 ΔE_D。将被施主杂质束缚的电子的能量状态称为施主能级，记为 E_D。因为 $E_D \ll E_g$，所以施主能级位于离导带底很近的禁带中。一般情况下，施主杂质是比较少的，杂质原子间的相互作用可以忽略。因此，某一种杂质的施主能级是一些具有相同能量的孤立能级，在能带图中，施主能级用离导带底 E_c 为 ΔE_D 处的短线段表示，每一条短线段对应一个施主杂质原子。在施主能级 E_D 上画一个小黑点，表示被施主杂质束缚的电子，这时施主杂质处于束缚态。图中的箭头表示被束缚的电子得到能量 ΔE_D 后，从施主能级跃迁到导带成为导电电子的电离过程。在导带中画的小黑点表示进入导带中的电子，施主能级处画的“+”号表示施主杂质电离以后带正电荷。

6.2.3　受主杂质与受主能级

在纯净半导体中掺入施主杂质，杂质电离以后，导带中的电子增多，增强了半导体的导电能力。通常把主要依靠导带电子导电的半导体称为电子型或 n 型半导体。

现在以硅晶体中掺入硼元素为例说明Ⅲ族杂质的作用。如图 6-10 所示，一个硼原子占据了硅原子的位置。硼原子有 3 个价电子，当它和周围的 4 个硅原子形成共价键时，还缺少一个电子，必须从别处的硅原子中夺取一个价电子，于是在硅晶体的共价键中产生了一个空穴。而硼原子接受一个电子后，成为带负电的硼离子（B^-），称为负电中心。带负电的硼离子和带正电的空穴间有静电引力作用，所以这个空穴受到硼离子的束缚，在硼离子附近运动。不过，硼离子对这个空穴的束缚是很弱的，只需要很少的能量就可以使空穴挣脱束缚，成为在晶体的共价键中自由运动的空穴。而硼原子成为多了一个价电子的硼离子（B^-），它是一个不能移动的负电中心。因为Ⅲ族杂质在硅、锗中能够接受电子而产生导电空穴，并形成负电中心，所以称它们为受主杂质或 p 型杂质。空穴挣脱受主杂质束缚的过程称为受主电离。受主杂质未电离时是中性的，称为束缚态或中性态。电离后成为负电中心，称为受主离化态。

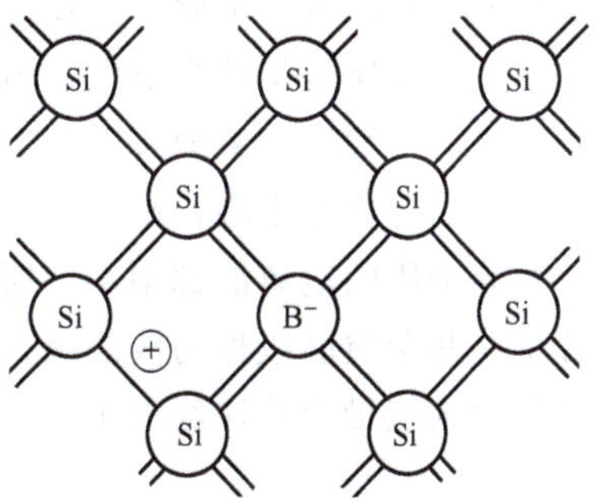

图 6-10　硅中的受主杂质

使空穴挣脱受主杂质束缚成为导电空穴所需要的能量，称为受主杂质的电离能，用 ΔE_A 表示。实验测量表明，Ⅲ族杂质元素在硅、锗晶体中的电离能很小，在硅中约为 0.045~0.065eV［但铟（In）在硅中的电离能为 0.16eV，是一个例外］；在锗中约为

0.01eV，比硅、锗晶体的禁带宽度小得多。表 6-3 为Ⅲ族杂质在硅、锗中的电离能的测量值。

表 6-3　硅、锗晶体中Ⅲ族杂质的电离能　　　（单位：eV）

晶体	杂质			
	B	Al	Ga	In
Si	0.045	0.057	0.065	0.16
Ge	0.01	0.01	0.011	0.011

受主杂质的电离过程也可以在能带图中表示出来，如图 6-11 所示。当空穴得到能量 ΔE 后，就从受主的束缚态跃迁到价带成为导电空穴，因为在能带图上表示空穴的能量是越向下越高，所以空穴被受主杂质束缚时的能量比价带顶 E_v 低 ΔE_A。把被受主杂质所束缚的空穴的能量状态称为受主能级，记为 E_A。因为 ΔE_A 远远小于 E_g，所以受主能级位于离价带顶很近的禁带中。一般情况下，受主能级也是孤立能级，在能带图中，受主能级用离价带顶 E_v 相距 ΔE_A 处的短线段表示，每一条短线段对应一个受主杂质原子。在受主能级 E_v 上画一个小圆圈，表示被受主杂质束缚的空穴，这时受主杂质处于束缚态。图中的箭头表示受主杂质的电离过程，在价带中画的小圆圈表示进入价带的空穴，受主能级处画的负号表示受主杂质电离以后带负电荷。

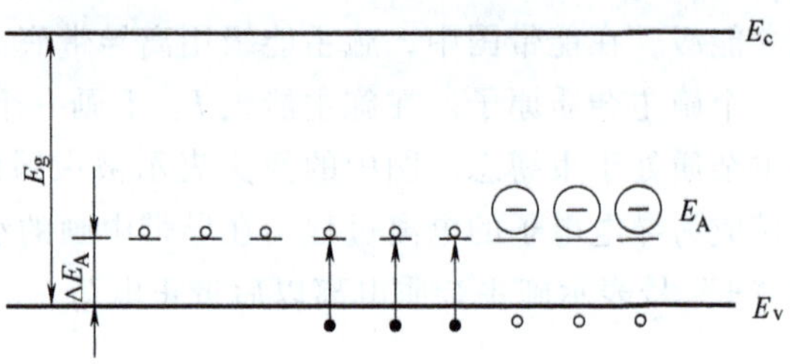

图 6-11　受主能级和受主电离

当然，受主电离过程实际上是电子的行为，是价带中的电子得到能量 ΔE_A 后，跃迁到受主能级上，再与束缚在受主能级上的空穴复合，并在价带中产生了一个可以自由运动的导电空穴，同时也就形成一个不可移动的受主离子。

纯净半导体中掺入受主杂质后，受主杂质电离，使价带中的导电空穴增多，增强了半导体的导电能力，通常把主要依靠空穴导电的半导体称为空穴型或 p 型半导体。

综上所述，Ⅲ、Ⅴ族杂质在硅、锗晶体中分别是受主和施主杂质，它们在禁带中引入能级。受主能级比价带顶高 ΔE_A，施主能级则比导带底低 ΔE_D。这些杂质可以处于两种状态，即未电离的中性态或束缚态以及电离后的离化态。当它们处于离化态时，受主杂质向价带提供空穴而成为负电中心，施主杂质向导带提供电子而成为正电中心。实验证明，硅、锗中的Ⅲ、Ⅴ族杂质的电离能都很小，所以受主能级很接近于价带顶，施主能级很接近于导带底。通常将这些杂质能级称为浅能级，将产生浅能级的杂质称为浅能级杂质。在室温下，晶格原子热振动的能量会传递给电子，可使硅、锗中的Ⅲ、Ⅴ族杂质几乎全部电离。

6.2.4　杂质能级电离能

上述类型的杂质，电离能很低，电子或空穴受到正电中心或负电中心的束缚很微弱，可以利用类氢模型来估算杂质的电离能。如前所述，当硅、锗中掺入Ⅴ族杂质如磷原子时，在施主杂质处于束缚态的情况下，这个磷原子将比周围的硅原子多一个电子电荷的正电中心和一个束缚着的价电子。这种情况好像在硅、锗晶体中附加了一个“氢原子”，于是可以用氢原子模型估计 ΔE_D 的数值。氢原子中电子的能量 E_n 是

$$E_n = -\frac{m_0 q^4}{8\varepsilon_0^2 h^2 n^2}$$

式中，n 为主量子数，$n=1, 2, 3, \cdots$。当 $n=1$ 时，得到基态能量 $E_1 = -\frac{m_0 q^4}{8\varepsilon_0^2 h^2}$；当 $n=\infty$ 时，是氢原子的电离态，$E_\infty = 0$。所以，氢原子基态电子的电离能为

$$E_0 = E_\infty - E_1 = \frac{m_0 q^4}{8\varepsilon_0^2 h^2} = 13.6\ (\text{eV}) \tag{6-16}$$

这是一个比较大的数值。如果考虑晶体内存在的杂质原子，正、负电荷是处于介电常数为 $\varepsilon = \varepsilon_0 \varepsilon_r$ 的介质中，则电子受正电中心的引力将减弱 ε_r 倍，束缚能量将减弱 ε_r^2 倍。再考虑到电子不是在自由空间运动，而是在晶格周期性势场中运动，所以电子的惯性质量 m_0 要用有效质量 m_n^* 代替。

经过这样的修正后，施主杂质电离能可表示为

$$\Delta E_D = \frac{m_n^* q^4}{8\varepsilon_r^2 \varepsilon_0^2 h^2} = \frac{m_n^*}{m_0} \cdot \frac{E_0}{\varepsilon_r^2} \tag{6-17}$$

对受主杂质做类似的讨论，得到受主杂质的电离能为

$$\Delta E_A = \frac{m_n^* q^4}{8\varepsilon_r^2 \varepsilon_0^2 h^2} = \frac{m_n^*}{m_0} \cdot \frac{E_0}{\varepsilon_r^2} \tag{6-18}$$

锗、硅的相对介电常数 ε_r 分别为 16 和 12，因此，锗、硅的施主杂质电离能分别为 $0.05m_n^*/m_0$ 和 $0.1m_n^*/m_0$。m_n^*/m_0 一般小于 1，所以，锗、硅中施主杂质电离能肯定小于 0.05eV 和 0.1eV，对受主杂质也可得到类似的结论，这与实验测得浅能级杂质电离能很低的结果是符合的。为估算施主杂质电离能的大小，取 m_n^* 为电子有效质量，其值为 $1/m_n^* = 1/3(1/m_l + 2/m_t)$。对锗来说，$m_l = 1.64m_0$，$m_t = 0.0819m_0$；对硅来说，$m_l = 0.92m_0$，$m_t = 0.19m_0$，分别算得：锗 $m_n^* = 0.12m_0$，硅 $m_n^* = 0.26m_0$。将 m_n^* 代入式（6-17），算得锗中 $\Delta E_D = 0.0064\text{eV}$，硅中 $\Delta E_D = 0.025\text{eV}$，与实验测量值具有同一数量级。

上述计算中没有反映杂质原子的影响，所以类氢模型只是实际情况的一个近似。现有许多进一步的理论研究，使理论计算结果更符合实验测量值。

6.2.5　杂质补偿作用

假如在半导体中，同时存在着施主和受主杂质，半导体究竟是 n 型还是 p 型呢？这要看哪一种杂质浓度大。因为施主和受主杂质之间有互相抵消的作用，通常称为杂质的补偿作用，如图 6-12 所示。N_D 表示施主杂质浓度，N_A 表示受主杂质浓度，n 表示导带中电子浓度，p 表示价带中空穴浓度。下面讨论假设施主和受主杂质全部电离时杂质的补偿作用。

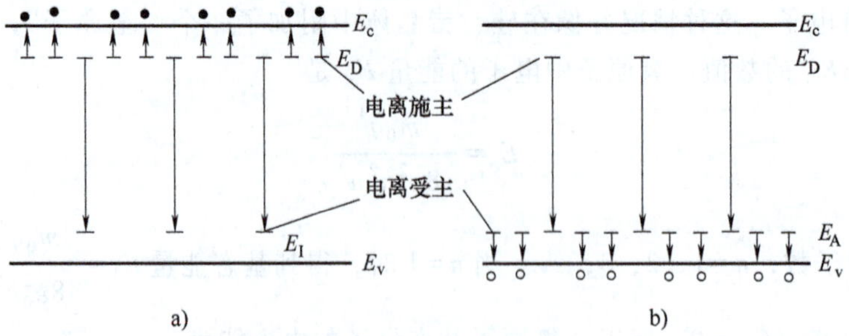

图 6-12　杂质的补偿作用

1. 当 $N_D \gg N_A$ 时

因为受主能级低于施主能级，所以施主杂质的电子首先跃迁到 N 个受主能级上，还有 N_D-N_A 个电子在施主能级上，在杂质全部电离的条件下，它们跃迁到导带中成为导电电子，这时，电子浓度 $n=N_D-N_A \approx N_D$，半导体是 n 型的，如图 6-12a 所示。

2. 当 $N_A \gg N_D$ 时

施主能级上的全部电子跃迁到受主能级后，受主能级上还有 N_A-N_D 个空穴，它们可以跃迁入价带成为导电空穴，所以，空穴浓度 $p=N_A-N_D \approx N_A$，半导体是 p 型的，如图 6-12b 所示。

经过补偿之后，半导体中的净杂质浓度称为有效杂质浓度。当 $N_D>N_A$ 时，则 N_D-N_A 为有效施主浓度；当 $N_A>N_D$ 时，则 N_A-N_D 为有效受主浓度。

利用杂质补偿作用，就能根据需要用扩散或离子注入方法来改变半导体中某一区域的导电类型，以制成各种器件。但是，若控制不当，会出现 $N_D \approx N_A$ 的现象，这时，施主电子刚好够填充受主能级，虽然杂质很多，但不能向导带和价带提供电子和空穴，这种现象称为杂质的高度补偿。这种材料容易被误认为高纯半导体，实际上含杂质很多，性能很差，一般不能用来制造半导体器件。

在半导体硅、锗中，除了Ⅲ、Ⅴ族杂质在禁带中产生浅能级以外，如果将其他各族元素掺入硅、锗中，情况会怎样呢？大量的实验测量结果证明，它们也在硅、锗的禁带中产生能级。在硅中的情况如图 6-13 所示，在锗中的情况如图 6-14 所示。在这两个图中，禁带中线以上的能级注明低于导带底的能量，在禁带中线以下的能级注明高于价带顶的能量，符号“+”或“-”分别表示该能级是施主能级或受主能级，而符号“?”表示该能级还有疑问。

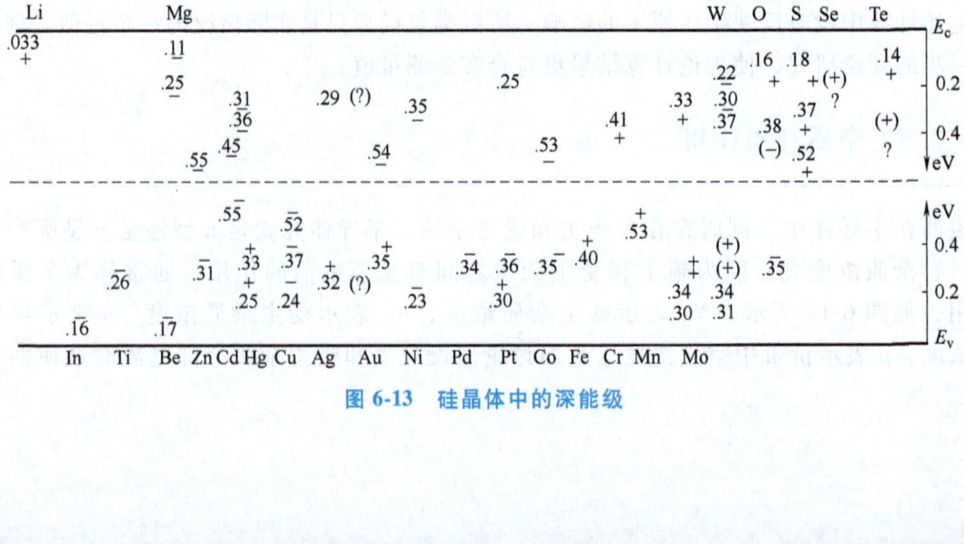

图 6-13　硅晶体中的深能级

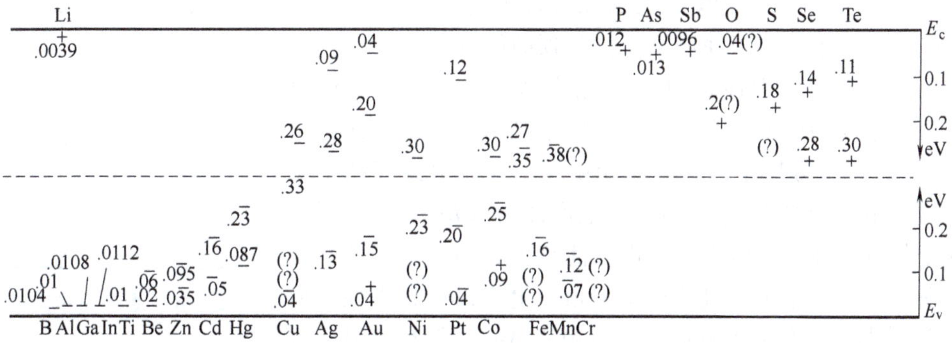

图 6-14 锗晶体中的深能级

从这两个图中可以看到，非Ⅲ、Ⅴ族杂质在硅、锗中产生的能级有以下两个特点：

1）非Ⅲ、Ⅴ族杂质在硅、锗的禁带中产生的施主能级距离导带底较远，它们产生的受主能级距离价带顶也较远，通常称这种能级为深能级，相应的杂质称为深能级杂质。

2）这些深能级杂质能够产生多次电离，每一次电离相应地有一个能级。因此，这些杂质在硅、锗的禁带中往往引入若干个能级。而且，有的杂质既能引入施主能级，又能引入受主能级。例如：

Ⅰ族元素铜、银、金在锗中均产生 3 个受主能级，其中金还产生一个施主能级。在硅中，铜产生 3 个受主能级，银产生一个受主能级和一个施主能级：金产生两个施主能级和一个受主能级。杂质锂在硅、锗中是间隙式杂质，它产生一个浅施主能级。钠在硅中产生一个施主能级，钾在硅中产生两个施主能级，铯在硅中产生一个施主能级及一个受主能级。

Ⅱ族元素铍、锌、汞在锗中各产生两个受主能级。在硅中，汞产生两个施主能级和两个受主能级，铍产生两个受主能级，锌产生 4 个受主能级，镉在锗中产生两个受主能级，在硅中产生 4 个受主能级，镁在硅中产生两个施主能级，锶（Sr）在硅中产生两个施主能级，钡在硅中产生一个施主能级及一个受主能级。

Ⅲ族元素硼、铝、镓、铟、铊在硅、锗中各产生一个受主能级，在硅中铝（Al）还产生一个施主能级。

Ⅳ族元素在硅中，碳产生一个施主能级，钛产生一个受主能级和两个施主能级，锡和铅均各产生一个施主能级及一个受主能级。

Ⅴ族元素磷、砷、锑在硅、锗中各产生一个浅施主能级。在硅中，硫产生一个施主能级，钽产生两个施主能级，钒产生两个施主能级和一个受主能级。

过渡族金属元素锰、铁、钴、镍在锗中各产生两个受主能级，钴还产生一个施主能级。在硅中，锰产生 3 个施主能级及两个受主能级，铁产生 3 个施主能级，镍产生两个受主能级，钴产生 3 个受主能级。铂系金属钯和铂在硅中各产生两个受主能级，铂还产生一个施主能级。

这些杂质为什么会产生多个能级呢？一般来讲，杂质能级是与杂质原子的电子壳层结构、杂质原子的大小、杂质在半导体晶格中的位置等因素有关，目前还没有完善的理论加以说明。因此，下面仅做粗略的定性解释。

这类杂质在硅、锗中的主要存在方式是替位式，因此，分析它们的能级情况，可以从四面体共价键的结构出发，下面以金在锗中产生的能级为例来说明。金在锗中产生 4 个能级，如图 6-15 所示，E_D 是施主能级，E_1、E_2、E_x 是 3 个受主能级，它们都是深能级。图中 E

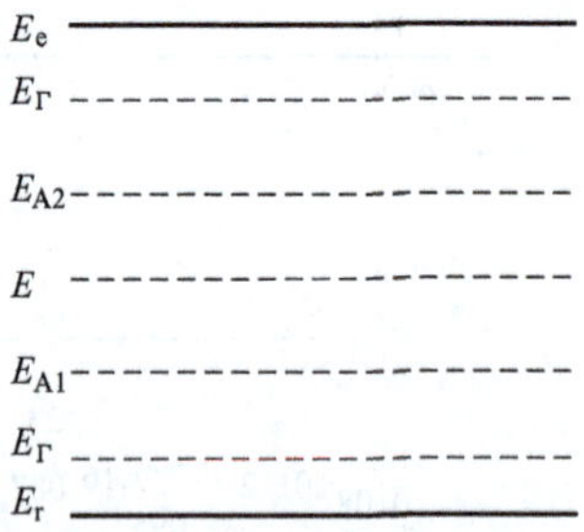

图 6-15　金在锗中的能级

是禁带中线位置，禁带中线以上的能级注明低于导带底的能量，禁带中线以下的能级注明高于价带顶的能量。

金是Ⅰ族元素，中性金原子（记为 Au^0）只有一个价电子，它取代锗晶格中的一个锗原子而位于晶格点上。金比锗少 3 个价电子，中性金原子的这一个价电子，可以电离而跃迁入导带，这一施主能级为 E_D，因此，电离能为（E_c-E_D）。因为金的这个价电子被共价键束缚，电离能很大，略小于锗的禁带宽度，所以，这个施主能级靠近价带顶。电离以后，中性金原子 Au^0 就成为带一个电子电荷的正电中心 Au^-。但是，另一方面，中性金原子还可以和周围的 4 个锗原子形成共价键，在形成共价键时，它可以从价带接受 3 个电子，形成 E_{A1}、E_{A2}、E_{A3} 3 个受主能级。金原子 Au^0 接受第一个电子后变为 Au^-，相应的受主能级为 E_{A1}，其电离能为（$E_{A1}-E_v$）。接受第二个电子后，Au 变为 $Au^=$，相应的受主能级为 E_{A2}，其电离能为（$E_{A2}-E_v$）。接受第三个电子后，$Au^=$ 变为 $Au^≡$，相应的受主能级为 E，其电离能为（$E_{A3}-E_v$）。上述的 Au^-、$Au^=$、$Au^≡$ 分别表示 Au 成为带一个、两个、3 个电子电荷的负电中心。由于电子间的库仑排斥作用，金从价带接受第二个电子所需要的电离能比接受第一个电子时的大，接受第三个电子时的电离能又比接受第二个电子时的大，所以，$E_{A3}>E_{A2}>E_{A1}$。E_{A1} 离价带顶相对近一些，但是比Ⅱ族杂质引入的浅能级还是深得多，E_{A2} 更深，E_{A3} 就几乎靠近导带底了。于是金在锗中一共有 Au^+、Au、Au^-、$Au^=$ 和 $Au^≡$ 等 5 种荷电状态，相应地存在着 E_D、E_{A1}、E_{A2} 和 E_{A3} 等 4 个孤立能级，它们都是深能级。以上的分析方法，也可以用来说明其他一些在硅、锗中形成深能级的杂质，基本上与实验情况相一致。

从图 6-13 和图 6-14 中还可以看出，有许多化学元素在硅、锗中产生能级的情况还没有研究过。即使已经研究过的杂质中，也还有许多能级存在疑问，需要进一步研究。还有一些杂质的能级没有完全测到，如硅中的金杂质，只测到一个施主能级和两个受主能级，这可能是因为这些受主态或施主态的电离能大于禁带宽度，相应的能级进入导带或价带，所以在禁带中就测不到它们了，现在常用深能级瞬态谱仪（DLTS）测量杂质的深能级。

深能级杂质一般情况下含量极少，而且能级较深，它们对半导体中的导电电子浓度、导电空穴浓度（统称为载流子浓度）和导电类型的影响没有浅能级杂质显著，但对于载流子的复合作用比浅能级杂质强，故这些杂质也称为复合中心。金是一种很典型的复合中心，在制造高速开关器件时，常有意地掺入金以提高器件的速度。

对于深能级杂质的行为，曾经用类氦模型计算了杂质的电离能。

6.3　非平衡载流子

6.3.1　非平衡载流子的注入与复合

处于热平衡状态的半导体，在一定温度下，载流子浓度是一定的。这种处于热平衡状态下的载流子浓度，称为平衡载流子浓度，前面各章讨论的都是平衡载流子。用 n_0 和 p_0 分别表示平衡电子浓度和空穴浓度，在非简并情况下，它们的乘积满足下式

$$n_0p_0 = N_vN_e\exp\left(-\frac{E_g}{k_BT}\right) = n_i^2 \tag{6-19}$$

本征载流子浓度 n_i 只是温度的函数。在非简并情况下，无论掺杂多少，平衡载流子浓度 n_0 和 p_0 必定满足式（6-19），因而它也是非简并半导体处于热平衡状态的判据式。

半导体的热平衡状态是相对的，如果对半导体施加外界作用，破坏了热平衡的条件，这就迫使它处于与热平衡状态相偏离的状态，称为非平衡状态。处于非平衡状态的半导体，其载流子浓度也不再是 n_0 和 p_0，可以比它们多出一部分。比平衡状态多出来的这部分载流子称为非平衡载流子，有时也称为过剩载流子。

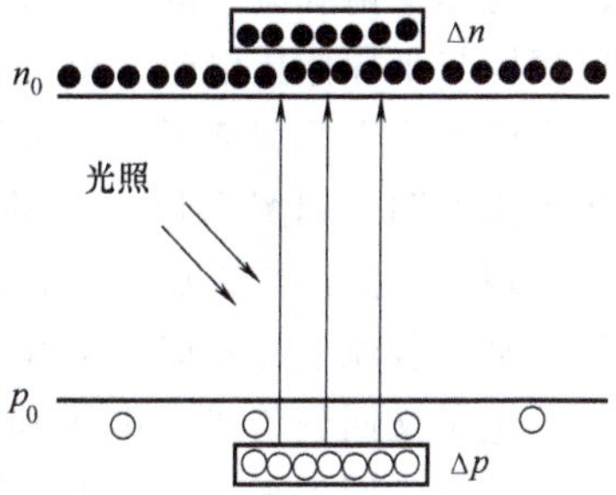

图 6-16　光照产生非平衡载流子

例如，在一定温度下，当没有光照时，一块半导体中电子和空穴浓度分别为 n_0 和 p_0，假设是 n 型半导体，则 $n_0 \gg p_0$，其能带图如图 6-16 所示。当用适当波长的光照射该半导体时，只要光子的能量大于该半导体的禁带宽度，那么光子就能把价带电子激发到导带上去，产生电子空穴对，使导带比平衡时多出一部分电子 Δn，价带比平衡时多出一部分空穴 Δp，它们被形象地表示在图 6-16 的方框中。Δn 和 Δp 就是非平衡载流子浓度。这时把非平衡电子称为非平衡多数载流子，而把非平衡空穴称为非平衡少数载流子。对 p 型材料则相反。

用光照使得半导体内部产生非平衡载流子的方法，称为非平衡载流子的光注入。光注入时

$$\Delta n = \Delta p \tag{6-20}$$

在一般情况下，注入的非平衡载流子浓度比平衡时的多数载流子浓度小得多，对 n 型材料，$\Delta n \ll n_0$，$\Delta p \ll n_0$，满足这个条件的注入称为小注入。例如 1Ω · cm 的 n 型硅中，$n_0 \approx 5.5\times10^{15}\text{cm}^{-3}$，$p_0 \approx 3.1\times10^{4}\text{cm}^{-3}$，若注入非平衡载流子 $\Delta n = \Delta p = 10^{10}\text{cm}^{-3}$，$\Delta n \ll n_0$，是小注入，但是 Δp 几乎是 p_0 的 10^6 倍，即 $\Delta p \gg p_0$。这个例子说明，即使在小注入的情况下，非平衡少数载流子浓度还是可以比平衡少数载流子浓度大得多，它的影响就显得十分重要了，而相对来说非平衡多数载流子的影响可以忽略。所以实际上往往是非平衡少数载流子起着重要作用，通常说的非平衡载流子都是指非平衡少数载流子。

光注入必然导致半导体电导率增大，即引起附加电导率为

$$\Delta\sigma = \Delta nq\mu_n + \Delta pq\mu_p = \Delta pq(\mu_n + \mu_p) \tag{6-21}$$

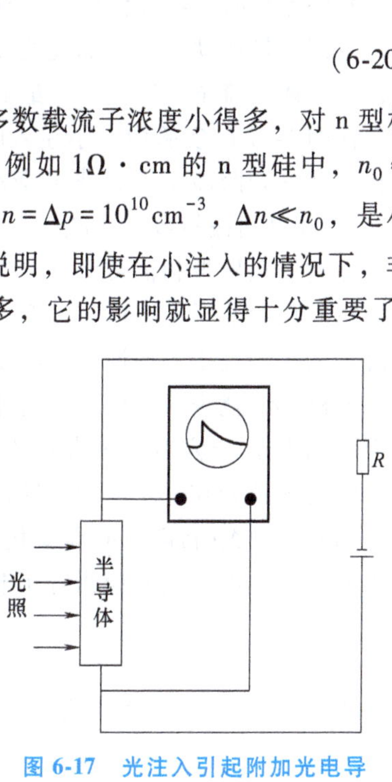

图 6-17　光注入引起附加光电导

这个附加电导率可以用图 6-17 所示的装置观察。图中电阻 R 比半导体的电阻 r 大得多，因此不论光照与否，通过半导体的电流 I 几乎是恒定的。半导体上的电压降 $V=Ir$。设平衡时半导体电导率为 σ_0，光照引起附加电导

率 $\Delta\sigma$，小注入时 $\sigma_0+\Delta\sigma\approx\sigma_0$，因而电阻率改变 $\Delta\rho=\frac{1}{\sigma}-\frac{1}{\sigma_0}\approx-\Delta\sigma/\sigma_0^2$，则电阻改变 $\Delta r=\Delta\rho l/s\approx[-l/(s\sigma_0^2)]\Delta\sigma$，其中 l、s 分别为半导体的长度和截面积。因为 $\Delta r\propto\Delta\sigma$，而 $\Delta V=I\Delta r$，故 $\Delta V\propto\Delta\sigma$，因此 $\Delta V\propto\Delta p$。因此，从示波器上观测到的半导体上电压降的变化就直接反映了附加电导率的变化，也间接地检验了非平衡少数载流子的注入。

要破坏半导体的平衡态，对它施加的外部作用可以是光的，还可以是电的或其他能量传递的方式。相应地，除了光照，还可以用其他方法产生非平衡载流子，最常用的是用电的方法，称为非平衡载流子的电注入。后面讲到的 p-n 结正向工作时，就是常遇到的电注入。当金属探针与半导体接触时，也可以用电的方法注入非平衡载流子。

当产生非平衡载流子的外部作用撤除以后，半导体中将发生什么变化呢？还是用光注入的例子来说明。如图 6-17 所示的实验中，在小注入的情况下，ΔV 的变化反映了 Δp 的变化。实验发现，光照停止以后，V 很快趋于零，大约只要毫秒到微秒数量级的时间。这说明，注入的非平衡载流子并不能一直存在下去，光照停止后，它们要逐渐消失，也就是原来激发到导带的电子又回到价带，电子和空穴又成对地消失了。最后，载流子浓度恢复到平衡时的值，半导体又回到平衡态。由此得出结论，产生非平衡载流子的外部作用撤除后，半导体将由非平衡态恢复到平衡态，过剩载流子逐渐消失。这一过程称为非平衡载流子的复合。

需要强调的是，热平衡并不是一种绝对静止的状态。就半导体中的载流子而言，任何时候电子和空穴总是不断地产生和复合，在热平衡状态，产生和复合处于相对的平衡，每秒钟产生的电子和空穴数目与复合掉的数目相等，从而保持载流子浓度稳定不变。

当用光照射半导体时，打破了产生与复合的相对平衡，产生超过了复合，在半导体中产生了非平衡载流子，半导体处于非平衡态。

光照停止时，半导体中仍然存在非平衡载流子。由于电子和空穴的数目比热平衡时增多了，它们在热运动中相遇而复合的机会也将增大。这时复合超过了产生而造成一定的净复合，非平衡载流子逐渐消失，最后恢复到平衡值，半导体又回到了热平衡状态。

在图 6-17 的实验中，小注入时，ΔV 的变化就反映了 Δp 的变化。因此，可以通过这个实验，观察光照停止后，非平衡载流子浓度 Δp 随时间变化的规律。实验表明，光照停止后，Δp 随时间按指数规律减少。这说明非平衡载流子并不是立刻全部消失，而是有一个过程，即它们在导带和价带中有一定的生存时间，有的长些，有的短些。非平衡载流子的平均生存时间称为非平衡载流子的寿命，用 τ 表示。由于相对于非平衡多数载流子，非平衡少数载流子的影响处于主导性的、决定性的地位，因而非平衡载流子的寿命常称为少数载流子寿命。显然 $1/\tau$ 就表示单位时间内非平衡载流子的复合概率。通常把单位时间单位体积内净复合消失的电子-空穴对数称为非平衡载流子的复合率。很明显，$\Delta p/\tau$ 就代表复合率。

假定一束光在一块 n 型半导体内部均匀地产生非平衡载流子 Δn 和 Δp。在 $t=0$ 时刻，光照突然停止，Δp 将随时间而变化，单位时间内非平衡载流子浓度的减少应为 $-\mathrm{d}\Delta p(t)$，它是由复合引起的，因此应当等于非平衡载流子的复合率，即

$$\frac{\mathrm{d}\Delta p(t)}{\mathrm{d}t}=-\frac{\Delta p(t)}{\tau} \tag{6-22}$$

小注入时，τ 是一恒定量，与 $\Delta p(t)$ 无关，式（6-45）的通解为

$$\Delta p(t)=C\mathrm{e}^{-\frac{t}{\tau}} \tag{6-23}$$

设 $t=0$ 时，$\Delta p(0)=(\Delta p)_0$，代入式（6-23）得 $C=(\Delta p)_0$，则

$$\Delta p(t)=(\Delta p)_0 e^{-\frac{t}{\tau}} \tag{6-24}$$

这就是非平衡载流子浓度随时间按指数衰减的规律，如图 6-18 所示。这和实验得到的结论是一致的。

利用式（6-24）可以求出非平衡载流子平均生存的时间 $\bar{t}$ 就是 τ，即

$$\bar{t}=\int_0^{\infty} t\mathrm{d}\Delta p(t)\bigg/\int_0^{\infty}\mathrm{d}\Delta p(t)=\int_0^{\infty} t e^{-\frac{t}{\tau}}\mathrm{d}t\bigg/\int_0^{\infty} e^{-\frac{t}{\tau}}\mathrm{d}t=\tau \tag{6-25}$$

由式（6-24）也容易得到 $\Delta p(t+\tau)=\Delta p(t)/\mathrm{e}$，若取 $t=\tau$，则 $\Delta p(t)=(\Delta p)_0/\mathrm{e}$，所以寿命标志着非平衡载流子浓度减小到原值的 1/e 所经历的时间。寿命不同，非平衡载流子衰减的快慢不同，寿命越短，衰减越快。

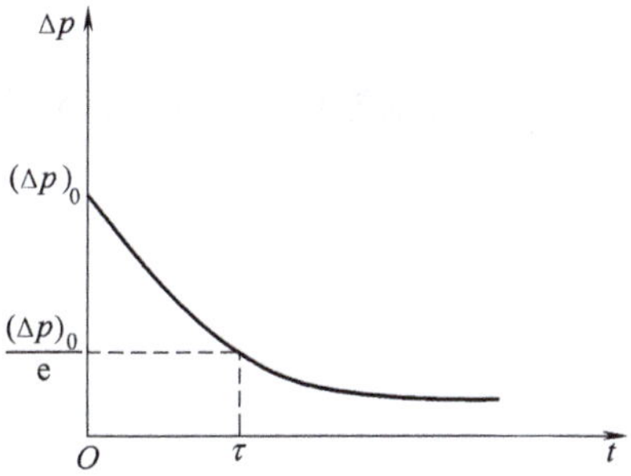

图 6-18 非平衡载流子浓度随时间的衰减

通常寿命是用实验方法测量的。各种测量方法都包括非平衡载流子的注入和检测两个基本方面。最常用的注入方法是光注入和电注入，而检测非平衡载流子的方法很多。不同的注入和检测方法的组合就形成了许多寿命测量方法。

图 6-17 所示就是用直流光电导衰减法测量寿命的基本原理图。测量时，用脉冲光照射半导体，在示波器上直接观察非平衡载流子随时间衰减的规律，由指数衰减曲线确定寿命。在此基础上，又产生了高频光电导衰减法，这时，加在样品上的是高频电场。

光磁电法也是一种常用的测量寿命的方法，它利用了半导体的光磁电效应的原理。这种方法适合于测量短的寿命，在砷化镓等Ⅲ-Ⅴ族化合物半导体中用得最多。此外，还有扩散长度法、双脉冲法及漂移法等测量寿命的方法。

不同的材料寿命不相同。一般来说，锗比硅容易获得较高的寿命，而砷化镓的寿命要短得多。在较完整的锗单晶中，寿命可超过 $10^4\mu s$。纯度和完整性特别好的硅材料，寿命可达 $10^3\mu s$ 以上。砷化镓的寿命极短，通常为 $10^{-8}\sim10^{-9}$s，或更低。即使是同种材料，在不同的条件下，寿命也可在一个很大的范围内变化。通常制造晶体管的锗材料，寿命在几十微秒到二百多微秒范围内。平面器件中的硅寿命一般在几十微秒以上。

半导体中的电子系统处于热平衡状态时，在整个半导体中有统一的费米能级，电子和空穴浓度都用它来描写。在非简并情况下

$$\begin{cases} n_0=N_e\exp\left(-\dfrac{E_e-E_F}{k_B T}\right) \\ p_0=N_v\exp\left(-\dfrac{E_F-E_v}{k_B T}\right) \end{cases} \tag{6-26}$$

正因为有统一的费米能级 E_F，热平衡状态下，半导体中电子和空穴浓度的乘积必定满足式（6-19），因而，统一的费米能级是热平衡状态的标志。

当外界的影响破坏了热平衡，使半导体处于非平衡状态时，就不再存在统一的费米能级，因为前面讲的费米能级和统计分布函数都是指的热平衡状态。当半导体的平衡态遭到破

坏而存在非平衡载流子时，可以认为，分别就价带和导带中的电子讲，它们各自基本上处于平衡态，而导带和价带之间处于不平衡状态。因而费米能级和统计分布函数对导带和价带各自仍然是适用的，可以分别引入导带费米能级和价带费米能级。它们都是局部的费米能级，称为“准费米能级”。导带和价带间的不平衡就表现在它们的准费米能级是不重合的。导带的准费米能级也称电子准费米能级。相应地，价带的准费米能级称为空穴准费米能级，用 E_F^n 和 E_F^p 表示。

引入准费米能级后，非平衡状态下的载流子浓度也可以用与平衡载流子浓度类似的公式来表达

$$\begin{cases} n = N_c \exp\left(-\dfrac{E_e - E_F^n}{k_B T}\right) \\ p = N_v \exp\left(-\dfrac{E_F^p - E_v}{k_B T}\right) \end{cases} \tag{6-27}$$

知道了载流子浓度，便可以由式（6-27）确定准费米能级 E_F^n 和 E_F^p 的位置。只要载流子浓度不是太高，以致使 E_F^n 或 E_F^p 进入导带或价带，此式总是适用的，

根据式（6-27），n 和 n_0 及 p 和 p_0 的关系可表示为

$$\begin{cases} n = N_c \exp\left(-\dfrac{E_e - E_F^n}{k_B T}\right) = n_0 \exp\left(\dfrac{E_F^n - E_F}{k_B T}\right) = n_i \exp\left(\dfrac{E_F^n - E_i}{k_B T}\right) \\ p = N_v \exp\left(-\dfrac{E_F^p - E_v}{k_v T}\right) = p_0 \exp\left(\dfrac{E_F - E_F^p}{k_B T}\right) = n_i \exp\left(\dfrac{E_i - E_F^p}{k_B T}\right) \end{cases}$$

由上式可以明显地看出，无论是电子还是空穴，非平衡载流子越多，准费米能级偏离 E_F 就越远。但是 E_F^n 和 E_F^p 偏离 E_F 的程度是不同的。例如对于 n 型半导体，在小注入条件下，即 $\Delta n \ll n_0$ 时，显然有 $n > n_0$，且 $n \approx n_0$，因而 E_F^n 比 E_F 更靠近导带，但偏离 E_F 甚小。这时注入的空穴浓度 $\Delta p \gg p_0$，即 $p > p_0$。所以 E_F^p 比 E_F 更靠近价带，且比 E_F^n 更显著地偏离了 E_F。图 6-19 示意地画出了 n 型半导体注入非平衡载流子后，准费米能级 E_F^n 和 E_F^p 偏离热平衡时的费米能级 E_F 的情况。一般在非平衡态时，往往总是多数载流子的准费米能级和平衡时的费米能级偏离不多，而少数载流子的准费米能级则偏离很大。

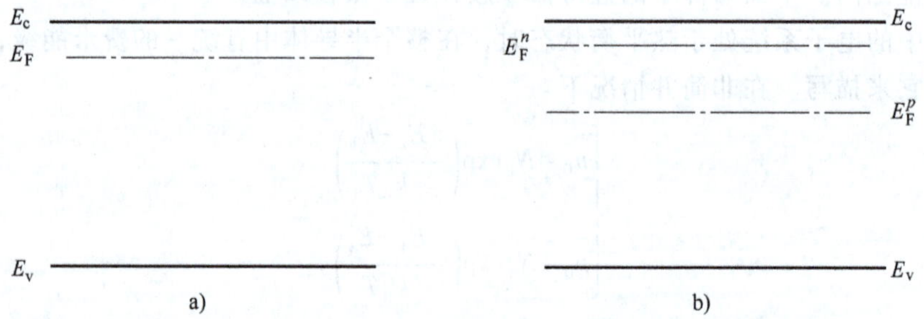

图 6-19 准费米能级偏离能级的情况

a）热平衡时的费米能级 b）n 型半导体的准费米能级

由式（6-26）可以得到电子浓度和空穴浓度的乘积是

$$np = n_0 p_0 \exp\left(\frac{E_F^n - E_F^p}{k_B T}\right) = n_i^2 \exp\left(\frac{E_F^n - E_F^p}{k_B T}\right) \tag{6-28}$$

显然，E_F^n 和 E_F^p 偏离的大小直接反映出 np 和 n_i^2 相差的程度，即反映了半导体偏离热平衡态的程度。它们偏离越大，说明不平衡情况越显著；两者靠得越近，则说明越接近平衡态；两者重合时，形成统一的费米能级，半导体处于平衡态。因此引进准费米能级，可以更形象地了解非平衡态的情况。

由于半导体内部的相互作用，使得任何半导体在平衡态总有一定数目的电子和空穴。从微观角度讲，平衡态指的是由系统内部一定的相互作用所引起的微观过程之间的平衡。也正是这些微观过程促使系统由非平衡态向平衡态过渡，引起非平衡载流子的复合，因此，复合过程是属于统计性的过程。

非平衡载流子到底是怎样复合的？根据长期的研究结果，就复合过程的微观机构讲，复合过程大致可以分为两种：

1）直接复合：电子在导带和价带之间的直接跃迁，引起电子和空穴的直接复合。

2）间接复合：电子和空穴通过禁带的能级（复合中心）进行复合。

根据复合过程发生的位置，又可以把它区分为体内复合和表面复合，如图 6-20 所示。载流子复合时，一定要释放出多余的能量。释放出能量的方法有 3 种：

1）发射光子。伴随着复合，将有发光现象，常称为发光复合或辐射复合。

2）发射声子。载流子将多余的能量传给晶格，加强晶格的振动。

3）将能量给予其他载流子，增加它们的动能，称为俄歇（Auger）复合。

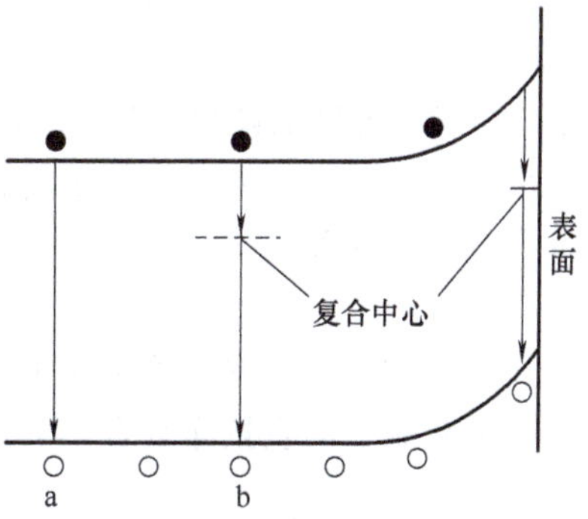

图 6-20　载流子的各种复合机构

无论何时，半导体中总存在着载流子产生和复合两个相反的过程。通常把单位时间和单位体积内所产生的电子-空穴对数称为产生率，而把单位时间和单位体积内复合掉的电子-空穴对数称为复合率。

6.3.2　复合理论

半导体中的自由电子和空穴在运动中会有一定概率直接相遇而复合，使一对电子和空穴同时消失。从能带角度讲，就是导带中的电子直接落入价带与空穴复合，如图 6-21 所示。同时，还存在着上述过程的逆过程，即由于热激发等原因，价带中的电子也有一定概率跃迁到导带中去，产生一对电子和空穴。这种由电子在导带与价带间直接跃迁而引起非平衡载流子的复合过程就是直接复合。

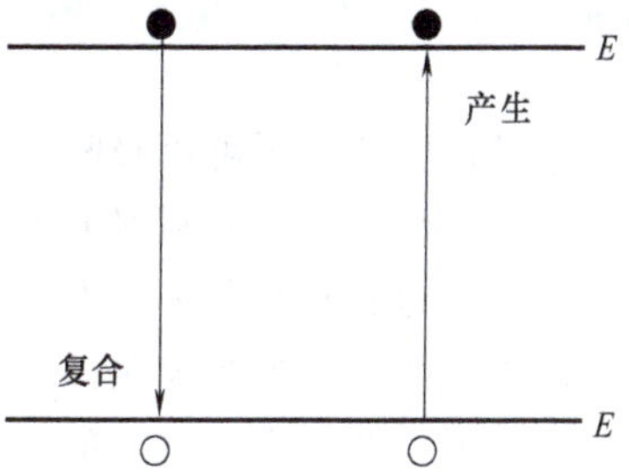

图 6-21　直接复合

n 和 p 分别表示电子浓度和空穴浓度。单位体积内，每一个电子在单位时间内都有一定的概率和空穴相遇而复

合，这个概率显然和空穴浓度成正比，可以用 rp 表示，那么复合率 R 就有如下的形式

$$R=rnp \tag{6-29}$$

比例系数 r 称为电子-空穴复合概率。因为不同的电子和空穴具有不同的热运动速度。一般地说，它们的复合概率与它们的运动速度有关。这里 r 代表不同热运动速度的电子和空穴复合概率的平均值。在非简并半导体中，电子和空穴的运动速度遵守玻尔兹曼分布，因此，在一定温度下，可以求出载流子运动速度的平均值，所以 r 也有完全确定的值，它仅是温度的函数，而与 n 和 p 无关。这样式（6-29）就表示复合率正比于 n 和 p。下面的讨论也都限于非简并的情况。

在一定温度下，价带中的每个电子都有一定的概率被激发到导带，从而形成一对电子和空穴。如果价带中本来就缺少一些电子，即存在一些空穴，当然产生率就会相应地减少一些。同样，如果导带中本来就有一些电子，也会使产生率相应地减少一些。因为根据泡利原理，价带中的电子不能激发到导带中已被电子占据的状态上去。但是，在非简并情况下，价带中的空穴数相对于价带中的总状态数是极其微小的，导带中的电子数相对于导带中的总状态数也是极其微小的。这样，可认为价带基本上是满的，而导带基本上是空的，激发概率不受载流子浓度 n 和 p 的影响。因而产生率在所有非简并情况下，基本上是相同的，可以写为

$$\text{产生率}=G \tag{6-30}$$

式中，G 仅是温度的函数，与 n、p 无关。

热平衡时，产生率必须等于复合率。此时 $n=n_0$，$p=p_0$，根据式（6-29）和式（6-30），就得到 G 和 r 的关系

$$G=rn_0p_0=rn_i^2 \tag{6-31}$$

复合率减去产生率就等于非平衡载流子的净复合率。由式（6-29）及式（6-30）可以求出非平衡载流子的直接净复合率 U_d 为

$$U_d=R-G=r(np-n_i^2) \tag{6-32}$$

把 $n=n_0+\Delta n$，$p=p_0+\Delta p$ 以及 $\Delta n=\Delta p$ 代入式（6-32），得到

$$U_d=r(n_0+p_0)\Delta p+r(\Delta p)^2 \tag{6-33}$$

由此得到非平衡载流子的寿命为

$$\tau=\frac{\Delta p}{U_d}=\frac{1}{r[(n_0+p_0)+\Delta p]} \tag{6-34}$$

由式（6-34）可以看出，r 越大，净复合率越大，τ 值越小。寿命 τ 不仅与平衡载流子浓度 n_0、p_0 有关，而且还与非平衡载流子浓度有关。

6.4 半导体发光性质

半导体中的电子可以吸收一定能量的光子而被激发。同样，处于激发态的电子也可以向较低的能级跃迁，以光辐射的形式释放出能量。也就是电子从高能级向低能级跃迁，伴随着发射光子。这就是半导体的发光现象。

产生光子发射的主要条件是系统必须处于非平衡状态，即在半导体内需要有某种激发过程存在，通过非平衡载流子的复合，才能形成发光。根据不同的激发方式，可以有各种发光过程，如电致发光、光致发光和阴极发光等。

半导体材料受到某种激发时，电子产生由低能级向高能级的跃迁，形成非平衡载流子。这种处于激发态的电子在半导体中运动一段时间后，又回复到较低的能量状态，并发生电子-空穴对的复合。复合过程中，电子以不同的形式释放出多余的能量。从高能量状态到较低的能级复合，如过程 a；中性施主能级上的电子跃迁到价带，与价带中的空穴复合，如过程 b。中性施主能量状态的电子跃迁过程主要有以下几种，如图 6-22 所示。

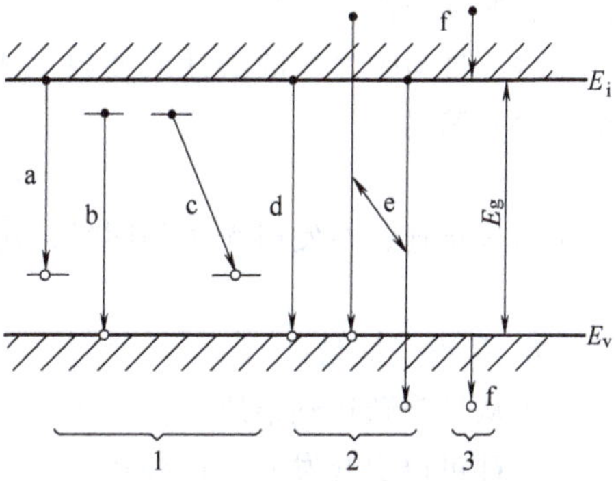

图 6-22　电子的辐射跃迁

1）有杂质或缺陷参与的跃迁：导带电子跃迁到未电离的受主能级，与受主能级上的空穴复合，如过程 c。热电子跃迁到价带顶与空穴复合，或导带底的电子跃迁到价带与热空穴复合，如过程 e。

2）带与带之间的跃迁：导带底的电子直接跃迁到价带顶部，与空穴复合，如过程 d；导带热电子跃迁到价带顶与空穴复合，或导带底的电子跃迁到价带与热空穴复合，如过程 e。

3）热载流子在带内跃迁，如过程 f。

上面提到，电子从高能级向较低能级跃迁时，必然释放一定的能量。如跃迁过程伴随着放出光子，这种跃迁称为辐射跃迁。必须指出，以上列举的各种跃迁过程并非都能在同一材料和在相同条件下同时发生；更不是每一种跃迁过程都辐射光子（不发射光子的所谓非辐射跃迁）。但作为半导体发光材料，必须是辐射跃迁占优势。

导带的电子跃迁到价带，与价带空穴相复合，伴随着发射光子，称为本征跃迁。显然，这种带与带之间的电子跃迁所引起的发光过程，是本征吸收的逆过程。对于直接带隙半导体，导带与价带极值都在 k 空间原点，本征跃迁为直接跃迁，如图 6-23a 所示。由于直接跃迁的发光过程只涉及一个电子-空穴对和一个光子，其辐射效率较高。直接带隙半导体，包括Ⅱ-Ⅵ族和部分Ⅲ-Ⅴ族（如 GaAs 等）化合物，都是常用的发光材料。

对于间接带隙半导体，如图 6-23b 所示，导带和价带极值对应于不同的波矢 $\boldsymbol{k}$。这时发

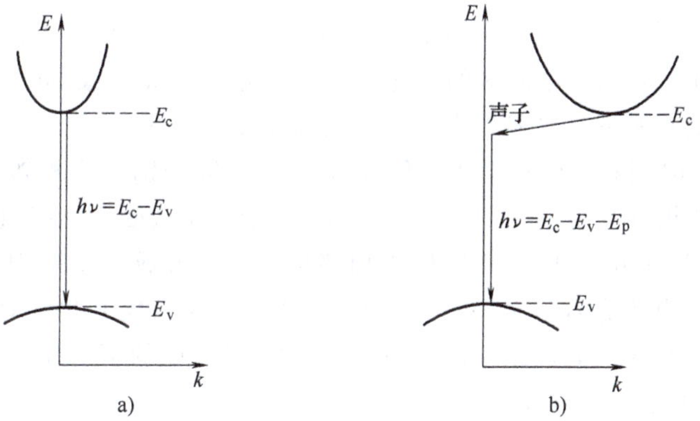

图 6-23　本征辐射跃迁

a）直接跃迁　b）间接跃迁

生的带与带之间的跃迁是间接跃迁。在间接跃迁过程中，除了发射光子外，还有声子参与。因此，这种跃迁比直接跃迁的概率小得多。Ge、Si 和部分Ⅲ-Ⅴ族半导体都是间接带隙半导体，它们的发光比较微弱。

显然，带与带之间的跃迁所发射的光子能量与 E 直接有关。对直接跃迁，发射光子的能量至少应满足

$$h\nu = E_c - E_v = E_g$$

对间接跃迁，在发射光子的同时，还发射一个声子，光子能量应满足

$$h\nu = E_c - E_v - E_p$$

式中，E_p 是声子能量。

电子从导带跃迁到杂质能级，或杂质能级上的电子跃迁入价带，或电子在杂质能级之间的跃迁，都可以引起发光。这种跃迁称为非本征跃迁。对间接带隙半导体，本征跃迁是间接跃迁，概率很小。这时，非本征跃迁起主要作用。

下面着重讨论施主与受主之间的跃迁，如图 6-24 所示。这种跃迁效率高，多数发光二极管属于这种跃迁机理。当半导体材料中同时存在施主和受主杂质时，两者之间的库仑作用力使受激态能量增大，其增量 ΔE 与施主和受主杂质之间的距离成反比。当电子从施主向受主跃迁时，如没有声子参与，发射光子能量为

$$h\nu = E_g - (E_D + E_A) + \frac{q^2}{4\pi\varepsilon_r\varepsilon_0 r} \tag{6-35}$$

式中，E_D 和 E_A 分别代表施主和受主的束缚能；ε_r 是母晶体的相对介电常数。

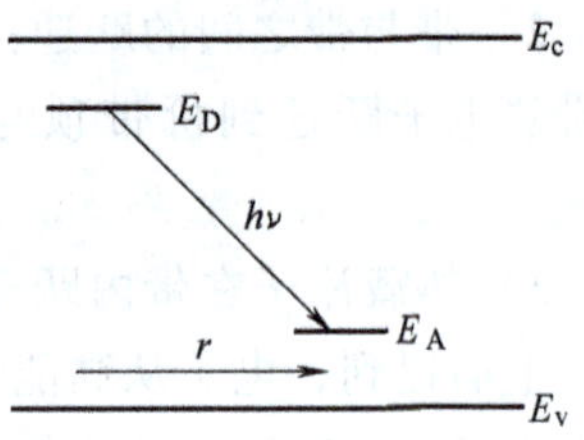

图 6-24　施主与受主间的跃迁

由于施主和受主一般以替位原子出现于晶格中，因此，只能取以整数倍增加的不连续数值。实验中也确实观测到一系列不连续的发射谱线与不同的 r 值相对应（如 GaP 中 Si 和 Te 杂质间的跃迁发射光谱）。从式（6-35）可知，r 较小时，相当于比较邻近的杂质原子间的电子跃迁，得到分列的谱线；随着 r 的增大，发射谱线越来越靠近，最后出现一发射带。当 r 相当大时，电子从施主向受主完成辐射跃迁所需穿过的距离也较大，因此发射随着杂质间距离增大而减少。一般感兴趣的是比较邻近的杂质对之间的辐射跃迁过程。现以 GaP 为例作定性分析。

GaP 是一种Ⅱ-Ⅴ族间接带隙半导体，室温时禁带宽度 $E_g = 2.27\text{eV}$，其本征辐射跃迁效率很低，它的发光主要是通过杂质对的跃迁。实验证明，掺 Zn（或 Cd）和 O 的 p 型 GaP 材料，在 1.8eV 附近有很强的红光发射带，其发光机理大致如下。

掺 O 和 Zn 的 GaP 材料，经过适当热处理后，O 和 Zn 分别取代相邻近的 P 和 Ga 原子，O 形成一个深施主能级（导带下 0.896eV 处），Zn 形成一个浅受主能级（价带以上 0.064eV 处）。当这两个杂质原子在 p 型 GaP 中处于相邻格点时，形成一个电中性的 Zn-O 络合物，起等电子陷阱作用，束缚能为 0.3eV。GaP 中掺入 N 后，N 取代 P 也起等电子陷阱作用，其能级位置在导带下 0.008eV 处。图 6-25 表示 GaP 中几种可能的辐射复合过程。

① Zn-O 络合物俘获一个电子，邻近的 Zn 中心俘获一个空穴形成一种激子状态。激子的复合（即杂质俘获的电子与空穴相复合），发射 660nm 左右的红光。这一辐射复合过程的效率较高。

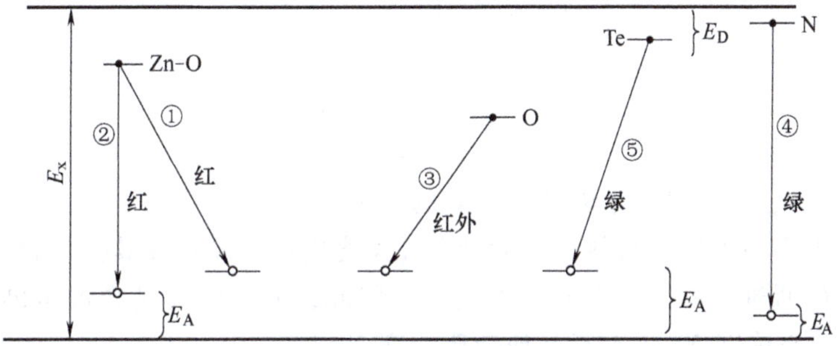

图 6-25　GaP 的辐射复合

② Zn-O 络合物俘获一个电子后，再俘获一个空穴形成另一种类型的束缚激子，其空穴束缚能级 E，在价带上 0.037eV 处，这种激子复合也发射红光。

③ 孤立的 O 中心俘获的电子与 Zn 中心俘获的空穴相复合，发射红外光。

④ N 等电子陷阱俘获电子后再俘获空穴形成束缚激子，其空穴束缚能级 F。在价带之上 0.011eV 处，这种激子复合后发绿光。

⑤ 如 GnP 材料还掺有 Te 等浅施主杂质，Te 中心俘获的电子与 Zn 中心俘获的空穴，发射 550nm 附近的绿色光，可见，不含 O 的 p 型 GaP 可以发绿色光，而含 O 的 GaP 主要发红色光。因此，要提高绿光发射效率，必须避免 O 的掺入。

GnP 是间接带隙半导体，其发光也是由间接跃迁产生的。但如果将 GaP 和 GaAs 混合制成 $GaAs_{1-x}P_x$ 晶体（磷-砷化镓晶体），则可调节 x 值以改变混合晶体的能带结构。如 $x=0.38\sim0.40$ 时，$GaAs_{1-x}P_x$ 为直接带隙半导体，室温时 E_g 为 1.84~1.94eV。这时主要发生直接跃迁，导带电子可以跃迁到价带与空穴复合。导带电子也可以跃迁到 Zn 受主能级，与受主能级上的空穴相复合，发射 620~680nm 的红色光。目前 GaP 以及 $GaAs_{1-x}P_x$ 发光二极管已被广泛应用。

电子跃迁过程中，除了发射光子的辐射跃迁外，还存在非辐射跃迁。在非辐射复合过程中，能量释放机理比较复杂。一般认为，电子从高能级向较低能级跃迁时，可以将多余的能量传给第三个载流子（参阅图 6-10）使其受激跃迁到更高的能级，这是所谓俄歇（Auger）过程。此外，电子和空穴复合时，也可以将能量转变为晶格振动能量，这就是伴随着发射声子的无辐射复合过程。

实际上，发光过程中同时存在辐射复合和非辐射复合过程。两者复合概率不同，使材料具有不同的发光效率。通常用“内部量子效率”$\eta_{内}$和“外部量子效率”$\eta_{外}$来表示发光效率。单位时间内辐射复合产生的光子数与单位时间内注入的电子-空穴对数之比称为内量子效率，即

$$\eta_{内}=\frac{\text{单位时间内产生的光子数}}{\text{单位时间内注入的电子-空穴对数}}$$

因平衡时，电子-空穴对的激发率等于非平衡载流子的复合率（包括辐射复合和非辐射复合）；而复合率又分别决定于寿命 τ_{nr} 和 τ_r，辐射复合率正比于$\frac{1}{\tau_r}$，非辐射复合率正比于$\frac{1}{\tau_{nr}}$，因此 $\eta_{内}$可写成

$$\eta_{内}=\frac{\frac{1}{\tau_r}}{\frac{1}{\tau_{nr}}+\frac{1}{\tau_r}}=\frac{1}{1+\frac{\tau_r}{\tau_{nr}}} \tag{6-36}$$

可见，只有当 $\tau_{nr}\gg\tau_r$ 时，才能获得有效的光子发射。

对间接复合为主的半导体材料，一般既存在发光中心，又存在其他复合中心。通过前者产生辐射复合，而通过后者则产生非辐射复合。因此，要使辐射复合占压倒优势，即 $\tau_{nr}\gg\tau_r$，必须使发光中心浓度 N_L 远大于其他杂质浓度 N_t。

必须指出，辐射复合所产生的光子并不是全部都能离开晶体向外发射。这是因为，从发光区产生的光子通过半导体时有部分可以被再吸收；另外由于半导体的高折射率（3~4），光子在界面处很容易发生全反射而返回到晶体内部。即使是垂直射到界面的光子，由于高折射率而产生高反射率，有相当大的部分（30%左右）被反射回晶体内部。因此，有必要引入“外部量子效率”来描写半导体材料的总的有效发光效率。单位时间内发射到晶体外部的光子数与单位时间内注入的电子-空穴对数之比，称为外部量子效率，即

$$\eta_{外}=\frac{\text{单位时间内发射到外部的光子数}}{\text{单位时间内注入的电子-空穴对数}}$$

对于像 GaAs 这一类直接带隙半导体，直接复合起主导作用，因此，内部量子效率比较高，可以接近 100%，但从晶体内实际能逸出的光子却非常少。为了使半导体材料具有实用发光价值，不但要选择内部量子效率高的材料，并且要采取适当措施，以提高其外部量子效率。如将晶体表面做成球面，并使发光区域处于球心位置，这样可以避免表面的全反射。据报道，发红光的 GaP（Zn-O）发光二极管，室温下 $\eta_{外}$ 最高可达 15%；发绿光的 GaP（N），$\eta_{外}$ 可达 0.7%。因为晶体的吸收随着温度增高而增大，因此，发光效率将随温度增高而下降。

6.5 半导体导电性质

6.5.1 欧姆偏移定律

电场不太强时，电流密度与电场强度关系服从欧姆定律，即 $J=\sigma|E|$。对给定的材料，电导率 σ 是常数，与电场无关。这说明，平均漂移速度与电场强度成正比，迁移率大小与电场无关。但是，当电场强度增强到 10^3V/cm 以上时，实验发现，J 与 $|E|$ 不再成正比，偏离了欧姆定律。这表明电导率不再是常数，随电场而变。电导率决定于载流子浓度和迁移率，实验指出，电场增强接近 10^5V/cm 时，载流子浓度才开始改变，所以，电场在 10^3 ~ 10^5V/cm 范围内与欧姆定律的偏离，只能说明平均漂移速度与电场强度不再成正比，迁移率随电场改变。图 6-26 给出了锗和硅的平均漂移速度 $\bar{v}_d$ 与电场强度 $|E|$ 的关系。

从图 6-26 中可以看到，n 型锗在 $|E|<7\times10^2$V/cm 时，$\bar{v}_d$ 与 $|E|$ 呈线性关系，即 μ 与 $|E|$ 无关；7×10^2V/cm $<|E|<5\times10^3$V/cm，$\bar{v}_d$ 增加缓慢，μ 随 $|E|$ 增加而降低；$|E|>5\times10^3$V/cm，$\bar{v}_d$ 达到饱和，不随 $|E|$ 变化。n 型硅的变化与锗类似，仅是 $|E|$ 的范围稍有不

同，两者漂移速度的饱和值分别为 6×10^6cm/s 和 10^7cm/s。

分析强电场下欧姆定律发生偏离的原因，主要可以从载流子与晶格振动散射时的能量交换过程来说明。在没有外加电场的情况下，载流子和晶格散射时，将吸收声子或发射声子，与晶格交换动量和能量。交换的净能量为零，载流子的平均能量与晶格的相同，两者处于热平衡状态。

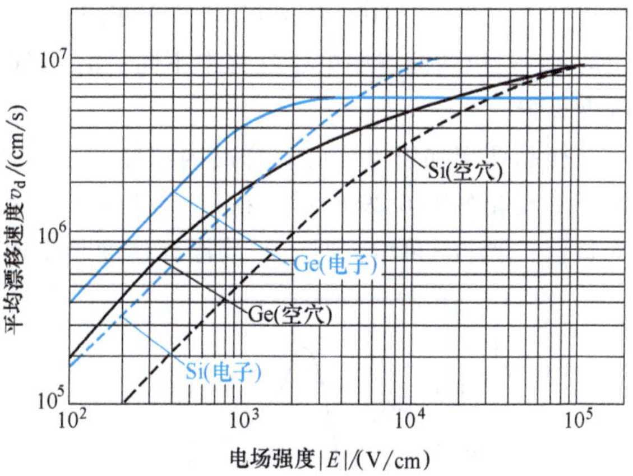

图 6-26　锗、硅的平均漂移速度与电场强度的关系（300K）

在电场存在时，载流子从电场中获得能量，随后又以发射声子的形式将能量传给晶格。在这种情况下，平均而言，载流子发射的声子数多于吸收的声子数。到达稳定状态时，单位时间内载流子从电场中获得的能量与给予晶格的能量相同。然而，在强电场情况下，载流子从电场中获得的能量很多，因此载流子的平均能量比热平衡状态时的要大，导致载流子和晶格系统不再处于热平衡状态。温度是平均动能的度量，因此引入了载流子的有效温度来描述处于热载流子状态的载流子，称这种状态的载流子为热载流子。因此，在强电场情况下，载流子温度比晶格温度高，载流子的平均能量也比晶格的大。热载流子与晶格散射时，由于热载流子能量高，速度大于热平衡状态下的速度，由 $\tau=l/v$ 看出，在平均自由程保持不变的情况下，平均自由时间减小，因而迁移率降低。

当电场不是很强时，载流子主要为声学波散射，迁移率有所降低。当电场进一步增强，载流子能量高到可以和光学波声子能量相比时，散射时可以发射光学波声子，于是载流子获得的能量大部分又消失，因而平均漂移速度可以达到饱和。

6.5.2　多能谷散射与耿氏效应

1963 年，Gunn 发现在如图 6-27 所示的 n 型砷化镓两端电极上加以电压，当半导体内电场超过 3×10^3V/cm 时，半导体内的电流便以很高的频率振荡，振荡频率为 $0.47\times10^9\sim6.5\times10^9$Hz，这个效应称为耿氏效应（Gunn effect）。1964 年克罗默（Koremer）指出，这种效应与 1961 年里德利（Ridley）、沃特金斯（Watkins）以及 1962 年希尔萨（Hilsum）分别发表的微分负阻理论相一致，从而解决了耿氏效应的理论问题，并称为 RWH 机构，下面进行简单介绍。

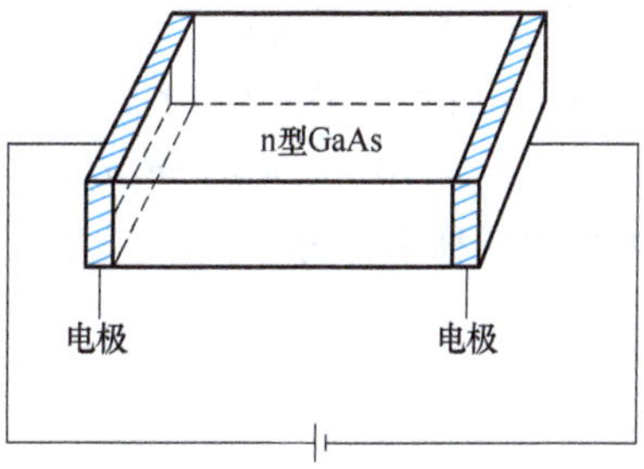

图 6-27　耿氏二极管

图 6-28 为砷化镓能带结构，导带最低能谷 1 和价带极值均位于布里渊区中心 $k=0$ 处，在［111］方向布里渊区边界 L 处还有一个极值，约高出 0.29eV 的能谷 2，称为卫星谷。当温度不太高、电场不太强时，导带电子大部分位于能谷 1。能谷 2 的曲率比能谷 1 小，所以，能谷 2 的电子有

效质量较大（$m_1^*=0.067m_0$，$m_2^*=0.55m_0$），两能谷状态密度之比约为 94。由于能谷 2 有效质量大，所以两能谷中电子迁移率不同［$\mu_1=6000\sim8000\text{cm}^2/(\text{V}\cdot\text{s})$，$\mu_2=920\text{cm}^2/(\text{V}\cdot\text{s})$］，视纯度而异。

当样品两端加以电压时，样品内部便产生电场$|E|$。n 型砷化镓中电子的平均漂移速度随电场的变化如图 6-29 所示，在$|E|=3\times10^3\sim2\times10^4\text{V/cm}$范围内出现微分负电导区，迁移率为负值；当$|E|$再增大时，平均漂移速度趋于饱和值 10^7 cm/s。

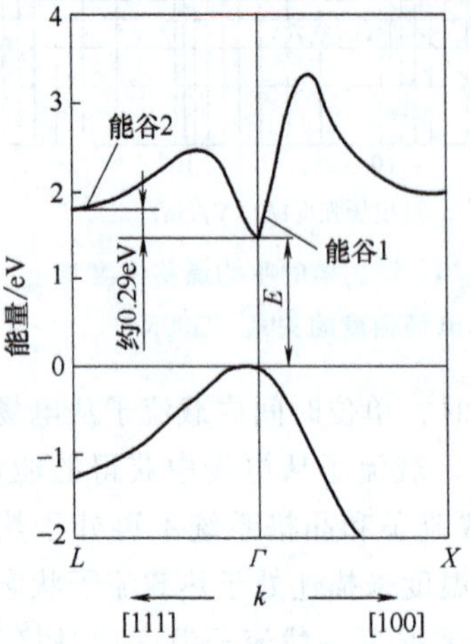

图 6-28 砷化镓能带结构

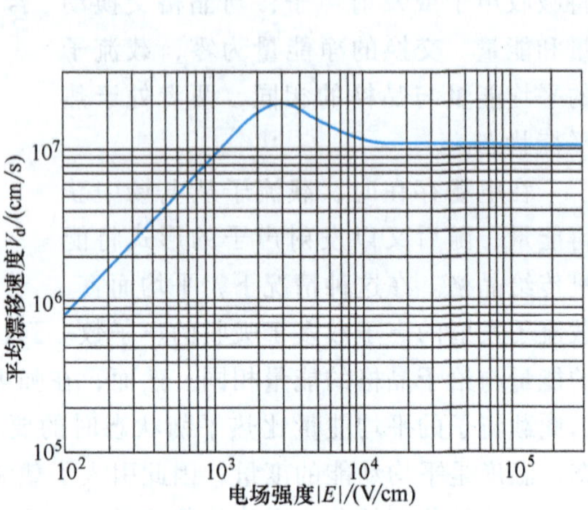

图 6-29 砷化镓电子平均漂移速度与电场强度的关系（300K）

因此，砷化镓会产生负微分电导，是由于当电场达到 3×10^3V/cm 后，能谷 1 中的电子可从电场中获得足够的能量而开始转移到能谷 2 中，发生能谷间的散射，电子的准动量有较大的改变，伴随散射就发射或吸收一个光学声子，如图 6-30 所示。但是，这两个能谷不是完全相同的，进入能谷 2 的电子，有效质量大为增加，迁移率大大降低，平均漂移速度减小，电导率下降，产生负阻效应。

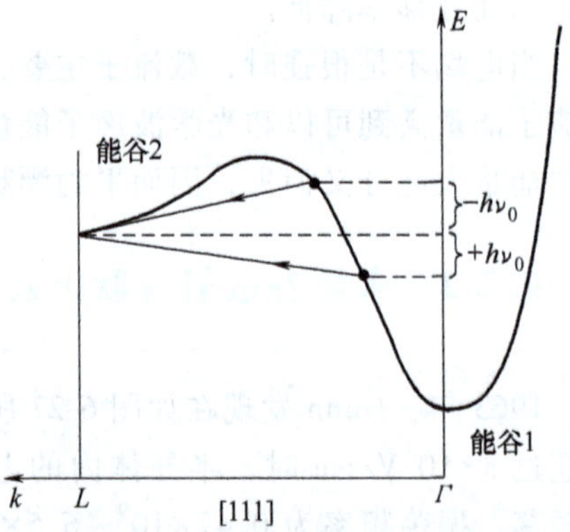

图 6-30 能谷间散射示意图

设 n_1、n_2 分别代表能谷 1 和能谷 2 中的电子浓度，而 $n=n_1+n_2$，则电导率为

$$\sigma=q(n_1\mu_1+n_2\mu_2)=nq\bar{\mu} \tag{6-37}$$

$\bar{\mu}$ 为平均迁移率，为

$$\bar{\mu}=\frac{n_1\mu_1+n_2\mu_2}{n_1+n_2} \tag{6-38}$$

平均漂移速度为

$$\bar{v}_d=\bar{\mu}|E|=\frac{n_1\mu_1+n_2\mu_2}{n_1+n_2}|E| \tag{6-39}$$

电流密度为

$$J=nq\bar{\mu}|E|=nq\bar{v}_d \tag{6-40}$$

对式（6-40）进行微分，得

$$\frac{dJ}{d|E|}=nq\frac{d\bar{v}_d}{d|E|} \tag{6-41}$$

$dJ/d|E|$称为微电导，在$\frac{d\bar{v}_d}{d|E|}<0$的区域就出现负微分电导，迁移率为负值。负微分电导开始时的电场定义为阈值电场强度$|E|$，其值约为3.2×10^3V/cm，起始时微分负迁移率为$-2400\text{cm}^2/(\text{V}\cdot\text{s})$，终止时的电场约为$2\times10^4$V/cm。

当外加电压使样品内部电场强度最初处于负微分电导区时，就可以产生微波振荡。图6-31为耿氏器件工作示意图。如果器件内部由于局部不均匀，在某处引起微量的空间电荷，在具有正微分迁移率的材料中，这一空间电荷将很快消失，但是，在处于负微分迁移率的范围内，空间电荷会迅速增长起来。例如，设器件内A处由于掺杂不均匀，形成一个局部的高阻区，当在器件两端施加电压时，高阻区内电场强度比区外强，如外加电压使场强超过阈值，位于负微分电导区，如图6-31d中的$|E_d|$，则部分电子就会转移到能谷2中去，形成两类平均漂移速度不相同的电子。处于能谷2中的电子，由于有效质量大，迁移率小，因而平均漂移速度低。因为局部高阻区内电场强度比区外强，由v_d与$|E_d|$的关系曲线上看到，在负微分电导区，场强越强，电子的平均漂移速度越低。因此，在高阻区面向阳极的一侧，区外电子的平均漂移速度比区内的大，这导致这一侧缺少电子，形成所谓的电子耗尽层。耗尽层内主要是带正电的电离施主，而在高阻区面向阴极的一侧则形成电子的积累层。因此，由于器件内局部掺杂不均匀，外加电压使器件内场强处于负微分电导区时，就形成了带负电的电子积累层和带正电的电子耗尽层，二者组成空间电荷偶极层，简称畴。

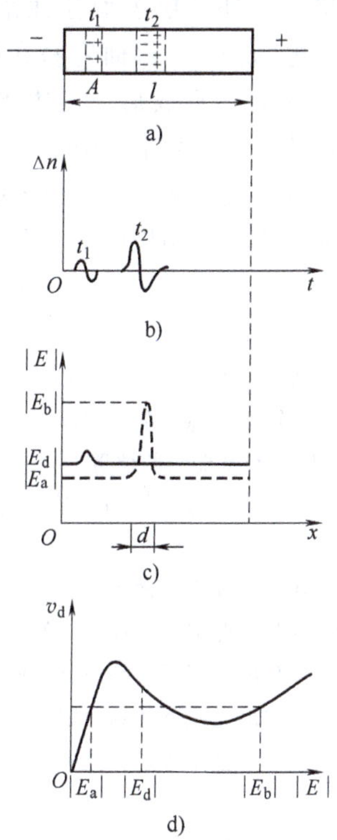

图6-31　耿氏器件工作示意图

a）器件示意图　b）两个不同时刻t_1、t_2（$t_2>t_1$）偶极畴内载流子示意图　c）两个不同时刻畴区内外电场强度示意图　d）v_d与$|E|$关系曲线

畴形成后，畴内正负电荷产生一个与外加电场同方向的电场，使得畴内电场增强，相应地畴外电场便有所降低。因此，这种偶极畴常称为高场畴。

随着畴内电场的增强，畴内电子的平均漂移速度不断下降。因此，在高场畴向阳极渡越的过程中，积累层中的电子不断增长，耗尽层宽度也不断加宽，即偶极畴不断增长。这导致畴内电场进一步增强，畴外电场进一步降低。图6-31中示意地画出了在不同时刻畴内外的电场强度。

然而，高场畴并不会无限制地增长。随着畴内电场的增强和畴外电场的降低，高场和低场的数值都将越出负微分电导区。在这时，畴外电子全部在能谷1（见图6-30），而畴内电子基本上位于能谷2。当畴内外电场分别达到图中所示的值$|E_a|$、$|E_b|$时，畴外电子的平均漂移速度和畴内电子的平均漂移速度（即畴的运动速度）相等。于是，畴就停止生长而达

到稳定，形成一个稳态畴。在这种情况下，两类电子均以相同的平均漂移速度向阳极运动。随着电子的运动，这个稳态畴也以恒定的速度向阳极漂移。

高场畴到达阳极后，首先耗尽层逐渐消失，畴内空间电荷减少，电场降低。相应地，畴外电场开始上升，畴内外电子平均漂移速度都增大，电流开始上升。最后，整个畴被阳极“吸收”而消失，体内电场又恢复到初始状态。在这一过程中，电流达到最大值。同时，一个新的畴又开始形成。

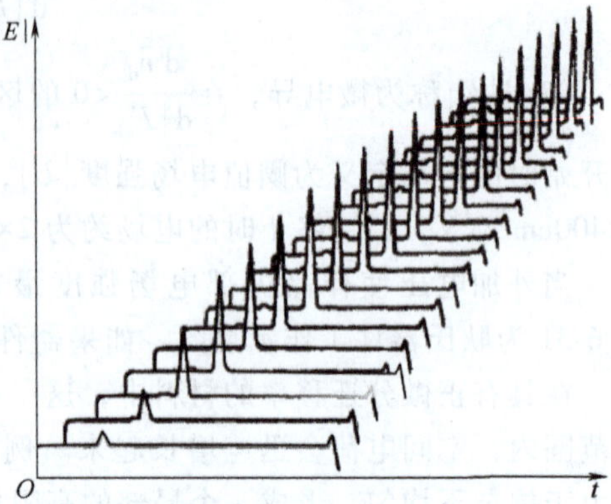

图 6-32　高场畴区边生长边运动示意图

实验表明，一般情况下，新畴总是容易在阴极附近某些掺杂不均匀处形成。这可能是由于用外延片作耿氏器件时，外延层表面总是作为阴极，而外延层表面往往浓度最低、电阻率最高、电场较强，因而容易在阴极附近形成畴。畴在阴极附近形成后，一边迅速生长，一边向阳极漂移，通常漂移 1μm 左右就达到稳态。这时，高场畴便几乎以一个恒定的速度向阳极漂移。到达阳极后，畴区消失，体内电场又恢复到初始状态。在阴极附近又形成新畴，整个过程重复进行，形成耿氏振荡（图 6-32）。

课后思考题

1. 画出−78℃、室温（27℃）、500℃三个温度下的费米分布函数曲线，并进行比较。

2. 计算含有施主杂质浓度 $N_D=9\times10^{15}\text{cm}^{-3}$ 及受主杂质浓度为 $1.1\times10^{10}\text{cm}^{-3}$ 的硅在 300K 时的电子和空穴浓度以及费米能级的位置。

3. 施主浓度为 10^{13}cm^{-3} 的 n 型硅，计算 400K 时本征载流子浓度、多子浓度、少子浓度和费米能级的位置。

4. 在一个 n 型锗样品中，过剩空穴浓度为 10^{13}cm^{-3}，空穴的寿命为 100μs。计算空穴的复合率。

5. 用强光照射 n 型样品，假定光被均匀地吸收，产生过剩载流子，产生率为 g_p，空穴寿命为 τ。

（1）写出光照下过剩载流子所满足的方程；

（2）求出光照下达到稳定状态时的过剩载流子浓度。

6. 画出 p 型半导体在光照（小注入）前后的能带图，标出原来的费米能级和光照时的准费米能级。

7. 300K 时，Ge 的本征电阻率为 47Ω · cm，如电子和空穴迁移率分别为 $3900\text{cm}^2/(\text{V}\cdot\text{s})$ 和 $1900\text{cm}^2/(\text{V}\cdot\text{s})$，试求本征 Ge 的载流子浓度。

第 7 章 半导体器件及其应用

7.1 p-n 结

如果把一块 p 型半导体和一块 n 型半导体［如 p 型硅（p-Si）和 n 型硅（n-Si）］从原子层面结合在一起，在两者的交界处就形成了所谓的 p-n 结。那么这种有 p-n 结的半导体将具有什么性质呢？这是本章所要讨论的主要问题。

7.1.1 p-N 结的形成

由于 p-n 结是很多半导体器件的核心基本结构，了解和掌握 p-n 结的性质就具有很重要的实际意义。本章主要讨论 p-n 结的几个重要性质，如电流电压特性、电容效应、击穿特性等。

在一块 n 型（或 p 型）半导体单晶上，用适当的工艺方法（如合金法、扩散法、生长法、离子注入法等）把 p 型（或 n 型）杂质掺入其中，使这块单晶的不同区域分别具有 n 型和 p 型的导电类型，在两者的交界面处就形成了 p-n 结。图 7-1 为其基本结构示意图。下面简单介绍两种常用的形成 p-n 结的典型工艺方法及制得的 p-n 结中杂质的分布情况。

图 7-2 表示用合金法制造 p-n 结的过程，把一小粒铝放在一块 n 型单晶硅片上，加热到一定的温度，形成铝硅的熔融体，然后降低温度，熔融体开始凝固，在 n 型硅片上形成一含有高浓度铝的 p 型硅薄层，它与 n 型硅衬底的交界面处即为 p-n 结（这时称为铝硅合金结）。

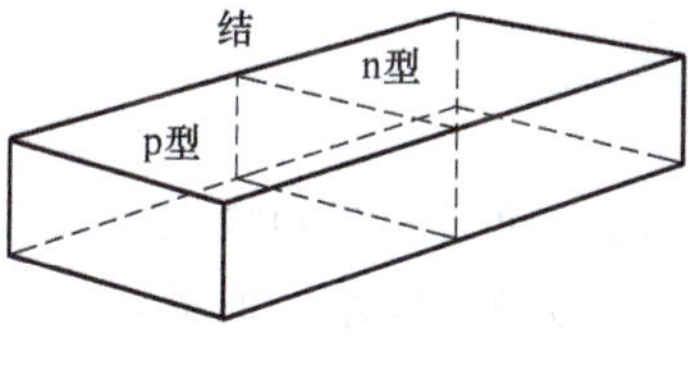

图 7-1 p-n 结基本结构示意图

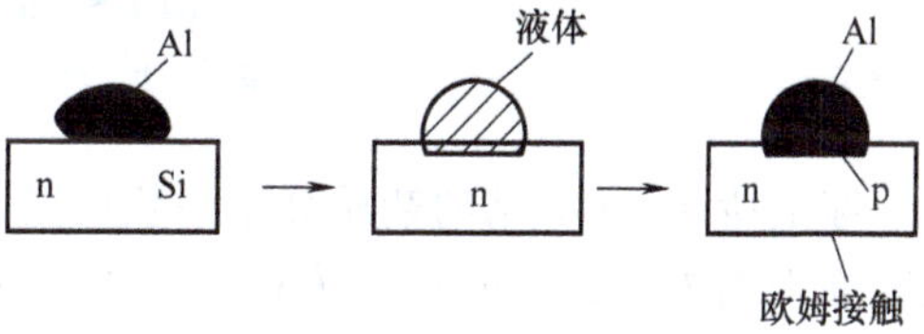

图 7-2 合金法制造 p-n 结过程

合金结的杂质分布如图 7-3 所示，其特点是，n 型区中施主杂质浓度为 N_D，而且均匀分布；p 型区中受主杂质浓度为 N_A，也是均匀分布。在交界面处，杂质浓度由 N_A（p 型）突变为 N_D（n 型），具有这种杂质分布的 p-n 结称为突变结。设 p-n 结的位置在 $x=x_j$，则突变结的杂质分布可以表示为

$$\left.\begin{array}{l} x<x_j, N(x)=N_A \\ x>x_j, N(x)=N_D \end{array}\right\} \tag{7-1}$$

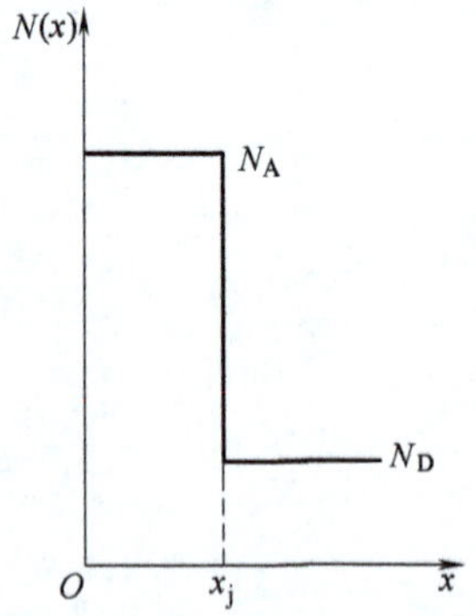

图 7-3　合金结的杂质分布

实际的突变结两边的杂质浓度相差很多，例如 n 区的施主杂质浓度为 $10^{19}cm^{-3}$，而 p 区的受主杂质浓度为 $10^{17}cm^{-3}$，通常称这种结为单边突变结（这里是 p^+-n 结）。

图 7-4 表示用扩散法制造 p-n 结（也称扩散结）的过程。它是在 n 型单晶硅片上，通过氧化、光刻、扩散等工艺制得的 p-n 结，其杂质分布由扩散过程及杂质补偿决定。在这种结中，杂质浓度从 p 区到 n 区是逐渐变化的，如图 7-5a 所示。设 p-n 结位置在 $x=x_j$，则结中的杂质分布可表示为

$$\left.\begin{array}{l} x<x_j, N_A>N_D \\ x>x_j, N_D>N_A \end{array}\right\} \tag{7-2}$$

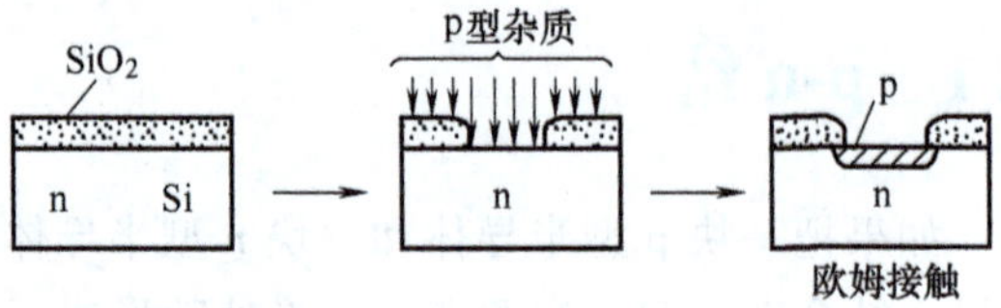

图 7-4　扩散法制造 p-n 结过程

在扩散结中，若杂质分布可用 $x=x_j$ 处的切线近似表示，则称为线性缓变结，如图 7-5b 所示。因此线性缓变结的杂质分布可表示为

$$N_D-N_A=\alpha_j(x-x_j) \tag{7-3}$$

式中，α_j 是 $x=x_j$ 处切线的斜率，称为杂质浓度梯度，它决定于扩散杂质的实际分布，可以用实验方法测定。但是对于高表面浓度的浅扩散结，x_j 处的斜率 α_j 很大，这时扩散结用突变结来近似，如图 7-5c 所示。

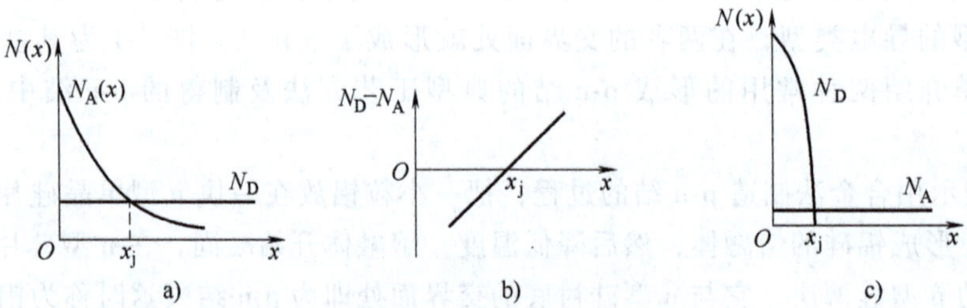

图 7-5　扩散结的杂质分布

a）扩散结　b）线性缓变结近似　c）突变结近似

综上所述，p-n 结的杂质分布一般可以归纳为两种情况，即突变结和线性缓变结。合金结和高表面浓度的浅扩散结（p^+-n 结或 n^+-p 结）一般可认为是突变结。而低表面浓度的深扩散结，一般可以认为是线性缓变结。

7.1.2　p-n结能带结构

考虑两块半导体单晶，一块是n型，一块是p型。在n型中，电子很多而空穴很少；在p型中，空穴很多而电子很少。但是，在n型中的电离施主与少量空穴的正电荷严格平衡电子电荷；而p型中的电离受主与少量电子的负电荷严格平衡空穴电荷。因此，单独的n型和p型半导体是电中性的。当这两块半导体结合形成p-n结时，它们之间存在的载流子浓度梯度，导致了空穴从p区到n区、电子从n区到p区的扩散运动。对于p区，空穴离开后，留下了不可动的带负电的电离受主，这些电离受主，没有正电荷与之保持电中性。因此，在p-n结附近p区一侧出现了一个负电荷区。同理，在p-n结附近n区一侧出现了由电离施主构成的一个正电荷区，通常就把在p-n结附近的这些电离施主和电离受主所带电荷称为空间电荷。它们所存在的区域称为空间电荷区，如图7-6所示。空间电荷区中的这些电荷产生了从n区指向p区，即从正电荷指向负电荷的电场，称为内建电场。在内建电场作用下，载流子做漂移运动。显然，电子和空穴的漂移运动方向与它们各自的扩散运动方向相反。因此，内建电场起着阻碍电子和空穴继续扩散的作用。

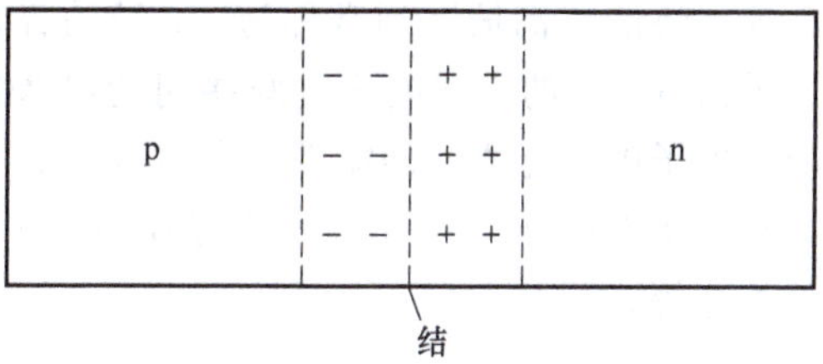

图7-6　p-n结的空间电荷区

随着扩散运动的进行，空间电荷逐渐增多，空间电荷区也逐渐扩展；同时，内建电场逐渐增强，载流子的漂移运动也逐渐加强。在无外加电压的情况下，载流子的扩散和漂移最终将达到动态平衡，即从n区向p区扩散过去多少电子，同时就将有同样多的电子在内建电场作用下返回n区。因而电子的扩散电流和漂移电流的大小相等、方向相反而互相抵消。对于空穴，情况完全相似。因此，没有电流流过p-n结，或者说流过p-n结的净电流为零。这时空间电荷的数量一定，空间电荷区不再继续扩展，保持一定的宽度，其中存在一定的内建电场。一般称这种情况为热平衡状态下的p-n结（简称为平衡p-n结）。

平衡p-n结的情况，可以用能带图表示。图7-7a表示n型、p型两块半导体的能带图，图中E_{Fn}和E_{Fp}分别表示n型和p型半导体的费米能级。当两块半导体结合形成p-n结时，按照费米能级的意义，电子将从费米能级高的n区流向费米能级低的p区，空穴则从p区流向n区，因而E_{Fn}不断下移，且E_{Fp}不断上移，直至$E_{Fn}=E_{Fp}$时为止。这时p-n结中有统一的费米能级E_F。p-n结处于平衡状态，其能带如图7-7b所示。事实上，E_{Fn}是随着n区能带一起下移，E_{Fp}则随着p区能带一起上移的。能带相对移动的原

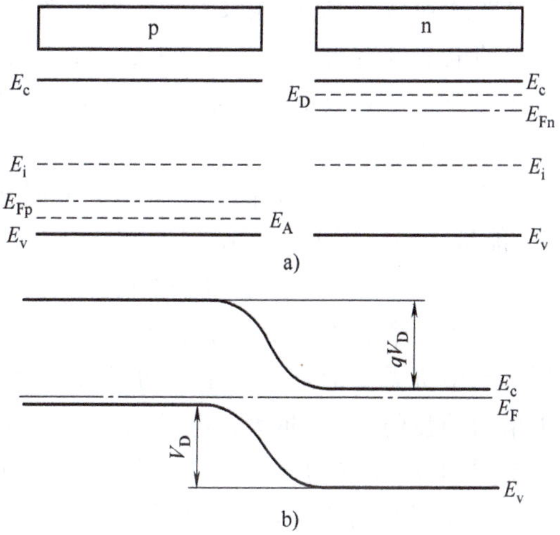

图7-7　平衡p-n结的能带图

a）n、p型半导体的能带　b）平衡p-n结能带

因是 p-n 结空间电荷区中存在内建电场的结果。随着从 n 区指向 p 区的内建电场的不断增加，空间电荷区内电势 $V(x)$ 由 n 区向 p 区不断降低，而电子的电势能 $qV(x)$ 则由 n 区向 p 区不断升高，所以，p 区的能带相对 n 区上移，而 n 区能带相对 p 区下移，直至费米能级处处相等时，能带才停止相对移动，p-n 结达到平衡状态。因此，p-n 结中费米能级处处相等恰好标志了每一种载流子的扩散电流和漂移电流互相抵消，没有净电流通过 p-n 结。这一结论还可以从电流密度方程式推出。

首先考虑电子电流，流过 p-n 结的总电子电流密度 J_n 应等于电子的漂移电流密度 $nq\mu_n|E|$ 与扩散电流密度 $qD_n\mathrm{d}n/\mathrm{d}x$ 之和。

从图 7-7b 可以看出，在 p-n 结的空间电荷区中能带发生弯曲，这是空间电荷区中电势能变化的结果。因能带弯曲，电子从势能低的 n 区向势能高的 p 区运动时，必须克服这一势能“高坡”，才能达到 p 区；同理，空穴也必须克服这一势能“高坡”，才能从 p 区到达 n 区，这一势能“高坡”通常称为 p-n 结的势垒，故空间电荷区也叫势垒区。

平衡 p-n 结的空间电荷区两端间的电势差 V_D 称为 p-n 结的接触电势差或内建电势差。相应的电子电势能之差即能带的弯曲量 qV_D 称为 p-n 结的势垒高度。

从图 7-7b 可知，势垒高度正好补偿了 n 区和 p 区费米能级之差，使平衡 p-n 结的费米能级处处相等，因此

$$qV_D = E_{Fn} - E_{Fp} \tag{7-4}$$

7.2 金属半导体接触

7.2.1 功函数

在热力学温标零度时，金属中的电子填满了费米能级 E_F 以下的所有能级，而高于 E_F 的能级则全部是空着的。在一定温度下，只有 E_F 附近的少数电子受到热激发，由低于 E_F 的能级跃迁到高于 E_F 的能级上去，但是绝大部分电子仍不能脱离金属而逸出体外。这说明金属中的电子虽然能在金属中自由运动，但绝大多数所处的能级都低于体外能级。要使电子从金属中逸出，必须由外界给它以足够的能量。所以，金属内部的电子是在一个势阱中运动。用 E_0 表示真空中静止电子的能量，金属中的电子势阱如图 7-8 所示。金属功函数的定义是 E_0 与 E_F 能量之差。用 W_m 表示，即

$$W_m = E_0 - (E_F)_m \tag{7-5}$$

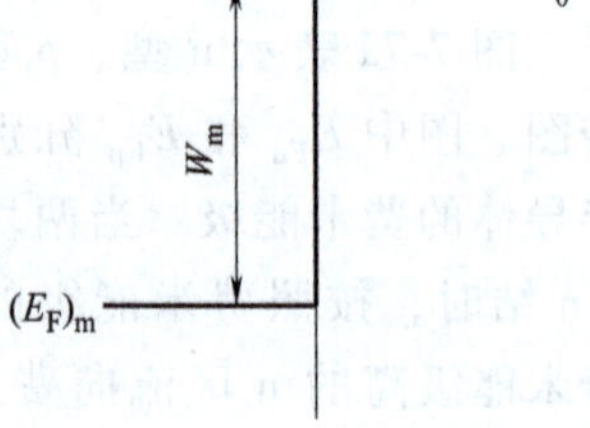

图 7-8 金属中的电子势阱

它表示一个起始能量等于费米能级的电子，由金属内部逸出到真空中所需要的最小能量。功函数的大小标志着电子在金属中束缚的强弱，W_m 越大，电子越不容易离开金属。

金属的功函数约为几个电子伏特。铯的功函数最低，为 1.93eV；铂的最高，为 5.36eV。功函数的值与表面状况有关。图 7-9 给出了清洁表面的金属功函数。由图可知，随着原子序数的递增，功函数也呈现周期性变化。

在半导体中，导带底 E_c 和价带顶 E_v 一般都比 E_0 低几个电子伏特。要使电子从半导体

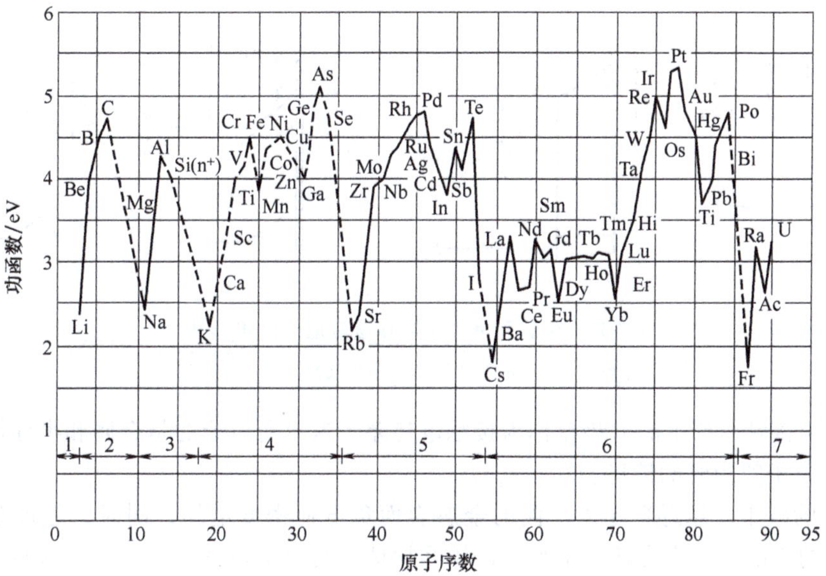

图 7-9　真空中清洁表面的金属功函数与原子序数的关系

逸出，也必须给它以相应的能量。和金属类似，也把 E_0 与费米能级之差称为半导体的功函数，用 W_s 表示，于是

$$W_s = E_0 - (E_F)_s \tag{7-6}$$

半导体的费米能级随杂质浓度变化，因而 W_s 也与杂质浓度有关。n 型半导体的功函数如图 7-10 所示。图中还画出了从 E_c 到 E_0 的能量间隔 x。

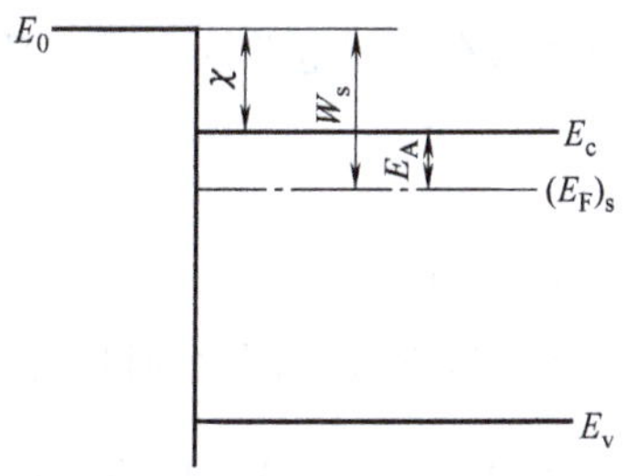

图 7-10　n 型半导体的功函数和电子亲和能

7.2.2　接触电势

设想有一块金属和一块 n 型半导体，它们有共同的真空静止电子能级，并假定金属的功函数大于半导体的功函数，即 $W_m > W_s$。它们接触前，尚未达到平衡时的能级图如图 7-11a 所示。显然半导体的费米能级 $(E_F)_s$ 高于金属的费米能级 $(E_F)_m$，且 $(E_F)_s - (E_F)_m = W_m - W_s$。如果用导线把金属和半导体连接起来，它们就成为一个统一的电子系统。由于原来 $(E_F)_s$ 高于 $(E_F)_m$，半导体中的电子将向金属流动，使金属表面带负电，半导体表面带正电。它们所带电荷在数值上相等，整个系统仍保持电中性，结果降低了金属的电势，提高了半导体的电势。当它们的电势发生变化时，其内部的所有电子能级及表面处的电子能级都随同发生相应的变化，最后达到平衡状态，金属和半导体的费米能级在同一水平上，这时不再有电子的净的流动。它们之间的电势差完全补偿了原来费米能级的不同，即相对于金属的费米能级，半导体的费米能级下降了 $W_m - W_s$，如图 7-11b 所示。由图中可以明显地看出

$$q(V_s' - V_m) = W_m - W_s \tag{7-7}$$

式中，V_m 和 V_s'分别为金属和半导体的电势。式（7-7）可写成

$$V_{ms} = V_{np} - V_s' = \frac{W_s - W_m}{q} \tag{7-8}$$

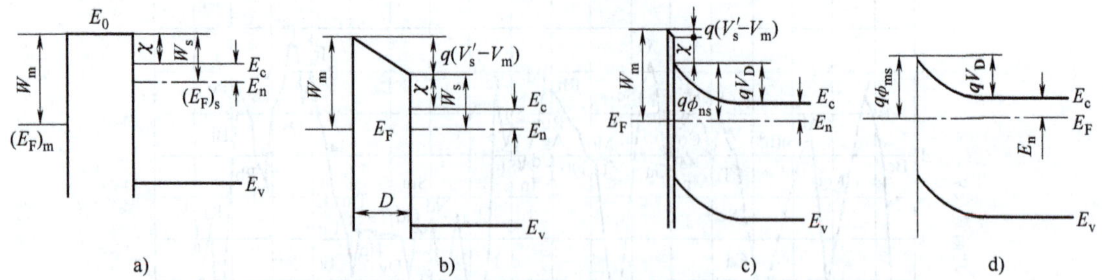

图 7-11　金属和 n 型半导体接触能带图 $W_m>W_s$

a）接触前　b）间隙很大　c）紧密接触　d）忽略间隙

这个由于接触而产生的电势差称为接触电势差。这里所讨论的是金属和半导体之间的距离 D 远大于原子间距时的情形。

随着 D 的减小，靠近半导体一侧的金属表面负电荷密度增加，同时，靠近金属一侧的半导体表面的正电荷密度也随之增加。由于半导体中自由电荷密度的限制，这些正电荷分布在半导体表面相当厚的一层表面层内，即空间电荷区。这时在空间电荷区内便存在一定的电场，造成能带弯曲，使半导体表面和内部之间存在电势差 V_s，即表面势。这时接触电势差一部分降落在空间电荷区，另一部分降落在金属和半导体表面之间。于是有

$$\frac{W_s-W_m}{q}=V_{ms}+V_s \tag{7-9}$$

若 D 小到可以与原子间距相比较，电子就可自由穿过间隙，这时 V_{ms} 很小，接触电势差绝大部分降落在空间电荷区。这种紧密接触的情形如图 7-11c 所示。

图 7-11d 表示忽略间隙中的电势差时的极限情形，这时 $\frac{W_s-W_m}{q}=V_s$。半导体一边的势垒高度为

$$qV_D=-qV_s=W_m-W_s \tag{7-10}$$

这里 $V_s<0$。金属一边的势垒高度是

$$q\phi_{ms}=qV_D+E_n=-qV_s+E_n=W_m-W_s+E_n=W_m-\chi \tag{7-11}$$

为了使问题简化，以后只讨论这种极限情形。

从上面的分析可以清楚地看出，当金属与 n 型半导体接触时，若 $W_m>W_s$，则在半导体表面形成一个正的空间电荷区，其中电场方向由体内指向表面，$V_s<0$，它使半导体表面电子的能量高于体内，能带向上弯曲，即形成表面势垒。在势垒区中，空间电荷主要由电离施主形成，电子浓度要比体内小得多，因此它是一个高阻的区域，常称为阻挡层。

若 $W_m<W_s$，则金属与 n 型半导体接触时，电子将从金属流向半导体，在半导体表面形成负的空间电荷区。其中电场方向由表面指向体内，$V_s>0$，能带向下弯曲。这里电子浓度比体内大得多，因而是一个高电导的区域，称为反阻挡层。其平衡时的能带图如图 7-12 所示。反阻挡层是很薄的高电导层，它对半导体和金属接触电阻的影响是很小的。所以，反阻挡层与阻挡层不同，在平常的实验中觉察不到它的存在。

金属和 p 型半导体接触时，形成阻挡层的条件正好与 n 型半导体相反。当 $W_m>W_s$ 时，能带向上弯曲，形成 p 型反阻挡层；当 $W_m<W_s$ 时，能带向下弯曲，造成空穴的势垒，形成

p 型阻挡层。其能带图如图 7-13 所示。

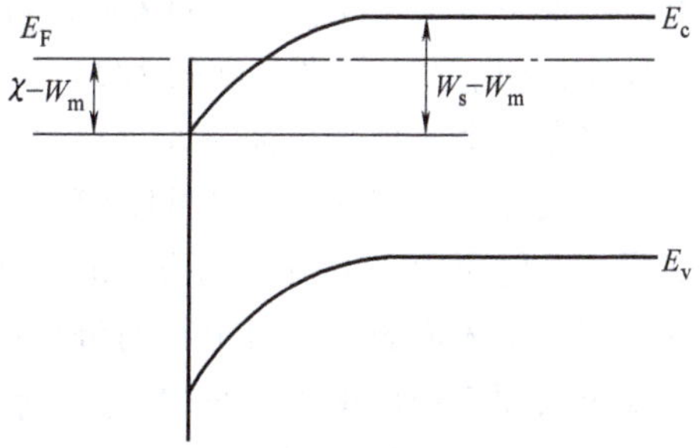

图 7-12　金属和 n 型半导体接触能带图（$W_m<W_s$）

对于同一种半导体，χ 将保持一定的值。根据式（7-11），用不同的金属与它形成的接触，其势垒高度 $q\phi_{ms}$ 应当直接随金属功函数而变化。但是实际测量的结果并非如此。表 7-1 列出了几种金属分别与 n 型 Ge、Si、GaAs 接触时形成的势垒高度的测量值。例如，由表中得到，金或铝与 n 型 GaAs 接触时，势垒高度仅相差 0.15V，而由图 7-9 得知金的功函数为 4.8eV，铝的功函数为 4.25eV，两者相差 0.55eV，远比 0.15eV 大。大量的测量结果表明：不同的金属，虽然功函数相差很大，而对比起来，它们与半导体接触时形成的势垒高度相差却很小。这说明金属功函数对势垒高度没有多大影响。进一步的研究终于揭示出，这是由于半导体表面存在表面态的缘故。

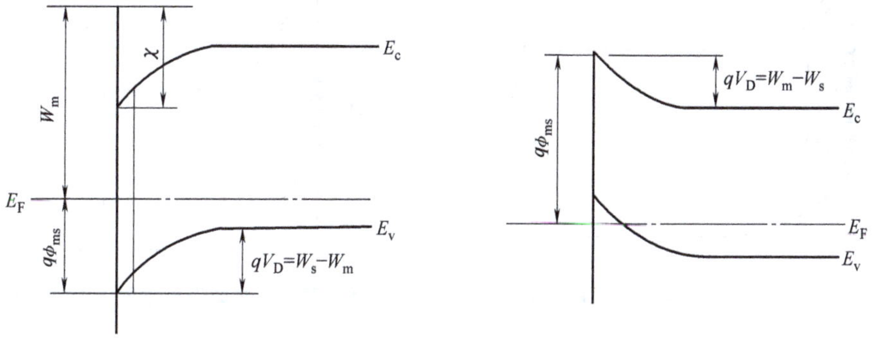

图 7-13　金属和 p 型半导体接触能带图

a）p 型阻挡层（$W_m<W_s$）　b）p 型反阻挡层（$W_m>W_s$）

表 7-1　n 型 Ge、Si、GaAs 的 ϕ_{ms} 测量值（300K）

半导体	金属	ϕ_{ms}/V	半导体	金属	ϕ_{ms}/V
n-Ge	Au	0.45	n-GaAs	Au	0.95
	Al	0.48		Ag	0.93
	W	0.48		Al	0.80
n-Si	Au	0.79		W	0.71
	W	0.67		Pt	0.94

7.2.3　表面势垒

在半导体表面处的禁带中存在着表面态，对应的能级称为表面能级。表面态一般分为施主型和受主型两种。若能级被电子占据时呈电中性，施放电子后呈正电性，称为施主型表面态；若能级空着时为电中性，而接受电子后带负电，称为受主型表面态。一般表面态在半导体表面禁带中形成一定的分布，表面处存在一个距离价带顶为 $q\phi_0$ 的能级，如图 7-14 所示，电子正好填满 $q\phi_0$ 以下的所有表面态时，表面呈电中性。$q\phi_0$ 以下的表面态空着时，表面带正电，呈现施主型；$q\phi_0$ 以上的表面态被电子填充时，表面带负电，呈现受主型。对于大多数半导体，$q\phi_0$ 约为禁带宽度的 1/3。

假定在一个 n 型半导体表面存在表面态，半导体费米能级 E_F 将高于 $q\phi_0$，如果以上存在有受主表面态，则在 g 到 E 间的能级将基本上为电子填满，表面带负电。这样，半导体表面附近必定出现正电荷，成为正的空间电荷区，结果形成电子的势垒，势垒高度 qV_D 恰好使存在有受主表面态上的负电荷与势垒区正电荷数量相等。平衡时的能带图如图 7-14 所示。

如果表面态密度很大，只要 E_F 比 $q\phi_0$ 高一些，在表面态上就会积累很多负电荷，由于能带向上弯，表面处 E_F 很接近 $q\phi_0$，势垒高度就等于原来费米能级（设想没有势垒的情形）和 $q\phi_0$ 之差，即 $qV_D=E_g-q\phi_0+E_n$，如图 7-15 所示，这时势垒高度称为被高表面态密度钉扎(pinned)。

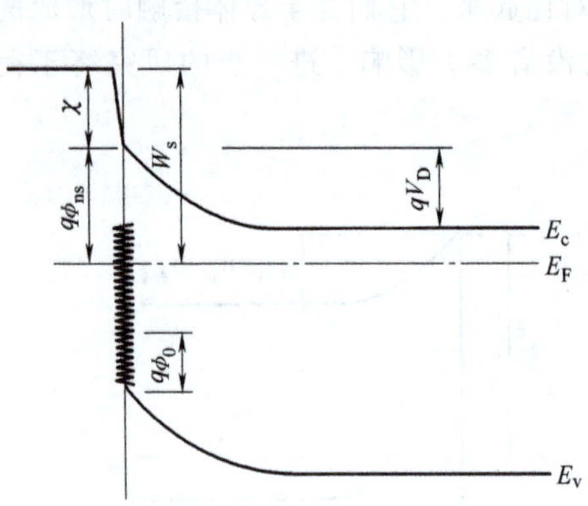

图 7-14　存在受主表面态时 n 型半导体的能带图

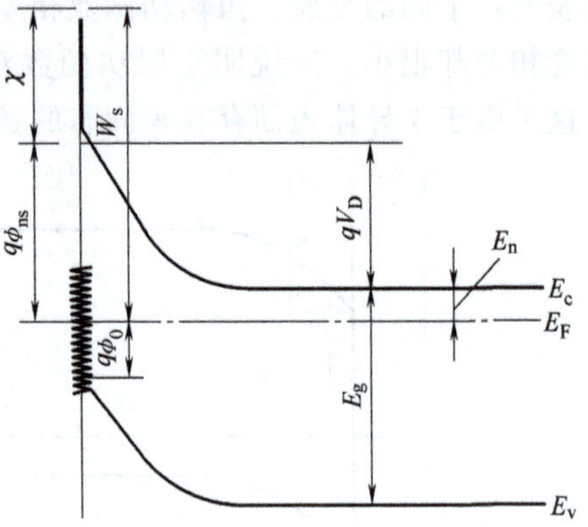

图 7-15　存在高表面态密度时 n 型半导体的能带图

如果不存在表面态，半导体的功函数决定于费米能级在禁带中的位置，即 $W_s=\chi+E_n$。如果存在表面态，即使不与金属接触，表面也形成势垒，半导体的功函数 W_s 要有相应的改变。图 7-14 形成电子势垒，功函数增大为 $W_s=\chi+qV_D+E_n$，改变的数值就是势垒高度 qV_D。当表面态密度很高时，$W_s=\chi+E_g-q\phi_0$，几乎与施主浓度无关。这种具有受主表面态的 n 型半导体与金属接触的能带图如图 7-16 所示，图中省略了表面态能级。图 7-16a 表示接触前的能带图，这里仍然是 $W_m>\chi+q\phi_{ms}=W_s$ 的情况。由于 $(E_F)_s$ 高于 $(E_F)_m$，因此它们接触时，同样将有电子流向金属。不过现在电子并不是来自半导体体内，而是由受主表面态提供，若表面态密度很高，能放出足够多的电子，则半导体势垒区的情形几乎不发生变化。平衡时，费米能级达到同一水平，半导体的费米能级 $(E_F)_s$ 相对于金属的费米能级 $(E_F)_m$ 下降了 $W_m>W_s$。在间隙 D 中，从金属到半导体电势下降 $(W_s-W_m)/q$。这时空间电荷区的正电荷等于表面受主态上留下的负电荷与金属表面负电荷之和。当间隙 D 小到可与原子间距相比时，电子就可自由地穿过它。这种紧密接触的情形如图 7-16b 所示。为了明显起见，图中夸大了间隙 D。如果忽略这个间隙，极限情况下的能带图如图 7-16c 所示。

上面的分析说明，当半导体的表面态密度很高时，由于它可屏蔽金属接触的影响，使半导体内的势垒高度和金属的功函数几乎无关，而基本上由半导体的表面性质所决定，接触电势差全部降落在两个表面之间。当然，这是极端的情形。实际上，由于表面态密度的不同，紧密接触时，接触电势差有一部分要降落在半导体表面以内，金属功函数对表面势垒将产生

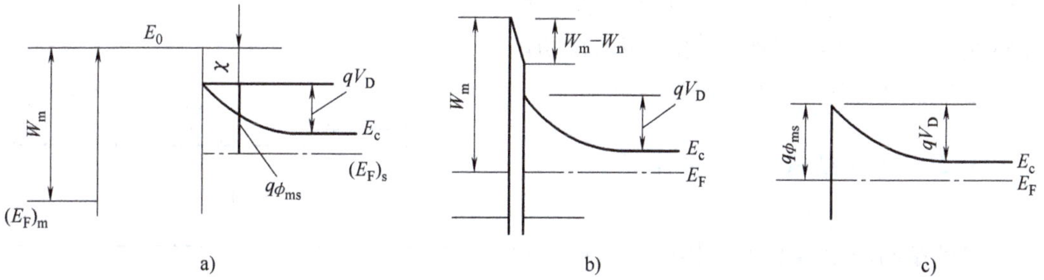

图 7-16　表面受主态密度很高的 n 型半导体与金属接触能带图

a）接触前　b）紧密接触　c）极限情形

不同程度的影响，但影响不大，这种解释符合实际测量的结果。根据这一概念，不难理解，当 $W_m<W_s$ 时，也可能形成 n 型阻挡层。

利用金属-半导体整流接触特性制成的二极管称为肖特基势垒二极管，它和 p-n 结二极管具有类似的电流-电压关系，即它们都有单向导电性；但前者又有区别于后者的以下显著特点。

首先，就载流子的运动形式而言，p-n 结正向导通时，由 p 区注入 n 区的空穴或由 n 区注入 p 区的电子，都是少数载流子，它们先形成一定的积累，然后靠扩散运动形成电流。这种注入的非平衡载流子的积累称为电荷存储效应，它严重地影响了 p-n 结的高频性能。而肖特基势垒二极管的正向电流，主要是由半导体中的多数载流子进入金属形成的，它是多数载流子器件。例如对于金属和 n 型半导体的接触，正向导通时，从半导体中越过界面进入金属的电子并不发生积累，而是直接成为漂移电流而流走。因此，肖特基势垒二极管比 p-n 结二极管有更好的高频特性。

其次，对于相同的势垒高度，肖特基二极管的 J_{sD} 或 J_{sT} 要比 p-n 结的反向饱和电流 J_s 大得多。换言之，对于同样的使用电流，肖特基势垒二极管将有较低的正向导通电压，一般为 0.3V 左右。

正因为有以上的特点，肖特基势垒二极管在高速集成电路、微波技术等许多领域都有很多重要应用。例如，硅高速 TTL 电路中，就是把肖特基二极管连接到晶体管的基极与集电极之间，从而组成钳位晶体管，大大提高了电路的速度。TTL 电路中，制作肖特基二极管常用的方法是，把铝蒸发到 n 型集电区上，然后在 520~540℃ 的真空中或氮气中恒温加热约十分钟，这样就形成铝和硅的良好接触，制成肖特基势垒二极管。

7.3　MIS 结构

7.3.1　MIS 基本结构

MIS 结构是由金属、绝缘层及半导体所组成的如图 7-17 所示的基本结构。由于这种结构是组成 MOS 晶体管等表面器件的基本部分，而其电容-电压特性又是用于研究半导体表面和界面的一种重要手段，故有必要详细加以讨论。先讨论在理想 MIS 结构上加某一偏压，同时测量其小信号电容随外加偏压变化的电容-电压特性（以后称 C-V 特性），然后再考虑功函数差及绝缘层内电荷对其 C-V 特性的影响。

7.3.2 MIS 结构电容-电压特性

在 MIS 结构的金属和半导体间加以某一电压 V_G 后，电压 V_G 的一部分 V_0 降在绝缘层上，而另一部分降在半导体表面层中，形成表面势 V_s，即

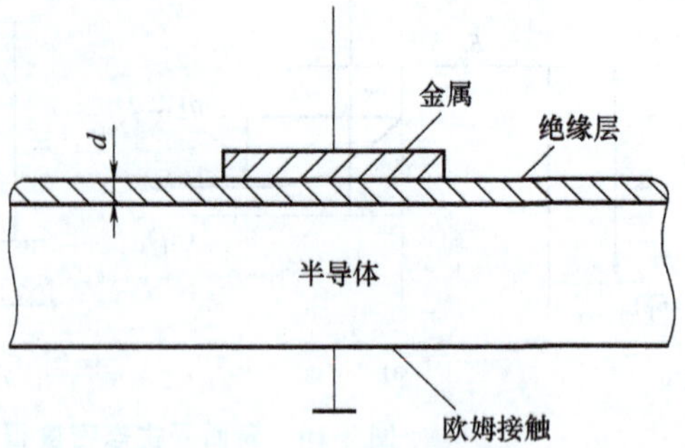

图 7-17 MIS 结构

$$V_G = V_0 + V_s \tag{7-12}$$

因是理想 MIS 结构，绝缘层内没有任何电荷，绝缘层中电场是均匀的，以 E_0 表示其电场强度，显然

$$V_0 = E_0 d_0$$

式中，d_0 是绝缘层的厚度。又根据高斯定理，金属表面的面电荷密度 Q_M 等于绝缘层内的电位移。而后者等于 $\varepsilon_{r0}\varepsilon_0 E_0$，则得

$$V_0 = E_0 d_0 = \frac{Q_M d_0}{\varepsilon_{r0}\varepsilon_0}$$

式中，ε_{r0} 是绝缘层的相对介电常数。再考虑到 $Q_M = -Q_s$，上式化为

$$V_0 = -\frac{Q_s}{C_0} \tag{7-13}$$

式中，C_0 是绝缘层的单位面积电容，$C_0 = \varepsilon_{r0}\varepsilon_0 / d_0$。将式（7-13）代入式（7-12），则得到联系电压与空间电荷区特征量的表示式

$$V_G = -\frac{Q_s}{C_0} + V_s \tag{7-14}$$

当电压改变 dV_G（dV_G 相当于另外加的小信号电压）时，Q_s 和表面势将分别改变 dQ_s，和 dV_s，将式（7-14）微分，得

$$dV_G = -\frac{dQ_s}{C_0} + dV_s \tag{7-15}$$

因 MIS 结构电容为

$$C = \frac{dQ_M}{dV_G} = -\frac{dQ_s}{dV_G}$$

将式（7-14）代入上式，可得

$$C = \frac{-dQ_s}{-\dfrac{dQ_s}{C_0} + dV_s} \tag{7-16}$$

式（7-16）中分子分母都除以 $-dQ_s$，并令

$$C_s = -\frac{dQ_s}{dV_s} = \left|\frac{dQ_s}{dV_s}\right| \tag{7-17}$$

则得

$$C=\frac{1}{\frac{1}{C_0}+\frac{1}{C_s}} \tag{7-18}$$

式（7-18）表明，MIS 结构电容相当于绝缘层电容和半导体空间电荷层电容的串联，由此可得 MIS 结构的等效电路如图 7-18 所示。

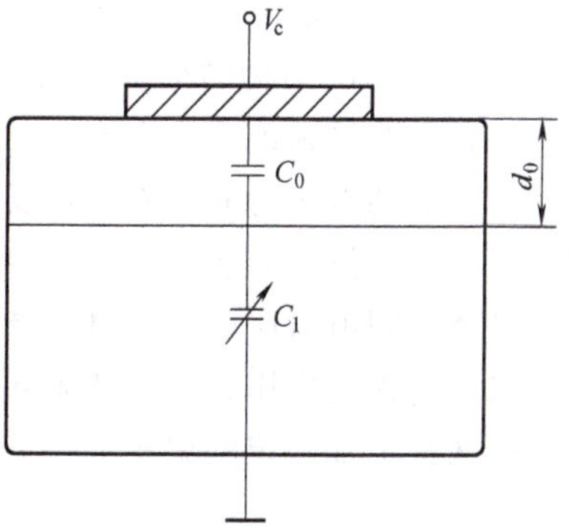

图 7-18　MIS 结构的等效电路

7.3.3　MIS 结构 C-V 特性

以上讨论的是理想 MIS 结构的电容-电压特性，没有考虑金属和半导体功函数差及绝缘层中存在电荷等因素的影响，实际中这些因素对 MIS 结构的 C-V 特性往往产生显著影响。下面先讨论金属与半导体功函数差对 C-V 特性的影响。

为了具体起见，以铝-二氧化硅-硅组成的 MOS 结构为例来说明，并设半导体硅为 p 型的。将铝和 p 型硅连接起来时，由于 p 型硅的功函数一般比铝大，电子将从金属流向半导体中。因此在 p 型硅表面层内形成带负电的空间电荷层，而在金属表面产生正电荷，这些正负电荷在 SiO_2 及 Si 表面层内产生指向半导体内部的电场，并使硅表面层内能带发生向下弯曲。同时硅内部的费米能级相对于金属的费米能级就要向上提高，到两者相等达到平衡，半导体中电子的电势能相对于金属提高的数值为

$$qV_{ms}=W_s-W_m$$

式中，W_s 和 W_m 分别为半导体及金属的功函数。

上式可改写为

$$V_{ms}=\frac{W_s-W_m}{q} \tag{7-19}$$

这表明由于金属和半导体功函数的不同，虽然外加偏压为零，但半导体表面层并不处于平带状态。为了恢复平带状态，必须在金属铝与半导体硅间加一定的负电压，抵消由于两者功函数不同引起的电场和能带弯曲。这个为了恢复平带状态所需加的电压叫作平带电压，以 V_{FB} 表示。不难看出

$$V_{FB}=-V_{ms}=\frac{W_m-W_s}{q} \tag{7-20}$$

由此得到原来理想 MIS 结构的平带点由 $V_G=0$ 处移到了 $V_G=V_{FB}$ 处，也就是说，理想 MIS 结构的 C-V 特性曲线平行于电压轴平移了一段距离 V_{FB}。对于上述铝-二氧化硅-p 型硅组成的 MOS 结构，其 C-V 曲线应向左移动一段距离 $|V_{FB}|$，如图 7-19 所示。图中曲线（1）为理想 MIS 结构的 C-V 曲线，曲线（2）为金属与半导体有功函数差时的 C-V 曲线。从曲线（1）C_{FB}/C_0 处引与电压

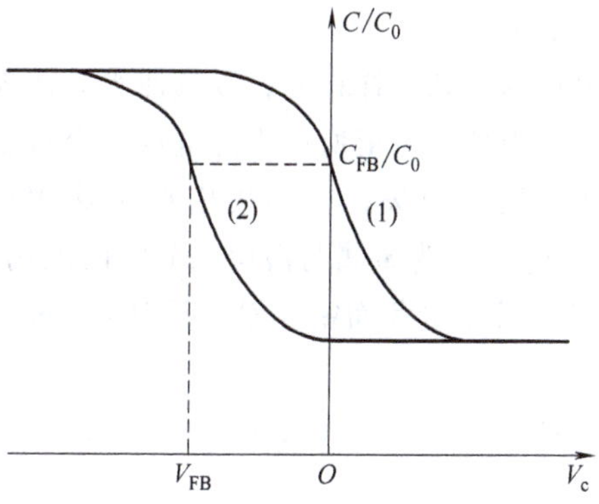

图 7-19　功函数差对 C-V 特性曲线影响

轴平行的直线，求出其与曲线（2）相交点在电压轴上坐标，即得 V_{FB}。

一般在 MIS 结构的绝缘层内总是或多或少地存在着电荷的，其起因将在下节中详细讨论。这里主要讨论绝缘层中电荷对 MIS 结构 C-V 特性的影响。设绝缘层中有一薄层电荷，其单位面积上的电量为 Q，离金属表面的距离为 x。在无外加电压时，这薄层电荷将分别在金属表面和半导体表面层中感应出相反符号的电荷，如图 7-20 所示。由于这些电荷的存在，在半导体空间电荷层内将有电场产生，能带发生弯曲。这就是说，虽然未加外电压，但由于绝缘层内电荷的作用，也可使半导体表面层离开平带状态。为了恢复平带状态同前一样，必须在金属板上加一定的偏压。

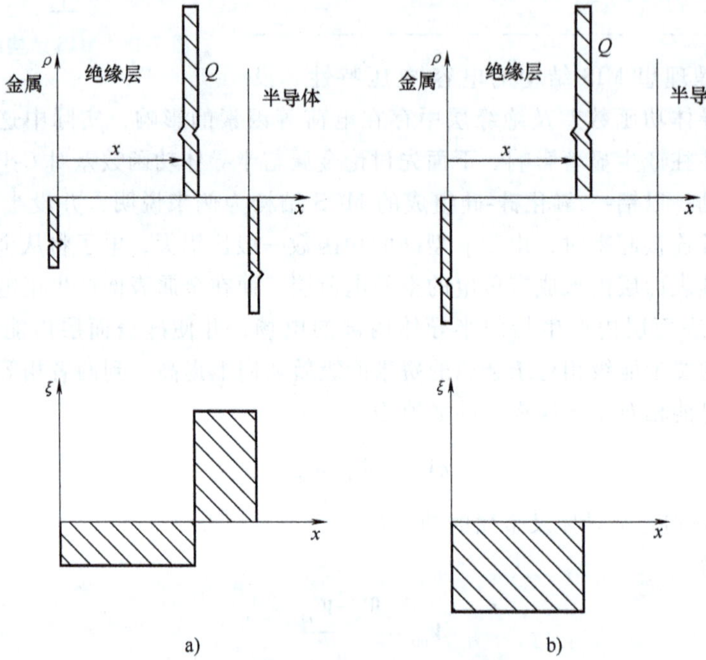

图 7-20 绝缘层中薄层电荷的影响

a）$V_G=0$ 情形 b）平带情形

例如，当 Q 是正电荷时，在金属与半导体表面层中将感应出负电荷，空间电荷层发生能带向下弯曲。若在金属板上加一逐渐增大的负电压，金属板上的负电荷将随之增加，由 Q 发出的电力线将更多地终止于金属表面，半导体表面层内的负电荷就会不断减小。如果外加负电压增大到这样程度，以致使半导体表面层内的负电荷完全消失了。这时，在半导体表面层内，由薄层电荷所产生的电场完全被金属表面负电荷产生的电场所抵消，表面层能带的弯曲也就完全消失，电场集中在金属表面与薄层电荷之间，如图 7-20b 所示。显然 $V_{FB}=-|E|x$，$|E|$为金属与薄层电荷间的电场强度。又根据高斯定理，金属与薄层电荷之间的电位移 D 等于电荷面密度 Q，而 $D=\varepsilon_{r0}\varepsilon_0|E|$，故有

$$Q=\varepsilon_{r0}\varepsilon_0|E| \tag{7-21}$$

把式（7-21）代入式 $V_{FB}=-|E|x$ 中，则得

$$V_{FB}=\frac{-xQ}{\varepsilon_{r0}\varepsilon_0} \tag{7-22}$$

又从绝缘层单位面积电容的公式可得 $\varepsilon_{r0}\varepsilon_0 = d_0 C_0$，以之代入式（7-22），得

$$V_{FB} = \frac{-xQ}{d_0 C_0} \tag{7-23}$$

由式（7-23）可看出，当薄层电荷贴近半导体时（$x = d_0$），式（7-23）有最大值，即

$$V_{FB} = \frac{-Q}{C_0} \tag{7-24}$$

反之，当贴近金属表面时（$x = 0$），$V_{FB} = 0$。换句话说，绝缘层中电荷越接近半导体表面，对 C-V 特性的影响越大；而位于金属与绝缘层界面处时，对 C-V 特性没有影响。如果在绝缘层中存在的不是一薄层电荷，而是某种体电荷分布，可以把它想象地分成无数层薄层电荷，由积分求出平带电压。设取坐标原点在金属与绝缘层的交界面处，并设在坐标 z 处电荷密度为 $\rho(x)$，则在坐标为 x 与 $x+\mathrm{d}x$ 间的薄层内，单位面积上的电荷为 $\rho(x)\mathrm{d}x$。根据式（7-23），可得到为了抵消这薄层电荷的影响所需加的平带电压为

$$V_{FB} = -\frac{1}{C_0}\int_0^{d_0} \frac{x\rho(x)}{d_0}\mathrm{d}x \tag{7-25}$$

对式（7-25）积分，则得到为抵消整个绝缘层内电荷影响所需加的平带电压 V_{FB}，即

$$V_{FB} = -V_{ms} - \frac{1}{C_0}\int_0^{d_0} \frac{x\rho(x)}{d_0}\mathrm{d}x \tag{7-26}$$

从以上讨论中看到，当 MIS 结构的绝缘层中存在电荷时，同样可引起其 C-V 曲线沿电压轴平移 V_{FB}。式（7-25）表示平带电压 V_{FB} 与绝缘层中电荷的关系，从中还看到 V_{FB} 随绝缘层中电荷分布情况的改变而改变。因此，如果绝缘层中存在某种可动离子，由于它们在绝缘层中移动使电荷分布改变，则 V_{FB} 将跟着改变，即引起 C-V 曲线沿电压轴平移。

当功函数差及绝缘层中电荷两种因素都存在时，则

$$V_{FB} = -V_{ms} - \frac{1}{C_0}\int_0^{d_0} \frac{x\rho(x)}{d_0}\mathrm{d}x \tag{7-27}$$

7.4　异质结

7.1 节讨论的 p-n 结，是由导电类型相反的同一种半导体单晶材料组成的，通常也称为同质结，而由两种不同的半导体单晶材料组成的结，则称为异质结。虽然早在 1951 年就已经提出了异质结的概念，并进行了一定的理论分析工作，但是由于工艺技术的困难，一直没有实际制成异质结。自 1957 年克罗默指出由导电类型相反的两种不同的半导体单晶材料制成的异质结，比同质结具有更高的注入效率之后，异质结的研究才比较广泛地受到重视。后来由于汽相外延生长技术的发展，使异质结在 1960 年第一次制造成功。1969 年发表了第一次制成异质结莱塞二极管的报告，此后半导体异质结在微电子学与微电子工程技术方面的应用日益广泛。

7.4.1　异质结能带结构

异质结是由两种不同的半导体单晶材料形成的，根据这两种半导体单晶材料的导电类

型，异质结又分为以下两类。

（1）反型异质结　反型异质结是指由导电类型相反的两种不同的半导体单晶材料所形成的异质结。例如由 p 型 Ge 与 n 型 GaAs 所形成的结即为反型异质结，并记为 p-nGe-GaAs，或记为（p）Ge-(n)-GaAs。如果异质结由 n 型 Ge 与 p 型 GaAs 形成，则记为 n-pGe-GaAs 或 (n)Ge-(p)GaAs。目前，已经研究过许多半导体单晶材料组合成的反型异质结，如 p-nGe-Si、p-nSi-GaAs、p-nSi-ZnS、p-nGaAs-GaP、n-pGe-GaAs、n-pSi-GaP，等等。

（2）同型异质结　同型异质结是指由导电类型相同的两种不同的半导体单晶材料所形成的异质结。例如由 n 型 Ge 与 n 型 GaAs 所形成的结即为同型异质结，并记为 n-nGe-GaAs 或（n）Ge-(n) GaAs。如果由 p 型 Ge 与 p 型 GaAs 形成异质结，则记为 p-pGe-GaAs 或 (p)Ge-(p)GaAs。目前，已经研究过许多半导体单晶材料组合成的同型异质结，如 n-nGe-Si、n-nGe-GaAs、n-nSi-GaAs、n-nGaAs-ZnSe、p-pSi-GaP、p-pPbS-Ge，等等。

在以上所用的符号中，一般都是把禁带宽度较小的半导体材料写在前面。研究异质结的特性时，异质结的能带图起着重要的作用。在不考虑两种半导体交界面处的界面态的情况下，任何异质结的能带图都取决于形成异质结的两种半导体的电子亲和能、禁带宽度以及功函数。但是其中的功函数是随杂质浓度的不同而变化的。

异质结也可以分为突变型异质结和缓变型异质结两种。如果从一种半导体材料向另一种半导体材料的过渡只发生于几个原子距离范围内，则称为突变型异质结。如果发生于几个扩散长度范围内，则称为缓变型异质结。由于对于后者的研究工作不多，了解很少，因此，下面以突变型异质结为例来讨论异质结的能带图。

（1）突变反型异质结能带图　图 7-21a 表示两种不同的半导体材料没有形成异质结前的热平衡能带图。图中的 E_{g1}、E_{g2} 分别表示两种半导体材料的禁带宽度；δ_1 为费米能级 E_{F1} 和价带顶 E_{v1} 的能量差；δ_2 为费米能级 E_{F2} 与导带底 E_{c2} 的能量差；W_1、W_2 分别为真空电子能级与费米能级 E_{F1}、E_{F2} 的能量差，即电子的功函数；χ_1、χ_2 为真空电子能级与导带底 E_{c1}、E_{c2} 的能量差，即电子的亲和能。总之，有下标“1”者为禁带宽度小的半导体材料的物理参数，有下标“2”者为禁带宽度大的半导体材料的物理参数。

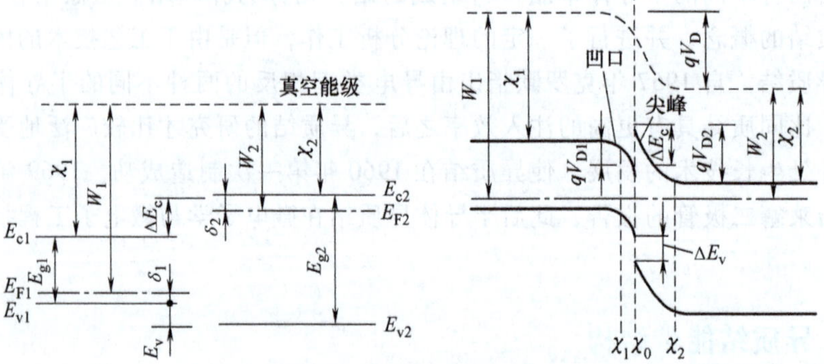

图 7-21　形成突变型 p-n 异质结之前和之后的平衡能带图

从图中可见，在形成异质结之前，p 型半导体的费米能级 E_{F1} 的位置为

$$E_{F1}=E_{v1}+\delta_1 \tag{7-28}$$

而 n 型半导体的费米能级 E_{F2} 的位置为

$$E_{F2}=E_{c2}-\delta_2 \tag{7-29}$$

当这两块导电类型相反的半导体材料紧密接触形成异质结时，由于 n 型半导体的费米能级位置较高，电子将从 n 型半导体流向 p 型半导体，同时空穴在与电子相反方向流动，直至两块半导体的费米能级相等时为止。这时两块半导体有统一的费米能级，即

$$E_F=E_{F1}=E_{F2}$$

因而异质结处于热平衡状态。在上述过程进行的同时，在两块半导体材料交界面的两边形成了空间电荷区（即势垒区或耗尽层）。n 型半导体一边为正空间电荷区，p 型半导体一边为负空间电荷区，由于不考虑界面态，所以在势垒区中正空间电荷数等于负空间电荷数。正、负空间电荷间产生电场，也称为内建电场。因为两种半导体材料的介电常数不同，内建电场在交界面处是不连续的。因为存在电场，所以电子在空间电荷区中各点有附加电势能，使空间电荷区中的能带发生了弯曲。由于 E_{pe} 比 E_{pn} 高，则能带总的弯曲量就是真空电子能级的弯曲量，即

$$qV_D=qV_{D1}+qV_{D2}=E_{F2}-E_{F1} \tag{7-30}$$

显然

$$V_D=V_{D1}+V_{D2}$$

式中，V_D 为接触电势差（或称内建电势差、扩散电势）。它等于两种半导体材料的功函数之差（W_1-W_2）；V_{D1}、V_{D2} 分别为交界面两侧的 p 型半导体和 n 型半导体中的内建电势差。处于热平衡状态的 p-n 异质结的能带图如图 7-21b 所示。

从图 7-21b 可以看到，由两块半导体材料的交界面及其附近的能带可反映出两个特点：其一是能带发生了弯曲。n 型半导体的导带底和价带顶的弯曲量为 qV_D，而且导带底在交界面处形成一向上的“尖峰”。p 型半导体的导带底和价带顶的弯曲量为 qV_0，而且导带底在交界面处形成一向下的“凹口”。其二，能带在交界面处不连续，有一个突变，两种半导体的导带底在交界面处的突变 ΔE_c 为

$$\Delta E_c=\chi_1-\chi_2 \tag{7-31}$$

而价带顶的突变 ΔE_v 为

$$\Delta E_v=(E_{g2}-E_{g1})-(\chi_1-\chi_2) \tag{7-32}$$

而且

$$\Delta E_c+\Delta E_v=E_{g2}-E_{g1} \tag{7-33}$$

式（7-31）~式（7-33）对所有突变型异质结普遍适用。

图 7-22 为突变 n-p 异质结能带图，其情况与 p-n 异质结类似。

（2）突变同型异质结的能带图　图 7-23a 为均是 n 型的两种不同的半导体材料形成异质结之前的平衡能带图，图 7-23b 为形成异质结之后的平衡能带图。当这两种半导体材料紧密接触形成异质结时，由于禁带宽度大的 n 型半导体的费米能级比禁带宽度小的高，所以电子将从前者向后者流动。结果在禁带宽度小的 n 型半导体一边形成了电子的积累层，而另一边

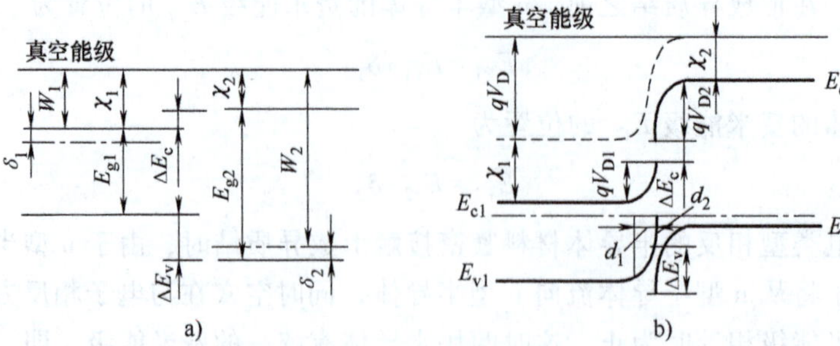

图 7-22　n-p 异质结的平衡能带图

形成了耗尽层。这种情况和反型异质结不同。对于反型异质结，两种半导体材料的交界面两边都成为耗尽层；而在同型异质结中，一般必有一边成为积累层。式（7-31）~式（7-33）在这种异质结中同样适用。

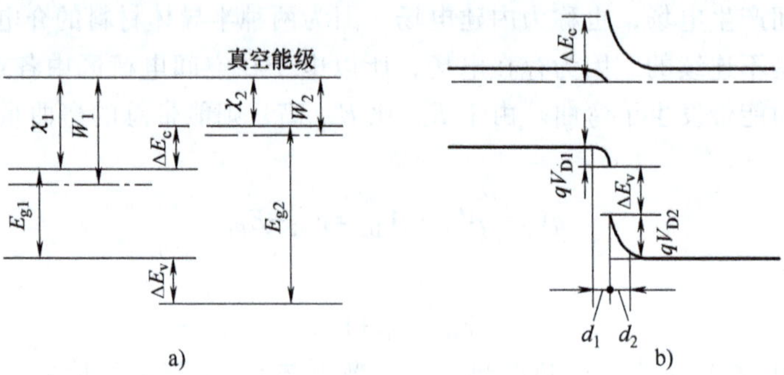

图 7-23　n-n 异质结的平衡能带图

图 7-24 为 p-p 异质结在热平衡状态时的能带图。其情况与 n-n 异质结类似。

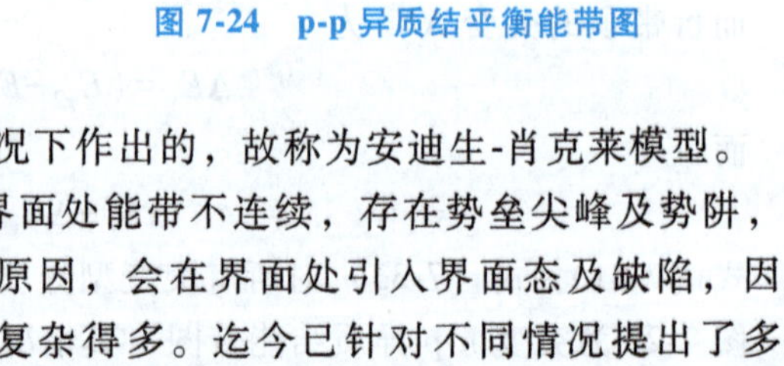

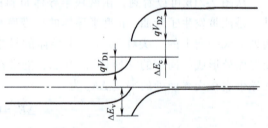

图 7-24　p-p 异质结平衡能带图

以上介绍了各种异质结的能带图。实际上，由于形成异质结的两种半导体材料的禁带宽度、电子亲和能及功函数等的不同，能带的交界面附近的变化情况会有所不同，因此，前面介绍的能带图只不过是这些情况中的一种。在图 7-21b 及图 7-22 中，当 $\chi_1=\chi_2$，$E_{g1}=E_{g2}$，$\varepsilon_1=\varepsilon_2$ 时，则成为普通的 p-n 结。

因为这些异质结的能带图是 1962 年由安迪生假设肖克莱的 p-n 结理论照样适用的情况下作出的，故称为安迪生-肖克莱模型。

异质结是由两种不同材料形成的，在交界面处能带不连续，存在势垒尖峰及势阱，而且由于两种材料晶格常数、晶格结构不同等原因，会在界面处引入界面态及缺陷，因此半导体异质结的电流、电压关系较同质结要复杂得多。迄今已针对不同情况提出了多种模型，如扩散模型、发射模型、发射-复合模型、隧道模型和隧道-复合模型等，以下根据实际应用要求，主要以扩散-发射模型说明半导体突变异质结的电流-电压特性及注入特性。

如图 7-25 所示，半导体 p-n 异质结界面导带连接处存在一势垒尖峰，根据尖峰高低的不同，可以有图 7-25a 和 b 所示的两种情况。图 7-25a 表示势垒尖峰顶低于 p 区导带底的情况，称为低势垒尖峰情形。在这种情形，由 n 区扩散向结处的电子流可以通过发射机制越过尖峰势垒进入 p 区，因此 p-n 异质结的电流主要由扩散机制决定，可以由扩散模型处理。图 7-25b 表示势垒尖峰顶较 p 区导带底高的情况，称为高势垒尖峰情形。对于这种情形，如势垒尖峰顶较 p 区导带底高得多，则由 n 区扩散向结处的电子，只有能量高于势垒尖峰的才能通过发射机制进入 p 区，故异质结电流主要由电子发射机制决定，计算异质 p-n 结电流应采用发射模型。以下主要讨论低势垒尖峰情形 p-n 异质结的电流-电压特性。

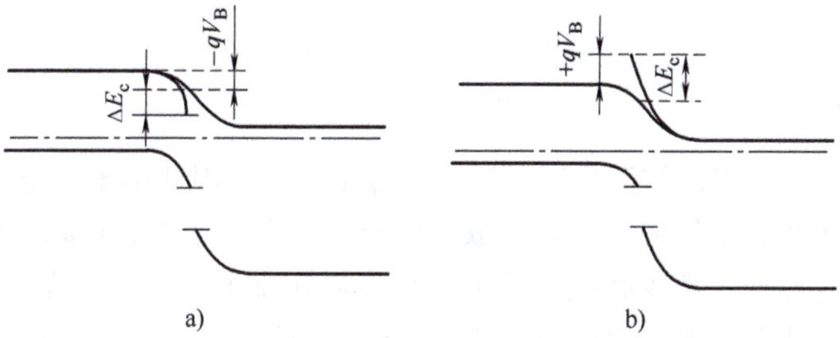

图 7-25　反型异质结中的两种势垒示意图

a）负反向势垒　b）正反向势垒

根据上述内容，低势垒尖峰情形时异质结的电子流主要由扩散机制决定，可用扩散模型处理，在图 7-26 中，图 a 和图 b 分别表示其零偏压和正向偏压时的能带图。

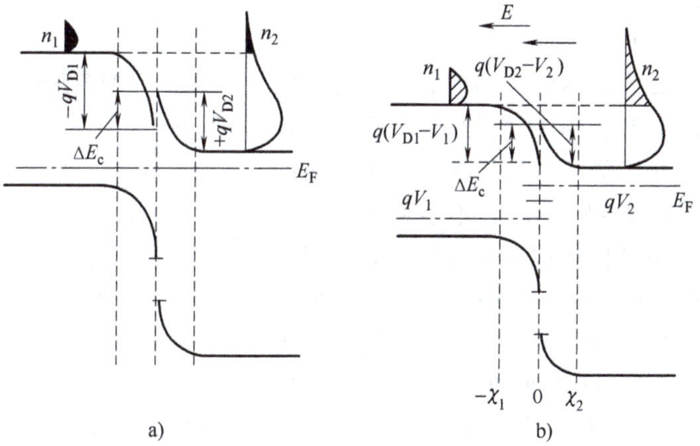

图 7-26　负反向势垒时扩散及发射模型的能带图

a）零偏压　b）正向偏压

7.4.2　发光二极管

p-n 结处于平衡时，存在一定的势垒区，其能带图如图 7-27a 所示。如加一正向偏压，势垒便降低，势垒区内建电场也相应减弱。这样继续发生载流子的扩散，即电子由 n 区注入 p 区，同时空穴由 p 区注入 n 区，如图 7-27b 所示。这些进入 p 区的电子和进入 n 区的空穴都是非平衡少数载流子。

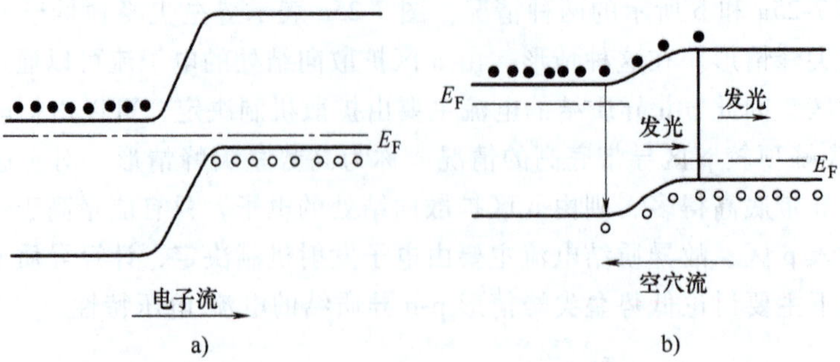

图 7-27　注入发光能带图

a）平衡 p-n 结　b）正偏注入发光

在实际应用的 p-n 结中，扩散长度远远大于势垒宽度。因此电子和空穴通过势垒区时因复合而消失的概率很小，继续向扩散区扩散。因而在正向偏压下，p-n 结势垒区和扩散区注入了少数载流子。这些非平衡少数载流子不断与多数载流子复合而发光（辐射复合）。这就是 p-n 结注入发光的基本原理。常用的 GaAs 发光二极管就是利用 GaAs p-n 结制得的；GaP 发光二极管也是利用 p-n 结加正向偏压，形成非平衡载流子。但其发光机制与 GaAs 不同，它不是带与带之间的直接跃迁，而是通过杂质对的跃迁形成的辐射复合。

为了提高少数载流子的注入效率，可以采用异质结。图 7-28 表示理想的异质结能带示意图。当加正向偏压时，势垒势低。但由于 p 区和 n 区的禁带宽度不等，势垒是不对称的。加上正向偏压，如图 7-28b 所示，当两者的价带达到等高时，p 区的空穴由于不存在势垒，不断向 n 区扩散，保证了空穴（少数载流子）向发光区的高注入效率。对于 n 区的电子，由于存在势垒 $\Delta E = E_{g1} - E_{g2}$，不能从 n 区注入 p 区。这样，禁带较宽的区域成为注入源（图中的 p 区），而禁带宽度较小的区域（图中 n 区）成为发光区。例如，对于 GaAs-GaSb 异质结，注入发光发生于 0.7eV，相当于 GaSb 的禁带宽度。很明显，图中发光区（E_{g2} 较小）发射的光子，其能量 $h\nu$ 小于 E_{g1}，进入 p 区后不会引起本征吸收，即禁带宽度较大的 p 区对这些光子是透明的。因此，异质结发光二极管中禁带宽的部分（注入区）同时可以作为辐射光的透出窗。

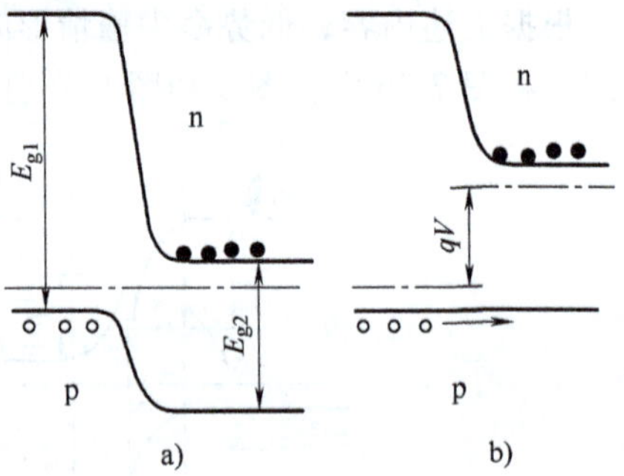

图 7-28　异质结注入发光

a）平衡异质结　b）正偏注入发光

7.4.3　光生伏特效应

当用适当波长的光照射非均匀半导体（p-n 结等）时，由于内建场的作用（不加外电场），半导体内部产生电动势（光生电压）；如将 p-n 结短路，则会出现电流（光生电流）。这种由内建场引起的光电效应，称为光生伏特效应。现简要分析 p-n 结的光生伏特效应。

设入射光垂直 p-n 结面，如果结较浅，光子将进入 p-n 结区，甚至更深入到半导体内部。能量大于禁带宽度的光子，由本征吸收在结的两边产生电子-空穴对。在光激发下多数载流子浓度一般改变很小，而少数载流子浓度却变化很大，因此应主要研究光生少数载流子的运动。

由于 p-n 结势垒区内存在较强的内建场（自 n 区指向 p 区），结两边的光生少数载流子受该场的作用，各自向相反方向运动；p 区的电子穿过 p-n 结进入 n 区；n 区的空穴进入 p 区，使 p 端电势升高，n 端电势降低，于是 p-n 结两端形成了光生电动势，这就是 p-n 结的光生伏特效应。由于光照产生的载流子各自向相反方向运动，从而在 p-n 结内部形成自 n 区向 p 区的光生电流 I_L，如图 7-29b 所示。由于光照在 p-n 结两端产生光生电动势，相当于在 p-n 结两端加正向电压 V，使势垒降低为 qV_D-qV，产生正向电流 I_F。在 p-n 结开路情况下，光生电流和正向电流相等时，p-n 结两端建立起稳定的电势差 V_{∞}（p 区相对于 n 区是正的），这就是光电池的开路电压。如将 p-n 结与外电路接通，只要光照不停止，就会有源源不断的电流通过电路。p-n 结起了电源的作用，这就是光电池（也称光电二极管）的基本原理。

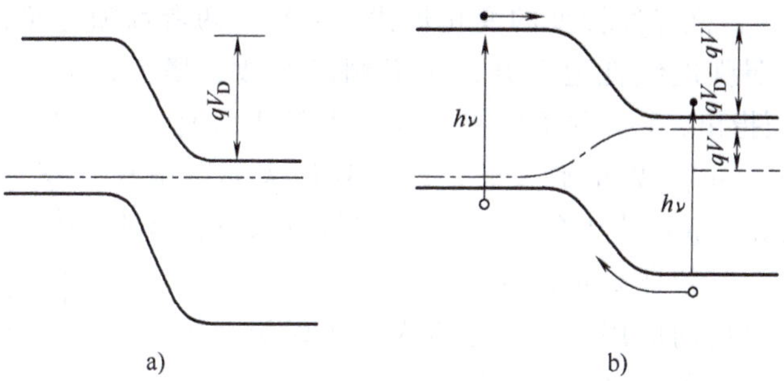

图 7-29　p-n 结能带图
a）无光照　b）光照激发

金属-半导体形成的肖特基势垒层也能产生光生伏特效应（肖特基光电二极管），其电子过程和 p-n 结相类似，不再详述。

光电池工作时共有 3 股电流：光生电流 I_L、在光生电压 V 作用下的 p-n 结正向电流 I_F、流经外电路的电流 I_0。I_L 和 I_F 都流经 p-n 结内部，但方向相反。根据 p-n 结整流方程，在正向偏压 V 作用下，通过结的正向电流为

$$I_F=I_s(e^{\frac{qV}{k_BT}}-1) \tag{7-34}$$

式中，V 是光生电压；I_s 是反向饱和电流。

设用一定强度的光照射光电池，因存在吸收，光强度随着光透入的深度按指数规律下降，因而光生载流子产生率也随光照深入而减小，即产生率 Q 是 x 的函数。为了简化，用 $\overline{Q}$ 表示在结的扩散长度 L_p+L_n 内非平衡载流子的平均产生率，并设扩散长度 L_p 内的空穴和 L_n 内的电子都能扩散到 p-n 结面而进入另一边。这样光生电流 I_L 应该是

$$I=I_L-I_F=I_L-I_s(e^{\frac{qV}{k_BT}}-1) \tag{7-35}$$

这就是负载电阻上电流与电压的关系，也就是光电池的伏安特性，其曲线如图 7-30 所示。图中曲线（1）和（2）分别为无光照和有光照时光电池的伏安特性。

从式（7-35）可得

$$V=\frac{k_BT}{q}\ln\left(\frac{I_L-I}{I_s}+1\right) \tag{7-36}$$

在 p-n 结开路情况下（$R=\infty$），两端的电压即为开路电压 V_{OC}。这时，流经 R 的电流 $I=0$，即 I_L+I_F。将 $I=0$ 代入式（7-36），得开路电压为

$$V_{OC}=\frac{k_B T}{q}\ln\left(\frac{I_L}{I_s}+1\right) \tag{7-37}$$

如将 p-n 结短路（$V=0$），因而 $I_F=0$。这时所得的电流为短路电流 I_{SC}，从式（7-35）可知，显然短路电流等于光生电流，即

$$I_{SC}=I_L \tag{7-38}$$

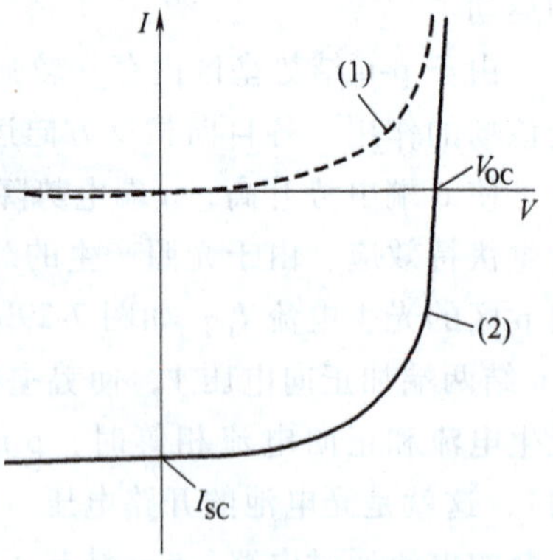

图 7-30　光电池的伏安特性

V_{OC} 和 I_{SC} 是光电池的两个重要参数，其数值可由图 7-30 中曲线（2）在 V 和轴上的截距求得，可讨论短路电流 I_{SC} 和开路电压 V_{OC} 随光照强度的变化规律。显然，两者都随光照强度的增强而增大；所不同的是 I_{SC} 随光照强度线性地上升，而 V 则呈对数式增大，如图 7-31 所示，必须指出，V_{OC} 并不随光照强度无限地增大。当光生电压 V_{OC} 增大到 p-n 结势垒消失时，即得到最大光生电压 V_{max}。因此，V_{max} 应等于 p-n 结势垒高度 V_D，与材料掺杂程度有关。实际情况下，V_{max} 与禁带宽度 E_g 相当。

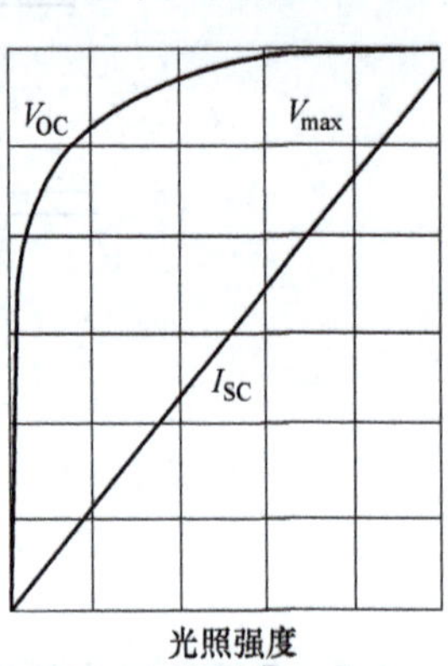

图 7-31　V_{OC} 和 I_{SC} 随光照强度的变化

光生伏特效应最重要的应用之一，是将太阳辐射能直接转变为电能。太阳能电池是一种典型的光电池，一般由一个大面积硅 p-n 结组成。目前也有的用其他材料，如 GaAs 等制成光电池。太阳能电池可作为长期电源，现已在人造卫星及宇宙飞船中广泛使用。半导体光生伏特效应也广泛用于辐射探测器，包括光辐射及其他辐射。其突出优点是不需外接电源，直接通过辐射或高能粒子激发产生非平衡载流子，通过测量光生电压来探测辐射或粒子的强度。

7.5　应用实例简介

7.5.1　传统半导体

第一代半导体是“元素半导体”，典型如硅基和锗基半导体。其中以硅基半导体技术较成熟，应用也较广，一般用硅基半导体来代替元素半导体的名称。目前全球 95% 以上的半导体芯片和器件是用硅片作为基础功能材料而生产出来的。

以硅材料为代表的第一代半导体材料，它取代了笨重的电子管，导致了以集成电路为核心的微电子工业的发展和整个 IT 产业的飞跃，广泛应用于信息处理和自动控制等领域。

第二代半导体材料是化合物半导体。化合物半导体是以砷化镓（GaAs）、磷化铟（InP）和氮化镓（GaN）等为代表，包括许多其他Ⅲ-Ⅴ族化合物半导体。这些化合物中，商业半导体器件中用得最多的是砷化镓（GaAs）、磷砷化镓（GaAsP）、磷化铟（InP）、砷铝化镓

（GaAlAs）和磷镓化铟（InGaP），其中砷化镓技术较成熟，应用也较广。

GaAs、InP 等材料适用于制作高速、高频、大功率以及发光电子器件，是制作高性能微波、毫米波器件及发光器件的优良材料，广泛应用于卫星通信、移动通信、光通信、GPS 导航等领域。但是 GaAs、InP 材料资源稀缺，价格昂贵，并且还有毒性，会造成环境污染，InP 甚至被认为是可疑致癌物质，这些缺点使得第二代半导体材料的应用具有很大的局限性。

但是，化合物半导体不同于硅半导体的性质，主要有以下两点。

一是化合物半导体的电子迁移率较硅半导体快许多，因此适用于高频传输，在无线电通信如手机、基地台、无线区域网络、卫星通信、卫星定位等领域皆有应用；

二是化合物半导体具有直接带隙，这是和硅半导体所不同的，因此化合物半导体可适用于发光领域，如发光二极管（LED）、激光二极管（LD）、光接收器（PIN）及太阳能电池等产品，可用于制造超高速集成电路、微波器件、激光器、光电以及抗辐射、耐高温等器件，对国防、航天和高技术研究具有重要意义。

7.5.2　第三代半导体

近年来，第三代半导体材料正凭借其优越的性能和巨大的市场前景，成为全球半导体市场争夺的焦点。

所谓第三代半导体材料，主要包括 SiC、GaN、金刚石等，因其禁带宽度（E_g）大于或等于 2.3eV，又被称为宽禁带半导体材料。

当前，电子器件的使用条件越来越恶劣，要适应高频、大功率、耐高温、抗辐照等特殊环境。为了满足未来电子器件的需求，必须采用新的材料，以便最大限度地提高电子器件的内在性能。

和第一代、第二代半导体材料相比，第三代半导体材料具有高热导率、高击穿场强、高饱和电子漂移速率和高键合能等优点，可以满足现代电子技术对高温、高功率、高压、高频以及抗辐射等恶劣条件的新要求，是半导体材料领域有前景的材料。

在国防、航空、航天、石油勘探、光存储等领域有着重要应用前景，在宽带通信、太阳能、汽车制造、半导体照明、智能电网等众多战略行业可以降低 50%以上的能量损失，可以使装备体积减小 75%以上，对人类科技的发展具有里程碑的意义。

目前，由其制作的器件工作温度可达到 600℃ 以上、抗辐照 1×106rad；小栅宽 GaN HEMT 器件分别在 4GHz 下，功率密度达到 40W/mm；在 8GHz，功率密度达到 30W/mm；在 18GHz，功率密度达到 9.1W/mm；在 40GHz，功率密度达到 10.5W/mm；在 80.5GHz，功率密度达到 2.1W/mm，等等。因此，宽禁带半导体技术已成为当今电子产业发展的新型动力。

从目前宽禁带半导体材料和器件的研究情况来看，研究重点多集中于碳化硅（SiC）和氮化镓（GaN）技术，其中 SiC 技术最为成熟，研究进展也较快；而 GaN 技术应用广泛，尤其在光电器件应用方面研究比较深入。氮化铝、金刚石、氧化锌等宽禁带半导体技术研究报道较少，但从其材料优越性来看，颇具发展潜力，相信随着研究的不断深入，其应用前景将十分广阔。

在现有的宽禁带半导体材料中，碳化硅材料是研究得最成熟的一种。相对于硅，碳化硅的优点很多：有10倍的电场强度，高3倍的热导率，宽3倍的禁带宽度，高1倍的饱和漂移速度。因为这些特点，用碳化硅制作的器件可以用于极端的环境条件下。微波及高频和短波长器件是目前已经成熟的应用市场。42GHz频率的SiC MOSFET用在军用相控阵雷达、通信广播系统中，用碳化硅作为衬底的高亮度蓝光LED是全彩色大面积显示屏的关键器件。

而在应用领域，碳化硅有以下优点。

1）SiC材料应用在高铁领域，可节能20%以上，并减小电力系统体积。

2）SiC材料应用在新能源汽车领域，可降低能耗20%。

3）SiC材料应用在家电领域，可节能50%。

4）SiC材料应用在风力发电领域，可提高效率20%。

5）SiC材料应用在太阳能领域，可降低光电转换损失25%以上。

6）SiC材料应用在工业电机领域，可节能30%~50%。

7）SiC材料应用在超高压直流输送电和智能电网领域，可使电力损失降低60%，同时供电效率提高40%以上。

8）SiC材料应用在大数据领域，可帮助数据中心大幅降低能耗。

9）SiC材料应用在通信领域，可显著提高信号的传输效率和传输安全及稳定性。

10）SiC材料应用在航空航天领域，可使设备的损耗减小30%~50%，工作频率提高3倍，电感、电容体积缩小3倍，散热器重量大幅降低。

氮化镓（GaN）材料是1928年由Jonason等人合成的一种Ⅲ-Ⅴ族化合物半导体材料。

氮化镓是氮和镓的化合物，此化合物结构类似纤锌矿，硬度很高。作为时下新兴的半导体工艺技术，可提供超越硅的多种优势。与硅器件相比，GaN在电源转换效率和功率密度上实现了性能的飞跃。

相对于硅、砷化镓、锗甚至碳化硅器件，GaN器件可以在更高频率、更高功率、更高温度的情况下工作。另外，氮化镓器件可以在1Hz~110GHz范围的高频波段应用，这覆盖了移动通信、无线网络、点到点和点到多点微波通信、雷达应用等波段。近年来，以GaN为代表的Ⅲ族氮化物因在光电子领域和微波器件方面的应用前景而受到广泛的关注。

作为一种具有独特光电属性的半导体材料，GaN的应用可以分为两个部分：凭借GaN半导体材料在高温高频、大功率工作条件下的出色性能，可取代部分硅和其他化合物半导体材料；凭借GaN半导体材料宽禁带、激发蓝光的独特性质，可开发新的光电应用产品。

目前GaN光电器件和电子器件在光学存储、激光打印、高亮度LED以及无线基站等应用领域具有明显的竞争优势，其中高亮度LED、蓝光激光器和功率晶体管是当前器件制造领域最为感兴趣和关注的。

目前，整个GaN功率半导体产业处于起步阶段，各国政策都在大力推进该产业的发展。国际半导体大厂也纷纷将目光投向GaN功率半导体领域，关于GaN器件厂商的收购、合作不断发生。

7.5.3 热点前沿半导体

钙钛矿是指一类陶瓷氧化物，其分子通式为ABO_3；此类氧化物最早被发现，是存在于钙钛矿石中的钛酸钙（$CaTiO_3$）化合物，因此而得名 。由于此类化合物结构上有许多特性，在凝聚态物理方面应用及研究甚广，所以物理学家与化学家常以其分子式中各化合物的比例（1∶1∶3）来简称之，因此又名“113结构”。钙钛矿呈立方体晶型，其立方体晶体常具平行晶棱的条纹，系高温变体转变为低温变体时产生聚片双晶的结果。

结构为钙钛矿结构类型化合物，所属晶系主要有正交、立方、菱方、四方、单斜和三斜晶系，A位离子通常是稀土或者碱土具有较大离子半径的金属元素，它与12个氧配位，形成最密立方堆积，主要起稳定钙钛矿结构的作用；B位一般为离子半径较小的元素（一般为过渡金属元素，如Mn、Co、Fe等），它与6个氧配位，占据立方密堆积中的八面体中心，由于其价态的多变性使其通常成为决定钙钛矿结构类型材料很多性质的主要组成部分。与简单氧化物相比，钙钛矿结构可以使一些元素以非正常价态存在，具有非化学计量比的氧，或使活性金属以混合价态存在，使固体呈现某些特殊性质。由于固体的性质与其催化活性密切相关，钙钛矿结构的特殊性使其在催化方面得到广泛应用。

钙钛矿型复合氧化物ABO_3是一种具有独特物理性质和化学性质的新型无机非金属材料，A位一般是稀土或碱土元素离子，B位为过渡元素离子，A位和B位皆可被半径相近的其他金属离子部分取代而保持其晶体结构基本不变，因此在理论上它是研究催化剂表面及催化性能的理想样品。由于这类化合物具有稳定的晶体结构、独特的电磁性能以及很高的氧化还原、氢解、异构化、电催化等活性，作为一种新型的功能材料，在环境保护和工业催化等领域具有很大的开发潜力。

钙钛矿复合氧化物具有独特的晶体结构，尤其经掺杂后形成的晶体缺陷结构和性能，或可被应用在固体燃料电池、固体电解质、传感器、高温加热材料、固体电阻器及替代贵金属的氧化还原催化剂等诸多领域，成为化学、物理和材料等领域的研究热点。

标准钙钛矿中A或B位被其他金属离子取代或部分取代后可合成各种复合氧化物，形成阴离子缺陷或不同价态的B位离子，是一类性能优异、用途广泛的新型功能材料。

材料的性质在很大程度上依赖于材料的制备方法。钙钛矿结构类型化合物的制备方法主要有传统的高温固相法（陶瓷工艺方法）、溶胶-凝胶法、水热合成法、高能球磨法和沉淀法，此外还有气相沉积法、超临界干燥法、微乳法及自蔓延高温燃烧合成法等。

（1）高温固相法　这是用得最多的一种方法，一般采用金属氧化物、碳酸盐或草酸盐等反应前驱物，反应起始物经过充分混合、煅烧，合成温度通常需要1000~1200℃。高温固相法常用于合成多晶或晶粒较大的、烧结性较好的固体材料，产品的纯度较低，粒度分布不够均匀，适用于对材料纯度等要求不太高而且需求量较大的材料的制备。

（2）溶胶-凝胶法　溶胶-凝胶法（sol-gel process）是化合物在水或低碳醇溶剂中经溶液、溶胶、凝胶而固化，再经热处理制备氧化物、复合氧化物和许多固体物质的方法。溶胶-凝胶法中反应前驱体通常为金属无机盐和金属有机盐类，如金属硝酸盐、金属氯化物及金属氧氯化物、金属醇盐、金属醋酸盐、金属草酸盐。溶胶-凝胶法中多以柠檬酸、乙二胺四乙酸、酒石酸、硬脂酸等配位性较强的有机酸配体为主。该方法可以用来制备几乎任何组分的六角晶系的钙钛矿结构的晶体材料，能够保证严格控制化学计量比，易实现高纯化，原料容易获得，工艺简单，反应周期短，反应温度、烧结温度低，产物粒径小，分布均匀。由于凝胶中含有大量的液相或气孔，在热处理过程中不易使颗粒团聚，得到的产物分散性好。此法存在的缺点是处理过程收缩量大，会残留小孔，成本高和干燥时开裂。

（3）水热合成法　水热合成法（hydrothermal synthesis）是材料在高温高压封闭体系的水溶液（或蒸气等流体）中合成，再经分离和处理后而得到所需材料。水热反应的特点是影响因素较多，如温度、压力、时间、浓度、酸碱度、物料种类、配比、填充度、填料顺序以及反应釜的性能等均对水热合成反应有影响。按研究对象和目的不同，水热法可分为单晶培育、水热合成、水热反应、水热热处理、氧化反应、沉淀反应、水热烧结及水热热压反应等。利用水热法可对材料的晶化度、粒度和形貌进行控制合成，以制备超细、无团聚或少团聚的材料，以及生长单晶球形核壳材料等钙钛矿材料，但不适用于对水敏感的初始材料的制备。

（4）高能球磨法　高能球磨法（HEM 法）是利用球磨机的转动或振动使介质对粉体进行强烈的撞击、研磨和搅拌，把粉体粉碎成纳米级粒子，利用其高速旋转时所产生的能量使固体物质粒子间发生化学反应。球磨原料一般选择微米级的粉体或小尺寸、条带状碎片。在 HEM 机的粉磨过程中，需要合理选择研磨介质（不锈钢球、玛瑙球、碳化钨球、刚玉球、氧化锆球、聚氨酯球等）并控制球料比、研磨时间和合适的入料粒度。高能球磨法和传统高温固相法都是以固态物质为反应物，但高能球磨法不需高温烧结就可获得钙钛矿结构的多种复合氧化物，因此大大提高了产品的分散度，是获得高分散体系的最有效方法之一。

（5）沉淀法　沉淀法是通过化学反应生成的沉淀物，再经过滤、洗涤、干燥及加热分解，制备物质粉末的方法。制备钙钛矿结构类型复合氧化物，可以采用共沉淀法和均相沉淀法。采用的沉淀剂有草酸或草酸盐、碳酸盐、氢氧化物、氨水以及通过水解等反应产生沉淀剂的试剂等。沉淀法简单易行、经济，适合于需求量较大的粉体产物的制备。

石墨烯（graphene）是碳的同素异形体，碳原子以 sp^2 杂化键合形成单层六边形蜂窝晶格石墨烯。利用石墨烯这种晶体结构可以构建富勒烯（C_{60}）、石墨烯量子点、碳纳米管、纳米带、多壁碳纳米管和纳米角。堆叠在一起的石墨烯层（大于10层）即形成石墨，层间通过范德华力保持在一起，晶面间距 0.335nm。石墨烯具有优异的光学、电学、力学特性，在材料学、微纳加工、能源、生物医学和药物传递等方面具有重要的应用前景，被认为是一种未来革命性的材料。

英国曼彻斯特大学物理学家安德烈·盖姆和康斯坦丁·诺沃肖洛夫，由于成功从石墨中分离出石墨烯（2004）并在单层和双层石墨烯体系中分别发现了整数量子霍尔效应及常温条件下的量子霍尔效应（2009），而获得 2010 年度诺贝尔物理学奖。

石墨烯内部碳原子的排列方式与石墨单原子层一样，以 sp^2 杂化轨道成键，并有如下特点：碳原子有 4 个价电子，其中 3 个电子生成 sp^2 键，即每个碳原子都贡献一个位于 pz 轨道上的未成键电子，近邻原子的 pz 轨道与平面成垂直方向，可形成 π 键，新形成的 π 键呈半填满状态。研究证实，石墨烯中碳原子的配位数为 3，每两个相邻碳原子间的键长为 1.42×10^{-10}m，键与键之间的夹角为 120°。除了 σ 键与其他碳原子链接成六角环的蜂窝式层状结构外，每个碳原子的垂直于层平面的 pz 轨道可以形成贯穿全层的多原子的大 π 键（与苯环类似），因而具有优良的导电和光学性能。

石墨烯是已知强度最高的材料之一，同时还具有很好的韧性，且可以弯曲，石墨烯的理论弹性模量达 1.0TPa，固有的拉伸强度为 130GPa。而利用氢等离子改性的还原石墨烯也具有非常好的强度，平均模量可达 0.25TPa。由石墨烯薄片组成的石墨纸拥有很多的孔，因而石墨纸显得很脆，然而，经氧化得到功能化石墨烯，再由功能化石墨烯做成石墨纸则会异常坚固强韧。

石墨烯在室温下的载流子迁移率约为 $15000cm^2/(V \cdot s)$，这一数值超过了硅材料的 10 倍，是已知载流子迁移率最高的物质锑化铟（InSb）的两倍以上。在某些特定条件下如低温下，石墨烯的载流子迁移率甚至可高达 $250000cm^2/(V \cdot s)$。与很多材料不一样，石墨烯的电子迁移率受温度变化的影响较小，50～500K 之间的任何温度下，单层石墨烯的电子迁移率都在 $15000cm^2/(V \cdot s)$ 左右。

石墨烯具有非常好的热传导性能。纯的无缺陷的单层石墨烯的导热系数高达 5300W/mK，高于单壁碳纳米管（3500W/mK）和多壁碳纳米管（3000W/mK）。当它作为载体时，导热系数也可达 600W/mK。此外，石墨烯的弹道热导率可以使单位圆周和长度的碳纳米管的弹道热导率的下限下移。

石墨烯具有非常良好的光学特性，在较宽波长范围内吸收率约为 2.3%，看上去几乎是透明的。在几层石墨烯厚度范围内，厚度每增加一层，吸收率增加 2.3%。大面积的石墨烯薄膜同样具有优异的光学特性，且其光学特性随石墨烯厚度的改变而发生变化。这是单层石墨烯所具有的不寻常低能电子结构。室温下对双栅极双层石墨烯场效应晶体管施加电压，石墨烯的带隙可在 0～0.25eV 间调整。施加磁场，石墨烯纳米带的光学响应可调谐至太赫兹范围。

课后思考题

1. 若 $N_D = 5 \times 10^{15} cm^{-3}$，$N_A = 10^{17} cm^{-3}$，求室温下 Ge 突变 p-n 结的 V_D。

2. 试分析小注入时，电子（空穴）在图 7-32 所示 5 个区域中的运动情况（分析漂移与扩散的方向及相对大小）。

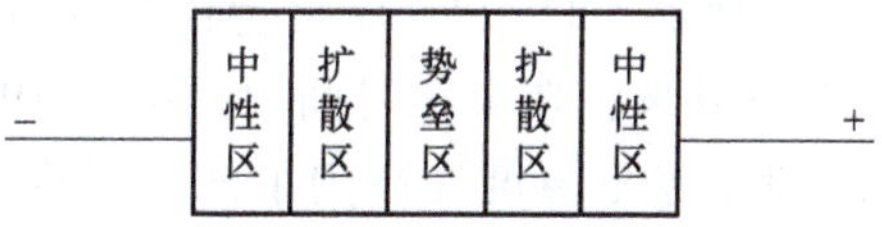

图 7-32　题 2 的图

3. 在反向情况下做上题。

4. 求 Al-Cu、Au-Cu、W-Al、Cu-Ag、Al-Au、Mo-W、Au-Pt 的接触电势差，并标出电势的正负。

5. 试导出使表面恰为本征时的表面电场强度、表面电荷密度和表面层电容的表示式（p 型硅情形）。

6. 对于电阻率为 $8\Omega \cdot cm$ 的 n 型硅，求当表面势 $V_s = -0.24V$ 时耗尽层的宽度。

7. 何谓异质结？以 Ge 和 GaAs 为例，说明同型异质结和反型异质结的概念。

8. 何谓突变异质结？何谓缓变异质结？它们与同质和突变 p-n 结和缓变的 p-n 结有何不同？

9. 金刚石的晶格常数为 a，试计算［111］、［110］、［100］等晶面的悬挂键密度，原子面密度和悬挂键密度有区别吗？

第 8 章

其他功能材料

8.1 超导体

8.1.1 约瑟夫孙效应

近年来，随着低温技术的发展以及高临界温度陶瓷超导材料的发现，世界各国竞相开展了超导材料的研究。所谓超导体就是在液氦甚至液氮的低温下，具有零阻导电现象的物质。这是一种固体材料内特有的电子现象。自 1986 年贝德诺尔茨（Bednorz）等人发现 Ba-La-Cu-O 系中存在 35K 下的超导现象以来，在半年时间内，把从 1973 年发现 Nb_3Ge（23.2K）之后十几年来没有多大进展的超导零阻温度提高到了液氮温度 77K 以上。随后的几年里，高温超导材料的研究飞速进展。1987 年赵忠贤等人发现了 T_c 为 90K 的 Y-Ba-Cu-O 系超导体。后来，T_c 为 110K 的 Bi-Sr-Ca-Cu-O 系超导体问世。1993 年又发现了 T_c 为 135K（高压下为 163K）的 Hg-Ba-Ca-Cu-O 系超导体。超导体发现年代如图 8-1 所示。

约瑟夫孙（Josephson）于 1962 年就从理论上预测了超导电子的隧道效应——超导电子（电子对）能在极薄的绝缘体阻挡层中通过。这称之为约瑟夫孙效应。图 8-2 所示为约瑟夫孙效应元件，它由两块超导体中间夹一层绝缘体构成。若绝缘体较厚，即使将其冷却到超导临界温度以下，由于绝缘层的阻挡，超导电子也不能通过；但若绝缘层超薄至数埃，超导电子便可通过中间绝缘层而导通，产生约瑟夫孙效应。在两边的超导体上设置电极，就可以观测到绝缘体上产生的电压 V。

如果从外部通入电流 I，那么就可以观察到超导电子的隧道效应。约瑟夫孙效应元件的 I-V 特性如图 8-3 所示。电流 I 是绝缘体阻挡层电压 V 的函数。若电流由零逐渐增大，由于超导电子的隧道效应，绝缘体上不产生压降，好像不存在绝缘层的零阻超导状态。当电流超过某一临界电流值 I_0（A 点）时，即达最大约瑟夫孙电流，超导状态被破坏，过渡到有阻状况（$A \to B$），电流进一步增大，将沿 $B \to C \to D$ 变化；相反，电流由大变小，那么将沿 $D \to C \to B \to E \to O$ 变化，出现 I-V 特性的滞后现象。如果通过方向相反的电流，则出现与图中曲线对

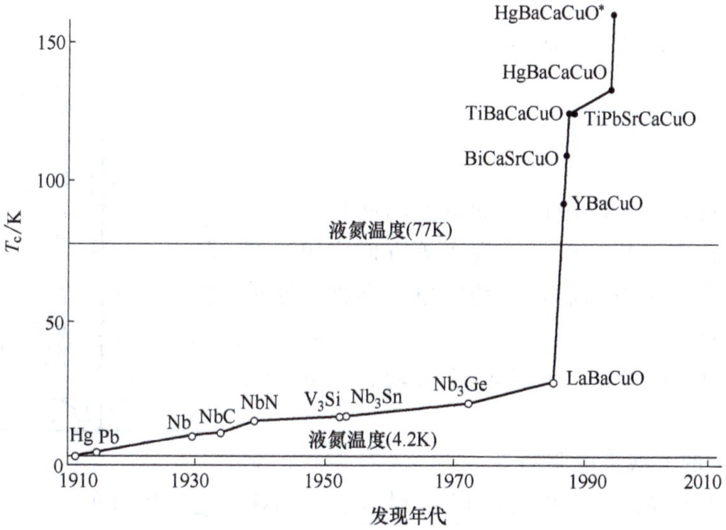

图 8-1　超导体发现史

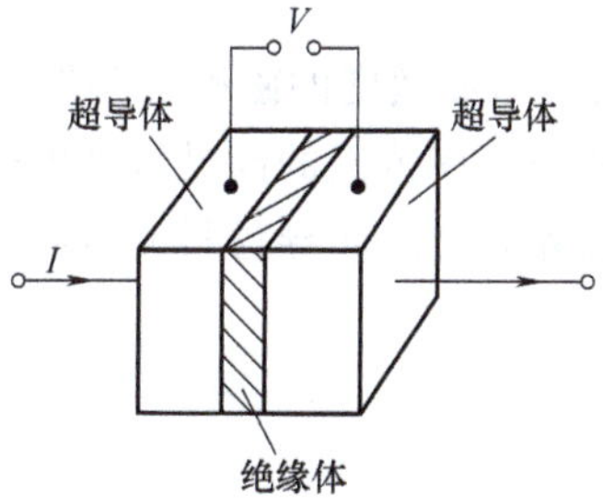

图 8-2　约瑟夫孙效应元件

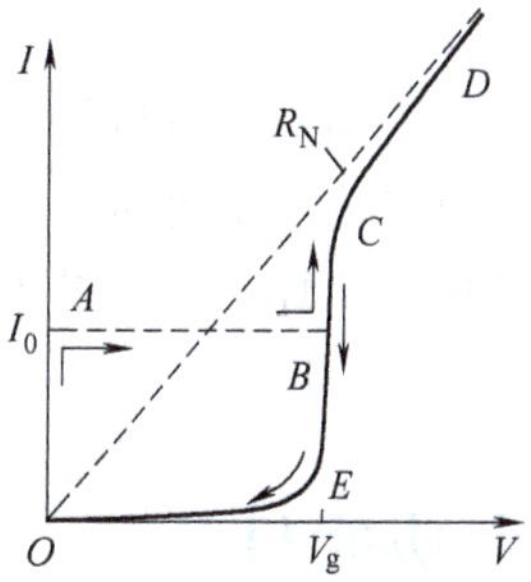

图 8-3　约瑟夫孙效应元件的 I-V 特性

称的 I-V 特性曲线。

超导状态下的电流 I 与最大约瑟夫孙电流 I_0 的关系为

$$I = I_0 \sin\theta \tag{8-1}$$

式中，θ 表示两超导体的量子状态的相位差。当 $\theta = 90°$时，出现 $A \rightarrow B$ 的开关特性。这是由于超导电子对隧道电流和超导电子对的破坏以及热激励的单电子亚微子的隧道电流的综合结果。为了把这种超导电子电流与超导状态的直流约瑟夫孙电流加以区别，将这种超导电子电流称为交流约瑟夫孙电流。单一电子隧道电流称为亚粒子隧道电流。交流约瑟夫孙电流与隧道阻挡层产生的直流电压 V 的关系为

$$I = I_0 \sin\left(\frac{2eVt}{h} + \theta_0\right) \tag{8-2}$$

式中，θ_0 为夹有隧道阻挡层的两超导体间的相位差；h 为普朗克常数（$h = 1.05 \times 10^{-34}$J·s）；e 为元电荷（$1e = 1.6 \times 10^{-19}$C）。式（8-2）表示超导电子电流是以时间 t 和角频率 $\omega = 2eV/h$ 做交变的交流电流。

Ba-La-Cu-O、Y-Ba-Cu-O 系等高温氧化物超导体从结构上看具有以下特征：①畸变的层状钙钛矿结构；②Cu^{2+}和 Cu^{3+}的存在；③存在氧空位。图 8-4 所示为 $YBa_2Cu_3O_{7-\delta}$ 的晶胞结

构。对于这些高温超导体，原有超导理论很难解释，因此有关超导理论还有待进一步研究。

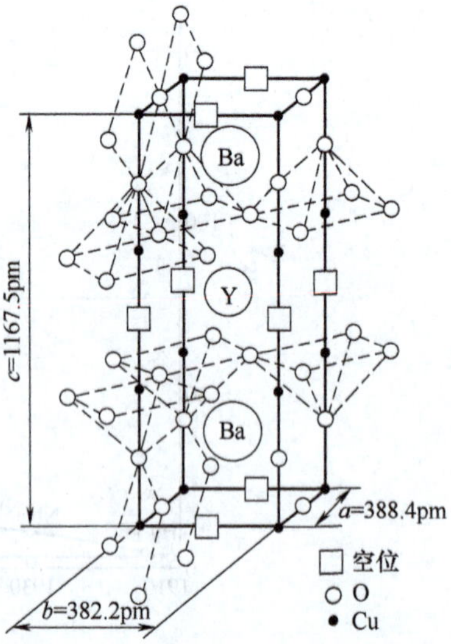

图 8-4 $YBa_2Cu_3O_{7-\delta}$ 的晶胞结构

8.1.2 超导体的应用

超导材料是具有广泛应用前景的重要功能材料。超导材料可在超导体电动机、磁悬浮列车等方面应用。利用超导体约瑟夫孙效应可以制作新型的电子器件。这种器件具有以下特点：

1）小功率（μW 级），超高速开关动作（ps 级，$1ps=10^{-12}s$）。

2）具有显著的非线性电阻特性。

3）施加几毫伏的直流电压可以获得高达 10THz（$1THz=10^{12}Hz$）的超高频振荡信号。从外部输入电磁波可以产生与之相对应的一定的直流电压，即具有量子效应。

4）产生的噪声极小，制成超导环（闭回路）可以获得高灵敏度的磁敏感器件。

以上特点可以应用于超高速计算机运算存储器件、各种频率范围的高灵敏度电磁波检测器件、超高精度电位计、超导量子干涉器件等。随着高临界温度的超导材料的研制成功，超导材料的应用还会不断扩大。

8.2 压电功能材料

压电性就是某些晶体材料按所施加的机械应力成比例地产生电荷的能力。压电性是居里兄弟（J. Curie 和 P. Curie）在 1880 年发现的，同年，他们证实了这类压电晶体具有可逆的性质，即按所施加的电压成比例地产生几何应变（或应力）。多年来，压电学是晶体物理学的一个分支。在各向同性的物体里，原则上不存在压电性。直到 1944 年，压电陶瓷这个术语仍令物理学家难以理解。今天，获得压电性所需要的极性，可以通过暂时施加强电场的方法，使原来各向同性的多晶陶瓷发生“极化”，这种极化可以在铁电陶瓷中发生，类似于永久磁铁的磁化过程。近年来，压电陶瓷发展较快，在不少场合已经取代了压电单晶，它在电、磁、声、光、热和力等交互效应的功能转换器件中得到了广泛的应用。

8.2.1 压电效应

1880 年，J. Curie 和 P. Curie 在 α 石英晶体上最先发现了压电效应。当对石英晶体在一定方向上施加机械应力时，在其两端表面上会出现数量相等、符号相反的束缚电荷；当作用力反向时，表面荷电性质亦反号，而且在一定范围内电荷密度与作用力成正比。反之，石英晶体在一定方向的电场作用下，则会产生外形尺寸的变化，在一定范围内，其形变与电场强度成正比。前者称为正压电效应，后者称为逆压电效应，统称为压电效应。具有压电效应的物体称为压电体。

晶体的压电效应的本质是因为机械作用（应力与应变）引起了晶体介质的极化，从而导致介质两端表面内出现符号相反的束缚电荷。其机理可用图 8-5 加以解释。图 8-5a 所示为压电晶体中质点在某方向上的投影。此时晶体不受外力作用，正电荷重心与负电荷重心重合，整个晶体总电矩为 0（这是简化了的假定），因而晶体表面无荷电。但是当沿某一方向对晶体施加机械力时，晶体由于形变导致正、负电荷重心不重合，即电矩发生变化，从而引起晶体表面荷电；图 8-5b 所示为晶体在压缩时荷电的情况；图 8-5c 所示为拉伸时的荷电情况。在后两种情况下，晶体表面电荷符号相反。如果将一块压电晶体置于外电场中，由于电场作用，晶体内部正、负电荷重心产生位移。这一位移又导致晶体发生形变，这个效应即为逆压电效应。

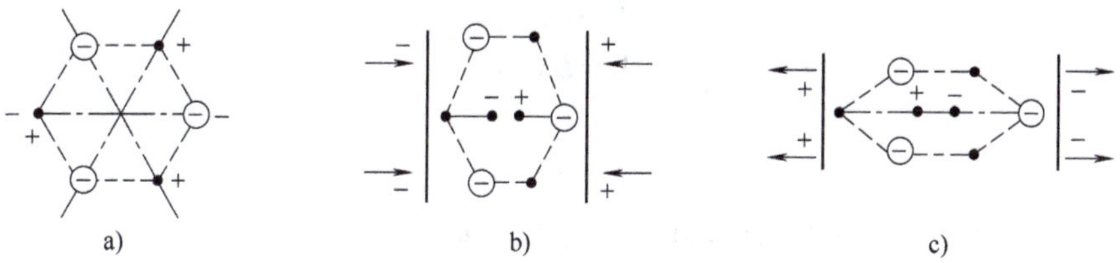

图 8-5　压电效应机理示意图

在正压电效应中，电荷与应力是成比例的，介质电位移 $\boldsymbol{D}$ 和应力 $\boldsymbol{T}$ 的关系为

$$\boldsymbol{D}=d\boldsymbol{T} \tag{8-3}$$

式中，$\boldsymbol{D}$ 的单位为 C/m^2；$\boldsymbol{T}$ 的单位为 N/m^2；d 称为压电常数，单位为 C/N。

对于逆压电效应，其应变 $\boldsymbol{S}$ 与电场强度 $\boldsymbol{E}$（V/m）的关系为

$$\boldsymbol{S}=d\boldsymbol{E} \tag{8-4}$$

对于正、逆压电效应，比例常数 d 在数值上是相同的，即

$$d=\boldsymbol{D}/\boldsymbol{T}=\boldsymbol{S}/\boldsymbol{E} \tag{8-5}$$

实际在以上表达式中，$\boldsymbol{D}$、$\boldsymbol{E}$ 为矢量，$\boldsymbol{T}$、$\boldsymbol{S}$ 为张量（二阶对称）。完整地表示压电晶体的压电效应中其力学量（$\boldsymbol{T}$，$\boldsymbol{S}$）和电学量（$\boldsymbol{D}$，$\boldsymbol{E}$）关系的方程式叫压电方程。下面简单介绍只有一个力学量或电学量作用的情况（即只有一个自变量）。

先讨论正压电效应，根据定义可写出方程式：

$$\begin{cases} D_1=d_{11}T_1+d_{12}T_2+d_{13}T_3+d_{14}T_4+d_{15}T_5+d_{16}T_6 \\ D_2=d_{21}T_1+d_{22}T_2+d_{23}T_3+d_{24}T_4+d_{25}T_5+d_{26}T_6 \\ D_3=d_{31}T_1+d_{32}T_2+d_{33}T_3+d_{34}T_4+d_{35}T_5+d_{36}T_6 \end{cases} \tag{8-6}$$

式中，d 的第一个下标代表电的方向，第 2 个下标代表机械的（力或形变）方向。实际使用时，由于压电陶瓷的对称性，下标可简化，压电常数的矩阵为

$$\begin{pmatrix} 0 & 0 & 0 & 0 & d_{15} & 0 \\ 0 & 0 & 0 & d_{24} & 0 & 0 \\ d_{31} & d_{32} & d_{33} & 0 & 0 & 0 \end{pmatrix}$$

举例证明如下：

假设有一极化方向为轴 3 向的压电陶瓷，如图 8-6 所示。当仅施加应力 $\boldsymbol{T}_3$（假定电场 $\boldsymbol{E}$ 恒定，下同）时，有压电效应，即

$$\boldsymbol{D}_3=d_{33}\boldsymbol{T}_3$$

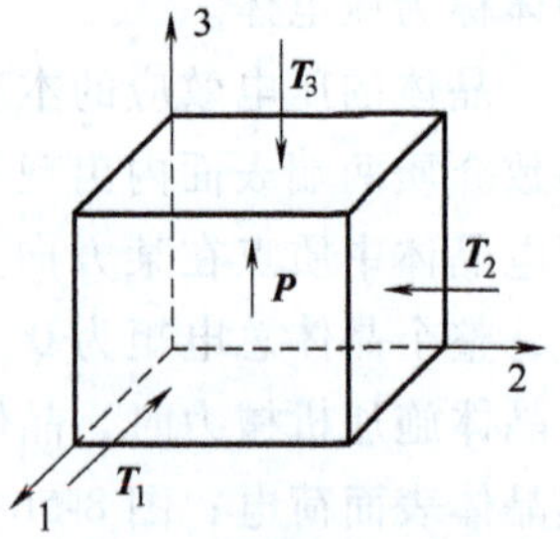

图 8-6　极化方向为轴 3 向的压电陶瓷

虽然在 $\boldsymbol{T}_3$ 作用下，介质在轴 1 和轴 2 方向产生应变 $\boldsymbol{S}_1$ 和 $\boldsymbol{S}_2$，但轴 1 和轴 2 方向是不呈现极化现象的，因此有

$$\boldsymbol{D}_1=d_{13}\boldsymbol{T}_3=0$$

$$\boldsymbol{D}_2=d_{23}\boldsymbol{T}_3=0$$

即

$$d_{13}=d_{23}=0$$

若仅仅施加应力 $\boldsymbol{T}_1$，同样可得

$$\boldsymbol{D}_3=d_{32}\boldsymbol{T}_2$$

$$\boldsymbol{D}_1=\boldsymbol{D}_2=0$$

即

$$d_{12}=d_{22}=0$$

又从对称关系可知 $\boldsymbol{T}_2$ 和 $\boldsymbol{T}_1$ 的作用是等效的，即

$$d_{31}=d_{32}$$

以上是 3 个正应力作用情况。现讨论切应力的作用。若仅有切应力 $\boldsymbol{T}_4$ 作用，法线方向为轴 1 向的平面产生切应变，如图 8-7 所示。原来的极化强度 $\boldsymbol{P}$ 发生偏转。不考虑正应力作用，$\boldsymbol{D}_3=0$，$d_{34}=0$，而轴 2 向出现了极化分量 $\boldsymbol{P}_2$，因而有

$$\boldsymbol{D}_2=d_{24}\boldsymbol{T}_4$$

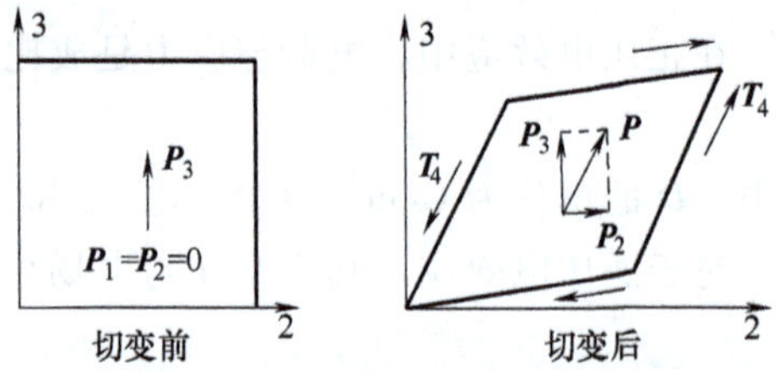

图 8-7　切应力 τ 引起的压电效应

轴 1 向也无变化，即 $\boldsymbol{D}_1=0$，$d_{14}=0$。

显然 $\boldsymbol{T}_5$ 的效应与 $\boldsymbol{T}_4$ 类同，因此有

$$\boldsymbol{D}_1=d_{15}\boldsymbol{T}_5$$

$$\boldsymbol{D}_2=d_{25}\boldsymbol{T}_5=0$$

$$\boldsymbol{D}_3=d_{35}\boldsymbol{T}_5=0$$

即 $d_{25}=d_{35}=0$。而且 $\boldsymbol{T}_4$ 与 $\boldsymbol{T}_5$ 作用类似，即 $d_{24}=d_{15}$。

考虑仅有 $\boldsymbol{T}_6$ 的作用情况。切应力 $\boldsymbol{T}_6$ 作用面垂直于轴 3 方向，轴 3 方向极化强度并无改变；由于原极化是在轴 3 方向，故应变前后，轴 1、2 方向极化分量都为零，即

$$\boldsymbol{D}_1=\boldsymbol{D}_2=\boldsymbol{D}_3=0,\ d_{16}=d_{26}=d_{36}=0$$

根据以上分析，压电常数只有 3 个独立参量，即 d_{31}、d_{33}、d_{15}，因而式（8-6）变为

$$\begin{cases}\boldsymbol{D}_1=d_{15}\boldsymbol{T}_5\\ \boldsymbol{D}_2=d_{15}\boldsymbol{T}_4\\ \boldsymbol{D}_3=d_{31}\boldsymbol{T}_1+d_{31}\boldsymbol{T}_2+d_{33}\boldsymbol{T}_3\end{cases}\tag{8-7}$$

此即简化的正压电效应方程式。

现在再来讨论逆压电效应的情况。极化方向仍为轴 3 方向，若仅施加电场 $\boldsymbol{E}$（应力 $\boldsymbol{T}$ 恒定），$\boldsymbol{E}$ 的分量分别为 $\boldsymbol{E}_1$、$\boldsymbol{E}_2$、$\boldsymbol{E}_3$，如图 8-8a 所示。

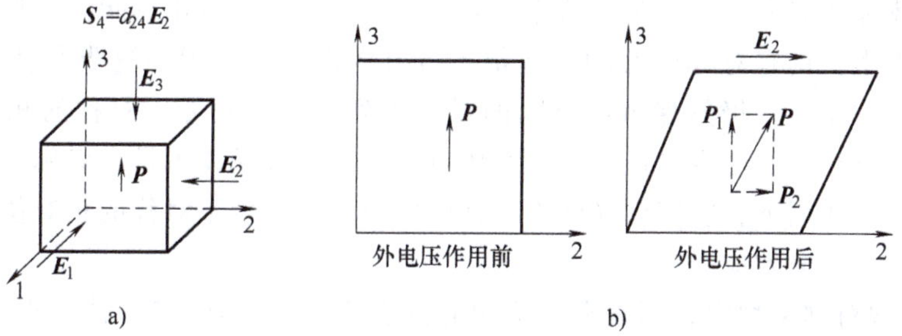

图 8-8　压电体的电场作用分析

a）电场作用图　b）电场 E_2 的作用效应图

先考虑 $\boldsymbol{E}_3$ 的效应，它导致应变 $\boldsymbol{S}_1$、$\boldsymbol{S}_2$、$\boldsymbol{S}_3$，而不产生切应变，所以有

$$\begin{cases} \boldsymbol{S}_1 = d_3\boldsymbol{E}_3 \\ \boldsymbol{S}_2 = d_{32}\boldsymbol{E}_3 \\ \boldsymbol{S}_3 = d_{33}\boldsymbol{E}_2 \end{cases}$$

而且 $\boldsymbol{S}_1 = \boldsymbol{S}_2$，所以 $d_3 = d_{32}$。

若只考虑 $\boldsymbol{E}_2$ 的作用，由于 $\boldsymbol{E}_2$ 的方向垂直于极化方向 $\boldsymbol{P}$，因此不产生伸缩变形。但 $\boldsymbol{E}_2$ 的作用使极化强度 $\boldsymbol{P}$ 的方向发生偏转，产生了 $\boldsymbol{P}_2$ 分量（图 8-8b），有了切应变 $\boldsymbol{S}_4$：

$$\boldsymbol{S}_4 = d_{24}\boldsymbol{E}_2$$

若仅考虑 $\boldsymbol{E}_1$ 的作用，它与 $\boldsymbol{E}_2$ 类似，只产生切应变 $\boldsymbol{S}_5$：

$$\boldsymbol{S}_5 = d_{15}\boldsymbol{E}_1$$

从对称关系可知 $d_{15} = d_{24}$，因此逆压电效应的方程式可归纳为

$$\begin{cases} \boldsymbol{S}_1 = d_{31}\boldsymbol{E}_3 \\ \boldsymbol{S}_2 = d_{32}\boldsymbol{E}_3 \\ \boldsymbol{S}_3 = d_{33}\boldsymbol{E}_3 \\ \boldsymbol{S}_4 = d_{15}\boldsymbol{E}_2 \\ \boldsymbol{S}_5 = d_{15}\boldsymbol{E}_1 \end{cases} \tag{8-8}$$

在逆压电效应中常数 d 的第一个下标也是“电的”分量，而第二个下标是机械形变或应力的分量。

如果同时考虑力学参量（$\boldsymbol{T}$，$\boldsymbol{S}$）和电学参量（$\boldsymbol{E}$，$\boldsymbol{D}$）的合作用，可用简式表示如下：

$$\begin{cases} \boldsymbol{D} = d\boldsymbol{T} + \boldsymbol{\varepsilon}^T\boldsymbol{E} \\ \boldsymbol{S} = \boldsymbol{\varepsilon}^E\boldsymbol{E} + d\boldsymbol{E} \end{cases} \tag{8-9}$$

式中，$\boldsymbol{\varepsilon}^T$ 是在恒定应力（或零应力）下测量出的机械自由介电系数，$\boldsymbol{\varepsilon}^E$ 为电学短路情况下测得的弹性常数。由于压电材料沿极化方向的性质与其他方向性质不一样，所以其弹性、介电系数各个方向也不一样，并且与边界条件有关。

8.2.2　压电性与晶体机构

1. 晶体的对称性和压电效应

晶体结构的对称性与其物理性能有密切联系。压电效应与晶体的对称性有关。压电效应

的本质是对晶体施加应力时，改变了晶体内的电极化，这种电极化只能在不具有对称中心的晶体内才可能发生。具有对称中心的晶体都不具有压电效应，因为这类晶体受到应力作用后，内部发生均匀变形，仍然保持质点间的对称排列规律，并无不对称的相对位移，因而正、负电荷重心重合，不产生电极化，没有压电效应。如果晶体不具有对称中心，质点排列并不对称，在应力作用下，它们就受到不对称的内应力，产生不对称的相对位移，结果形成新的电矩，呈现出压电效应。

在 32 种宏观对称类型中，不具有对称中心的有 21 种，其中有一种（点群 43）压电常数为零，其余 20 种都具有压电效应。

2. 热电性和极性

含有固有电偶极矩的晶体叫极性晶体，在 21 种无对称中心的晶体中，有 10 种是极性晶体。极性晶体除了应力产生电荷以外，温度变化也可以引起电极化状态的改变，因此当均匀加热时，这类晶体也能够产生电荷。这种产生偶极子的效应称为热电性，具有热电性的物体叫热电体。通常，在热电体宏观电矩正端表面将吸引负电荷，负端表面吸引正电荷，直到它的电矩的电场完全被屏蔽为止。但当温度变化时，宏观电极化强度改变，使屏蔽电荷失去平衡，多余的屏蔽电荷便释放出来，因此从形式上把这种效应称为热释电效应。在 20 种压电晶体类型中，有 10 种是含有一个唯一的极性轴（电偶极矩）的晶体，它们都具有热释电效应。

前已述及，铁电体是一种极性晶体，属于热电体。它的结构是非中心对称的，因而也一定是压电体。必须指出，压电体必须是介电体。电介质、压电体、热电体和铁电体的关系如图 8-9 所示。

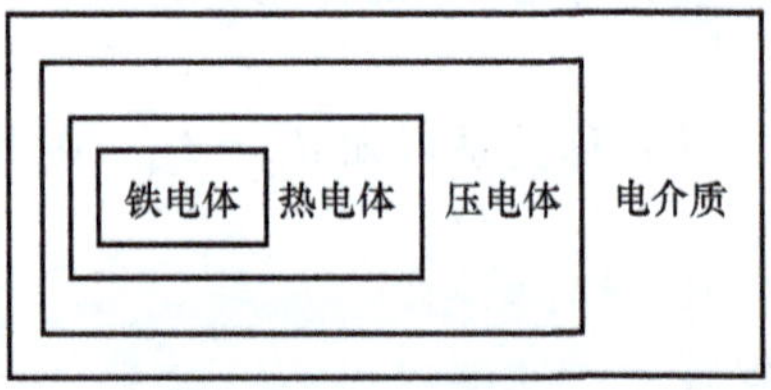

图 8-9 电介质、压电体、热电体和铁电体的关系

3. 铁电、压电陶瓷

自然界中虽然具有压电效应的压电晶体很多，但是成为陶瓷材料以后，往往不呈现出压电性能。这是因为陶瓷是一种多晶体，由于其中各细小晶体的紊乱取向，因而各晶粒间压电效应会互相抵消，宏观不呈现压电效应。铁电陶瓷中虽存在自发极化，但各晶粒间自发极化方向杂乱，因此宏观无极性。若将铁电陶瓷预先经强直流电场作用，使各晶粒的自发极化方向都择优取向成为有规则的排列（这一过程称为人工极化），当强直流电场除去后，陶瓷内仍能保留相当的剩余极化强度，则陶瓷材料宏观具有极性，也就具有了压电性能。因此铁电陶瓷只有经过“极化”处理，才能具有压电性；压电陶瓷一般是铁电体，只有铁电陶瓷才能在外电场作用下，使电畴运动转向，达到“极化”的目的，成为压电陶瓷，因而把这类陶瓷称为铁电、压电陶瓷。

4. 压电陶瓷的预极化及其性能稳定性

所谓极化，就是在压电陶瓷上加一个强直流电场，使陶瓷中的电畴沿电场方向取向排列。只有经过极化工序处理的陶瓷，才能显示压电效应。

（1）极化电场　极化电场是极化诸条件中的主要因素。极化电场越强，促使电畴取向排列的作用越大，极化就越充分。一般以机电耦合系数 k_p 达到最大值的电场为极化电场。但应注意，不同的机电耦合系数达到最大值的极化电场不一样。例如钛酸铅，k_p 与 k_{31} 在 2kV/mm 时达到最大，而 k_{33}、k_{15}、k 需在 6kV/mm 时才接近最大。极化电场必须大于样品的矫顽场，通常为矫顽场的2~3倍。矫顽场与样品的成分、结构及温度有关。以锆钛酸铅为例，在四方相区，其矫顽场随锆钛比的减小而变大。除锆钛比外，取代元素和添加物也有影响。例如钛酸铅陶瓷难极化，而以镧取代部分铅后，极化电压可降低。这是因为镧取代铅后引起晶轴比 c/a 减小，使电畴90°转向内应力小，故极化充分。

（2）极化温度　在极化电场和时间一定的条件下，极化温度高，电畴取向排列较易，极化效果好。这可从两方面理解：①结晶各向异性随温度升高而降低，自发极化重新取向克服的应力阻抗较小；同时由于热运动，电畴运动能力加强；②温度越高，电阻率越小，由杂质引起的空间电荷效应所产生的电场屏蔽作用小，故外加电场的极化效果好，但是温度过高，击穿强度降低，常用压电陶瓷材料的极化温度通常取320~420K。

（3）极化时间　极化时间长，电畴取向排列的程度高，极化效果较好。极化初期主要是180°电畴的反转，以后的变化是90°电畴的转向。90°电畴转向由于内应力的阻碍而较难进行，因而适当延长极化时间可提高极化程度。一般极化时间从几分钟到几十分钟。

总之，极化电场、极化温度、极化时间三者必须统一考虑，因为它们之间相互有影响，应通过实验选取最佳条件。

经过极化后的压电陶瓷具备了各项压电性能，但实际使用时发现压电陶瓷的性能在极化后随时间变化，而且在环境温度发生改变时，各项压电性能也变化。因此如何考核和改善压电陶瓷性能稳定性问题，一直受到人们的重视。

压电陶瓷性能的时间稳定性，常称为材料的老化或经时老化。关于老化的机理还不是很清楚。一般认为，极化过程中，90°畴的取向，使晶体 c 轴方向改变，伴随着较大的应变。极化后，在内应力作用下，已转向的90°畴有部分复原而释放应力，但尚有一定数量的剩余应力，电畴在剩余应力作用下，随时间的延长复原部分逐渐增多，因此剩余极化强度不断下降，压电性减弱。此外，180°畴的转向，虽然不产生应力，但转向后处于势能较高状态，因此仍趋于重新分裂成180°畴壁，这也是老化的因素。总之老化的本质是极化后电畴由能量较高状态自发地转变到能量较低状态，这是一个不可逆过程。然而老化过程要克服介质内部摩擦阻尼，这和材料组成、结构有关，因而老化的速率又是可以在一定程度上加以控制和改善的。目前有两种途径可以改善稳定性：一是改变配方成分、寻找性能比较稳定的锆钛比和添加物；另一种是把极化好的压电陶瓷片进行“人工老化”处理，如加交变电场，或做温度循环等。人工老化的目的，是为了加速自然老化过程，以便在尽量短的时间内，达到足够的相对稳定阶段（一般自然老化开始速率大，随时间延续，趋于相对稳定）。

压电陶瓷的温度稳定性主要与晶体结构特性有关。改善温度稳定性主要通过改变配方成分和添加物的方法，使材料结构随温度变化减小到最低限度，例如，一般不取在相界附近的组成，对于PZT陶瓷，其Zr与Ti的比值取在偏离相界的四方相侧，使结构稳定。

5. 压电材料及其应用

自从1880年发现压电效应以来，直至20世纪40年代，压电材料只局限于晶体材料。自20世纪40年代中期出现了 $BaTiO_3$ 陶瓷以后，压电陶瓷的发展较快。当前，晶体和陶瓷是压电材料的两类主要分支，柔性材料则是另一个分支，它是高分子聚合物。几种压电材料的主要性能见表8-1。下面仅介绍典型的压电陶瓷材料及其应用。

表 8-1 几种压电材料的主要性能

材料	耦合系数(%)		相对介电常数 $\varepsilon_{33}^T/\varepsilon_0$	压电常数 /(10^{-12}C/N)		频率常数 /Hz·m	
	k_p	k_{31}		d_{31}	d_{33}	$f_{r31}L$	$f_{r33}L$
$BaTiO_3$ 单晶	—	31.5	168	-34.5	85.6	—	—
$BaTiO_3$ 陶瓷	36	21	1700	-79	191	2200	2520
$Pb(Zr_{0.52}Ti_{0.48})O_3$	52.9	31.3	730	-93.5	223	—	—
$PbTiO_3$ 陶瓷	7~9.6	4.2~6.0	约 150	—	—	约 2000	约 2000

(1) 钛酸钡　钛酸钡是首先发展起来的压电陶瓷，至今仍然得到广泛的应用。由于它的机电耦合系数较高，化学性质稳定，有较大的工作温度范围。因而应用广泛。早在 20 世纪 40 年代末已在拾音器、换能器、滤波器等方面得到应用，后来的大量试验工作是掺杂改性，以改变其居里点，提高温度稳定性。

(2) 钛酸铅　钛酸铅的结构与钛酸钡相类似，其居里温度为 495℃，居里温度以下为四方晶系，其压电性能较低。纯钛酸铅陶瓷很难烧结，当冷却通过居里点时，就会碎裂成为粉末，因此目前测量只能用不纯的样品，少量添加物可抑制开裂。例如含 Nb^{5+}4%（原子）的材料，d_{33} 可达 40×10^{-12}C/N。

(3) 锆酸铅　锆酸铅为反铁电体，具有双电滞回线。居里温度为 230℃，居里点以下为斜方晶系。在以后的介绍中将会看到，$PbTiO_3$ 和 $PbZrO_3$ 的固溶体陶瓷具有优良的压电性能。

(4) 锆钛酸铅（PZT）　20 世纪 60 年代以来，人们对复合钙钛矿型化合物进行了系统的研究，这对压电材料的发展起到了积极作用。PZT 为二元系压电陶瓷，Pb(Ti，Zr) O_3 压电陶瓷在四方晶相（富钛一边）和菱形晶相（富锆一边）的相界附近，其耦合系数和介电系数是最高的。这是因为在相界附近，极化时更容易重新取向。相界大约在 Pb($Ti_{0.465}Zr_{0.535}$) O_3 的地方，其组成的机电耦合系数 k_{33} 可达 0.6，d_3 可达 200×10^{-12}C/N。

为了满足不同的使用要求，在 PZT 中添加某些元素，可达到改性的目的，比如添加 In、Nd、Bi、Nb 等属“软性”添加物，可使陶瓷弹性柔顺常数增高，矫顽场降低，k_p 增大；添加 Fe、Co、Mn、Ni 等属“硬性”添加物，可使陶瓷性能向“硬”的方面变化，即矫顽场增大，k_p 下降，同时介质损耗降低。

为了进一步改性，在 PZT 陶瓷中掺入铌镁酸铅制成三元系压电陶瓷（简称 PCM）。该三元系陶瓷具有可以广泛调节压电性能的特点。

(5) 其他压电陶瓷材料　其他还有钨青铜型、含铋层状化合物、焦绿石型和钛铁矿型等非钙钛矿压电材料，这些材料具有很大的潜力。此外，硫化镉、氧化锌、氮化铝等压电半导体薄膜也得到了研究与发展，20 世纪 70 年代以来，为了满足光电子学发展的需要，又研制出掺镧锆钛酸铅（PLZT）透明铁电陶瓷，用它制成各种光电器件。

几种压电材料的主要类型见表 8-2。

近年来，压电陶瓷得到了广泛的应用。例如，用于电声器件中的扬声器、送话器、拾音器等；用于水下通信和探测的水声换能器和鱼群探测器等；用于雷达中的陶瓷表面波器件；用于导航中的压电加速度计和压电陀螺等；用于通信设备中的陶瓷滤波器、陶瓷鉴频器等；

表 8-2 几种压电材料的主要类型

结构	晶系	点群	实例	类型	T_c/K
氢键型	单斜	2	TGS(硫酸三甘肽)	热电晶体	322
铋层状化合物	单斜	m	$Bi_4Ti_3O_{12}$	电光晶体	648
石英型	三方	32	水晶	压电晶体	850
铌酸锂型	三方	3m	LN(铌酸锂)	高温铁电晶体	1483
钙钛矿型	四方	4mm	BT(钛酸钡)	铁电晶体	393
钨青铜型	斜方	mm2	BNN(铌酸钛钡)	非线性光学晶体	833
烧绿石型	斜方	mm2	$Sr_2Nb_2O_7$	高温电光晶体	1615
纤锌矿型	六方	6mm	CdS	压电半导体	—
—	—	∞ m	极化后铁电陶瓷	压电铁电陶瓷	393~1483

用于精密测量中的陶瓷压力计、压电流量计、压电厚度计等，用于红外技术中的陶瓷红外热电探测器；用于超声探伤、超声清洗、超声显像中的陶瓷超声换能器；用于高压电源的陶瓷变压器。这些压电陶瓷器件除了选择合适的材料以外，还要有先进的结构设计。

必须指出，不同应用领域对压电参数也有不同的要求。例如高频器件要求材料介电系数和高频损耗小；滤波器材料要求谐振频率稳定性好，k_p 值则取决于滤波器的带宽；电声材料要求 k_p 高、介电系数高等。

8.3 光功能材料

随着新技术的发展，某些新材料的光学性能方面的运用，开拓了对无机材料化学和物理本质的深入认识。下面举几种常见的应用。

8.3.1 荧光物质

电子从激发能级向较低能级的衰变可能伴随有热量向周围传递，或者产生辐射，在此过程中，光的发射称为荧光或磷光，取决于激发和发射之间的时间。

荧光物质广泛地应用在荧光灯、阴极射线管及电视的荧光屏以及闪烁计数器中。荧光物质的光发射主要受其中的杂质影响，甚至低浓度的杂质即可起到激活剂的作用。

荧光灯的工作是由于在汞蒸气和惰性气体的混合气体中的放电作用，使得大部分电能转变成汞谱线的单色光的辐射（波长为 253.7nm）。这种辐射激发了涂在放电管壁上的荧光剂，造成在可见光范围的宽频带发射。

例如，灯用荧光剂的基质，选用卤代磷酸钙，激活剂采用锑和锰，能提供两条在可见光区重叠发射带的激活带，发射出的荧光颜色从蓝到橙和白。

用于阴极射线管时，荧光剂的激发是由电子束提供的，在彩色电视中，对应于每一种原色的频率范围的发射，采用不同的荧光剂。在用于这类电子扫描显示屏幕仪器时，荧光剂的衰减时间是个重要的性能参数，例如用于雷达扫描显示器的荧光剂是 Zn_2SiO_4，激活剂用 Mn，发射波长为 530nm 的黄绿色光，其衰减至 10%的时间为 2.45×10^{-2}s。

8.3.2 激光器

许多陶瓷材料已用作固体激光器的基质和气体激光器的窗口材料。固体激光物质是一种发光的固体，在其中，一个激发中心的荧光发射激发其他中心作同位相的发射。

红宝石激光器是由掺少量（质量分数<0.05%）Cr 的蓝宝石单晶组成，呈棒状，两端面要求平行。靠近两个端面各放置一面镜子，以便使一些自发发射的光通过激光棒来回反射。其中一个镜子起完全反射的作用，另一个镜子只是部分反射。激光棒沿着它的长度方向被闪光灯激发。大部分闪光的能量以热的形式散失，一小部分被激光棒吸收，用来激发 Cr 离子到高能级。在宽的频带内激发的能量被吸收；而在 694.3nm 处 3 价离子 Cr^{3+} 以窄的谱线进行发射，构成输出的辐射，自激光棒的一端（部分反射端）穿出。

另一个重要的晶体激光物质是掺 Nd 的钇铝石榴石单晶（$Y_3Al_5O_2$），其辐射波长为 1060nm。

某些陶瓷材料，以其在固定的波段（例如红外区）具有高的透射率，因而应用于气体激光器的窗口材料。例如按波长的不同，分别选用 Al_2O_3 单晶材料、CaF_2 类碱土金属卤化物和各种Ⅱ到Ⅴ族化合物如 ZnSe 或 CdTe。

8.3.3 通信用光导纤维

当光线在玻璃内部传播时，遇到纤维的表面，出射到空气中时，产生光的折射。改变光的入射角 α，折射角 β 也跟着改变。当 β 大于 90°时，光线全部向玻璃内部反射回来，对于典型玻璃 $n=1.50$，按照公式：

$$\sin\alpha_{\mathrm{crit}}=\frac{1}{n} \tag{8-10}$$

临界入射角 α 约为 42°。也就是说，在光导纤维内传播的光线，其方向与纤维表面的法向所成夹角，如果大于 42°，则光线全部内反射，无折射能量损失。因而一玻璃纤维能围绕各个弯曲之处传递光线而不必顾虑能量损失。

然而，从纤维一端射入的图像，在另一端仅看到近于均匀光强的整个面积。如采用一束细纤维，则每根纤维只传递入射到它上面的光线，集合起来，一个图像就能以具有等于单根纤维直径那样的清晰度被传递过去。

光导纤维传输图像时的损耗，来源于各个纤维之间的接触点，发生纤维之间同种材料的透射，对图像起模糊作用；此外，纤维表面的划痕、油污和尘粒，均会导致散射损耗。这个问题可以通过在纤维表面包覆一层折射率较低的玻璃来解决。在这种情况下，反射主要发生在由包覆层保护的纤维与包覆层的界面上，而不是在包覆层的外表面上，因此，包覆层的厚度大约是光波长的 2 倍左右，以避免损耗。对纤维及包覆层的物理性能要求是相对热膨胀与黏性流动行为、相对软化点与光学性能的匹配。这种纤维的直径一般为 50μm，由其组成的纤维束内的包覆玻璃可在高温下熔融，并加以真空密封，以提高器件效能，构成整体的纤维光导组件。

8.3.4 电光及声光材料

以激光技术为基础的系统，除了激光器和波导以外，还需要许多附加的硬件，例如频率的调制、开关、调幅和转换装置，光学信号的程控及自控装置。这些需求促进了材料的发展，以便能以低的损耗来进行光的传输，而由电场、磁场或外加应力来调整这些材料的光学性能，使之按规定的方式与光学信号相互作用。在这些材料中占重要地位的是电光晶体及声光晶体。

当外加电场引起光学介电性能的改变时，产生电光效应。外加电场可能是静电场、微波电场或者是光学电磁场。在有些晶体中，电光作用基本上来源于电子；在其他晶体中，电光作用主要与振荡模式有关。在有些情况下，电光效应随着外加电场而线性地变化；另一些情况，它随场强的二次方变化。

如用单独的电子振子来描述折射率，则低频电场 E 的作用改变特征频率从 ν_0 到 ν：

$$\nu^2-\nu_0^2=\frac{2ve(\varepsilon_0+2)E}{2m\nu_0^2} \tag{8-11}$$

式中，v 是非谐力常数；e 是电子电荷；m 是电子质量；ε_0 是低频介电常数。折射率 n 随 $(\nu^2-\nu_0^2)^{-1}$ 而变化，因此上述方程直接表示折射率随电场呈线性变化。

主要的电光效应可以用半波的场强与距离的乘积 $[El]\lambda/2$ 来描述，式中，E 是电场强度，l 是光程长度。这个乘积表示几何形状 $l/d=1$ 时，产生半波延迟所需要的电压。这里 d 是晶体在外加电场方向上的厚度。

主要的电光材料有 $LiNbO_3$、$LiTaO_3$、$Ca_2Nb_2O_7$、$Sr_xBa_{1-x}Nb_2O_6$、KH_2PO_4、$K(Ta_1Nb_{1-x})O_3$ 及 $BaNaNb_5O_{15}$。在这些晶体中，其基本结构单元是 Nb 或 Ta 离子，由氧离子八面体配位。由于折射率随电场而变，电光晶体可以应用在光学振荡源、频率倍增器、激光频振腔中的电压控制开关，以及用在光学通信系统中的调制器。

除外加电场外，晶体的折射率还可以由应变引起变化（所谓的声光效应）。应变的作用是改变晶格的内部势能，这就使得约束弱的电子轨道的形状和尺寸发生变化，因而引起极化率及折射率的变化。应变对晶体折射率的影响取决于应变轴的方向以及光学极化相对于晶轴的方向。

当在晶体中激发一平面弹性波时，产生一种周期性的应变模式，其间距等于声波长。应变模式引起折射率的声光变化，它相当于体积衍射光栅。声光设备是根据光线以适当的角度入射到声光光栅时，发生部分衍射这一现象制成的。在这类设备中晶体的应用一般取决于压电耦合性、超声衰减以及各种声光系数。重要的声光晶体有 $LiNbO_3$、$LiTaO_3$、$PbNbO_4$ 以及 $PbMoO_5$。这些晶体的折射率都在 2.2 左右，而且在可见光区都是高度透明的。

8.4 铁氧磁性材料

8.4.1 软磁材料

这类材料要求磁导率高、饱和磁感应强度大、电阻高、损耗低、稳定性好等，其中尤以高磁导率和低损耗最重要。起始磁导率 μ_0 高，即使在较弱的磁场下也有可能储藏更多的磁能。损耗低，当然要求电阻率高，也要求尽可能小的矫顽力和高的截止频率 f_e（μ 下降至最大值一半时的频率）。但磁导率和截止频率的要求往往是矛盾的，在不同频段和不同器件上使用时又有不同要求，因此通常根据不同频段下的使用情况选用系统、成分、性能不同的铁氧体。如在低频、中频和高频范围选用的尖晶石铁氧体，基本上是含锌的尖晶石，最主要的是 Ni-Zn、Mn-Zn、Li-Zn 铁氧体；在超高频范围（$>10^8$Hz），则用磁铅石型六方铁氧体。这两类软磁材料的磁学性能见表 8-3 和表 8-4。

软磁材料主要应用于电感线圈、小型变压器、脉冲变压器、中频变压器等的磁心以及天线棒磁心、录音磁头、电视偏转磁轭、磁放大器等。

表 8-3　几种含 Zn 的尖晶石铁氧体的常温性质

材料	μ_0/(μH/m)	$\tan\delta$(1MHz)	θ_f/K	ρ/Ω · m
$Ca_{0.4}Zn_{0.6}Fe_2O_4$	1380	0.100	363	10^3
$Mg_{0.5}Zn_{0.5}Fe_2O_4$	503	0.130	373	10^4
$Mn_{0.455}Zn_{0.495}Fe^{2+}_{0.05}Fe_2O_4$	1257	0.170	383	1
$Ni_{0.4}Zn_{0.6}Fe_2O_4$	103	0.055	353	10^4

表 8-4　几种磁铅石型六方铁氧体的常温磁性

材料	μ_0/(μH/m)	$\mu_r M_s$/(mA/m)	θ_f/K	f_c/MHz
$Co_2Ba_2Fe_{12}O_{22}$	5.03	0.23	613	—
$Ni_2Ba_2Fe_{12}O_{22}$	8.16	0.16	663	—
$Zn_2Ba_2Fe_{12}O_{22}$	33.90	0.285	403	—
$Co_2Ba_3Fe_{24}O_{41}$	15.08	0.335	683	1400
$Co_{0.8}Zn_{1.2}Ba_3Fe_{24}O_{41}$	30.16	—	—	530

8.4.2　硬磁材料

硬磁材料也称为永磁材料，其主要特点是剩磁 B_r 大，这样保存的磁能就多，而且矫顽力 H_c 也大，才不容易退磁，否则留下的磁能也不易保存。因此用最大磁能积 $(BH)_{max}$ 就可以全面地反映硬磁材料储有磁能的能力，最大磁能积 $(BH)_{max}$ 越大，则在外磁场撤去后，单位面积所储存的磁能也越大，性能也越好。此外，对温度、时间、振动和其他干扰的稳定性也要好。这类材料主要用于磁路系统中作永磁体以产生恒稳磁场，如扬声器、微音器、拾音器、助听器、录音磁头、电视聚焦器、各种磁电系仪表、磁通计、磁强计、示波器以及各种控制设备。最重要的铁氧体硬磁材料是钡恒磁 $BaFe_{12}O_9$，它与金属硬磁材料相比的优点是电阻大、涡流损失小、成本低。

前面指出，磁化过程包括畴壁移动和磁畴转向两个过程，研究表明，如果晶粒小到全部都只包括一个磁畴（单畴），则不可能发生畴壁移动而只有磁畴转向过程，这就可以提高矫顽力。

因此在生产铁氧体的工艺过程中，通过延长球磨时间，使粒子小于单畴的临界尺寸和适当提高烧成温度（但不能太高，否则使晶粒由于重结晶而重新长大），可以比较有效地提高矫顽力。另外，用所谓磁致晶粒取向法，即把已经经过高温合成和通过球磨的钡铁氧体粉末，在磁场作用下进行模压，使得晶粒更好地择优取向，形成与外磁场基本一致的结构，可以提高剩磁。这样，虽然使矫顽力稍有降低，但总的最大磁能积 $(BH)_{max}$ 还是有所增加，从而改善了材料的性能。

8.4.3　旋磁材料

磁性材料的旋磁性是指在两个互相垂直的直流磁场和电磁波磁场的作用下，平面偏振的电磁波在材料内部按一定方向的传播过程中，其偏振面会不断绕传播方向旋转的现象，这种具有旋磁特性的材料就称为旋磁材料。

金属磁性材料虽然也具有旋磁性，但由于电阻率较小，涡流损耗太大，电磁波不能深入内部，而只能进入厚度不到 1μm 的表层（称之为趋肤效应），所以无法利用，因此磁性材料旋磁性的应用成为铁氧体独有的领域。

旋磁现象实际上被应用的频段为 100~100000MHz（米波到毫米波），因而铁氧体旋磁材料也称为微波铁氧体。常用的微波铁氧体有镁锰铁氧体 $Mg\text{-}MnFe_2O_4$、镍铜铁氧体 $Ni\text{-}CuFe_2O_4$、镍锌铁氧体 $Ni\text{-}ZnFe_2O_4$ 以及钇石榴石铁氧体 $3Me_2O_3 \cdot 5Fe_2O_3$（Me 为 3 价稀土金属离子，如 Y^{3+}、Sm^{3+}、Gd^{3+}、Dy^{3+} 等）。

旋磁材料大都与输送微波的波导管或传输线等组成各种微波器件，主要用于雷达、通信、导航、遥测、遥控等电子设备中。

8.4.4　矩磁材料

有些磁性材料的磁滞回线近似矩形，并且有很好的矩形度。图 8-10 所示为比较典型的矩形磁滞回线，可用剩磁滞比 B_r/B_m 来表征磁滞回线的矩形。另外，也可用 $B_{-\frac{1}{2}H_m}/B_m$（或简写为 $B_{-\frac{1}{2}}/B_m$）来描述磁滞回线的矩形度，其中 $B_{-\frac{1}{2}H_m}$ 表示静磁场达到 H_m 一半时的 B 值。可以看出前者是描述Ⅰ、Ⅲ象限的矩形程度，后者是描述Ⅱ、Ⅳ象限的矩形程度。因为 B_r/B_m 在开关元件中是重要参数，因此又称为开关矩形比；$B_{-\frac{1}{2}}/B_m$ 在记忆元件中是重要参数，故也可称为记忆矩形比。利用 $+B_r$ 和 $-B_r$ 的剩磁状态，可使磁心作为记忆元件、开关元件或逻辑元件。如以 $+B_r$ 代表“1”，$-B_r$ 代表“0”，就可得到电子计算机中的二进制逻辑元件。对磁心输入信号，从其感应电流上升到最大值的 10%时算起，到感应电流又下降到最大值的 10%时的时间间隔定义为开关时间 t_s。它与外磁场 H_a 之间的关系为：$(H_a-H_0)t_s=S_w$，式中，$H_0 \approx H_c$（矫顽力），S_w 称为开关常数。对常用的矩磁铁氧体材料，S_w 为 $(2.4\sim12)10^{-5}$C/m。

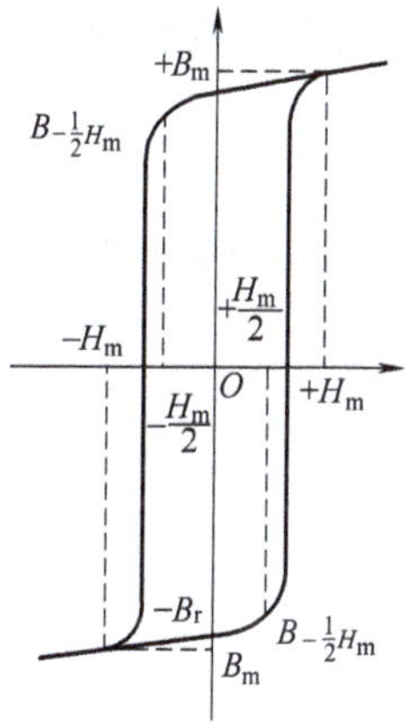

图 8-10　矩形磁滞回线

从应用的观点看，对于矩磁铁氧体材料有以下的一些主要要求：①高的剩磁比 B_r/B_m，在特殊情况下还要求有高的 $B_{-\frac{1}{2}}/B_m$；②矫顽

力 H_c 小；③开关常数 S_w 小；④损耗低；⑤对温度、振动和时间稳定性好。对于大型高速电子计算机，运算率在一定程度上受磁心存取速率所制约，除前面所说的开关常数 S_w 外，磁心尺寸的小型化将大大降低驱动电流，因而是高速开关所必需的。

除少数几种石榴石型以外，有矩形磁滞回线的铁氧体材料都是尖晶石结构。矩形磁滞回线，一类是自发地出现，另一类是需经磁场退火后才出现。自发矩磁铁氧体主要是 Mg-Mn 铁氧体，在 MgO-MnO-Fe_2O_3 三元系统中有一个形成矩磁铁氧体材料成分（质量分数）的宽广范围（在 12%~56%MgO、7%~46%MnO、28%~50%Fe_2O_3）。为了改善性能，还可适量加入少许其他氧化物，如 ZnO、CaO 等。表 8-5 给出了几种铁氧体矩磁材料及其磁性。经磁场退火感生矩形回线的铁氧体有 Co-Fe、Ni-Fe、Ni-Zn-Co、Co-Zn-Fe 等系统，其组成、磁场退火的温度、制度等都对材料的矩磁性有影响。

表 8-5　几种铁氧体矩磁材料的磁性

铁氧体系统	B_r/B_m	$B_{-\frac{1}{2}}/B_m$	H_c/(A/m)	S_w/(μC/m)
Mg-Mn	0.90~0.96	0.83~0.95	52~200	64
Mg-Mn-Zn	>0.90	—	32~200	16~24
Mg-Mn-Zn-Cu	0.95	0.83	59	—
Mg-Mn-Ca-Cr	—	—	223	40
Cu-Mn	0.93	0.76	53	64
Mg-Ni	0.94	0.84	—	175
Mg-Ni-Mn	0.95	0.83	—	—
Li-Ni	—	0.78	—	80
Co-Mg-Ni	—	0.85~0.95	—	207

8.4.5　压磁材料

以磁致伸缩效应为应用原理的铁氧体称为压磁铁氧体。压磁材料主要用于电磁能和机械能相互转换的超声器件、磁声器件以及电信器件、电子计算机、自动控制器件等应用领域。铁氧体压磁材料的优点是电阻率高、频率响应好、电声效率高。

课后思考题

为什么含有未满电子壳层的原子组成的物质中只有一部分具有铁磁性？

参考文献

[1] 刘恩科，朱秉升，罗晋升．半导体物理学［M］．7版．北京：电子工业出版社，2011.
[2] 黄昆．固体物理学［M］．北京：高等教育出版社，1988.
[3] HALL H E. 固体物理学［M］．刘志远，张增顺，译．北京：高等教育出版社，1983.
[4] 陆栋，蒋平，徐至中．固体物理学［M］．上海：上海科学技术出版社，2003.
[5] 房晓勇，刘竞业，杨会静．固体物理学［M］．哈尔滨：哈尔滨工业大学出版社，2004.
[6] SEEGER K. 半导体物理学［M］．徐乐，钱建业，译．北京：人民教育出版社，1980.
[7] 贺显聪．功能材料基础与应用［M］．北京：化学工业出版社，2021.
[8] 杨华明．无机功能材料［M］．北京：化学工业出版社，2007.
[9] 邱立主．有机功能材料［M］．北京：化学工业出版社，2021.
[10] 孟庆巨，陈占国．半导体器件物理［M］．3版．北京：科学出版社，2022.
[11] 刘靖．光伏技术应用［M］．北京：化学工业出版社，2011.
[12] 秦善．晶体学基础［M］．北京：北京大学出版社，2018.
[13] 方奇，于文涛．晶体学原理［M］．北京：国防工业出版社，2002.
[14] 辛格尔顿．固体能带理论和电子性质［M］．北京：科学出版社，2009.
[15] 谢希德，陆栋．固体能带理论［M］．上海：复旦大学出版社，1998.
[16] 王欢，赵阳，杨美煜．钙钛矿新能源光电材料与器件［M］．北京：化学工业出版社，2023.
[17] 金海波，李静波．现代功能材料基础［M］．北京：科学出版社，2024.
[18] 李垚，唐冬雁，赵九蓬．新型功能材料制备工艺［M］．北京：化学工业出版社，2011.
[19] 晁月盛，张艳辉．功能材料物理［M］．沈阳：东北大学出版社，2006.
[20] 孙兰．功能材料及应用［M］．成都：四川大学出版社，2018.
[21] 钱佑华，徐至中．半导体物理［M］．北京：高等教育出版社，1999.